经典译丛·信息与通信技术

统计信号处理基础

——实用算法开发(卷III)

Fundamentals of Statistical Signal Processing

Volume III: Practical Algorithm Development

[美] Steven M. Kay 著

罗鹏飞 张文明 韩 韬 译

電子工業出版社

Publishing House of Electronics Industry

北京·BEIJING

内 容 简 介

本书是作者 Steven M. Kay 关于统计信号处理三卷书中的最后一卷，该卷建立了覆盖前两卷的综合性理论，在设计解决实际问题的优良算法方面帮助读者开发直观和专业的方法。本书首先评述开发信号处理算法的方法，包括数学建模、计算机模拟、性能评估。通过展示设计、评估、测试的有用解析结果和实现，将理论与实践联系起来。然后从几个关键的应用领域重点介绍了一些经典的算法。最后引导读者将算法转换成 MATLAB 程序来验证得到的解。全书主题包括：算法设计方法；信号与噪声模型的比较和选择；性能评估、规范、折中、测试和资料；使用大定理的最佳方法；估计、检测和谱估计算法；完整的案例研究：雷达多普勒中心频率估计、磁信号检测、心率监测等。

本书可以作为电子信息类相关专业研究生的统计信号处理课程的教材或教学参考书，也可供从事信号处理的教学、科研和工程技术人员参考。

图书在版编目(CIP)数据

统计信号处理基础：实用算法开发. 卷Ⅲ / (美)凯(Kay, S. M.)著；罗鹏飞等译.
北京：电子工业出版社，2018.2
(经典译丛・信息与通信技术)
书名原文：Fundamentals of Statistical Signal Processing, Volume III: Practical Algorithm Development
ISBN 978-7-121-27607-1

I. ①统… II. ①凯… ②罗… III. ①统计信号－信号处理 IV. ①TN911.72

中国版本图书馆 CIP 数据核字(2015)第 277759 号

策划编辑：马 岚
责任编辑：冯小贝
印 刷：三河市鑫金马印装有限公司
装 订：三河市鑫金马印装有限公司
出版发行：电子工业出版社
北京市海淀区万寿路 173 信箱 邮编 100036
开 本：787×1092 1/16 印张：20 字数：538 千字
版 次：2018 年 2 月第 1 版
印 次：2023 年 11 月第 4 次印刷
定 价：99.00 元

凡所购买电子工业出版社图书有缺损问题，请向购买书店调换。若书店售缺，请与本社发行部联系，联系及邮购电话：(010)88254888，88258888。

质量投诉请发邮件至 zlts@phei.com.cn，盗版侵权举报请发邮件至 dbqq@phei.com.cn。

本书咨询联系方式：classic-series-info@phei.com.cn。

前　　言①

《统计信号处理基础——实用算法开发》一书是同名系列教材的第三卷。前两卷描述了估计与检测算法涉及的理论，本卷将介绍如何将这些理论转换成数字计算机上实现的软件算法。在介绍实践方法和技术时，并没有假定读者已经学习过前两卷，当然我们还是鼓励大家这样做，我们的介绍将集中在一般概念上，尽可能少用数学知识，而用 MATLAB 的实现来进行详细的阐述。对于那些希望为实际系统设计好的和可实现的统计信号处理算法的工程师与科学工作者来说，本书毫无疑问是有吸引力的，这些实际系统在许多信号处理学科中常常会遇到，包括但不限于雷达、通信、声呐、生物医学、语音、光学、图像处理等。此外，由于强调实际的工作算法，对于那些希望得到一些实用技术的统计信号处理领域的研究者，本书提供的内容应该是有用的，而对那些涉足该领域的新手来说，要从大量良莠不齐的算法中挑选好的算法，本书也是很好的参考。

本书的总体目标是帮助读者提升统计信号处理的实践能力，为了完成这一目标，我们要努力做到：

1．描述一套用来建立算法的方法，包括数学建模、计算机模拟、性能评估；

2．通过典型工具的实践，允许读者深刻理解一些重要的概念，包括有用的分析结果和设计、评估和测试的 MATLAB 实现；

3．强化一些实际中已有的方法和特定算法，这些算法已经经受了时间的检验；

4．通过描述和求解现实生活中的实际问题来介绍相关的应用领域；

5．给读者介绍实际中要求的扩展；

6．将数学算法转换成 MATLAB 程序并验证解的完整性。

在教学方面，我们相信强调通过 MATLAB 实现有助于理解算法的实际工作情况及不同算法的细微差别，读者将在“做中学”。同样，教材中加入了许多供学生练习的分析练习题，完整的解答包含在每章的附录中，书中也给出了 MATLAB 练习题，每章的附录列出了简化的解答，所有答案及可运行的 MATLAB 程序都放在随书的光盘上②。在每章的结尾都有一节“小结”，其中给出的结论都是非常重要的，旨在提供算法内在运行的深入理解以及常用的拇指法则，这些内容对建立成功的算法都是关键的。本书的大部分主题来自 *Fundamentals of Statistical Signal Processing: Estimation Theory*(1993)和 *Fundamentals of Statistical Signal Processing: Detection Theory*(1998)，也从 *Modern Spectral Estimation: Theory and Application*(1988)加入了许多材料，后一本书包含了许多数据模拟和分析所要求的技术。最后，我们希望本书对自学也是有用的。尽管没有 MATLAB 作为实践工具也是可以学习本书的，但却失去 MATLAB 实践所获得的许多理解。

---

① 中文翻译版中的一些字体、正斜体、符号等沿用了英文原版的写作风格。

② 光盘上的相关文件可登录华信教育资源网（www.hxedu.com.cn）注册下载，翻译版不再配有光盘。

本书假定读者具有微积分和基本线性系统的背景知识，包括某些数字信号处理、概率和随机过程导论、线性和矩阵代数等相关知识。正如前面提到的，我们在算法描述时尽量少用数学知识和相关背景材料，然而算法在最终总是以数学形式呈现的，因此这一目标也只是部分地实现。

作者要感谢许多人所做的贡献，在过去的许多年里，他们提供了许多教学和研究问题中富有启发的讨论以及应用研究结果的机会。感谢罗德岛大学的同事 L. Jackson、R. Kumaresan、L. Pakula 和 P. Swaszek；感谢我目前和以前的所有研究生，他们在平时教学和研究中的许多讨论以及他们具体的注释和评论，对本书最终的定稿都做出了贡献。特别是 Quan Ding 和 Naresh Vankayalapati，他们做了许多注释，并在练习的解答方面提供了许多帮助。此外，William Knight 对初稿也提供了许多有价值的反馈意见。作者还要感谢许多资助其研究的机构和项目主管，这些主管包括 Jon Davis、Darren Emge、James Kelly、Muralidhar Rangaswamy、Jon Sjogren 和 Peter Zulch，相关机构包括美国海军海底作战中心、海空作战中心、空军科研办公室、海军研究办公室、空军研究实验室、爱德华化学和生物中心。作者咨询了许多工业公司，从他们那里获得了许多实践经验，在此一并表示感谢。作者也非常欢迎读者提出疑问和修改意见，有任何疑问和建议请发邮件至 kay@ele.uri. edu。

Steven M. Kay
University of Rhode Island
Kingston, RI

目　　录

第一部分　方法论与通用方法

第二部分　特 定 算 法

第三部分 实例扩展

第四部分 真实应用

① 中文翻译版不再配有光盘，相关文件可登录华信教育资源网(www.hxedu.com.cn)注册下载。

第一部分　方法论与通用方法

第1章 引　　言

1.1 动机和目标

在过去的40多年中，数字信号处理(Digital Signal Processing，DSP)的概念、方法、技术及在民用产品和军事系统中的应用得到了爆炸式的实际增长。一些致力于数字信号处理的基础刊物，如创刊于1974年的《IEEE 声学、语音及信号处理学报》(*IEEE Transaction on ASSP*)最初是双月刊，每期约100页。而在今天，专注于信号处理的《IEEE 信号处理学报》(*IEEE Transaction on Signal Processing*)则是月刊，每期约500页，在论文的数量上呈现了10倍的增长，这还没有考虑一些扩展出来的刊物，例如《IEEE 声学、语音及语言处理学报》(*IEEE Transaction on Audio, Speech, and Language Processing*)、《IEEE 图像处理学报》(*IEEE Transaction on Image Processing*)等。那些必须选择并实现一种方法的算法设计者现在不得不面对着许多可用算法。这些算法令人眼花缭乱，甚至从公开文献中找出一种期望的算法也是一项巨大的工作。因此，对于算法设计者来说，拥有一个他尝试过并信赖的算法库显得尤为重要。这些方法可能不能完全解决他所面临的问题，但至少为算法的开发提供了一个良好的开端。

除了积累一套可信的算法之外，关键的问题是理解这些算法是如何工作的，以及何时可能失效。DSP算法以及更特殊的统计信号处理算法从本质上来讲都是高度数学化和统计化的，并不能轻易地产生应用的秘诀。但当设计者实现这些算法并考察其性能时，他们的直觉与未来算法选择的成功息息相关，这种直觉只能从实践中获得。幸运的是，我们无须在硬件上实算法才能评估它们的性能，软件实现很容易，并且允许进行性能的无损评估。MATLAB是一种流行的多功能软件，它是实现算法和评估性能的工具，它的应用允许我们“运行”提出的算法，提供一种软件上的“首次切割”实现。事实上，MATLAB的实现也常常带来DSP上或专用数字硬件上的实现。基于以上理由，我们将在本书中强调MATLAB的应用。

本书的内容是关于统计信号处理的算法。另一方面，那些数学形式完全已知且没有受到过多噪声影响的信号的处理，已经有很多标准的、十分可靠的技术存在。例如，典型的技术包括滤波器设计和傅里叶变换的计算(即快速傅里叶变换，FFT)。很多优秀的教材描述了这些算法以及它们的实现[Ingles and Proakis 2007，Lyons 2009]。而我们的目的是介绍可用来从随机数据中分析和提取信息的那些算法。例如，给定一些指标，如信号的频谱本质上是低频的信号，那么在做进一步处理之前，应当先通过低通数字滤波器进行滤波，这样的指标要求自然就需要根据一个预先设定的截止频率来进行数字滤波器设计。而对于一个中心频率未知的带通信号的滤波，其指标就会有些差别。第一种情况下，其指标是完备的；而在第二种情况下，需要确定如何调整好滤波器的中心频率让信号通过，从而尽可能地消除噪声。前者称为确定性信号的处理；而后者要求中心频率的估计，最好是在线估计，以便在信号中心频率变化时我们的算法仍能提供合适的带通滤波器。当信号的特性存在不确定性时，只有统计学的方法才能奏效。

随机数据分析的算法是针对一些特定问题的。也就是说，每一个实际的信号处理问题都是独一无二的，需要特定的方法，尽管它们通常可以和许多其他问题联系起来。因为新的电子系统和产品的开发是无止境的，不可能使用一些现成的算法。令人欣慰的是，还是存在一组“核心”算法，它们位于大多数实际的信号处理系统的中心，这就是本书要介绍并用 MATLAB 实现的算法，下面我们对这些核心算法做一般性的讨论。

1.2 核心算法

信号处理问题要求信号的检测和信号参数的估计，这就存在一些统计的且被广泛接受的方法。例如，用于检测的匹配滤波器，用于参数估计的最大似然估计器及其实现、最小二乘估计等，我们重点关注的正是这些广泛接受的方法。在实际工作中，信号处理的算法设计者至少有一个好的起点来开始实际的设计，这是令人鼓舞的。许多核心的方法(除了一些高级的但还没有得到实践检验的方法)在 *Fundamentals of Statistical Signal Processing* [Kay 1993, Kay 1998]的前两卷和 *Modern Spectral Estimation: Theory and Application* [Kay 1988]中进行了详细的介绍，后一本书是关于谱分析的，对于随机信号的建模是十分重要的，该书还提供了有关随机信号的由计算机产生的许多有用算法。鼓励读者参考这些书，以便充分理解这些方法的理论基础。本书内容包括：

1. 介绍实际应用的重要算法；
2. 介绍这些算法得到成功应用的一些假设；
3. 介绍它们的性能和实际中的一些限制。

本书将完成上述目标而不参考上面提及的书籍。

1.3 容易的、难的和不可能的问题

由于我们的目标是介绍在实际中广泛使用的统计信号处理算法，或许会问，这些算法获得了这么高的荣耀值得我们去介绍吗？这有两方面的原因。第一是它们在“工作”，第二是它们可以方便地用数字软件/硬件来实现。一个算法在“工作”，它必须满足系统的性能指标。例如，可能是估计一个参数所要求的性能指标，估计器的性能应该是相对误差不大于 2.5%。因此，一个算法是否在“工作”并不取决于算法本身，如果提出的性能指标不合理，那么所提出的算法或者任何一种方法都不能“工作”。因此，评估满足性能要求的可行性则是重要的。对于后一个例子，常用的可行参数估计精度是克拉美-罗下限(Cramer-Rao Lower Bound，CRLB)(参见 8.2.1 节)，它提供了无偏估计器(即估计器的均值等于真值)方差的下限。如果性能指标在理论上不能满足，那么做进一步的设计是毫无意义的。如果可能，或许我们需要更精确的传感器，或者更多的数据。给定一个信号模型和噪声模型(我们将在第 3～6 章做进一步的讨论)，信号处理有能力提供获取所有有用信息的可实现算法，我们希望这些信息足以产生期望的性能。然而，信号处理也不能做不可能的事情，尽管我们是多么想要这么去做。例如，假定希望估计一个恒定的离散时间信号 $s[n]$的值 A，该值也称为 DC(直流)电平信号(假定是连续时间信号经 A/D 转换器采样而来)。这个信号为

$$s[n] = A \qquad n = 0,1,\cdots,N-1$$

信号被淹没在功率为 σ^2 的零均值高斯白噪声(White Gaussian Noise, WGN)中(参见 4.3 节)。

那么，观测数据为 $x[n]=A+w[n]$，$n=0,1,\cdots,N-1$。我们希望根据这些数据尽可能精确地确定 A 的值。众所周知，这样做的最佳方法是采用由样本均值给出的估计器

$$\hat{A}_N=\frac{1}{N}\sum_{n=0}^{N-1}x[n]$$

(字母上的“帽子”总是表示估计)。假定 $A=10$，我们的指标要求是：对于 $N=20$、$\sigma^2=1$，按2.5%的最大相对误差，估计值应当落在$[A-0.25, A+0.25]$内，也就是是[9.75, 10.25]。计算机模拟结果如图 1.1 所示，图中给出的是估计量 $\hat{A}_N$ 与数据记录长度 N 之间的关系图[①]。由于对应的是 $N=20$ 时的指标，因此结果看起来是满足的，也就是当 $N=20$ 时，估计值落在虚线 9.75 和 10.25 之间。

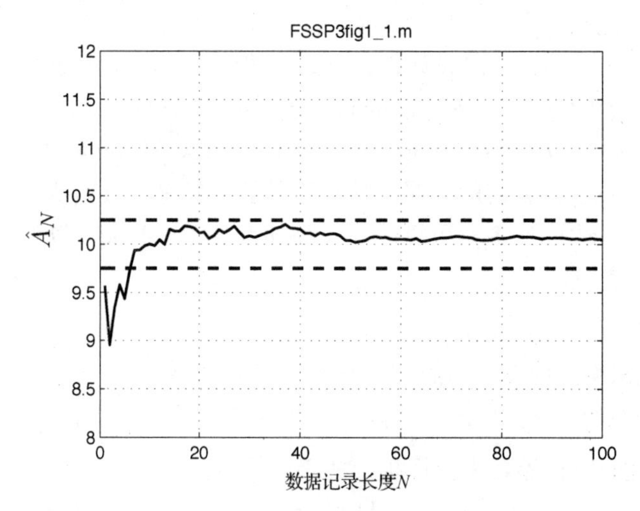

图 1.1 DC 电平 A 的估计与数据记录长度 N 的关系

然而，如果我们重复进行实验，这样好的结果可能只是偶然出现，对于不同的 WGN 样本 $w[n]$，可能得到不同的结果。对于 5 个不同的 WGN 现实(每个现实是不同的，它们的长度都是 $N=100$)，在图 1.2 中给出了 5 个不同的实验结果。

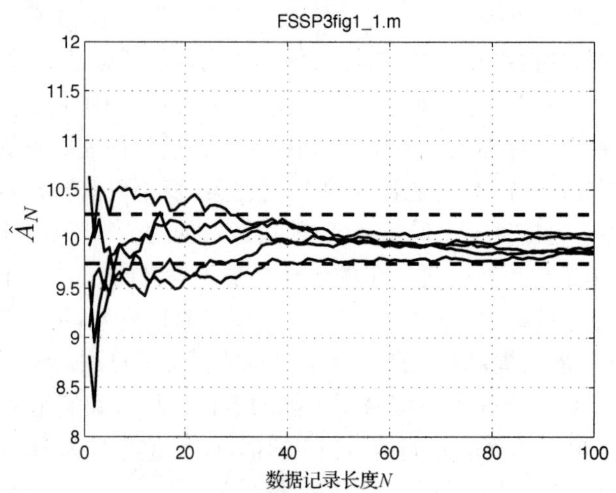

图 1.2 DC 电平估计器的 5 个不同现实

① 产生本图的 MATLAB 程序名列在图的顶部，这一程序可以从作者那里获得。

现在看来在 $N=20$ 个数据点时性能指标并不满足，似乎只有当 $N>40$ 个点时才满足。事实上，如果要求 $N=20$ 时估计值有 95.5%的值落在虚线内，那么可以证明估计量的方差 $\mathrm{var}(\hat{A}_N)$ 必须满足

$$2\sqrt{\mathrm{var}(\hat{A}_N)} \leqslant 0.25$$

或者等价于

$$\mathrm{var}(\hat{A}_N) \leqslant \frac{1}{64}$$

但是克拉美-罗下限却说明所有无偏估计必须满足

$$\mathrm{var}(\hat{A}_N) \geqslant \frac{\sigma^2}{N} \tag{1.1}$$

在 $\sigma^2=1$、$N=20$ 时得到的下限是 1/20，所以，这时的性能指标是无法满足的。后面将会看到，估计量 $\hat{A}_N$ 称为样本均值估计，它确实会达到下限值，所以它的方差由式(1.1)给出。因此，要满足性能指标必须要求

$$\frac{\sigma^2}{N} = \frac{1}{64}$$

也就是说，当 $\sigma^2=1$ 时，N 最小为 64。顺便提醒一下，读者只要留意一下图 1.1 和图 1.2 就可知道其含义，由于结果依赖于产生的特定的噪声序列，实验必须重复多次，没有什么结论只从少数几个现实得出。实际上，图 1.2 中应当增加更多的现实。

练习 1.1 性能分析时多个现实的必要性

a. 运行 MATLAB 程序 `FSSP3exer1_1.m`，取 100 个噪声现实，$N=64$。大约有 95 个估计值落在指定的间隔[9.75, 10.25]之内吗？

b. 如果精度的性能指标增加到1%的最大相对误差，要求将误差控制在1%内，方差 $\mathrm{var}(\hat{A}_N)$ 应该是多少？数据记录长度 N 应该等于多少才能满足达到要求的方差？最后，修改 `FSSP3exer1_1.m` 的程序代码来模拟这个更大的 N 的性能，有多少估计值满足性能指标？

•

信号处理在许多领域都有应用。例如，当信号淹没在噪声中时，如何精确地确定正弦信号的频率？数学上最佳的方法就是使用周期图，这是一种谱估计器，取周期图最大值的位置作为频率的估计(见算法 9.3)，这在实际工作中很有效并被广泛采用。此外，即使最佳算法所假定的条件有些不符合，性能也不会显著下降，这就是“稳健算法”(robust algorithm)的例子。在实践中，稳健性是一个算法非常重要的特性。现实的数据极少完全符合理论上的假设，这些假设通常都是为了简化最佳算法的数学推导而给出的。我们可以把单一正弦信号频率的估计器的设计称为“容易问题”，因为它的解就是周期图，并且性能好、实现方便(通过傅里叶变换)。当然，在应用中，我们假定了单一的正弦信号加上高斯白噪声，这是不可忽视的假设。如果出现其他的正弦信号或干扰信号，或者噪声是高度相关的，那么这一方法就没有所说的那样好。特别是，如果有另一个正弦信号的频率靠近感兴趣的正弦信号的频率，那么频率估计器就可能有严重的偏差，从而产生了一个不精确的估计。图 1.3 中给出了这样一个例子。在

图 1.3(a)中，显示一个幅度为 1、频率为 0.2 的正弦信号的周期图，从图中可以看出周期图的最大值出现在正确的频率位置。而图 1.3(b)给出了两个正弦信号的和，期望信号的频率为 0.2，干扰信号的频率为 0.22，幅度都为 1。可以看出峰值现在偏离期望的频率 0.2。为了考虑这种可能性，我们必须改变想法，要认识到潜在的有一个或者多个干扰正弦信号。增加的复杂性就导致了“难的问题”[Kay 1988]，可能没有一种好的解决方法，尤其是当干扰正弦信号的频率未知时。读者会毫不怀疑地认为，对于一个算法，当设计的假设得到满足时，这个算法就会工作得很好(有一些可以说性能是最佳的)。因此，问题的关键就是要验证这些假设在实际中成立。为了对令人失望的结果有所准备，我们不仅需要评估算法的性能，还要评估算法的局限性。

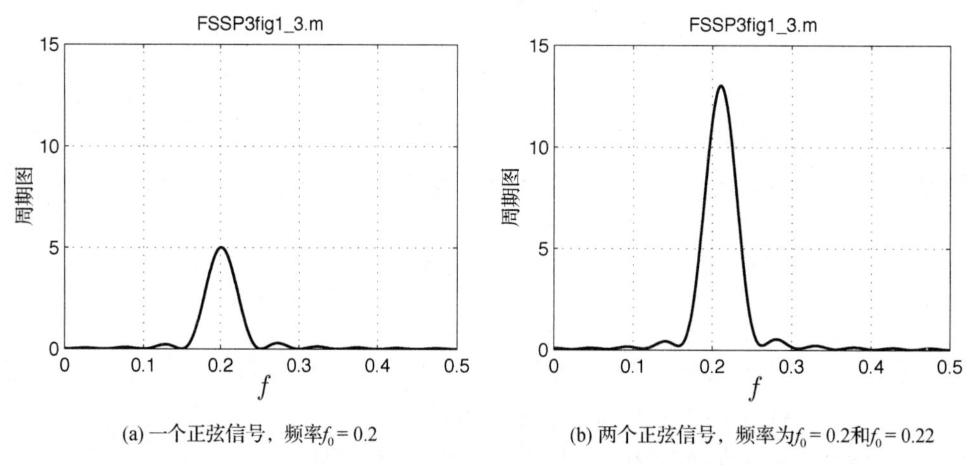

(a) 一个正弦信号，频率$f_0 = 0.2$　　(b) 两个正弦信号，频率为$f_0 = 0.2$和$f_0 = 0.22$

图 1.3　一个正弦信号和一个正弦信号加一个干扰信号的周期图

往往会有这样的情况，一个看似非常困难的或者“难的问题”，如果处理得当，能将问题转化为一个容易解决的问题。众所周知，线性信号模型(见 3.5 节和 3.6.4 节)能够得出最优性能和易于实现的算法。在现实世界中，并非所有信号都适合使用线性模型。然而，一旦知道了线性模型所期望的性质，我们就会理所当然地将非线性模型变换成线性模型。仍以正弦信号为例，它可以用离散时间信号的形式来描述，

$$s[n] = A\cos(2\pi f_0 n + \phi) \qquad n = 0,1,\cdots,N-1 \tag{1.2}$$

其中 A 是未知幅度，并且 $A > 0$；f_0 是未知的频率，并且 $0 < f_0 < 1/2$；ϕ 是未知的相位，并且 $-\pi \leqslant \phi < \pi$，我们想要估计未知的幅度和未知的相位。按照现在的情况，这个信号与相位之间是非线性关系(因为 $A\cos(2\pi f_0 n + \phi_1 + \phi_2) \neq A\cos(2\pi f_0 n + \phi_1) + A\cos(2\pi f_0 n + \phi_2)$)，这将使估计算法的建立变得复杂。为了使问题更易于处理，利用三角恒等式 $\cos(C+D) = \cos(C)\cos(D) - \sin(C)\sin(D)$，可得

$$s[n] = A\cos(\phi)\cos(2\pi f_0 n) - A\sin(\phi)\sin(2\pi f_0 n)$$

然后令 $\alpha_1 = A\cos(\phi)$，$\alpha_2 = -A\sin(\phi)$ (刚好是极坐标到直角坐标的变换)，可得

$$s[n] = \alpha_1\cos(2\pi f_0 n) + \alpha_2\sin(2\pi f_0 n) \tag{1.3}$$

现在信号与未知的变换后的参数 α_1、α_2 是线性的，这样就把原来难的问题转化为一个相对容易的问题，并且它的解也是众所周知的。可以证明，如果观测到的为正弦信号加噪声，那么

基于观测数据集$\{x[0],x[1],\cdots,x[N-1]\}$的幅度和相位的好的估计器为(见3.5.4节和算法9.2)

$$\hat{A}=\frac{2}{N}\left|\sum_{n=0}^{N-1}x[n]\exp(-\mathrm{j}2\pi f_0 n)\right|$$

$$\hat{\phi}=\arctan\left(\frac{-\sum_{n=0}^{N-1}x[n]\sin 2\pi f_0 n}{\sum_{n=0}^{N-1}x[n]\cos 2\pi f_0 n}\right) \tag{1.4}$$

但如果这样做，我们必须熟悉容易问题(线性信号模型)，接着选择一个合适的变换。在实际中，关于那些早已经知道其解的容易问题的知识是不可缺少的，本书包含了许多这种众所周知的解。

在实际中，大多数信号处理问题都是难的问题(如果不难，肯定有人早就解决了这些问题！)。但是知道这些容易问题的解，以及建立了熟悉这些问题所带来的直觉，就可以引导我们求出更难问题的解。例如在式(1.3)中，可能不知道频率 f_0，如何才能估计频率、幅度和相位呢？可以证明，只要 f_0 不在0或者1/2附近，时间截断的正弦信号［即(1.2)式］的离散时间傅里叶变换为

$$|S(f)|=\left|\sum_{n=0}^{N-1}s[n]\exp(-\mathrm{j}2\pi fn)\right| \tag{1.5}$$

$$\approx\frac{NA}{2}\left|\frac{\sin[N\pi(f-f_0)]}{N\sin[\pi(f-f_0)]}\right| \tag{1.6}$$

接下来的练习中要求你证明这一关系(解包含在附录1A中)。

练习 1.2 关于截断的正弦信号的离散时间傅里叶变换的推导

证明式(1.6)给出的表达式。为此，首先将式(1.2)中实的正弦信号分成两个复共轭分量$\exp(\mathrm{j}2\pi f_0 n)$和$\exp(-\mathrm{j}2\pi f_0 n)$，并代入式(1.5)中，然后利用复几何级数的结果

$$\left|\sum_{n=0}^{N-1}z^n\right|=\left|\frac{1-z^N}{1-z}\right|=\left|\frac{z^{-N/2}-z^{N/2}}{z^{-1/2}-z^{1/2}}\right|$$

其中第一个等式对所有复 z 都是成立的，第二个等式只对$|z|=1$成立，其中$|\cdot|$表示复数的模。最后，放弃负频率部分，如果我们只计算$f>0$(f_0不在0或1/2时)的傅里叶变换，则这是可以忽略的。 ●

$|S(f)|$的图像如图1.4所示，其中$A=1$，$N=20$，$f_0=0.2$。这表明可以用峰值的位置来估计频率。实际上这也形成了前面提到的图1.3(a)显示的周期图估计器的基础，尽管在我们的讨论中并没有包含噪声的影响，但即使有噪声，周期图估计器仍然是性能优良的(见算法9.3)。按照直观的理解，对于大数据记录(即$N\to\infty$)，这一结果是显然的，因为傅里叶变换变成了冲激函数，在任何噪声背景下，冲激都是非常突出的。但也不要过分强调直觉，防止在设计算法时走入死胡同，除了数学上的证明之外，这也解释为什么好的算法工作得好。如何才能获得这样一种直觉呢？答案是：实践、实践、再实践！

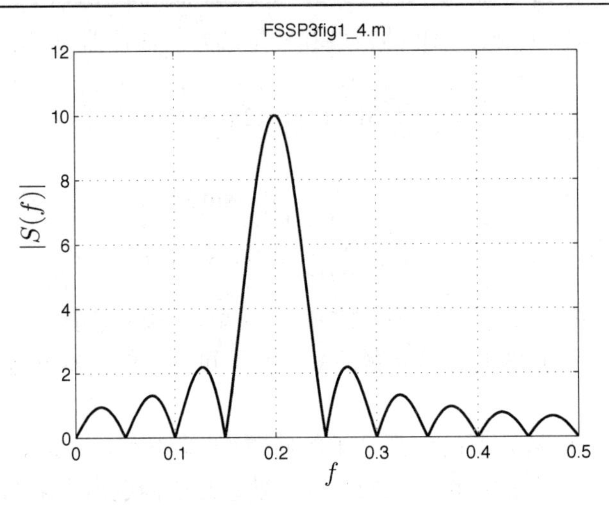

图 1.4　时间截断正弦信号的离散时间傅里叶变换的幅度

1.4　增加成功的概率——提升直觉

为了建立我们的直觉，必须边学边做。幸运的是，现在有很多可为我们提供实践的软件包和硬件开发装置。因为我们的目标是用软件设计算法，所以我们的讨论将限定软件的实现上。我们发现 MathWorks 软件包的 MATLAB 特别适合在实践中遇到的信号处理问题，因此，本书将使用 MATLAB 作为建立和测试统计信号过程算法的基本工具，甚至书中的一些图形也是用 MATLAB 产生的(所使用的程序都列在图形的顶部，也可以向作者申请获得这些程序)，同时也使用 MATLAB 来求解练习中的问题。练习的解答、实现算法的程序以及一些有用的函数都由随书的光盘提供①。

分析算法的 MATLAB 实现是理解算法工作原理的基本方式。此外，利用 MATLAB 产生的控制数据集来测试算法是验证算法效率的基本的方法，在验证该算法有效性时也是十分必要的。在观察算法的 MATLAB 程序的输出并与预期的输出相比较时，你会得到一种强烈的直觉意识。最后，也可以利用相同的程序代码、采用计算机仿真的方法来评估算法的理论性能，尽管这样做通常都不是实时处理的。对于所有这些情况，在发展个人直觉能力方面，实践是基本的。在完成分布在书中的练习的过程中，我们将会有足够多的机会去实践。

1.5　应用领域

本书将要描述的统计信号处理算法广泛应用于许多领域。例如：

1. 通信——数字信息的传输与接收[Proakis and Salehi 2007]
2. 雷达和声呐——目标检测、定位、跟踪[Richards 2005, Burdic 1984]
3. 生物医学——心律失常检测、脑机接口[Sörnmo and Laguna 2005, Sanei and Chambers 2007]

① 中文翻译版不再配有光盘，相关内容请登录华信教育资源网(www.hxedu.com.cn)注册下载。

4．图像处理——医疗诊断成像、数据压缩[Gonzalez and Woods 2008]

5．语音处理——语音识别与综合[Rabiner and Schafer 2007]

6．无线电导航——全球定位系统[Pany 2010]

以上仅是众多应用领域的一小部分，而且应用领域每日都在增加。初看可能会感到奇怪，这些不同的领域采用几乎相同的统计信号处理算法。这并非总是如此，这种影响力主要是由于信号处理的实现都是使用数字计算机，无论信号是电(如雷达)、声(如声呐和语音)还是光(如成像)，最终都归结为输入并存储在数字计算机中的一组数。从物理信号(如语音)变换到一组数是由传感器(如话筒)接一个 A/D 转换器来完成的，经 A/D 转换器产生的字节存储在数字计算机中并做进一步处理。从信号处理的角度来看，它们唯一的区别是信号的特征。信号可能是低通的，信号的大部分能量集中在低频段，如语音信号；信号也可能是带通的，信号的大部分能量集中在一个给定的频带内，如雷达信号。信号从本质上可以是一维的，如声信号；也可以是二维的，如图像信号。A / D 转换器的采样率就需要调整以适应所考虑的信号，导致所处理的数据量不同。然而，算法在处理这些不同的信号时，即使不相同，也是有很大的相似之处。匹配滤波器应用于声呐时，信号的频谱在 kHz 频率范围内。匹配滤波器也可以应用于雷达，但雷达信号的频谱更高，通常在 GHz 范围内。FFT 既可以用于一维信号(如语音)，二维 FFT 也可用于图像分析。因此，通常我们都是根据信号的数学描述来设计算法，而不管信号的来源。当然这样也许会忽略现实世界中的一些先验知识，如实际信号必须服从的一些约束，所以后续的任何算法如果采用了这些约束，之后都有改善性能的潜力。例如，对于从一个移动目标反射回来的信号，雷达设计就可以根据目标的最大速度来约束它的最大多普勒频率。

1.6 注意事项

1.6.1 信号类型

在描述算法时，我们假定物理信号是实的低通信号，并以合适的速率(至少是信号最高频率的两倍，即奈奎斯特速率)进行采样。而对于一些处理带通信号的应用领域，如雷达、声呐，通常采用复杂解调、紧跟一个同相和正交信号的采样，这导致了稍微有些复杂的复信号表示，复信号的扩展将在第 12 章中描述。此外，由于信号经过采样并存储在数字计算机中，所以信号本质上是离散时间的，我们总是假定所接收的数据形式为 $x[n]$，这是一个实数 n 序列，如果数据记录由 N 个连续时间样本组成，通常就使用索引集 $n = 0, 1, \cdots, N-1$。注意，我们已经把样本看做时间的函数，然而索引 n 也可能表示空间的样本，即在某个给定的时间由放置在一条线上的等间隔的 N 个传感器得到的。

1.6.2 本书的特点和符号表示

教材中使用的 MATLAB 版本是 7.8(R2009A)，运行 MATLAB 程序并不要求使用工具箱。在附录 B 简要介绍了 MATLAB，附录 C 描述了随书光盘的所有 MATLAB 程序。此外，光盘上的 `readme.txt` 介绍了这些程序的内容。`run_simulation.m` 这种字体表示 MATLAB 程序的名称和代码。

书中给出了一些练习，这些练习为读者提供了简单的理论分析和 MATLAB 算法实现的一些实践。理论分析的答案包含在对应章节的附录中。MATLAB 练习只给出了粗略的答案，完整的解答在随书的光盘上能够找到。注意，答案是用 MATLAB R2009A 版本给出的，所以，新的 MATLAB 版本可能会产生略有不同的结果。鼓励读者去尝试这些练习，以便更好地理解本书的内容。

在每章的最后都有一节“小结”，其中给出一些重要的结论，许多结论都成为了“经验法则”，因此应努力记住。对于某些应用，它们是探索算法效率的基础，或者是算法不适合当前应用而被拒绝的依据。

所有常见符号的数学表示总结在附录 A 中，区别一个连续时间和离散时间信号或序列的表示方法是 $x(t)$(连续)和 $x[n]$(离散)。然而，离散时间数据的图(例如 $x[n]$)可能是连续时间形式，点之间用直线连接更方便查看，图 1.1 中就是这样的一个例子。所有的向量和矩阵都用黑体表示，所有的向量都是列向量。当一个随机变量需要与它的值进行区分时，我们就使用大写字母表示随机变量，如 X，而用小写字母表示它的值，如 x。附录 A 还给出了其他符号的含义。另外，读者经常会被警告出现潜在的“陷阱”。常见的误解所导致的设计错误将被记录和描述。下面的陷阱或警示标志应特别注意！

1.7 小结

下面列出的内容是本书反复出现的主要内容，在考察算法及性能时，需要注意：

- 在算法设计中，评估算法要求的可行性是第一步。通常情况下，克拉美-罗下限用于估计，奈曼-皮尔逊(Neyman-Pearson)似然比检验的检测概率用于检测。对于分类问题，采用最大后验概率(MAP)分类器。对于所有这些情况，概率密度函数必须是已知的。
- 如果达不到性能指标的要求，需要对目标进行再评估/或要求更精确的数据。
- 信号处理不能做不可能的事情——信号处理的成功必须要有合理的信噪比作为保障。
- 通过计算机模拟确定算法的性能时，实验要重复进行多次，比如 1000 次或更多。确保你的性能度量本质上是统计的，如估计量的方差、检测器的检测概率、分类器的错误概率等。增加实验次数，直到这些指标的评估产生一致的结果。
- 确信算法在不同工作条件下进行过测试，评估算法的稳健性，也称为灵敏度。
- 通过分析实际的数据来验证算法的假设在实际中是成立的。
- 试着将问题转化为一个更简单的问题，例如，转化为线性信号模型。
- 首先用 MATLAB 产生的数据来测试算法，如果算法有效，结果应该与理论预测一致，在 MATLAB 使用的条件下得到的性能应该是现场数据的上限。
- 在提出一个算法之前，通过公开文献搜索其他领域和用过的一些方法中类似的信号处理问题。

参考文献

Burdic, W.S., *Underwater Acoustic Systems Analysis*, Prentice-Hall, Englewood Cliffs, NJ, 1984.

Gonzales, R.C., R.E.Woods, *Digital Image Processing*, Prentice Hall, Upper Saddle River, NJ, 2008.

Ingle, V.K., J.G. Proakis, *Digital Signal Processing Using MATLAB*, 2nd ed., Cengage Learning, Stamford, CT, 2007.

Kay, S., *Modern Spectral Estimation: Theory and Application*, Prentice-Hall, Englewood Cliffs, NJ, 1988.

Kay, S., *Fundamentals of Statistical Signal Processing: Estimation Theory, Vol. I*, Prentice-Hall, Englewood Cliffs, NJ, 1993.

Kay, S., *Fundamentals of Statistical Signal Processing: Detection Theory, Vol. II*, Prentice-Hall, Englewood Cliffs, NJ, 1998.

Lyons, R.G., *Understanding Digital Signal Processing*, Prentice Hall, Upper Saddle River, NJ, 2009.

Pany, T., *Navigation Signal Processing for GNSS Software Receivers*, Artech House, Norwood, MA, 2010.

Proakis, J., M. Salehi, *Digital Communications*, 5th ed., McGraw-Hill, NY, 2007.

Rabiner, L.R., R.W. Schafer, *Introduction to Digital Speech Processing*, Now, Boston, 2007.

Richards, M.A., *Fundamentals of Radar Signal Processing*, McGraw-Hill, NY, 2005.

Sanei, S., Chambers, J.A., *EEG Signal Processing*, Wiley-Interscience, NY, 2007.

Sörnmo, L., P. Laguna, *Bioelectrical Signal Processing in Cardiac and Neurological Applications*, Elsevier Academic Press, NY, 2005.

附录 1A 练习解答

为了得到下面描述的结果，在程序的开始用 `rand('state',0)`和 `randn('state',0)`初始化随机数产生器。这些命令分别是针对均匀随机数产生器和高斯随机数产生器。

1.1 对于 a 部分，开始运行代码与 `randn('state',0)`程序，使随机数产生器初始化。应该观察到 92 个估计满足性能指标，即位于区间[9.75, 10.25]上。对于 b 部分，要求 $2\sqrt{\mathrm{var}(\hat{A}_N)} \leqslant 0.1$，根据 CRLB，$\mathrm{var}(\hat{A}_N) = \sigma^2 / N = 1/400$，因此，要求 $N = 400$。修改程序并运行它，产生 95 个满足性能指标的估计，即位于区间[9.9, 10.1]上。

1.2

$$
\begin{aligned}
S(f) &= \sum_{n=0}^{N-1} s[n]\exp(-\mathrm{j}2\pi fn) \\
&= \sum_{n=0}^{N-1} A\cos(2\pi f_0 n + \phi)\exp(-\mathrm{j}2\pi fn) \\
&= \sum_{n=0}^{N-1}\left[\frac{A}{2}\exp(\mathrm{j}2\pi f_0 n + \phi) + \frac{A}{2}\exp(-\mathrm{j}2\pi f_0 n - \phi)\right]\exp(-\mathrm{j}2\pi fn) \\
&= \frac{A}{2}\exp(\mathrm{j}\phi)\sum_{n=0}^{N-1}\exp[-\mathrm{j}2\pi(f - f_0)n] \qquad (1\mathrm{A}.1) \\
&\quad + \frac{A}{2}\exp(-\mathrm{j}\phi)\sum_{n=0}^{N-1}\exp[-\mathrm{j}2\pi(f + f_0)n] \qquad (1\mathrm{A}.2)
\end{aligned}
$$

令 $z = \exp[-\mathrm{j}2\pi(f - f_0)]$，注意到$|z| = 1$。去掉第二个和，可得

$$
S(f) = \frac{A}{2}\exp(\mathrm{j}\phi)\sum_{n=0}^{N-1} z^n = \frac{A}{2}\exp(\mathrm{j}\phi)\frac{1 - z^N}{1 - z}
$$

取它的幅度，得

$$\begin{aligned}|S(f)| &= \frac{A}{2}\left|\frac{1-z^N}{1-z}\right| \\ &= \frac{A}{2}\left|\frac{z^{N/2}(z^{-N/2}-z^{N/2})}{z^{1/2}(z^{-1/2}-z^{1/2})}\right| \\ &= \frac{A}{2}\left|\frac{z^{-N/2}-z^{N/2}}{z^{-1/2}-z^{1/2}}\right|\end{aligned}$$

接下来令 $\alpha = -2\pi(f - f_0)$，我们有 $z = \exp(\mathrm{j}\alpha)$ 和

$$\begin{aligned}|S(f)| &= \frac{A}{2}\left|\frac{\exp[-\mathrm{j}\alpha(N/2)]-\exp[\mathrm{j}\alpha(N/2)]}{\exp[-\mathrm{j}\alpha(1/2)]-\exp[\mathrm{j}\alpha(1/2)]}\right| \\ &= \frac{A}{2}\left|\frac{\sin(N\alpha/2)}{\sin(\alpha/2)}\right|\end{aligned}$$

由于 $\alpha/2 = -\pi(f - f_0)$，最终可得

$$|S(f)| = \frac{A}{2}\left|\frac{\sin[N\pi(f-f_0)]}{\sin[\pi(f-f_0)]}\right| = \frac{NA}{2}\left|\frac{\sin[N\pi(f-f_0)]}{N\sin[\pi(f-f_0)]}\right|$$

注意，这是近似表达式，因为我们忽略了求和中的第二项，即式(1A.2)，由于这一项是正频率项(我们得到的那一项)的镜像，且中心频率位于 $f=f_0$，只要对正频部分没有干扰，它的贡献是很小的，只要 f_0 不在 0 或 1/2 附近，频谱的幅度就是这样一种情况。图 1A.1 画出了式(1A.1)的幅度(正频率分量)和式(1A.2)的幅度(负频率分量)，整个频率范围为 $-0.5 \leqslant f \leqslant 0.5$，信号参数是 $N=20$，$A=1$，$\phi=0$，$f_0=0.2$，可以看出，在这种情况下，正频和负频部分的干扰很小。

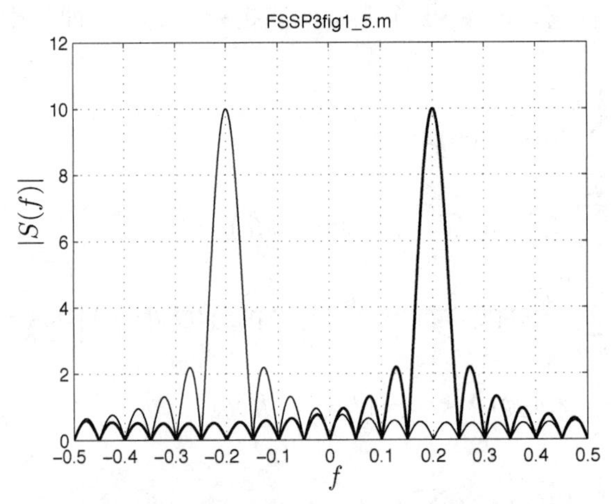

图 1A.1　频率分量的离散时间傅里叶变换的幅度，其中 $f_0=0.2$，$N=20$。式(1A.1)的正频部分用粗线表示，式(1A.2)的负频部分用细线表示，两部分的显著交叉发生在 $0<f_0<1/N=0.05$ 或 $0.45=1/2-1/N<f_0<1/2$

第 2 章　算法设计方法

2.1　引言

本章我们要介绍选择算法并确定它的性能的一般方法，然后将这种方法应用到一个假想的但在实际中可能会遇到的问题中。特别是，我们将考虑一个血流速度估计的信号处理算法设计问题，多普勒超声诊断仪中就应用了血流速度估计。这类估计问题在雷达、声呐和通信中也非常重要，在这些领域应用时的唯一差别就是感兴趣的物理源不同，这也导致了对信号特性的一些重要约束。正如在第 1 章中提到的，许多信号处理问题在几个不同的领域有着相当的共性，速度估计就是一个例子，在某个领域好的实践结果通常可以促使其他领域的结果发生改变。

我们首先介绍算法设计的一般方法，然后介绍这一方法在特定领域的应用。考虑下列情形：有人(称其为赞助商)联系你，希望你设计一个信号处理系统的算法，系统的关键部分就是算法，目的就是要对系统的输入信号进行处理，希望在输出产生期望的信息。你的任务就是：如果你接受，你要提供算法并给赞助商演示，表明你的算法确实能产生期望的结果。你应该如何来做呢？

2.2　一般方法

设计过程以流程图形式总结在图 2.1 中，有时也称为“路图”。

路图包含了问题描述、性能规范、要求的输入信息、提出的解决方案、测试验证算法性能，所有这些话题将在后面的章节中详细讨论。读者应该注意的是，将要介绍的一般方法都不是唯一的，在实际中采用的是类似的、但有点不同的版本，但提供了算法开发的逻辑基础，对于特定的问题，要么扩展，要么裁剪。下面对图 2.1 中标有数字的方框进行讨论。

1. 问题描述

可能遇到的典型问题描述就是设计一个算法来确定某个事件在什么时候发生。例如，要求为家庭设计一个报警系统，以便检测家中的闯入者。赞助商做出这样的请求时可能根本就不熟悉信号处理，因此对于如何完成这项任务也没有任何想法。

2. 目标

目标就是期望的结果，或者是在信号处理阶段的最终结果。在前面的例子中，结果就是检测。但是要进一步探究这一结果，真实的目的可能是检测加分类，如果是邻居的狗跑进他的院子，可能并不想听到报警声。因此，把问题描述转换成特定的信号处理目标是非常重要的。此外，系统是全自动的呢，还是能够进行人工干预？例如，在声音报警之前，是否应让人检查一下院子里的视频来避免虚警呢？

3. 技术规范

技术规范可能是相当模糊的、定性的，具体来说即在本质上是定性的，可能要求检测系统以低的虚警率在大部分时间里检测到一个事件。或者更具体地说，在接收机输入端的信噪比只有 20 dB 时，要求接收机的检测概率为 $P_D = 0.99$，而虚警概率为 $P_{FA} = 10^{-6}$。新的系统可能有相当宽松一些的“技术指标”，因为这是在实验中，而实际存在的系统可能要求相当严密的技术指标。在后一种情况中，通常有一个正在运行的基线系统，但需要进行改进，那么技术规范就是根据改进系统性能的要求来确定。例如，条形码扫描器可能偶然会发生错误，新的技术规范就是要使错误率降为当前设备的 1/10。

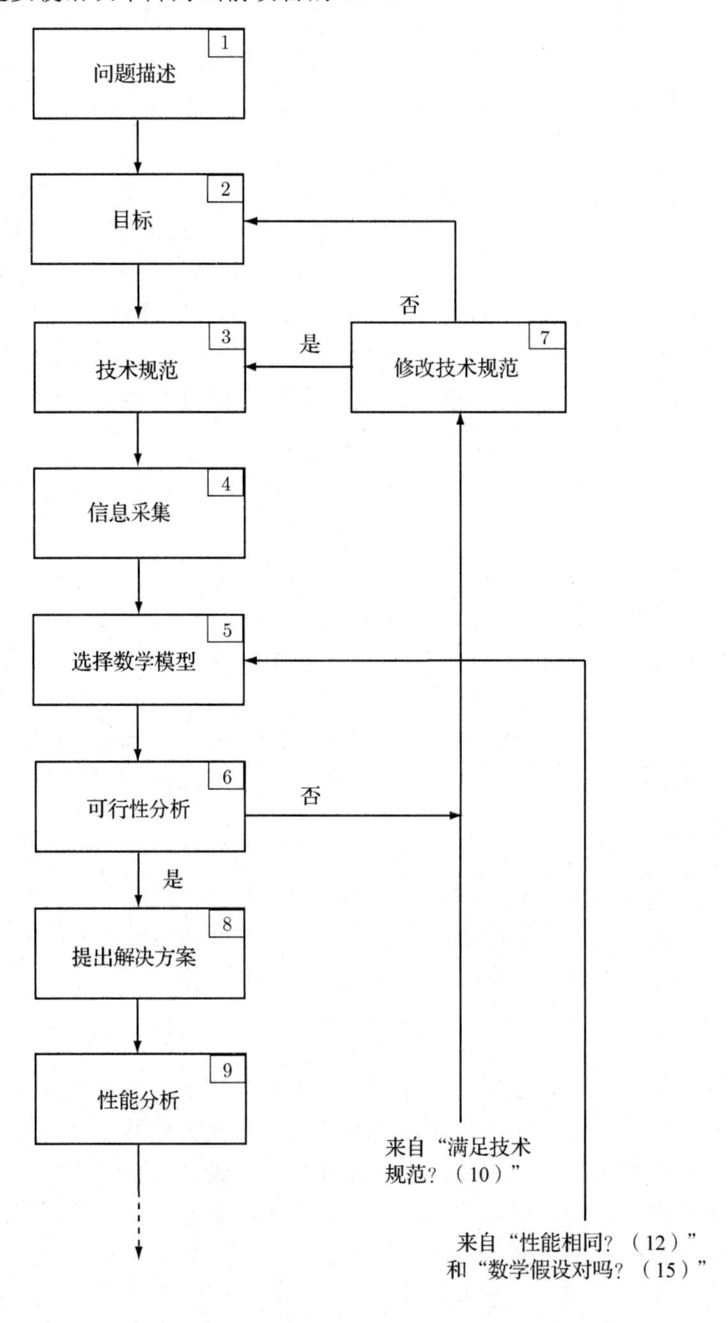

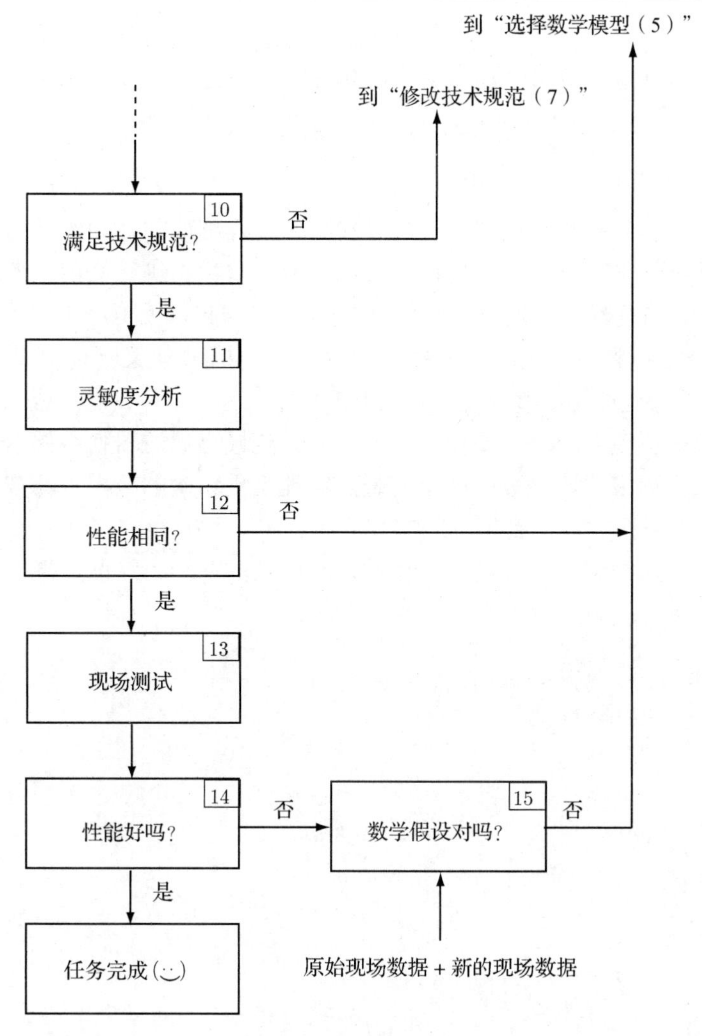

图 2.1　算法开发的路图

4．信息采集

为了能获得设计问题的更多信息，收集所有相关信息是必须的，这包括理解信号源的物理约束，即信号是声学的(一维的)、或者是从一个向量场感知的电磁信号(三维的)。例如，雷达信号被截获，数据只是一维的，那么天线是否只具有感知信号垂直分量的能力？

清楚地知道感知信号的内容和可用的资源是十分重要的，为了满足系统性能指标，需要采用传感器阵列吗？需要多大的计算量和吞吐量？系统需要实时处理信号和提取信息吗？

类似地，确定算法是否需要自适应也很关键。所谓自适应是指算法自身需要适应正在感知的环境，当信号和噪声源相对来说不是很稳定的时候，自适应算法是必需的。例如，安装在移动平台上的传感器将处于不同的物理背景，如安装在飞机上的雷达将要飞过不同的地带，在这类环境下使用的算法都要适应不断变化的情景。为了回答这个问题，如果已经有这样的系统，那么对系统的历史进行评述是有利的，看看已有系统什么时候工作得好，什么时候工作得不好，系统的较差性能有时可以用工作条件与假设的条件有冲突来解释。

最后，对不同领域中的类似问题进行综述总是好的方法，看看类似问题是如何解决的。

这也需要有效利用遇到过的典型基本问题。例如，在表面化学检测中，氮和氧总是存在的，必须利用分光仪的数据进行编辑，在做这样的预处理步骤之后，检测系统就能够搜索“目标化学”。

5. 选择数学模型

模型选择是算法的基础。应该把有关信号和噪声的详细的物理和统计信息都考虑进去，模型往往是信号和噪声产生过程的物理机制，但是需要将模型进行修剪，使其易于工作。例如，在语音识别中，时变线性滤波器与声门/喉咙结合在一起，模拟产生整个声音的模型。任何选择的模型都要精确到足以捕捉信号的重要内容(比如谱)但又不能复杂得使算法不易实现。后者的考虑促使我们使用线性预测编码(LPC)模型，这是一种白噪声或脉冲串激励的全极点滤波器，更精确也更复杂的模型是极零点滤波器。全极点滤波器使得问题处理变得容易，因为使用一组线性方程来估计参数。遗憾的是，物理上更精确的极零点滤波模型要求复杂的非线性最优化问题的解，才能得到精确的参数估计。

在选择模型之前，得到一些现场数据通常是有好处的。分析这些数据，以便确定它的统计特性，这些特性包括：

a. 数据的平稳性
b. 信号和噪声的功率谱密度
c. 概率密度
d. 干扰源
e. 数据伪像的来源
f. 信噪比(SNR)
g. 传感器的限制

对现场数据的分析是得到好的数学模型的第一步。

6. 可行性分析

一旦提出一个数学模型，就必须确定与模型相关的参数值，如信号数目、信号幅度、噪声功率和功率谱密度等。有了这些参数，就有可能进行可行性分析，这是对一个算法能够达到的最好性能的评估。如果技术规范要求的性能超出了这个最好性能，那就表明技术规范是不能满足的。这时要么修改技术规范，要么修改算法的目标。即使可以证明技术规范在理论上可以达到，那也说明算法在现场使用时的性能要比实验室使用时的差。没有一个算法能够适应实际中所有复杂的情况，因此，我们说性能是可行的并用来预测工作性能是一种冒险。理论性能至多是个上限，如果应用时，实际的性能接近理论性能(当然会稍差一点)，那么算法就是成功的。

建立性能上限有一些方法：

a. 估计——克拉美-罗下限(CRLB)——参见第8、9章
b. 检测——奈曼-皮尔逊准则——参见第8、10章
c. 分类——最大后验分类器——参见第8章

下一节将给出一个CRLB的例子。

7．修改技术规范（如果必要）

如果技术规范被证明理论上是无法达到的，那么除了修改别无选择。例如，假定设计一个跟踪器来跟踪飞行器的位置，技术规范要求均方根误差（RMS）在 95%的时间里都满足 $\sqrt{\delta_x^2+\delta_y^2}\leqslant 1\,\mathrm{m}$，其中 δ_x 和 δ_y 分别是 x 和 y 的位置误差。如果满足不了这个要求，那么技术指标就应该修改为 5 m，或者维持为 1 m，但是要在 90%的时间里。此外，也可以修改目标，使得 5 个飞行器中只有最大的一个达到期望的位置精度。

8．提出解决方案

一旦完成可行性分析，就该开始艰苦的工作了，即设计算法。算法设计是根据提出的数学模型直接得出的结果。为了构建解决方案，进行解析工作是必需的，基本的方法包括：

a．估计——推导最大似然估计器（MLE）或最小均方误差估计器（MMCE）
b．检测——推导奈曼-皮尔逊（NP）检测器、广义似然比检验（GLRT）或贝叶斯似然比检验
c．分类——最大后验概率密度函数（PDF）的推导

更简单的方法就是修改一个已知的解，使之适应当前的问题，但这一方法不能保证是最佳的。例如，在检测系统中，如果噪声功率是已知的，最佳方法是用 NP 检测器实现，已知噪声功率对于调整检测门限是必需的。由于噪声功率通常是未知的，因此需要估计噪声功率，用估计值代入 NP 检测器，这样有可能产生可接受的结果。如果不能，那么就不得不在缺乏这些知识的情况下推导检测器，这时建议采用 GLRT 检测器。

在这个阶段，有一个备份的方法是有利的。例如，提出的方法可能需要大量的计算。那么可以提出一个运算量小的准最佳方法作为备用，当然性能也会降低。例如，当采用 GLRT 检测器时，由于最大似然估计方法需要估计一个或多个参数，因此运算量较大，这时可以采用较小运算量的能量检测。

9，10．性能分析

为了确定提出的算法的性能，可以采用解析的方法进行评估，或者采用蒙特卡罗仿真的方法进行评估。前者可能相当困难，要求许多近似，产生的结果也会有些疑问。它的好处在于，解析的性能描述可以提供影响性能的一些关键参数。另一方面，计算机仿真通常更为容易，并且能把许多实际的假设考虑进去，它的劣势在于很难去验证程序逻辑，计算机编程的错误也是一个危险因素。例如，在估计问题中，可以假定数据记录很长，用以推导近似的估计方差，称之为渐近方差。但如果实际的数据记录没有那么长，预测的精度就可能不够精确。然而，像练习 1.1 那样采用计算机仿真方法，就可以精确地确定估计的方差。当数学模型很复杂时，数学分析很难得到结果，通常需要借助计算机进行仿真分析。一旦确定了性能，就能确定是否能够满足技术规范。如果不能满足，那就要修改技术规范（回到第 7 步）。在这一点，确定性能的边缘也是有益的，通常是减少 SNR 直至性能规范不能满足。技术规范之上的性能提高量也是一个重要的信息，它告诉我们实际中在满足技术规范的前提下性能能够损失多少。

11，12．灵感度分析

即使提出的算法在理论上证明了是满足技术规范的，但在实际中仍有可能不满足。算法需要应对 60 Hz 的实际干扰（电力线产生的杂散电压），传感器制造的公差，或者非理想的模

拟预处理设备，等等。为此，必须考虑灵敏度分析。例如，如果EEG信号用来控制计算机屏幕上的光标，这需要一种分类算法，那么60 Hz的干扰效应对算法来说可能是个问题。简单的滤波是不可能实现的，因为EEG信号在60 Hz附近有较大的功率。为了分析算法的干扰的灵敏度，在可控的条件下(在计算机中进行算法模拟)必须引入一个电平增加60 Hz干扰。如果性能没有大的衰减，那么可以得出结论：算法对干扰不是特别的灵敏。然而，如果不是这种情况，就需要修改数学模型。模型中要考虑干扰的出现，从而得出一种修正的算法。注意，有时可能通过设计一种更稳健的算法来减轻灵敏度问题，即设计一种对干扰没有反应的算法。这意味着对于60 Hz不同电平的干扰，算法性能必须是均匀的。然而，这样做的代价往往是要降低在没有干扰时算法的性能。需要认识到的是，稳健特性与算法展示“均匀的平凡性”的意义相同。

13，14，15．现场测试

“布丁的味道好不好，一尝便知”，只有在实际的工作条件下(即现场)才能检验算法的好坏。笔者发现，这一步可能是特别震撼人心的经历。通常系统并不像第9步中所预测的那样工作得很好。这是由许多因素决定的，除了可能的算法问题以外，还有诸如测试方法、设备故障等问题。如果出现这种情况，下一步就是要采集现场数据并带回实验室做进一步的分析。利用现场数据可以分析数学模型的假设是否精确，如果不精确，就需要修正模型。如果模型的假设被证明是正确的，唯一的方法就是获取新的现场数据来确定预测的性能与实际性能出现偏差的根本原因。

再次提醒大家，在现场评估算法性能、采集现场数据并带回实验室进行分析时，取得足够多的现场数据，对于统计有效性评估是非常重要的。正如例1.1所示，要在不同条件下得出一个结论性的结果，必须选择一个合适的实验次数。为了满足要求，必须高度重视拟定一个好的测试计划。

2.3　信号处理算法设计实例

下面阐述前一节描述的一般设计方法，我们围绕实际中可能遇到的假设问题进行讨论。讨论中简化了一些问题的细节，主要是为了不增加读者的负担。为了帮助理解，我们选择一个大家较为熟悉的仪器设计例子，这个例子是一种检测血凝块的多普勒超声仪器。通常认为超声是一种频率分量在人耳听不到的范围内的声音信号，典型的频率是25 kHz以上的频率。有关这一仪器的物理知识及其设计的约束在[Jensen 1996]中有所描述，读者可以参阅该书。

1．问题描述

凡是曾经乘飞机长距离飞行的人都有过这样的经历：由于缺乏运动而感到腿很僵硬，缺乏运动的潜在危险就是在下肢深静脉形成血凝块，这种情况也称为深静脉血栓(Deep Vein Thrombosis，DVT)，如果凝块断裂并通过循环系统，就可能威胁人的生命。

友好航空(Friendly Airlines)公司的CEO关注了飞行中DVT事件发生时对其航空公司的责任诉讼，他与信号处理领域著名的罗德岛大学信号处理组(University of Rhode Island Signal Processing Group，URISPG)取得了联系，请求他们帮助解决这个问题。CEO(后面我们称他为赞助商）要求设计一个仪器来确定腿痛的乘客是否有 DVT。由于赞助商希望为整个机队配备该仪器，因此仪器应该是比较廉价的。此外，由于飞机乘务员负责测试并解释结果，因此也要求易于操作。当然，也要该仪器是高度精确的，赞助商希望在出现误判时（告知乘客有 DVT 而实际情况却没有）不要在乘客中产生恐慌，但如果乘客确实有 DVT，就应该及早发现。

2. 目标

在与赞助商见面后，URISPG 确定仪器功效的最终结果应该是检测加分类。首先，仪器要具有检测血凝块的能力（检测阶段），然后要确定血凝块的相对大小（分类阶段）。在与乘客讨论测试结果并就医时，血凝块的大小非常重要，分类结果是“小、中、大”。那么，目标就是要设计一个具有给定虚警概率和检测概率的检测器，以及一个具有给定不正确分类的错误概率的分类器。

3. 技术规范

由于在市场上没有仪器作为性能规范的参考，技术规范必须根据问题的描述和目标来制定。例如当乘客没有进行 DVT 检测时不要告之他有 DVT，即控制虚警概率。理由如下：友好航空公司每天有 200 个航班的飞行时间超过 4 小时，长时间的不运动有可能引发 DVT。假定每个航班满员为 300 人，感到腿部不适的概率为 10^{-2}，那么每个航班大约有 3 人感到腿部不适，一周内大约有 4200 人感到腿部不适。为了保持虚警率每周不超过 1 人，我们要求虚警概率 P_{FA} 小于 $1/4200 \approx 2\times10^{-4}$，这样就建立了虚警概率的技术规范。而检测概率应该相当高，所以我们选取 0.9，这样赞助商就可以宣传 10 个 DVT 事件中有 9 个能够检测出。对于分类，一旦检测到 DVT，我们希望对血凝块分类的错误概率 P_e 要小，选为 0.1。由于所有信号处理算法的性能都依赖于能量噪声比（ENR），假定最小 ENR 的技术规范为 20 dB。这意味着当 ENR 大于等于 20 dB 时仪器能够正常工作。后面将会对 ENR 给出简短的定义。

4. 信息采集

回顾血凝块诊断的公开文献，将会发现超声诊断是常用的方法。通常都是在医院用非常复杂的方法进行检验，测试仪器也很大。诊断所依据的物理原理就是多普勒效应，利用多普勒效应产生一种血流图，例如颈动脉的血流图。这一方法可以应用到我们的问题中，然而所需的仪器必须是便携式的、便宜的，正如问题描述中所阐述的那样。此外，还需要近于实时地产生诊断结果，不能等待一天，或者等到专家来阅读影像。因此，算法肯定不能过于复杂，或许还需要自适应，因为被测试者和传感器都不能移动。血凝块的深度也是未知的，随着信号从发射传感器通过体组织辐射到达血凝块、再回到接收传感器，信号电平会有所变化。例如，由于吸收和散射效应，1 MHz 超声发射信号的衰减大约 1.5 dB/MHz-cm，如果血凝块离发射传感器的距离为 d cm，那么损耗是 $1.5 \times 1 \times 2d = 3d$ dB，如果血凝块在 2～8 cm 的范围，那么衰减变化的范围是 6～24 dB，这种变化是相当显著的。最后，血凝块的大小也在直径接近 0～3 cm 区间变化，这肯定也要在我们的技术规范中考虑。幸运的是，有关超声在体组织中传播的信号建模得到了相当广泛的研究，有许多公开的文献[Jenssen 1996]可以参考，在设计中可以利用这些知识。

5. 选择数学模型

5.A 一般模型

目标的检测与分类是雷达和声呐信号处理的核心。在我们的问题中，检测的目标是血凝块，在雷达和声呐领域中已经用到的许多技术可以用于超声情况。建模的第一步就是要利用信号产生过程的物理特性、传输媒介的传播特性以及目标的反射过程。为了识别出动脉中有无目标，假定血凝块/目标是平稳的，而血流呈现出非零速度。从物理上考虑，速度可以根据多普勒效应感知到，因此自然会想到使用超声诊断仪器。对于有血凝块和没有血凝块的情况，具备一些实验数据当然是有帮助的。对于我们的问题，由于是新装置，之前没有使用和测试过，所以并没有假定有可用的数据。不过，还是有一些多普勒超声诊断仪器可以提供一些有用的数据。

我们假定在测试时将连续波(CW)超声信号发射到腿部，这个信号刚好是一给定频率的纯正弦波，并持续一段连续的时间间隔。假定接收媒介是线性的，如果有一个血凝块(目标是平稳的)，则接收到的将是一个同一频率的信号；而如果没有血凝块，则接收到的将是一个不同频率的信号。信号的反射是由片流式的血流引起的。正如前面所提到的，由于与腿部组织的相互作用，接收到的信号将会有很大的衰减。发射信号的标准模型为

$$s_T(t) = A_T \cos(2\pi F_0 t) \qquad 0 \leqslant t \leqslant T$$

其中 A_T 是发射的 CW 的幅度，F_0 是发射信号的频率(单位为 Hz)，T 是 CW 传输的时长(单位为秒)。对于接收信号，一个简化的、但在实际中广泛应用的模型[Ziomek 1985, Jensen 1996]是

$$s_R(t) = A_R \cos[2\pi(F_0 + F_d)(t-\tau) + \beta] \qquad \tau \leqslant t \leqslant \tau + T \tag{2.1}$$

接收信号中加入了多普勒频移 F_d(单位为 Hz)、发射信号通过腿部组织传播到血凝块并返回到接收探头的时延 τ(单位为秒)以及信号与腿组织与血凝块相互作用引起的相移 β。对于从血凝块反射的信号，$F_d = 0$；只有从血液反射的信号，$F_d \neq 0$。除了多普勒频移呈现时变现象之外，幅度和相位也会变化，正如一个正弦信号通过一个具有给定频率响应的线性时不变系统那样。可以进一步证明多普勒频移为[Jensen 1996]

$$F_d = \frac{2v}{c} F_0 \cos\theta \tag{2.2}$$

其中，v 是血流速度(单位为 m/s)，c 是声波在体组织内传播的速度(单位为 m/s)，θ 为传感器的法线与血流速度向量的夹角(单位为弧度)，附录 2A 给出了在 $\theta = 0$ 时式(2.2)的简单推导。传感器通常是由压电材料组成的线阵。典型的值为 $F_0 = 1$ MHz，$v_{\max} = 0.5$ m/s，$c = 1540$ m/s，$\theta = \pi/4\,(45°)$，最大的多普勒频移是 $F_{d_{\max}} = 459$ Hz，取 500 Hz 作为最大的多普勒频移。注意，多普勒频移也可能是负的，取决于传感器相对于血流速度向量的方向。我们假定多普勒频移的变化区间为[−500, 500] Hz。因此，接收信号将是频带为 $999\,500 \leqslant F_0 + F_d \leqslant 1\,000\,500$ Hz 的正弦信号，信号频带是以 1 MHz 为中心的窄带。如果用最高频率的两倍采样，那么采样率将是 2 001 000 样本/秒。为了避免这种情况，通常将信号解调到基带，然后对导出的低通信号采样(见第 12 章)。注意，低通信号只有 500 Hz 的带宽，因此采样率可以低至 1000 样本/秒。尽管按常规可用复解调器完成(见练习 2.1)，但对于这里的问题，由于我们并不关心多普勒频移是正的还是负的，因此可以使用实解调器。只是要确定多普勒频移是零还是非零，采用实解调，必须要乘以 $\cos(2\pi F_0 t)$ 并通过低通滤波器，得到

$$s(t) = [A_R \cos[2\pi(F_0 + F_d)(t-\tau) + \beta]\cos(2\pi F_0 t)]_{\mathrm{LPF}}$$

其中 LPF 表示低通滤波。利用标准的三角恒等式 $(\cos(C)\cos(D)=(1/2)(\cos(C+D)+\cos(C-D)))$，我们有

$$\begin{aligned}s(t)&=\frac{A_R}{2}[\cos[2\pi(F_0+F_d)(t-\tau)+\beta+2\pi F_0 t]\\&\quad+\cos[2\pi(F_0+F_d)(t-\tau)+\beta-2\pi F_0 t]]_{\mathrm{LPF}}\\&=\frac{A_R}{2}[\cos[2\pi(F_0+F_d)(t-\tau)+\beta-2\pi F_0 t]\\&=\frac{A_R}{2}\cos[2\pi F_d t-2\pi(F_0+F_d)\tau+\beta]\\&=\frac{A_R}{2}\cos(2\pi F_d t+\phi)\end{aligned}$$

其中 $\phi=-2\pi(F_0+F_d)\tau+\beta$ 且不依赖于 t。频率为 $2F_0+F_d$ 的项被低通滤波器滤除，因此接收信号频率为 F_d 的实的正弦信号。注意，由于 ϕ 是未知的，我们不能识别出多普勒频移是正的还是负的。这是由于用余弦信号解调，而复解调则是采用余弦和正弦信号（关于复解调见第 12 章）。由于我们的问题是要识别多普勒频移是零还是非零，这并不困难，因此大大简化了数学模型和算法实现。

练习 2.1　复解调

重复前面的推导，但用正交分量 $-\sin(2\pi F_0 t)$ 代替 $\cos(2\pi F_0 t)$，得到

$$s_Q(t)=[A_R\cos[2\pi(F_0+F_d)(t-\tau)+\beta](-\sin(2\pi F_0 t))]_{\mathrm{LPF}}$$

可得到 $s_Q(t)=\frac{A_R}{2}\sin(2\pi F_d t+\phi)$，与 $s(t)=\frac{A_R}{2}\cos(2\pi F_d t+\phi)$ 组合在一起形成复信号为 $\tilde{s}(t)=s(t)+\mathrm{j}s_Q(t)$。能够利用 $\tilde{s}(t)$ 求出 F_d 而不会产生模糊吗？也就是能够区分正频率与负频率吗？　●

令 $A=A_R/2$，并且将回波信号最先到达的时间边缘设定为时间变量的零点，那么最终得到的信号模型为

$$s(t)=A\cos(2\pi F_d t+\phi)\qquad 0\leqslant t\leqslant T$$

其中 $F_d=(2v/c)F_0|\cos(\theta)|$，可见 $F_d\geqslant 0$。（我们已将 ϕ 定义为 $\phi=-2\pi F_0\tau+\beta$）接下来要对由设备、非片流式的血流等引起的误差进行建模，假定返回信号是嵌入在连续的高斯白噪声（WGN）$w(t)$ 中，所以，我们在接收传感器的输出端观测到

$$x(t)=A\cos(2\pi F_d t+\phi)+w(t)\qquad 0\leqslant t\leqslant T$$

由于最大的多普勒频移是 500 Hz，我们以 $F_s=1/\Delta=1000$ 样本/秒的奈奎斯特速率进行采样，采样得到的离散时间观测 $x(n\Delta)$ 输入到数字信号处理器，其输入为

$$x(n\Delta)=A\cos(2\pi F_d n\Delta+\phi)+w(n\Delta)$$

令 $x[n]=x(n\Delta)$，$w[n]=w(n\Delta)$，定义归一化的数字频率为 $f_d=F_d/F_s=F_d\Delta$，则

$$x[n]=A\cos(2\pi f_d n+\phi)+w[n]\quad n=0,1,\cdots,N-1\tag{2.3}$$

其中 $0\leqslant f_d\leqslant 1/2$，$T=(N-1)\Delta$，可以进一步证明 $w[n]$ 是离散 WGN 过程，对于所有的 n，有

$E[w[n]]=0$、$\mathrm{var}(w[n])=\sigma^2$ 且不相关（因而也是独立的）[Kay 2006, pg. 583]，式(2.3)就是我们选取的数学模型。

练习 2.2　由连续时间 WGN 得到离散时间 WGN

连续时间 WGN $w(t)$的功率谱密度(PSD)为 $P_w(F)=N_0/2$，$-\infty<F<\infty$。假定噪声随后被滤波，这是一个有用的数学模型，但噪声功率是无限的$\left(\int_{-\infty}^{\infty}(N_0/2)\mathrm{d}F=\infty\right)$。如果 $w(t)$被低通滤波到 W Hz，则低通滤波器输出信号 $y(t)$的 PSD 为

$$P_y(F)=\begin{cases}N_0/2, & -W\leqslant F\leqslant W\\ 0, & |F|>W\end{cases}$$

如果以奈奎斯特速率 $F_s=2W$ 对 $y(t)$采样，“谱”就会被复制产生频率的周期函数。画出复制谱的图像，即 $y[n]=y(n\Delta)$的功率谱，其中$\Delta=1/F_s$。注意，离散时间过程的 PSD 是周期的，但它是由$-W/F_s$到 W/F_s(即$-1/2$ 到 $1/2$)周期延拓得来的。这样 $y[n]$具有平坦的 PSD，因此可以称其为离散时间 WGN。　●

5.B　检测模型

检测问题可以根据式(2.3)的数学模型来加以描述。当有血凝块时 $f_d=0$，否则 $f_d>0$。问题就转化为两个竞争的假设$\mathcal{H}_0$和$\mathcal{H}_1$的假设检验问题，其中$\mathcal{H}_0$为无血凝块，$\mathcal{H}_1$为有血凝块，可表示为

$$\begin{aligned}&\mathcal{H}_0:\ x[n]=A\cos(2\pi f_d n+\phi)+w[n] && \text{无血凝块}\\ &\mathcal{H}_1:\ x[n]=A\cos(\phi)+w[n] && \text{有血凝块}\end{aligned}\tag{2.4}$$

其中 $n=0,1,\cdots,N-1$，$w[n]$是方差为σ^2的 WGN。图 2.2 给出了两种假设下可能观测到的数据，其中使用了参数 $A=\sqrt{15}$，$\sigma^2=15$，$f_d=0.2$，$\phi=0$，$N=20$。

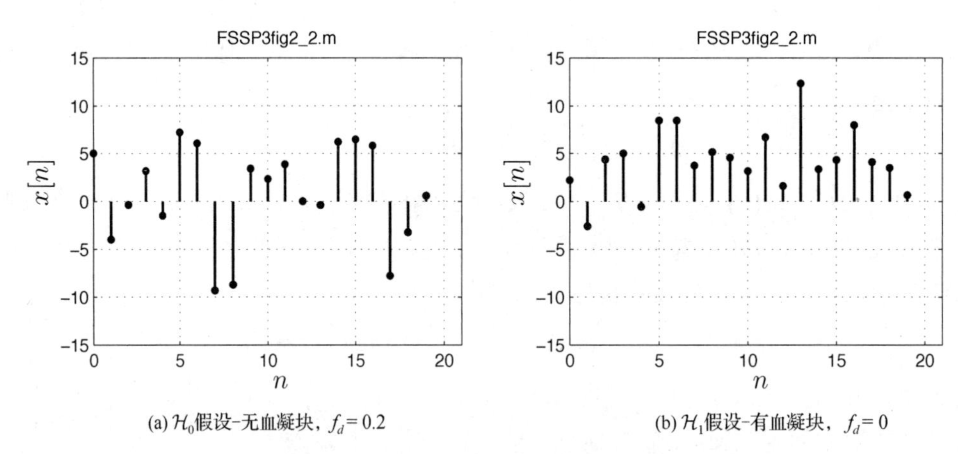

(a) $\mathcal{H}_0$假设-无血凝块，$f_d=0.2$　　(b) $\mathcal{H}_1$假设-有血凝块，$f_d=0$

图 2.2　两种假设情况下观测到的典型数据

练习 2.3　不同频率的正弦信号的识别

假定 $s[n]=\cos(2\pi f_d n)$，其中 $n=0,1,\cdots,N-1$ 和 $N=20$。画出傅里叶变换的幅度，其中离散傅里叶变换定义为

$$S(f)=\sum_{n=0}^{N-1}s[n]\exp(-\mathrm{j}2\pi fn)\quad -1/2\leqslant f\leqslant 1/2$$

比较 $f_d=0$ 和 $f_d=0.2$ 两种情况。下面令 $f_d=0$ 并与 $f_d=0.01$ 的情况进行比较，如果两个信号的频率靠得比 1/N 还要近，能分辨出信号吗？提示：需要编写 MATLAB 程序。　●

5.C　分类模型

下面阐述分类问题的数学模型。假定已经检测到血凝块，我们希望确定血凝块的大小。正如在“目标”中所描述的那样，必须确定血凝块是“小”、“中”或“大”。当然，这需要对这些名称进行量化，并不是一件容易的事情。由于检测已经发生，接收的数据为 $x[n]=A+w[n]\,(A>0)$［根据式(2.4)，其中假定 $A>0$，$\cos\phi=1$］。假定可靠检测到的最小血凝块是由前一个检测示例所给出的 A 值，即 $A=\sqrt{15}\approx 4$。对于中等尺寸的血凝块，假定 $A=8$；对于大的血凝块，假定 $A=12$。因此，将分类问题归纳为根据接收数据，在下列假设中选择一个假设成立，

$$\begin{aligned}&\mathcal{H}_0:\ x[n]=4+w[n] && \text{小血凝块}\\&\mathcal{H}_1:\ x[n]=8+w[n] && \text{中等血凝块}\\&\mathcal{H}_2:\ x[n]=12+w[n] && \text{大的血凝块}\end{aligned}\qquad (2.5)$$

其中假定观测到 $x[n]$（其中 $n=0,1,\cdots,N-1$），而 $w[n]$ 和之前一样被假定为方差是 $\sigma^2=15$ 的 WGN。回想一下，技术指标要求 $P_e=0.1$。一组观测到的可能数据如图 2.3 所示。

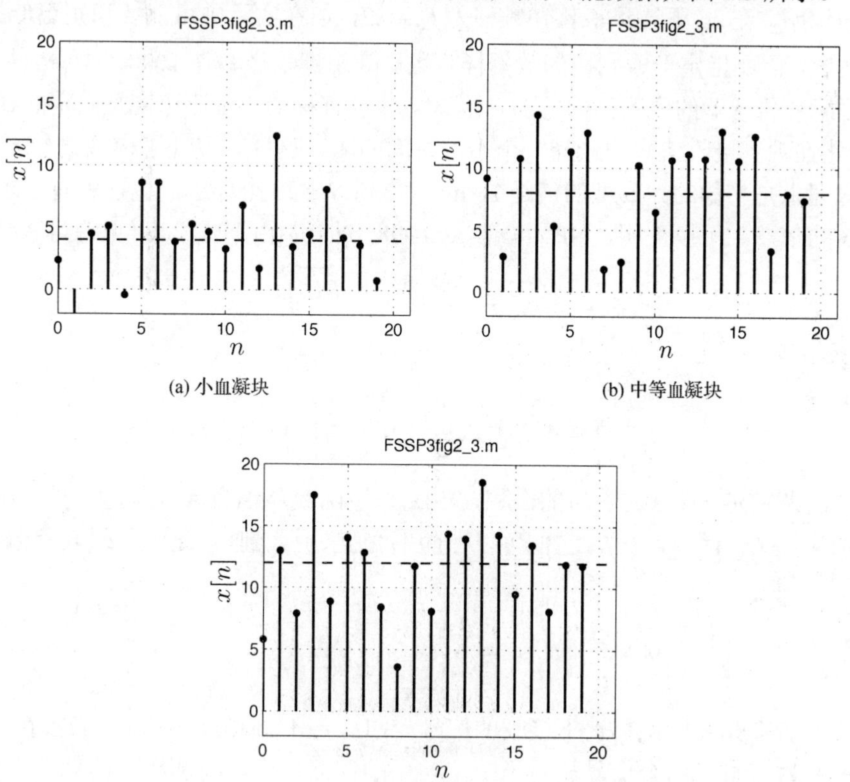

(a) 小血凝块　(b) 中等血凝块　(c) 大的血凝块

图 2.3　对于每种尺寸的血凝块观察到的典型数据集。血凝块的幅度 A 在图中用虚线表示

6．可行性分析

6.A　检测问题

我们将采用奈曼-皮尔逊(NP)性能边界作为可行性评估的工具。它是性能的上界，因为可以证明，这是在约束虚警概率 P_{FA} 的情况下使检测概率 P_D 最大的最佳准则(见 8.2.2 节)。此外，在式(2.4)的假设检验问题中，并不知道 A、f_d 和 ϕ 的值。这些是信号的参数，它们的值与传播、吸收以及体组织和血凝块的散射特性有关，不可能预先知道。因此，在实际中都必须根据接收数据进行估计，NP 性能假定这些参数值是已知的，这样肯定就提供了性能的上界。为了得到这个性能上界，假定在 $\mathcal{H}_0$(无血凝块)的条件下，ENR 为 10 dB，ENR 定义为[参见式(2.4)]

$$\mathrm{ENR}_0 = 10\log_{10}\frac{NA^2/2}{\sigma^2} = 10\ \mathrm{dB}$$

其中的参数值假定为 $A=\sqrt{15}$，$\sigma^2=15$，$f_d=0.2$，$\phi=0$，$N=20$；在 $\mathcal{H}_1$(有血凝块)的假设下，对于同样的值，ENR 稍高，其值为

$$\mathrm{ENR}_1 = 10\log_{10}\frac{NA^2}{\sigma^2} = 13\ \mathrm{dB}$$

在实际中，10 dB 和 13 dB 的 ENR 是可以达到的。前面已经假定最小 ENR 为 20 dB，所以，即使指标是可行的，实际中也至少有 7 dB 的衰减空间。随着多普勒频率在 $\mathcal{H}_0$ 下增加，其检测性能也会增加，这是因为两个信号的频率间隔增加，信号的可识别性也随之增加。这里做一个简单的说明，在 $\mathcal{H}_0$ 下选择多普勒频移为 $f_d=0.2$，但在实际中可能要识别更低的多普勒频移信号。最后，需要指定形成判决的数据样本数。回想到采样率是 1000 个样本/秒，要使模型有效，必须确保传感器的位置是固定的，测试主体没有移动，血流速度是固定的(随心律周期变化)。因此在观测接收信号中选择一个小的时间间隔，这样就保证了模型式(2.4)是有效的，即信号在时间上是平稳的。典型的值是 20 ms，得到 $N=20$ 个样本。现在就有了求出 P_D 上界的所有必需的信息。可以证明，NP 性能[Kay 1998, pg.103]由下式给出(见练习 2.4)：

$$P_D = Q\left(Q^{-1}(P_{FA}) - \sqrt{d^2}\right) \tag{2.6}$$

其中 Q 函数定义为

$$Q(x) = \int_x^\infty \frac{1}{\sqrt{2\pi}}\exp\left(-\frac{1}{2}t^2\right)\mathrm{d}t$$

它表示标准高斯PDF与 x 点的右边的面积，$Q^{-1}(x)$ 是逆函数(MATLAB 的子程序 `Q.m` 和 `Qinv.m` 可用来分别计算 $Q(x)$ 和 $Q^{-1}(x)$，它们可以在随书光盘①上找到)。此外，d^2 表示偏差系数，定义为

$$d^2 = \frac{1}{\sigma^2}\sum_{n=0}^{N-1}\left(s_1[n] - s_0[n]\right)^2 \tag{2.7}$$

其中 $s_1[n] = A\cos(\phi)$，表示在 $\mathcal{H}_1$ 下接收的信号；$s_0[n] = A\cos(2\pi f_d n + \phi)$，表示在 $\mathcal{H}_0$ 下接收的信号，偏差系数度量了两个信号相对于噪声功率的偏离程度，检测概率随偏差系数的增加而

① 相关的 MATLAB 程序和光盘内容请登录华信教育资源网（www.hxedu.com.cn）注册下载。

增加。对于前面选择的参数（$A=\sqrt{15}$，$\sigma^2=15$，$f_d=0.2$，$\phi=0$，$N=20$），图 2.4 画出了 P_D 与 P_{FA} 的曲线，这个图形称为接收机工作特性(ROC)。

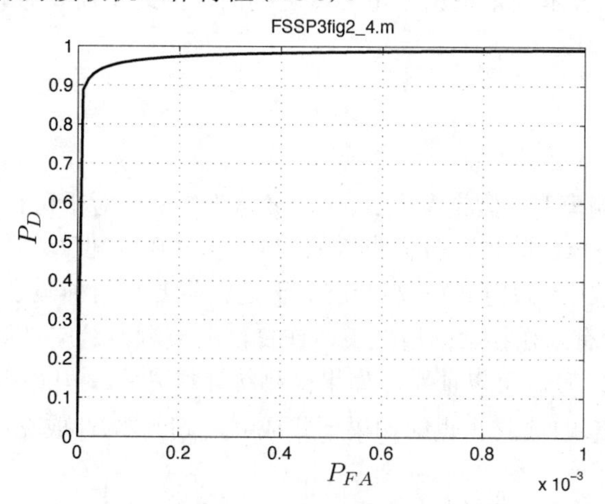

图 2.4　奈曼-皮尔逊检测概率性能上界

注意，对于 $P_{FA}=2\times10^{-4}$ 的性能指标，检测概率大约是 $P_D=0.97$，超过了 0.9 的性能指标要求，因此，如果 ENR 分别取 $\text{ENR}_0=10$ dB 和 $\text{ENR}_1=13$ dB，那么检测性能是可行的。由于我们先前预计的 ENR 是 20 dB，这留出了 7 dB 的余量，足以适应实际中遇到的信噪比的下降。

练习 2.4　偏差系数的计算

当 $A=\sqrt{15}$，$\phi=0$，$\sigma^2=15$，$N=20$ 时，画出由式(2.7)给出的偏差系数与 f_d（$0\leqslant f_d\leqslant 1/2$）的曲线，解释你的结果。提示：需要编写 MATLAB 程序。　●

练习 2.5　满足技术规范所要求的 ENR

重新运行生成图 2.4 的 MATLAB 程序，但是减少 ENR 直到产生 $P_D=0.9$ 和 $P_{FA}=2\times10^{-4}$ 的指标，这可以通过减少 A 做到。刚好达到性能指标的 A 值是多少？随书光盘上的 `FSSP3exer2_5.m` 是用来生成图 2.4 的 MATLAB 程序。　●

6.B　分类问题

下面我们考察在对血凝块进行分类时达到错误概率 $P_e=0.1$ 或更低的可行性。式(2.5)给出的分类问题是一个多元假设检验问题，如果每一个假设发生的概率是相同的，那么可以证明[Kay 1998, pg.83]最佳分类器的错误概率为

$$P_e=\frac{4}{3}Q\left(\sqrt{\frac{N(\Delta A)^2}{4\sigma^2}}\right) \tag{2.8}$$

其中ΔA 是两个相近假设 A 的差值(见 8.2.3 节)，由式(2.5)可知，$\Delta A=8-4=12-8=4$，由于最佳分类器需要已知ΔA，而实际中ΔA 又是未知的，所以式(2.8)是一种可能的最佳性能。在我们的例子中，P_e的下界为

$$P_e=\frac{4}{3}Q\left(\sqrt{\frac{20(4)^2}{4(15)}}\right)=0.0139 \tag{2.9}$$

满足 $P_e=0.1$ 的技术规范要求。实际衰减的盈余因子是 $0.1/0.0139\approx7$。

7．修改技术规范

对于我们的例子，技术规范理论上是可以达到的，因此不需要做修正。

8．提出解决方案

8.A 检测算法

参考式(2.4)的检测模型，假定参数 A、f_d 和 ϕ 是未知的。对于可识别的数学模型参数，需要假定 $A>0$ 和 $-\pi\leqslant\phi<\pi$。此外，我们也曾假定 $0<f_d<0.5$，但 $\mathcal{H}_0$ 下实际的最小多普勒频移依赖于最小血流速度，因此假定 $0.1<f_d<0.5$。于是就需要在两种假设下没有未知参数知识时设计一个检测器。在含有未知参数的情况下工作良好的检测器是广义似然比检测(GLRT)[Kay 1998, pg. 200]（见 8.5.2 节）。可以证明，如果检测统计量 $T(\mathbf{x})$($\mathbf{x}=[x[0]x[1]\cdots x[N-1]]^{\mathrm{T}}$) 超过门限 γ，应该判 $\mathcal{H}_1$（有血凝块）成立。也即如果下式成立，则判断 $\mathcal{H}_1$ 成立：

$$T(\mathbf{x})=\frac{\min\limits_{0.1<f_d<0.5}\sum_{n=0}^{N-1}\left[x[n]-\hat{A}\cos(2\pi f_d n+\hat{\phi})\right]^2-\sum_{n=0}^{N-1}\left(x[n]-\bar{x}\right)^2}{\sigma^2}>\gamma \tag{2.10}$$

其中

$$\bar{x}=\frac{1}{N}\sum_{n=0}^{N-1}x[n]$$

$$\hat{A}=\frac{2}{N}\left|\sum_{n=0}^{N-1}x[n]\exp(-\mathrm{j}2\pi f_d n)\right|$$

$$\hat{\phi}=\arctan\left(\frac{-\sum_{n=0}^{N-1}x[n]\sin 2\pi f_d n}{\sum_{n=0}^{N-1}x[n]\cos 2\pi f_d n}\right)$$

注意，应该在频率范围 $0.1<f_d<0.5$ 内将 f_d 代入 $\hat{A}$ 和 $\hat{\phi}$ 中进行计算，然后再代入式(2.10)用数值计算的方法求最小值。在多普勒频率范围内取检测统计量 $T(\mathbf{x})$ 的最大值与门限 γ 进行比较，门限 γ 的选择要满足 $P_{FA}=2\times10^{-4}$ 的指标要求。

8.B 分类算法

回顾式(2.5)的数学模型，如果假定 ΔA 已知，那么 P_e 由式(2.9)的下界给出。假定 $\Delta A=4$，后面再讨论偏离假定值时的灵敏度。实际的分类算法称为最小距离分类器[Kay 1998，pg. 83]，对于一个等价的判决问题，判决方法如下：

$$\begin{array}{ll}\mathcal{H}_0, & \bar{x}<6\\ \mathcal{H}_1, & 6<\bar{x}<10\\ \mathcal{H}_2, & \bar{x}>10\end{array} \tag{2.11}$$

分类器选择 A 的估计值（样本均值）最靠近为血凝块预设的幅度值的那个假设。

9，10. 性能分析

⚠ **总是先进行计算机模拟。**

在实际中，算法测试前总是先进行计算机模拟。这很有必要，相比于采用实际数据进行测试，利用计算机模拟有许多优势：

a. 通过将数学方法编入到运行的算法中，可以理解算法背后的数学思想；
b. 突出后面可能遇到的一些细微差别(如矩阵的病态)；
c. 很容易执行验证性能所要求的重复实验；
d. 很容易改变参数来确定对算法性能的影响；
e. 不同的模拟数据集可以很容易地输入到算法中进行测试，这些数据可以保证具有指定的统计特性，而现场数据则不能如此。 ⚠

9.A 检测算法性能

式(2.10)中精确的 P_{FA} 和 P_D 是很难通过解析的方法得到的，因此要借助蒙特卡罗计算机评估方法(见第 7 章)。模拟中采用相同的数据，即 $A=\sqrt{15}$，$\sigma^2=15$，$\phi=0$，$N=20$，$f_d=0.2$。模拟结果如图 2.5 所示，应该将此图的结果与图 2.4 的 NP 性能上界进行比较。

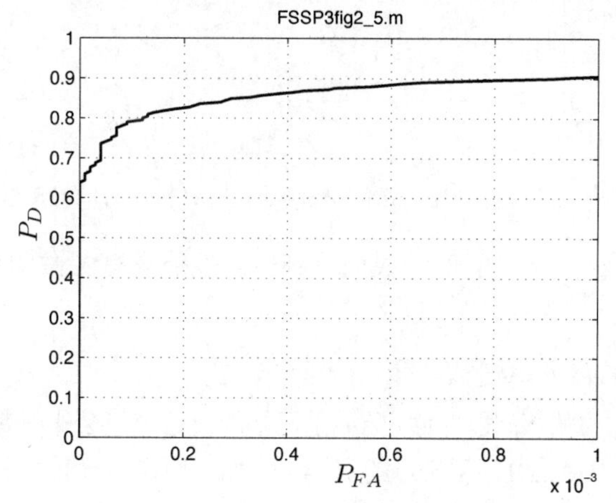

图 2.5 GLRT 检测器的计算机模拟检测性能

从图 2.5 中可以看出，对于 $P_{FA}=2\times10^{-4}$，检测概率大约为 0.82。为了满足 0.9 的性能指标要求，需要稍高一点的 ENR。注意，期待的性能要比性能上界差一些。利用计算机模拟评估性能的方法将在 7.3.2 节中介绍。

⚠ **性能上界是难以(实际上是不能的)打破的！**

以计算机模拟为基础，如果图 2.5 的结果比图 2.4 要好，那么应该立即意识到哪个地方出了问题。或许是计算机程序存在“Bug”；此外，计算机模拟也可能采用了与计算性能上界稍有不同的假定。这两种情况都要求我们找出错误才能继续往下做。性能上界是对提出的算法性能执行完整性检查的好方法。 ⚠

9.B 分类算法性能

由于分类算法刚好就是最小距离分类器，因此性能由式(2.8)给出。已经求得 $P_e=0.0139$，超过了 $P_e=0.1$ 的技术规范要求。

11，12. 灵敏度分析

11.A 检测算法性能的灵敏度

作为提出算法对其数学假定的灵敏度的一个例子，考虑如果时钟出现抖动会发生什么现象？这时采样装置(A/D 转换器)会产生时间不均匀的样本。为了模拟这种条件，我们可以用$n+u_n$代替n，其中u_n是[−0.5, 0.5]之间均匀分布的随机变量。即有$\{0+u_0,1+u_1,\cdots,N-1+u_{N-1}\}$，观测值用$x((n+u_n)\Delta)$替换$x(n\Delta)$。检测器对时钟抖动的灵敏度可以通过重新模拟计算图 2.5 的性能来确定。时钟抖动的影响如图 2.6 所示。

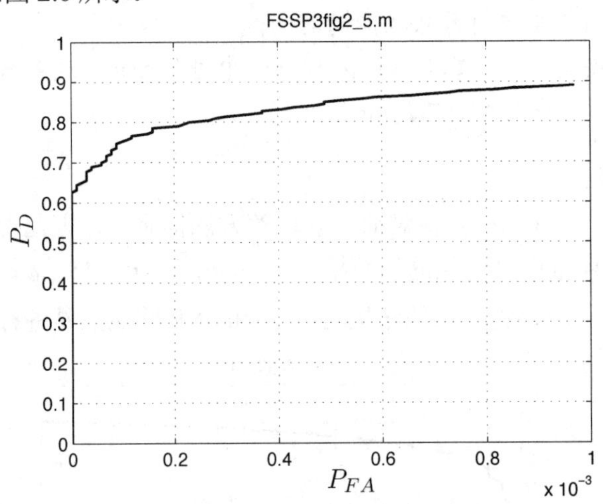

图 2.6 计算机模拟的 GLRT 检测器在时钟抖动时的检测性能

比较两个图在$P_{FA}=2\times10^{-4}$的值，我们看到检测性能只有轻微的损失，所以检测器对时钟抖动不是很敏感。

11.B 分类算法的性能灵敏度

对于分类算法，基本的敏感问题即假定ΔA是已知的，这个值会影响判决区域。这个判决区域是描述可选假设的区间，如式(2.11)所表示的那样。例如，假定A有三个值，分别假定为 4、8 和 12，而实际是 4，10 和 12。那么通过计算机模拟会发现，错误概率从$P_e=0.0139$增加到$P_e=0.1730$，因此性能指标就不再满足。显然，分类器的性能对于假定的血凝块的幅度非常敏感，提出的算法是需要修改的。为此，可以遵照图 2.1 所示的路径(见第 12 步)，为血凝块的大小考虑另一个数学模型。更稳健的方法可以是测量接收数据$x[n]$的功率，利用这种度量值来识别血凝块的大小。在$A=4$，$A=8$和$A=12$的三种假设下，对于$\mathcal{H}_0$，$\mathcal{H}_1$和$\mathcal{H}_2$，功率度量值分别为$E[x^2[n]]=A^2+\sigma^2=31$，79 和 159。基于接收数据功率的备选算法如下：对于假定的信号幅度，选择假设的方式为

$$
\begin{aligned}
&\text{如果}\frac{1}{N}\sum_{n=0}^{N-1}x^2[n]<55 && \text{选}\mathcal{H}_0\\
&\text{如果}55<\frac{1}{N}\sum_{n=0}^{N-1}x^2[n]<119 && \text{选}\mathcal{H}_1\\
&\text{如果}\frac{1}{N}\sum_{n=0}^{N-1}x^2[n]>119 && \text{选}\mathcal{H}_2
\end{aligned}
\tag{2.12}
$$

其中接收数据的功率是估计的，选择最靠近估计功率的那个功率。那么对于假定的 A 值没有错误的情况下，通过计算机模拟可得出错误概率 $P_e = 0.0258$，而对于基于幅度的分类器，其错误概率为 $P_e = 0.0139$。不出所料，由于式(2.12)不是最佳分类器，其性能有所下降。然而，当假设有冲突的时候，如实际的 A 值为 4，10 和 12 时，可求出准最佳分类式(2.12)的错误概率为 $P_e = 0.1423$。错误概率增加的比率为 0.1423/0.0258 = 5.5。而对于最佳分类器，在幅度的假定出现错误的情况下，错误概率增加的比率为 0.1730/0.0139 = 12.44。因此，考虑到容错的假定以后，分类的性能下降较小，即算法更为稳健。而付出的代价是：当假设是正确的时候，相对于最佳分类器的性能会有所下降，错误概率 P_e 增加的比率是 0.0258/0.0139 = 1.85。没有算法满足 $P_e = 0.1$ 的指标，但由于 ENR 高于 7 dB，因此在实际中以更高的信噪比是有可能达到性能指标的。

13，14，15．现场测试

下一步将在真实的操作条件下，通过处理真实的数据来测试算法。当然，现场测试意味着将算法应用到没有 DVT 和有 DVT 的人身上，这就要求使用医用的多普勒超声仪器，由医生用探头扫描读出数据。提出的算法常常会产生不太合适的性能，要求我们重新审视这个方案，假设也必须重新考察。可以确定的是，在得到可工作的产品前，整个设计和测试过程要经过几轮迭代。

2.4　小结

- 如果带通信号被采样，则首先需要采用复杂的解调技术，重要的是要维持信号的特征。
- 为了简化数据建模和算法开发，在算法性能的首次分析中，对观测噪声总是采用了高斯白噪声模型。如果在实际中被证明不够精确，也可以修改。
- 对于不同频率的正弦信号，如果频率间隔大于 $1/N$ 周期/样本，那么它们就可以通过画出傅里叶变换来识别。
- 总是先用计算机模拟数据来测试算法，因为这样可以控制数据(不像现场测试)。
- 算法性能在实际中的结果总是要比计算机模拟得到的结果差。对于实际的性能衰减，总是建立一个额外的范围。
- 性能的上界可以通过假定参数具有完全已知信息而得到，而这些参数在实际中有可能是未知的。
- 性能超出上界是一个危险信号，这说明算法或者算法的计算机实现可能出现了错误。
- 对于好的检测性能，能量噪声比至少要有 15 dB。
- 要保持信号的平稳性，有时要求短的数据记录。
- 当算法的稳健性增加时，它的性能也会降低。

参考文献

Jensen, J.A., *Estimation of Blood Velocities Using Ultrasound*, Cambridge University Press, NY, 1996.

Kay, S., *Fundamentals of Statistical Signal Processing: Detection Theory, Vol. II*, Prentice-Hall, Englewood Cliffs, NJ, 1998.

Kay, S., *Intuitive Probability and Random Processes Using MATLAB*, Springer, NY, 2006.

Middleton, D., "A Statistical Theory of Reverberation and Similar First-order Scattered Fields. Part I: Waveforms and the General Process", *IEEE Trans. on Information Theory*, pp. 372-392, July 1967.

Ziomek, L.J., *Underwater Acoustics, A Linear Systems Theory Approach*, Academic Press, NY, 1985.

附录 2A 多普勒效应的推导

考虑图 2A.1 所示的一个实验。一个间隔为 T 的脉冲序列 $s_T(t)$ 从位置 $x=0$ 发射，并向右边传播。在距离 $cT/2$ 米处(其中 c 为传播速度)，发射信号遇到了一个“墙”，即反射器，信号被弹回到接收机。$t=0$ 秒发射的第一个脉冲到达墙的时间是 $d/c=(cT/2)/c=T/2$，返回的时间是 $t=T$；第一个脉冲返回时刚好是 $t=T$ 发射第二个脉冲的时间。因此，接收的脉冲串 $s_R(t)$ 也是以 T 为间隔，除了延迟了双程传播时间 T 之外，接收信号与发射信号是相同的。

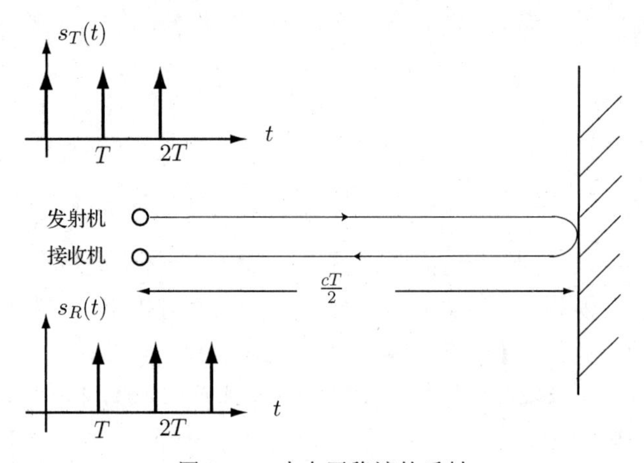

图 2A.1 来自平稳墙的反射

接下来考虑墙以速度 v 向左边移动，如图 2A.2 所示。如前所述，在 $t=t_0=0$ 发射第一个脉冲，定位墙在 $t=t_1=T/2$ 到达前面的位置 $x=cT/2$，第一个脉冲在 $t=T$ 返回，这与前面的情况是相同的。当第二个脉冲在 $t=T$ 发射时，这时的墙相对于第一个脉冲遇到的墙的位置向左移动了 $vT/2$ 米。于是，第二个脉冲是在 $t=t_2=t_1+T/2+T'/2$ 到达墙，其中 $T'<T$。为了求出 T'，我们利用这样一个事实：第二个脉冲碰到墙的位置是 $x=(cT/2)-v(T/2+T'/2)$。这是第一个脉冲碰到墙的位置减去第一个脉冲返回发射机时($T/2$ 秒)墙向左边运动的位置和第二个脉冲碰到墙的位置($T'/2$ 秒)。第二个脉冲从发射机到墙影响的距离是 $x=cT'/2$，因此，

$$\frac{cT}{2}-v\left(\frac{T}{2}+\frac{T'}{2}\right)=c\frac{T'}{2}$$

由此可得

$$\frac{1}{T'}=\frac{c+v}{c-v}\frac{1}{T}$$

即在发射机看到的接收脉冲串的频率(每秒脉冲数)为

$$F=\frac{1}{T'}=\frac{c+v}{c-v}F_0$$

其中 $F_0=1/T$，当 $v\ll c$ 时，上式通常近似为

$$F=\frac{1+v/c}{1-v/c}F_0\approx\left(1+\frac{2v}{c}\right)F_0$$

其中利用了如下近似关系：

$$\frac{1+x}{1-x}\approx 1+2x$$

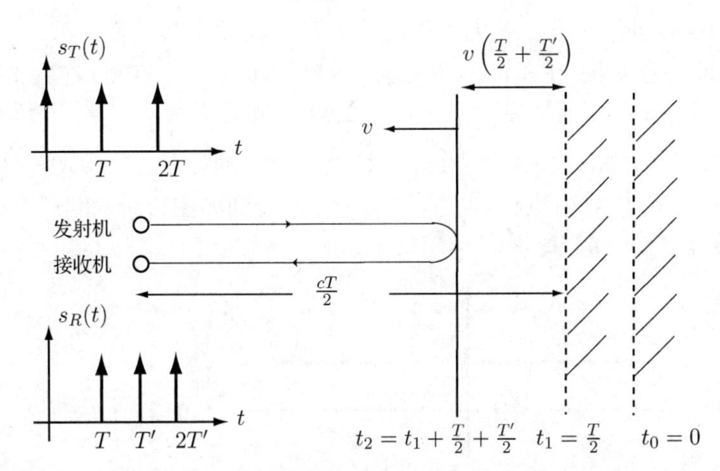

图 2A.2　以速率 v 移动的墙的反射。在 t_0 时刻，发射第一个脉冲。在 t_1 时刻，第一个脉冲碰到墙；在 t_2 时刻，第二个脉冲碰到墙

从式中可以看出多普勒频移是 $(2v/c)F_0$，其中 $F_0=1/T$，它是周期脉冲串的基频。同理可应用到正弦信号。当考虑到发射机、接收机移动且速度任意时的多普勒效应请参见[Middleton 1967, Ziomek 1985]。

附录 2B　练习解答

为了得到下面描述的结果，在每个程序开头用 `rand('state',0)` 和 `randn('state',0)` 初始化随机数产生器。这两个命令分别针对均匀和高斯分布随机数。

2.1　由于

$$s_Q(t)=[A_R\cos[2\pi(F_0+F_d)(t-\tau)+\beta](-\sin(2\pi F_0 t))]_{\text{LPF}}$$

利用三角函数恒等式，可得 $\sin(A)\cos(B)=(\sin(A+B)+\sin(A-B))/2$，

$$\begin{aligned}s_Q(t)&=-\frac{A_R}{2}[\sin[2\pi(F_0+F_d)(t-\tau)+\beta+2\pi F_0 t)]\\&\quad+\sin[2\pi F_0 t-2\pi(F_0+F_d)(t-\tau)-\beta]]_{\text{LPF}}\\&=\frac{A_R}{2}\sin(2\pi F_d t+\phi)\end{aligned}$$

于是

$$\begin{aligned}\tilde{s}(t) &= s(t) + \mathrm{j}s_Q(t) \\ &= \frac{A_R}{2}\cos(2\pi F_d t + \phi) + \mathrm{j}\frac{A_R}{2}\sin(2\pi F_d t + \phi) \\ &= \frac{A_R}{2}\exp[\mathrm{j}(2\pi F_d t + \phi)]\end{aligned}$$

这是频率为 F_d 的复正弦信号。这样在没有 ϕ 的信息时，也可以求出多普勒频移。例如，求 $\tilde{s}(t)$ 的傅里叶变换将得到“$\sin x/x$”的函数形式，在 $F=F_d$ 处会产生单峰。如果对 $\frac{A_R}{2}\cos(2\pi F_0 t+\phi)$ 取傅里叶变换，那么总是会有两个峰，一个在 $F=F_d$ 处，另一个在 $F=-F_d$ 处。因此，我们就不能区分多普勒频移的正负。

2.2　连续时间 PSD 如图 2B.1 的上图所示，经过低通滤波后，PSD 在频带 $-W \leqslant F \leqslant W$ 为 $P_y(F)=N_0/2$，在其他频带上为零。当以奈奎斯特频率 $F_s=2W$ 进行采样时，PSD 将会周期延拓，如图 2B.1 的下图所示。此外，PSD 乘了一个系数 F_s(根据采样定理)，并且通过除以 F_s 对模拟频率进行了归一化，得到如图所示的 $y[n]$ 的周期 PSD。基本周期是 $-W/F_s=-1/2$ 到 $W/F_s=-1/2$。

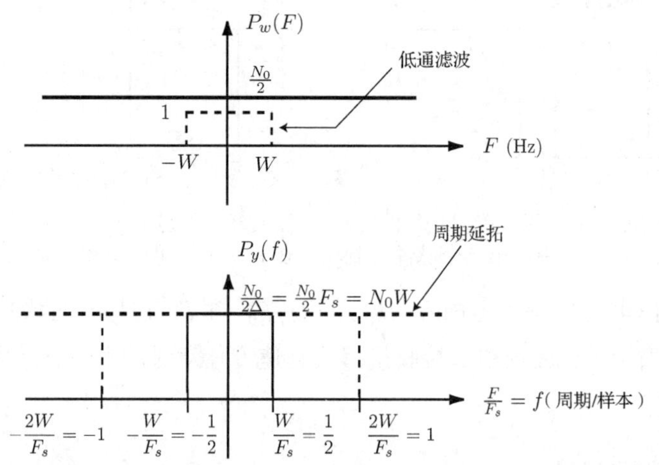

图 2B.1　连续时间 WGN 的功率谱密度(上图)和以奈奎斯特频率 $F_s=2W$ 采样的离散时间 WGN(下图)的功率谱密度

2.3　当 $f_d=0$ 时，应该可以看到在 $f=0$ 处有一个单峰。当 $f_d=0.2$ 时，可看到在-0.2 和 0.2 处有不同于 $f_d=0$ 情况的两个峰。然而，当 $f_d=0.01$ 时，只能在 $f=0$ 附近看到一个峰，很难与 $f_d=0$ 的情况区分开来。运行随书光盘[①]的 MATLAB 程序 `FSSP3exer2_3.m` 可以演示这一结果。

2.4　$f_d=0$ 时，两个信号是相同的，因此偏差系数是零。当 f_d 不在零附近时，偏差系数大约为 30(即 14.8 dB)。14.8 dB 是好的检测所要求的 d^2 的一个典型值。运行随书光盘的 MATLAB 程序 `FSSP3exer2_4.m` 可以演示这一结果。

2.5　如果运行随书光盘的 MATLAB 程序 `FSSP3exer2_5.m`，但 A 修改为 $A=0.875\sqrt{15}$，可得到满足要求的性能指标。

① 相关的 MATLAB 程序和光盘内容请登录华信教育资源网（www.hxedu.com.cn）注册下载。

第3章　信号的数学建模

3.1　引言

前面已经提到，我们只考虑实连续时间低通信号，并以奈奎斯特频率进行采样。而带通和复信号将在第12章中介绍。本章将讨论典型的信号模型，第4章将讨论噪声的数学建模。应该注意的是，正如图3.1所示，"一个人的信号是另一个人的噪声"，因此，我们定义一个信号时也等同于考虑了噪声。例如，第2章介绍的多普勒频移正弦波可以用来对信号建模，但正弦波也可以用来表示噪声，如60 Hz的干扰。因此，信号和噪声模型的界定有点随意，依据的是实际中的主要用途，相应的模型可以看成是信号模型或是噪声模型。

图3.1　信号与噪声的不同定义

模型是对观测到的自然现象的一种简化表示，例如语言信号中的阻尼正弦信号[Schafer and Rabiner 1978]。另一种模型是人工信号的理想表示，这样的例子包括通信系统中的发射信号，例如频移键控信号[Proakis and Salehi 2007]、多普勒超声中的正弦信号等。在建立信号模型时，将物理知识加入到模型中将提升模型的实用性。因此，通常能够改善基于模型的算法的性能。例如，无线通信中遇到的多径信号，它是发射信号的副本经延迟、衰减后求和的结果，它可以用节拍延迟线来建模，节拍延迟线的输入即为发射信号。

信号的数学模型可以划分为确定性模型和随机模型。确定性信号类即包括了那些完全已知的信号，即它们有已知的数学形式，也包括那些模型的数学形式已知，但含有某些未知参数的信号。而随机信号类则假定信号为一个随机过程，其概率密度函数(PDF)完全已知，或者除了某些参数之外PDF是已知的。无论哪种情况，当含有未知参数时，我们需要认识到这样一个事实：实际中信号是有些变化的，只有这样才能起到对冲的作用。例如，在多普勒超声的例子中，并没有假定多普勒频移的信息，即使信号模型不能完全刻画，对于未知参数的所有可能的值，算法仍要工作得很好。有两种情况必须考虑：一种情况是所有参数都是已知的，而另一种情况即某些参数是未知的。一般来说，每一种情况都要求完成不同的算法。对于未知参数的情况，算法就得自适应，工作数据要起到双重的作用：它不仅要为信号处理做出判决提供足够的信息，而且也要靠它在线估计未知参数。由定义就可以看出，自适应算法对环境的变化更有韧性，即鲁棒特性(robust)。但也可能很难得到这样的算法并实现之。一个常见的例子是对隐藏的趋势的估计和消除，在心电图(ECG)中总是存在不感兴趣的基线波[Sörnmo and Laguna 2005]，它是一种慢变化的信号，QRS 信号(即心搏脉冲信号)就驻留在这个信号上。消除这个基线波后，医生可以更容易地观测到 QRS 信号并查明心搏信号的异常。最好是在线进行处理，因为不同病人在不同的时间，其基线波都不同。因此，如果不使用自适应算法，则不可能构造一种算法来发现潜在的心率失常。

3.2 信号模型的分层(分类)

现在开始详细描述一些重要的信号模型，并用例子加以说明。接着将讨论在选择模型时考虑的一些内容。参考表 3.1，可以看出有四种模型类型，类型 1 和 3 是完全指定的，尽管类型 3 是由已知的 PDF 来指定的。类型 3 在建模时假定相位未知，并且把它看成是具有已知 PDF 的随机变量的一个现实。应该注意的是，已知 PDF 提供了参数的完整的统计描述。因此，可以利用设计最佳算法的标准技术，例如检测所用的奈曼-皮尔逊准则、模式识别所用的最大后验概率(MAP)分类器。在类型 2 和 4 中存在未知参数，类型 2 的相位未知，类型 4 是相位 PDF 的一个或多个参数未知。后者的一个例子是冯·米塞斯(von Mises)PDF 的应用，

$$p(\phi)=\frac{1}{2\pi I_0(k)}\exp[\kappa\cos(\phi)] \qquad -\pi\leqslant\phi<\pi \tag{3.1}$$

其中 κ 是未知的中心化参数，且 $\kappa>0$，$I_0(\kappa)$ 是零阶修正贝塞尔函数。图 3.2 给出了不同 κ 时的 PDF。注意，如果假定已知 κ 值，例如 $\kappa=0$，那么相位的 PDF 在 $(-\pi,\pi)$ 上均匀分布，这样就将类型 4 简化成类型 3。如果并不希望这样的假定，那么就使用式(3.1)，但必须在线估计 κ。我们将在 3.6 节继续讨论类型 3 的信号模型。

表 3.1 相位上不同假定时的正弦信号模型

模型类型	参数	例子	信号描述
确定性	已知	$10\cos[2\pi(0.1)n+\pi/4]$	完全已知
确定性	未知	$10\cos[2\pi(0.1)n+\phi]$	$-\pi\leqslant\phi<\pi$
随机	已知	$10\cos[2\pi(0.1)n+\Phi]$	Φ 的 PDF 已知，$\Phi\sim\mathcal{U}(-\pi,\pi)$
随机	未知	$10\cos[2\pi(0.1)n+\Phi]$	Φ 的 PDF 未知

对于类型 2 和 4，需要设计自适应算法。例如，在通信系统中，锁相环通常用来在线估计相位[Proakis and Salehi 2007]。一般来说，从性能的标准来看，选用类型 1 是最好的，它最大限度地将信息融入到算法中；但另一方面，如果假定类型 1，而实际又是错误的，那么有可能导致很差的性能。

为了强调这一点，我们考虑基于类型 1 和 2 的正弦信号模型算法的检测问题。如果相位被看成是一个确定性的参数，且假定 $\phi=\pi/4$，那么在高斯白噪声(WGN)中正弦信号的最佳检测器是匹配滤波器或仿形相关器，如果[Kay 1998, pg.95]（见算法 10.1）

$$T_{MF}(\mathbf{x})=\sum_{n=0}^{N-1}x[n]\cos[2\pi(0.1)n+\pi/4]$$
$$=\cos(\pi/4)\sum_{n=0}^{N-1}x[n]\cos[2\pi(0.1)n] \tag{3.2}$$
$$-\sin(\pi/4)\sum_{n=0}^{N-1}x[n]\sin[2\pi(0.1)n]>\gamma_{MF} \tag{3.3}$$

匹配滤波器判信号出现。注意相位的信息用来组合检测统计量 $T_{MF}(\mathbf{x})$的"cosine"和"sine"分量。如果这一信息是不正确的，可能导致很差的性能，后面会做简单的说明。为了避免性能变差，可以假定相位是确定的未知参数(类型 2 的信号模型)，然后采用广义似然比检验(GLRT)，如果

$$T_{GLRT}=\left(\sum_{n=0}^{N-1}x[n]\cos[2\pi(0.1)n]\right)^2+\left(\sum_{n=0}^{N-1}x[n]\sin[2\pi(0.1)n]\right)^2>\gamma_{GLRT} \tag{3.4}$$

判为有信号(见第 8 章)。后一种检测器相对来说对相位不敏感，因为它是将接收数据与 sine 和 cosine 匹配，然后将两值非相干相加(即功率之和)，而式(3.3)是相干相加。这样的接收机称为正交或非相干匹配滤波器。可以证明，检测性能的损失如果用能量噪声比来衡量，则大约只有 1 dB。因此，相位信息的缺失导致性能的损失，尽管在这种情况下损失较小。我们可以认为 GLRT 对相位的变化具有鲁棒特性。

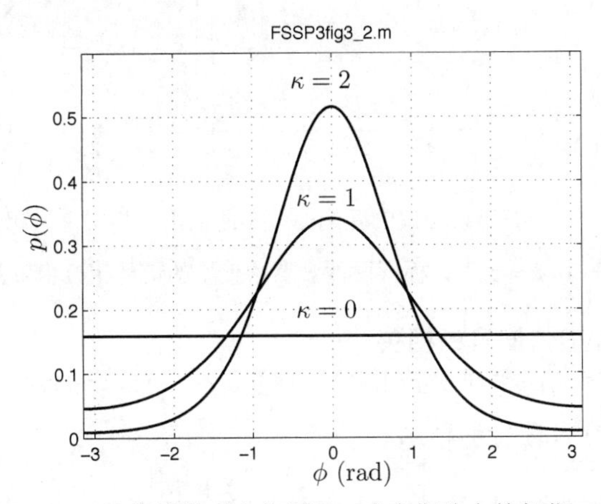

图 3.2　正弦信号模型中使用冯·米塞斯分布的相位 PDF

此外也可以证明,类型 3 信号模型导出的检测器在性能上几乎与 GLRT 相同[Brennan et al. 1968]，这一结论具有普遍性。无论假定参数是确定性未知常数还是随机变量的一个现实，它们导出的算法通常会产生类似的性能。当参数 PDF 并不使一些值重于另一些值时，可以采用均匀分布的 PDF。在未知相位的情况，这很容易做到，但是当未知参数在无穷区间$(-\infty,\infty)$取值时就不那么容易了。由于 PDF 的积分必须为 1，在无穷区间上的均匀分布是不可能的。当未知参数是正弦信号的幅度时，后一种情况就会出现。

现在考虑这样一种情况，假定相位是完全已知的，并且采用类型 1 的模型，即采用匹配滤波。但实际上我们的假定是错误的，这时会怎样呢？考虑特定的情况，真实信号是 $s[n]=\cos[2\pi(0.1)n+\phi/4]$, $n=0,1,\cdots,N-1$ ，其中 $N=20$ ，而我们假定信号为 $\hat{s}[n]=$

$\cos[2\pi(0.1)n+\hat{\phi}]$，其中 $\hat{\phi}\neq\pi/4$。为了评估性能损失，考察匹配滤波器的输出，输出的信号是真实信号与估计信号的相关。由式(3.2)可得

$$\begin{aligned}T_{MF}(\mathbf{s}) &= \sum_{n=0}^{N-1} s[n]\hat{s}[n] \\ &= \sum_{n=0}^{N-1} \cos[2\pi(0.1)n+\pi/4]\cos[2\pi(0.1)n+\hat{\phi}]\end{aligned}$$

注意，如果 $\hat{s}[n]=s[n]$，即存在完美匹配，那么 $T_{MF}(\mathbf{s})=\sum_{n=0}^{N-1}s^2[n]$，输出信号达到最大。为了说明相位假定错误导致的性能损失，我们在图 3.3 中画出了 $T_{MF}(\mathbf{s})$ 与假定的相位 $\hat{\phi}$ 的图形。注意在 $\hat{\phi}=(3/4)\pi$ 处，输出信号为零！当数据中没有信号出现时，零信号输出也会出现，因此会做出只有噪声的判决。很显然，我们需要防止这种情况的出现。

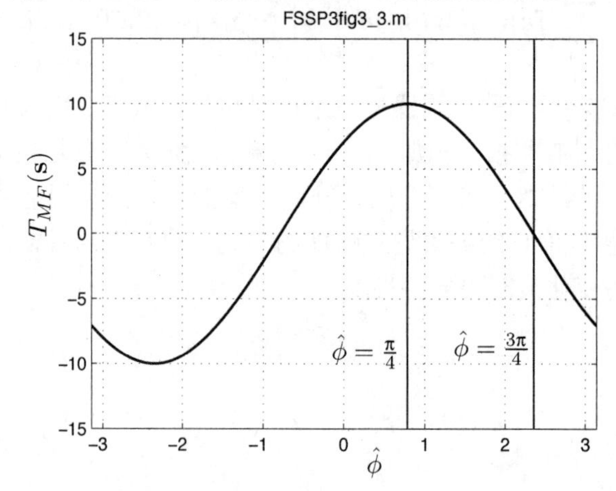

图 3.3 带有错误相位的匹配滤波器的输出。真实信号相位是 $\phi=\pi/4$，而匹配滤波器中使用的信号相位由 $\hat{\phi}$ 给出

练习 3.1 相位失配正弦信号的相关

当两个正弦信号具有相同频率且为 $1(/2N)$ 的整数倍，但将相位失配为 $\pi/4=90°$，证明相关为零。为此可按下列步骤进行解释：

$$\begin{aligned}\sum_{n=0}^{N-1}\cos(2\pi f_0 n)\cos(2\pi f_0 n+\pi/2) &= -\sum_{n=0}^{N-1}\cos(2\pi f_0 n)\sin(2\pi f_0 n) \\ &= -\frac{1}{2}\sum_{n=0}^{N-1}\sin(4\pi f_0 n) \\ &= -\frac{1}{2}\mathrm{Imag}\left(\sum_{n=0}^{N-1}\exp(\mathrm{j}4\pi f_0 n)\right)\end{aligned}$$

接着令 $N=4$ 和 $f_0=1/8$，得

$$-\frac{1}{2}\mathrm{Imag}\left(\sum_{n=0}^{3}\exp(\mathrm{j}n\pi/2)\right)$$

通过在合适的位置画出相图，证明复指数和为零。 •

如果假定信号相位是随机变量的一个现实，并且给它指定一个不精确的 PDF，那么同样类型的性能损失也会出现。例如，可以利用相位服从冯・米塞斯 PDF 来设计一个检测器，假定一个特定的κ值，实际上，如果假定的κ值与实际值有很大的不同，那么性能也会变差。

概括来说，算法设计者应该注意几点：

1. 信号模型应该尽可能反映物理现实，但也不能过于复杂，以至于算法的设计变得非常困难。
2. 信号的数学模型既可以是完全已知的确定性模型，或者是带有未知参数的确定性模型，也可以是 PDF 完全已知的随机模型，或者是 PDF 具有未知参数的随机模型。
3. 必须在线估计参数的信号模型往往称为自适应算法。
4. 在实际中，如果环境随时间变化或者现场的条件与实验室的条件并不匹配，那么假定信号完全已知是有风险的。在这种情况下，明智的选择是假定一些参数是未知的并在线估计它们。这时性能或许有些下降，但整个算法将运行得更为均匀，即具有更好的鲁棒特性。

3.3　线性与非线性确定性信号模型

在描述具体的确定性信号模型之前，区分线性和非线性模型是很重要的。类型 1 信号模型(即已知的确定性信号模型)是设计者追求的梦想，遗憾的是，在实际中几乎永远也不可能完全知道信号，这样也就必须转向类型 2。因此，假定具有未知参数的确定性信号模型，会遇到三种情况：线性模型、部分线性模型和非线性模型。第一种情况比较容易设计算法，因此也就成为绝大部分实际算法的基础。为了减少信号参数的依赖关系，再次利用正弦模型及它的等效形式[与得到式(1.3)相同的方法]：

$$\begin{aligned} s[n] &= A\cos(2\pi f_0 n + \phi) \\ &= A\cos(\phi)\cos(2\pi f_0 n) - A\sin(\phi)\sin(2\pi f_0 n) \\ &= \alpha_1 \cos(2\pi f_0 n) + \alpha_2 \sin(2\pi f_0 n) \end{aligned} \tag{3.5}$$

如果频率是已知的，例如 $f_0 = 0.1$，但幅度α_1、α_2是未知的，则

$$s[n] = \alpha_1 \cos\big(2\pi(0.1)n\big) + \alpha_2 \sin\big(2\pi(0.1)n\big)$$

除了幅度α_1和α_2之外，信号是已知的。这是线性模型的一个例子，实际上可以写成更一般的形式，即

$$s[n] = \alpha_1 h_1[n] + a_2 h_2[n]$$

其中$h_1[n]$和$h_2[n]$是已知的基信号，由于$s[n]$是未知参数α_1和α_2的线性函数，称此模型为线性模型。基信号是什么形式并没有关系，只要它们是已知的就行。另一个线性模型例子是$s[n] = \alpha_1 \exp(n) + \alpha_2 \exp(2n)$。线性模型的重要性在于最终只需要估计$\alpha_1$、$\alpha_2$(称为基信号的幅度)，并且利用线性关系可以求出更精确和更易于实现的估计器。

考虑式(3.5)中有关信号知识的另一种可能性是幅度已知而频率未知，这时模型就是非线性的，下面是有关非线性模型的练习。

练习 3.2　正弦信号与频率的非线性关系

考虑信号$s[n] = g_n(f_0) = \cos(2\pi f_0 n)$，如果$s_1[n] = g_n(0.1) = \cos(2\pi(0.1)n)$和$s_2[n] = g_n(-0.1) = \cos(2\pi(-0.1)n)$，当$a = 0.1$、$b = -0.1$时，满足$g_n(a+b) = g_n(a) + g_n(b)$吗？　●

最后一种可能性是所有参数α_1、α_2、f_0都是未知的，那么信号与幅度是线性的，而频率是非线性的，我们称其为部分线性模型。另一个部分线性模型的例子是$s[n]=Ar^n$，其中A和r都是未知的。如果r已知而A未知，这时就是线性模型；如果A已知而r未知，这时是非线性模型。接下来讨论一些有实际价值的确定性信号模型。

3.4 参数已知的确定性信号(类型 1)

本节假定所有参数都是已知的，下一节再讨论参数未知(类型 2)的情况。

3.4.1 正弦信号

正弦信号模型如前所述，即

$$s[n]=A\cos(2\pi f_0 n+\phi) \qquad n=0,1,\cdots,N-1$$

其中幅度$A>0$，频率$0<f_0<1/2$，相位$-\pi\leqslant\phi<\pi$，幅度之所以约束为正的是为了避免练习 3.3 中说明的正弦信号的不可识别性。当信号幅度与相位取两个不同的数值而正弦信号的采样值完全一样时，这一问题就会出现。

练习 3.3 正弦信号的可识别性

证明：当$A_1=1$，$\phi_1=\pi/4$和$A_2=-1$，$\phi_1=(5/4)\pi$时，$s_1[n]=s_2[n]$。 •

这里排除了频率取零的值，因为$s[n]=A\cos(\phi)$，这是一个常数序列，或者是一个 DC 电平。这一信号也包括了下面的多项式情况。

多正弦信号模型为

$$s[n]=\sum_{i=1}^{p}A_i\cos(2\pi f_i n+\phi_i) \qquad n=0,1,\cdots,N-1 \tag{3.6}$$

对参数采取相同的约束。该模型的一个应用是雷达干扰的建模[Miller et al. 1997]，作为一个例子，图 3.4 给出了信号以及它的傅里叶变换幅度(称为频谱)，图中给出了信号的参数。

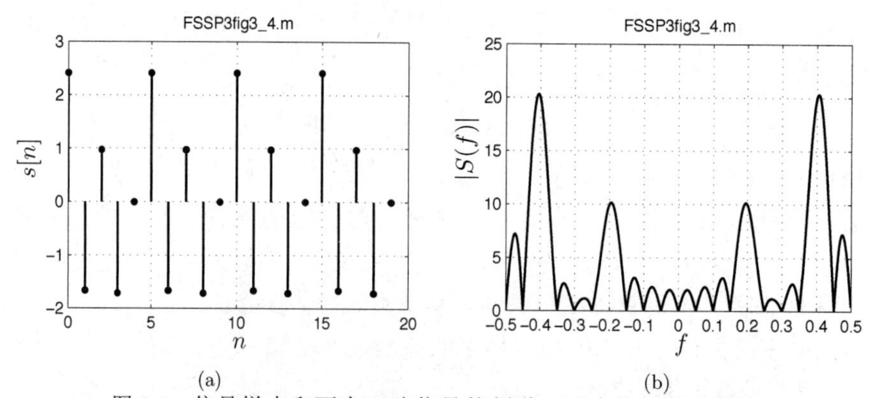

图 3.4 信号样本和两个正弦信号的频谱，两个信号的参数为$(A_1,f_1,\phi_1)=(1,0.2,0)$和$(A_2,f_2,\phi_2)=(2,0.4,\pi/4)$，$N=20$

随书光盘上的 MATLAB 程序 `sinusoid_gen.m` 可用来计算信号的样本和频谱。

3.4.2　阻尼指数信号

阻尼指数信号模型为

$$s[n] = Ar^n \qquad n = 0, 1, \cdots, N-1 \tag{3.7}$$

其中 $-\infty < A < \infty$ 和 $-1 < r < 1$。图 3.5 给出了阻尼信号和频谱的一个例子，图中给出了信号的参数。

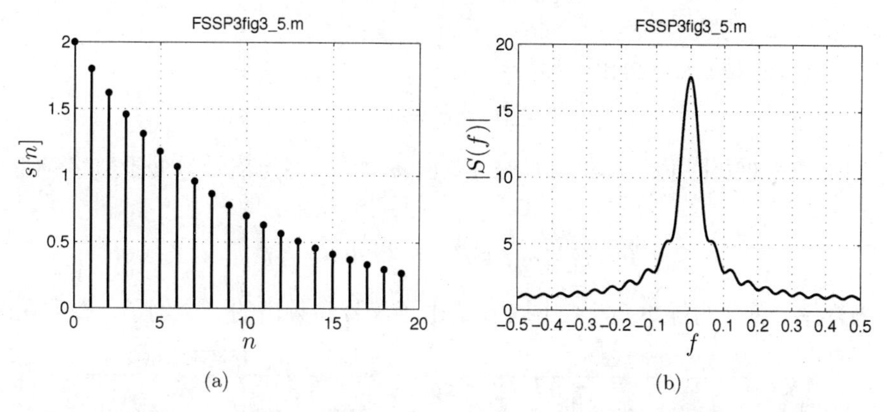

图 3.5　阻尼信号的样本和频谱，参数为 $A=2$，$r=0.9$，$N=20$

多阻尼指数信号模型为

$$s[n] = \sum_{i=1}^{p} A_i r_i^n \qquad n = 0, 1, \cdots, N-1 \tag{3.8}$$

参数的约束相同。这一模型在推广到阻尼正弦信号模型时使用得更频繁。下面会讨论阻尼正弦信号模型，MATLAB 程序 `sinusoid_gen.m` 可用来计算信号的样本和频谱。

3.4.3　阻尼正弦信号

组合前面两个模型，得出阻尼正弦信号模型如下：

$$s[n] = \sum_{i=1}^{p} A_i r_i^n \cos(2\pi f_i n + \phi_i) \qquad n = 0, 1, \cdots, N-1 \tag{3.9}$$

这一模型广泛应用于振动分析[McConnell 1995]、光谱学[Vanhamme et al. 2001]和许多其他领域。随书光盘上的 MATLAB 程序 `sinusoid_gen.m` 可用来计算信号的样本和频谱。

3.4.4　相位调制信号

相位调制信号为

$$s[n] = A\cos(\beta[n] + \phi) \qquad n = 0, 1, \cdots, N-1$$

其中时变相位 $\beta[n]$ 可取多种形式。如前所述，为了信号的可识别性，幅度必须是正的。例如，正弦信号是 $\beta[n] = 2\pi f_0 n$ 的特殊情况。更一般的情况是 $\beta[n]$ 为 n 的多项式，导出多项式相位信号。实际中最重要的信号是线性 FM，这时 $\beta[n] = 2\pi\left(f_0 n + \frac{1}{2}mn^2\right)$，信号变成

$$s[n]=A\cos\left[2\pi\left(f_0n+\frac{1}{2}mn^2\right)+\phi\right] \qquad n=0,1,\cdots,N-1 \tag{3.10}$$

相位是 n 的二次方，它的一阶差分使得频率与 n 呈线性关系，因此称为线性 FM(LFM)，有时也称为 chirp 信号。通常，式(3.10)的 LFM 是由如下连续时间信号采样得到的：

$$s(t)=A\cos\left[2\pi\left(F_0t+\frac{1}{2}m_ct^2\right)+\phi\right] \qquad 0\leqslant t\leqslant T$$

它的瞬态频率由相位对 t 求导得出，即

$$F_i(t)=F_0+m_ct$$

可以看出，扫描速率(变化速率，单位为赫兹/秒)由 m_c 给出。因为信号只处于数字频带[−1/2, 1/2]上，所以有

$$0\leqslant F_0+m_ct\leqslant F_s/2 \qquad 0\leqslant t\leqslant T$$

其中 F_s 是采样率，单位为样本数/秒。图 3.6 给出了信号和频谱的一个例子，参数在图中给出。

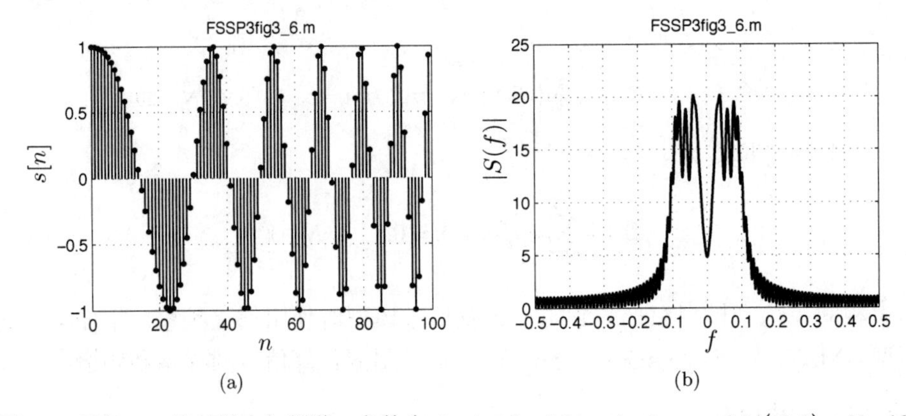

图 3.6 线性 FM 信号样本与频谱，参数为 $A=1$，$f_0=0.01$，$\phi=0$，$m=0.1/(N-1)$，$N=100$

注意，频谱显示了频带 $[f_0, f_0+m(N-1)]=[0.01, 0.11]$ 上的能量，这类信号广泛应用于声呐[Burdick 1984]和雷达[Cook and Bernfeld 1993]中。

3.4.5 多项式信号

最简单的多项式信号是 DC 电平和直线，DC 电平信号为

$$s[n]=A \qquad n=0,1,\cdots,N-1$$

其中 $-\infty<A<\infty$，直线信号为

$$s[n]=A+Bn \qquad n=0,1,\cdots,N-1$$

其中 $-\infty<A<\infty, -\infty<B<\infty$。除了对信号建模之外，这些模型也常常用来表示数据中的趋势[Granger and Newbold 1986]。更一般的多项式信号为

$$s[n]=\sum_{i=0}^{p-1}c_in^i \qquad n=0,1,\cdots,N-1 \tag{3.11}$$

其中参数可以取任意实数。信号参数值发生变化时，信号的频谱会有很大的变化。对于直线

信号，由于 $s[n]=A+Bn$，大部分能量集中在低频。图 3.7 给出了信号和频谱的一个例子，参数在图中给出。

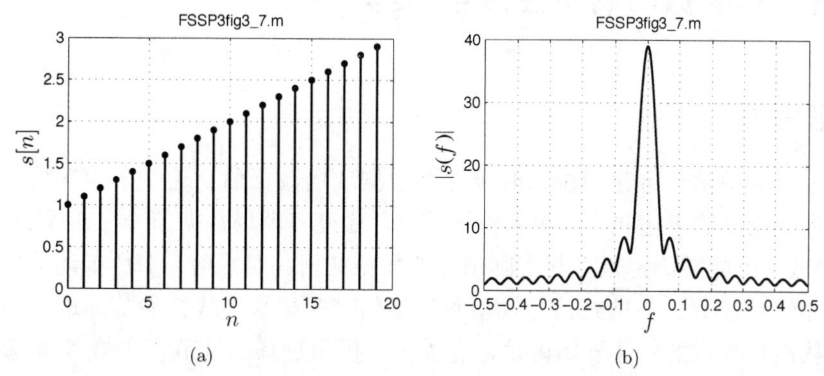

图 3.7　直线信号的样本与频谱，参数为 $A=1$，$B=0.1$，$N=20$

3.4.6　周期信号

信号的样本每隔 M 个重复出现的信号称为周期信号。图 3.8 给出了一个周期信号的样本与频谱。对于周期为 M 个样本的周期信号，如果数据为 $K-1$ 个满周期以及一个周期的一部分，则

$$\begin{aligned} s[n] &= g[n] & n &= 0,1,\cdots,M-1 \\ &= g[n-M] & n &= M,M+1,\cdots,2M-1 \\ &= g[n-2M] & n &= 2M,2M+1,\cdots,3M-1 \\ &\vdots \\ &= g[n-(K-1)M] & n &= (K-1)M,(K-1)M+1,\cdots,N-1 \end{aligned}$$

然而，如果 $N=KM$，数据就有 $K-1$ 个满周期，这里的 $g[n]$（$n=0,1,\cdots,M-1$）是基本周期。图 3.8 给出了一个例子，由于 $K=N/M=5$，周期信号的数据长度是周期的整数倍。

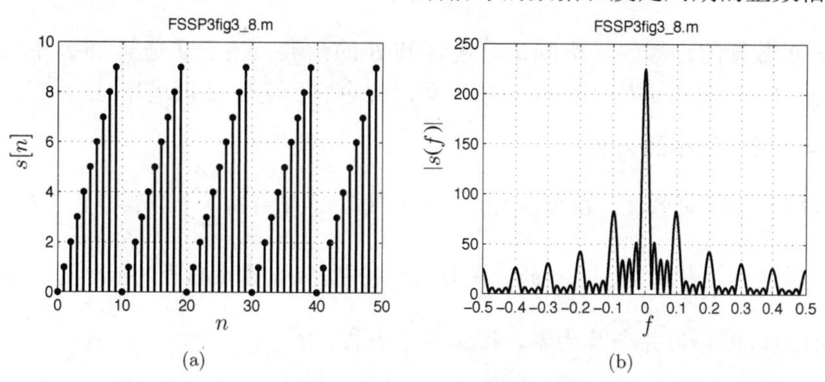

图 3.8　周期 $M=10$ 的周期信号的信号样本与谱

在经济[Granger and Newbold 1986]、振动分析[McConnell 1995]和生物医学[Sörnmo and Laguna 2005]等领域中经常遇到周期信号，第 14 章中将给出一个磁信号建模的实际例子。观察到周期信号可以用傅里叶级数表示是有益的，这样频率可表示为 $f_k=0,1/M,2/M,\cdots,1/2$（M 为偶数）。由图 3.8 可以看出，频谱确实在谐波频率 $f_k=0,1/10,2/10,\cdots,5/10$ 处有峰值。频谱并没有呈现狄拉克(Dirac)冲激，是由于有限的信号长度 $N=50$，在频谱中产生了“拖尾”效应。观察到“$\sin x/x$”的能量旁瓣代替了理论上的冲激，能量旁瓣的 3 dB 带宽近似为 $1/N=0.02$ 周期/样本。

3.5 具有未知参数的确定性信号(类型 2)

3.5.1 一般考虑

在含有未知参数的信号建模中，必须能够根据现场数据估计这些未知参数。然后将估计的参数回插到理论上的表达式中，得到估计信号。通过将现场数据信号与建模的信号(即估计信号)进行比较，就能够确定模型与实际信号匹配得如何。对于前一节所描述的信号模型，其中有线性和非线性参数。多项式信号模型和周期信号模型只含线性参数。这类问题比较容易处理，本节从线性参数的估计开始讨论，有关信号模型选择的细节将在第 5 章做进一步的讨论。此外要注意的是，最终算法必须包含在线估计这些参数(假定先验未知的)的方法。为了根据现场测试数据来确定建模的精度，在根据操作数据评估提出的算法时，估计方法是其中不可缺少的一部分。

3.5.2 多项式信号模型

首先考虑多项式信号模型中的一个特例——直线信号。直线信号可表示为 $s[n]=A+Bn$，$n=0,1,\cdots,N-1$，其中 A 和 B 为未知参数。对未知参数没有任何约束，假定可用的实际数据为 $x[n]$，$n=0,1,\cdots,N-1$。那么可以很容易用最小二乘方法求出参数，A 和 B 可以通过数据与信号模型在最小二乘意义下的最佳匹配来求出。具体来说，可以使用下面的最小二乘误差准则选择参数值，

$$J(A,B)=\sum_{n=0}^{N-1}(x[n]-(A+Bn))^2 \tag{3.12}$$

注意，$x[n]$表示数据的已知值，所以 J 只是 A 和 B 的函数。由于 J 是 A 和 B 的二次函数，因此很容易求出 J。只需要 J 对 A 和 B 求偏导数，并令它们为零即可求出。

练习 3.4 求 J 最小的 A 值

考虑一种更为简单的情况，在式(3.12)中令 $B=0$，则 $J(A)=\sum_{n=0}^{N-1}(x[n]-A)^2$。对 A 求导并令其为零，称使 J 最小的 A 值为 $\hat{A}$，求出的 $\hat{A}$ 是什么？将 $\hat{s}[n]=\hat{A}$ 看成信号的估计是合理的吗？ •

对式(3.12)求偏导数并令其为零，得到两个方程：

$$\sum_{n=0}^{N-1}(x[n]-A-Bn)=0$$

$$\sum_{n=0}^{N-1}(x[n]-A-Bn)n=0$$

或等价写成

$$\left(\sum_{n=0}^{N-1}1\right)A+\left(\sum_{n=0}^{N-1}n\right)B=\sum_{n=0}^{N-1}x[n]$$

$$\left(\sum_{n=0}^{N-1} n\right) A + \left(\sum_{n=0}^{N-1} n^2\right) B = \sum_{n=0}^{N-1} nx[n]$$

或最终用矩阵/向量形式表示为

$$\begin{bmatrix} \sum_{n=0}^{N-1} 1 & \sum_{n=0}^{N-1} n \\ \sum_{n=0}^{N-1} n & \sum_{n=0}^{N-1} n^2 \end{bmatrix} \begin{bmatrix} A \\ B \end{bmatrix} = \begin{bmatrix} \sum_{n=0}^{N-1} x[n] \\ \sum_{n=0}^{N-1} nx[n] \end{bmatrix} \tag{3.13}$$

求解这些线性方程可得 A 和 B 的最小二乘估计。方程是线性的并易于求解的理由，源于 J 是 A 和 B 的二次型的特性。在第 2 章曾提到这是一个易于求解的问题，这也是线性信号模型的一个例子。

式(3.13)也可以写成如下形式：

$$\mathbf{H}^{\mathrm{T}}\mathbf{H}\boldsymbol{\theta} = \mathbf{H}^{\mathrm{T}}\mathbf{x} \tag{3.14}$$

其中，

$$\mathbf{x} = \begin{bmatrix} x[0] \\ x[1] \\ \vdots \\ x[N-1] \end{bmatrix} \quad \mathbf{H} = \begin{bmatrix} 1 & 0 \\ 1 & 1 \\ 1 & 2 \\ \vdots & \vdots \\ 1 & N-1 \end{bmatrix} \quad \boldsymbol{\theta} = \begin{bmatrix} A \\ B \end{bmatrix} \tag{3.15}$$

矩阵 $\mathbf{H}$ 是 $N \times 2$ 维的，T 表示转置，未知参数的最小二乘估计变成了下面的形式：

$$\hat{\boldsymbol{\theta}} = \begin{bmatrix} \hat{A} \\ \hat{B} \end{bmatrix} = (\mathbf{H}^{\mathrm{T}}\mathbf{H})^{-1}\mathbf{H}^{\mathrm{T}}\mathbf{x} \tag{3.16}$$

其中上标“−1”表示 2×2 矩阵 $\mathbf{H}^{\mathrm{T}}\mathbf{H}$ 的逆矩阵。这一简单的例子得出的式(3.14)和式(3.16)可推广到多个未知参数的估计。

练习 3.5　在最小二乘估计中遇到的矩阵和向量的数值计算例子

对于式(3.15)给出的 $\mathbf{H}$，当 $N = 3$ 时，$\mathbf{H}^{\mathrm{T}}\mathbf{H}$ 和 $\mathbf{H}^{\mathrm{T}}\mathbf{x}$ 为

$$\mathbf{H}^{\mathrm{T}}\mathbf{H} = \begin{bmatrix} 3 & 3 \\ 3 & 5 \end{bmatrix} \quad \mathbf{H}^{\mathrm{T}}\mathbf{x} = \begin{bmatrix} x[0] + x[1] + x[2] \\ x[1] + 2x[2] \end{bmatrix}$$

这些结果与式(3.13)一致吗？ •

图 3.9 给出了应用式(3.16)估计 A 和 B 的一个例子。在图 3.9(a)中，数据用“×”表示，真实信号 $s[n] = 1 + 0.2n$ 用虚线表示，并且信号样本之间用虚线连接起来。在图 3.9(b)中，估计的信号 $\hat{s}[n] = \hat{A} + \hat{B}n$ 用“o”表示。

对于线性参数情况，为了得到这一方法的一般形式，我们注意到，如果 $\mathbf{s} = [s[0], s[1], \cdots, s[N-1]]^{\mathrm{T}}$ 表示信号样本向量，其中 $s[n] = A + Bn$，可用简洁的形式表示为

$$\mathbf{s} = \underbrace{\begin{bmatrix} 1 & 0 \\ 1 & 1 \\ 1 & 2 \\ \vdots & \vdots \\ 1 & N-1 \end{bmatrix}}_{\mathbf{H}} \underbrace{\begin{bmatrix} A \\ B \end{bmatrix}}_{\boldsymbol{\theta}}$$

其中 $\mathbf{H}$ 是已知矩阵，$\boldsymbol{\theta}$是待估计参数向量。一般来说，如果我们能将信号样本写成向量 $\mathbf{s} = \mathbf{H}\boldsymbol{\theta}$，其中 $\mathbf{s}$ 是 $N \times 1$ 的向量，$\mathbf{H}$ 是 $N \times p$ 的已知矩阵，且 $p < N$，$\boldsymbol{\theta}$是 $p \times 1$ 的参数向量，那么信号符合线性模型的形式。不仅未知参数向量$\boldsymbol{\theta}$易于估计[像式(3.13)和式(3.14)所证明的那样可表示为 $(\mathbf{H}^{\mathrm{T}}\mathbf{H})^{-1}\mathbf{H}^{\mathrm{T}}\mathbf{x}$]，在一定的条件下估计是最佳的，而且估计器也有许多可用的统计性能[Graybill 1976]。

作为线性模型的更一般的例子，考虑多项式信号，由式(3.11)给出的信号模型可用线性模型形式写成 $\mathbf{s} = \mathbf{H}\boldsymbol{\theta}$，

$$\mathbf{H} = \begin{bmatrix} 1 & 0 & 0^2 & \cdots & 0^{p-1} \\ 1 & 1 & 1^2 & \cdots & 1^{p-1} \\ \vdots & \vdots & \vdots & \vdots & \vdots \\ 1 & N-1 & (N-1)^2 & \cdots & (N-1)^{p-1} \end{bmatrix} \qquad \boldsymbol{\theta} = \begin{bmatrix} c_0 \\ c_1 \\ \vdots \\ c_{p-1} \end{bmatrix}$$

最后，考虑信号的噪声扰动，通常在线性模型的数据描述中附加上噪声向量 $\mathbf{w} = [w[0]\ w[1] \cdots w[N-1]]^{\mathrm{T}}$，因此观测数据模型变成

$$\mathbf{x} = \mathbf{H}\boldsymbol{\theta} + \mathbf{w} \tag{3.17}$$

通常，噪声样本假定为 WGN，意思是所有样本是相互独立的零均值、方差为σ^2的高斯随机变量，在这种情况下，式(3.16)的最小二乘估计变成了最大似然估计。对于这种模型，估计精度是最佳的，这一性质的更多细节将在 8.3 节中给出。

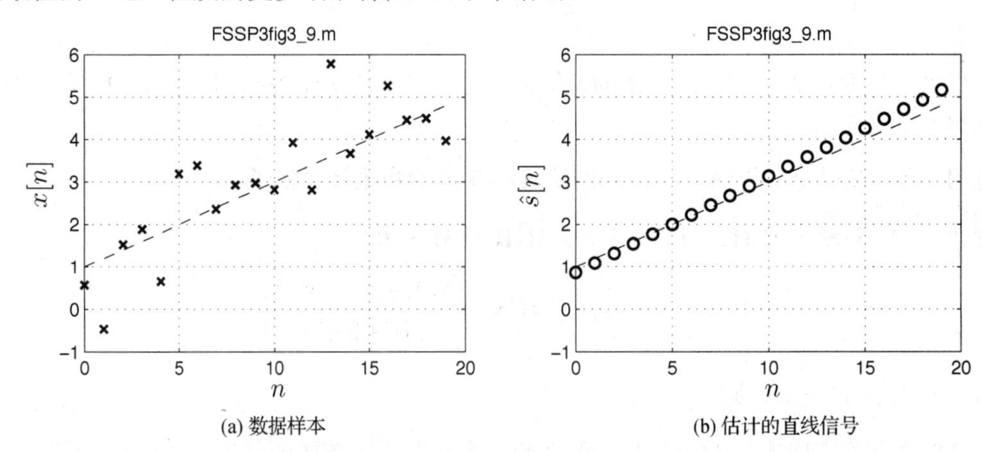

(a) 数据样本　　(b) 估计的直线信号

图 3.9　含噪声的直线信号的最小二乘估计，真实信号($s[n] = 1 + 0.2n$)用虚线表示，为了便于观察，将它的点连接起来。估计的信号为 $\hat{s}[n] = 0.8648 + 0.2265n$，用“o”表示

3.5.3　周期信号模型

另一种信号模型是信号样本在基本周期内是未知的周期信号(参见算法 9.11 关于基本周

期的随机实验结果的建模）。这些未知的信号样本表示为$\{g[0], g[1], \cdots, g[M-1]\}$，它们可以看做未知参数。例如，如果周期为$M=3$，并且总共有$N=6$个信号样本，那么

$$\mathbf{s}=\begin{bmatrix} g[0] \\ g[1] \\ g[2] \\ g[0] \\ g[1] \\ g[2] \end{bmatrix}=\underbrace{\begin{bmatrix} 1 & 0 & 0 \\ 0 & 1 & 0 \\ 0 & 0 & 1 \\ 1 & 0 & 0 \\ 0 & 1 & 0 \\ 0 & 0 & 1 \end{bmatrix}}_{\mathbf{H}}\underbrace{\begin{bmatrix} g[0] \\ g[1] \\ g[2] \end{bmatrix}}_{\boldsymbol{\theta}}$$

因此，立即得到线性信号模型和最小二乘估计$\hat{\boldsymbol{\theta}}=(\mathbf{H}^{\mathrm{T}}\mathbf{H})^{-1}\mathbf{H}^{\mathrm{T}}\mathbf{x}$。一旦认识到$\mathbf{s}$可以写成$\mathbf{H}\boldsymbol{\theta}$，那么参数估计问题就可以求解了。此时，只需要将未知参数$\boldsymbol{\theta}$用$\hat{\boldsymbol{\theta}}$代替，就可以得到估计信号为

$$\hat{\mathbf{s}}=\mathbf{H}\hat{\boldsymbol{\theta}}=\underbrace{\mathbf{H}(\mathbf{H}^{\mathrm{T}}\mathbf{H})^{-1}\mathbf{H}^{\mathrm{T}}}_{\mathbf{P}}\mathbf{x} \tag{3.18}$$

矩阵$\mathbf{P}$是$N\times N$维的，它将数据$\mathbf{x}$转换成估计信号$\hat{\mathbf{s}}$，称$\mathbf{P}$为投影矩阵[Kay 1993, pg. 231]。为了解释它对数据的影响，对特定的例子用计算机进行评估是最容易的。对于当前的例子，$N=6$，得到矩阵

$$\mathbf{P}=\begin{bmatrix} \frac{1}{2} & 0 & 0 & \frac{1}{2} & 0 & 0 \\ 0 & \frac{1}{2} & 0 & 0 & \frac{1}{2} & 0 \\ 0 & 0 & \frac{1}{2} & 0 & 0 & \frac{1}{2} \\ \frac{1}{2} & 0 & 0 & \frac{1}{2} & 0 & 0 \\ 0 & \frac{1}{2} & 0 & 0 & \frac{1}{2} & 0 \\ 0 & 0 & \frac{1}{2} & 0 & 0 & \frac{1}{2} \end{bmatrix}$$

由式(3.18)得

$$\hat{\mathbf{s}}=\begin{bmatrix} \hat{s}[0] \\ \hat{s}[1] \\ \hat{s}[2] \\ \hat{s}[3] \\ \hat{s}[4] \\ \hat{s}[5] \end{bmatrix}=\mathbf{P}\mathbf{x}=\begin{bmatrix} \frac{1}{2}(x[0]+x[3]) \\ \frac{1}{2}(x[1]+x[4]) \\ \frac{1}{2}(x[2]+x[5]) \\ \frac{1}{2}(x[0]+x[3]) \\ \frac{1}{2}(x[1]+x[4]) \\ \frac{1}{2}(x[2]+x[5]) \end{bmatrix} \tag{3.19}$$

将前三个数据样本与后三个数据样本分别取平均，即可得到基本周期信号 $s[0]$、$s[1]$和 $s[2]$的估计。由于信号假定是周期的，这样平均并不影响信号，但通过平均可以消除噪声。例如，

$$\begin{aligned}\hat{s}[0] &= \frac{1}{2}(x[0]+x[3]) = \frac{1}{2}(s[0]+w[0]+s[3]+w[3]) \\ &= \frac{1}{2}(g[0]+w[0]+g[0]+w[3]) = g[0]+\frac{1}{2}(w[0]+w[3])\end{aligned}$$

可见平均减少了噪声的影响。

练习 3.6　平均减少了噪声

假定 $w[0]$和 $w[3]$是零均值不相关的随机变量，如果它们的方差都为 1，证明平均 $\bar{w}=(w[0]+w[3])/2$ 的方差只为 1/2。因为 $\bar{w}$ 的均值为零，因此只需计算 $\left[\frac{1}{2}(w[0]+w[3])\right]^2$ 的数学期望即可，该式即为 $\bar{w}$ 的方差。提示：回顾一下如果两个随机变量 X 和 Y 是不相关的，那么有 $E[XY]=E[X]E[Y]$。 •

图 3.10(a)给出一个受到噪声污染的周期信号的例子，而周期信号已在前面的图 3.8 中给出。方差为 1 的高斯白噪声加到信号上形成数据，利用式(3.18)得到的估计信号显示在图 3.10(b)中。注意，估计信号是周期的，与已知的形式一致[另一个例子参见式(3.19)]。

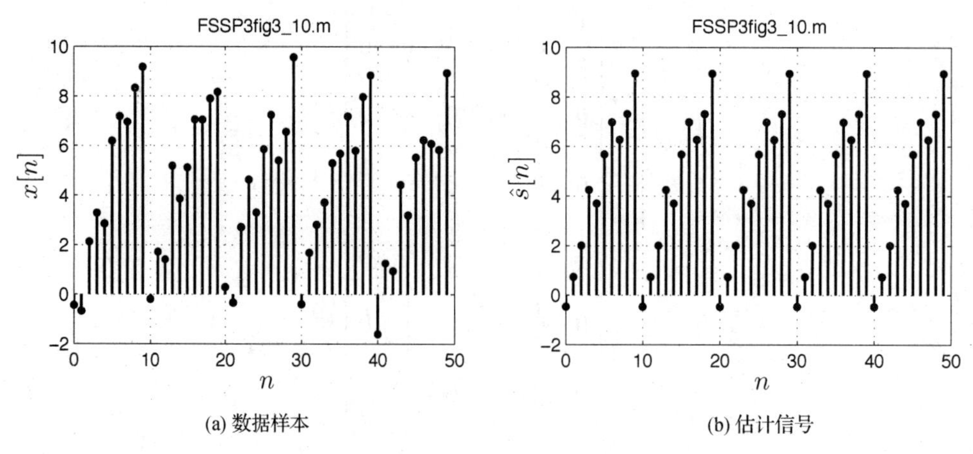

(a) 数据样本　　　　(b) 估计信号

图 3.10　含噪声的周期信号和采用线性模型的最小二乘估计得到的估计信号

可以看出噪声的影响减少了，为了更好地减少噪声则需要更多的平均，所以需要增加数据记录长度 N。

练习 3.7　为了减少更多的噪声，需要增加数据记录长度

运行随书光盘中的程序 FSSP3exer3_7.m，当 $N=50$ 时得到图 3.10(b)所示的信号样本估计。然后将 N 增加到 $N=1000$，K 增加到 $K=100$。将结果与真实信号 $s[n]=n$ ($n=0,1,\cdots,9$) 进行比较。 •

对长度为一个周期的块数据进行平均以便恢复基本信号的运算称为梳状滤波器(comb filter)[Wise et al. 1976]。这一术语源自做平均的这类运算，本质上是用一组中心频率位于谐波处的窄带滤波器来对数据进行滤波。参考图 3.8(b)，我们看到频谱的能量集中在 f_k = 0, 1/10, 2/10, 3/10, 4/10, 5/10。梳状滤波器试图让信号通过，而阻止驻留在谐波频率之间的噪声通过。

3.5.4　非线性和部分线性信号

剩下的信号类型如正弦、阻尼指数、阻尼正弦和相位调制信号，如果只有幅度和相位未知，则它们也是线性的。正如前面所证明的，幅度 A 和相位 ϕ 可以转换成两个线性信号幅度 α_1 和 α_2，否则信号模型只是部分线性的，这总结在表 3.2 中。为了说明部分线性模型在参数估计中的困难，我们考虑表 3.2 中的正弦信号。为了估计 $\{A_i, f_i, \phi_i\}$，或等价地估计 $\{\alpha_{1_i}, \alpha_{2_i} f_i\}$，其中 $i = 1, 2, \cdots, p$，我们必须使下式最小，

$$J(\alpha_{1_i}, \alpha_{2_i}, f_i; i = 1, 2, \cdots, p) = \sum_{n=0}^{N-1}\left(x[n] - \sum_{i=1}^{p}\left[\alpha_{1_i}\cos(2\pi f_i n) + \alpha_{2_i}\sin(2\pi f_i n)\right]\right)^2 \tag{3.20}$$

表 3.2　对确定性信号参数的不同假设

信号模型	数学表达式	参数	线性参数
正弦	$\sum_{i=1}^{p} A_i\cos(2\pi f_i n + \phi_i)$	A_i, f_i, ϕ_i	A_i, ϕ_i
阻尼指数	$\sum_{i=1}^{p} A_i r_i^n$	A_i, r_i	A_i
阻尼正弦	$\sum_{i=1}^{p} A_i r_i^n \cos(2\pi f_i n + \phi_i)$	A_i, r_i, f_i, ϕ_i	A_i, ϕ_i
相位调制	$\sum_{i=1}^{p} A_i\cos\left[2\pi\left(f_i n + \frac{1}{2}m_i n^2\right) + \phi_i\right]$	A_i, f_i, m_i, ϕ_i	A_i, ϕ_i
多项式	$\sum_{i=0}^{p-1} c_i n^i$	c_i	c_i
周期	$g[0], \cdots, g[M-1], g[0], \cdots, g[M-1], \cdots$	$g[i]$	$g[i]$

* 假定 (A_i, ϕ_i) 变换到线性参数 $(\alpha_{1_i}, \alpha_{2_i})$。

这是一个较难求解的问题，当 p 远大于 3 时求解变得几乎是不可能的事情(对于好的准最佳估计参见算法 9.10)。然而，对于小的 p，数值计算解是有可能的。考虑 $p = 1$，那么信号为

$$s[n] = \alpha_1\cos(2\pi f_0 n) + \alpha_2\sin(2\pi f_0 n)$$

可用通常的矩阵/向量形式表示为

$$\mathbf{s} = \underbrace{\begin{bmatrix} 1 & 0 \\ \cos(2\pi f_0) & \sin(2\pi f_0) \\ \vdots & \vdots \\ \cos[2\pi f_0(N-1)] & \sin[2\pi f_0(N-1)] \end{bmatrix}}_{\mathbf{H}(f_0)} \underbrace{\begin{bmatrix} \alpha_1 \\ \alpha_2 \end{bmatrix}}_{\theta} \tag{3.21}$$

这看起来是线性模型，除了 $\mathbf{H}$ 不再是已知矩阵之外，因为它依赖于未知参数 f_0。这使最小化问题变得复杂化。然而可以证明，最小化问题可以通过数值最大化得到。具体来说，我们首先通过数值计算的方法使下面的函数最大，

$$J(f_0) = \mathbf{x}^{\mathrm{T}}\mathbf{H}(f_0)(\mathbf{H}^{\mathrm{T}}(f_0)\mathbf{H}(f_0))^{-1}\mathbf{H}^{\mathrm{T}}(f_0)\mathbf{x} \tag{3.22}$$

在 $0 < f_0 < 1/2$ 时产生最大值的 $\hat{f}_0$，接着把 $\mathbf{H}(\hat{f}_0)$ 看做是已知矩阵，剩余的参数由最小二乘估计给出，

$$\begin{bmatrix} \hat{\alpha}_1 \\ \hat{\alpha}_2 \end{bmatrix} = \left(\mathbf{H}^{\mathrm{T}}(\hat{f}_0)\mathbf{H}(\hat{f}_0)\right)^{-1}\mathbf{H}^{\mathrm{T}}(\hat{f}_0)\mathbf{x}$$

于是幅度和相位可由下式估计，

$$\hat{A} = \sqrt{\hat{\alpha}_1^2 + \hat{\alpha}_2^2}$$
$$\hat{\phi} = \arctan\left(\frac{-\hat{\alpha}_2}{\hat{\alpha}_1}\right)$$

对于 p 个正弦信号的更一般的情况，数值最大化必须在 p 维空间 $\{f_1, f_2, \cdots, f_p\}$ 上求解，计算量是很大的($p=2$ 的一个例子请参见算法 9.9)。类似的考虑应用到表 3.2 给出的其他部分线性模型中。

练习 3.8　数值最大化

假定数据是无噪声的，$x[n]=\cos(2\pi(0.12)n+\pi/4)$，$n=0,1,\cdots,N-1$，其中 $N=20$。将 $x[n]$ 代入式(3.22)，然后通过对每一个 f_0 计算 $J(f_0)$ 的值使 $J(f_0)$ 在 $0<f_0<1/2$ 上最大。选择 f_0 的值为 $f_0=0.1, 0.2, 0.3, 0.4$。接着选择 f_0 的值为 $f_0=0.01, 0.02, \cdots, 0.49$，是否得到了 f_0 的正确值？提示：需要编写计算机程序才能得到想要的结果。 •

⚠　线性化的危险警示

线性信号模型 $\mathbf{s}=\mathbf{H}\boldsymbol{\theta}$是如此有效(最佳估计由 $\hat{\boldsymbol{\theta}}=(\mathbf{H}^T\mathbf{H})^{-1}\mathbf{H}^T\mathbf{x}$ 给出)，使得许多算法都是基于近似的线性模型。当模型是非线性时，使用关于真实参数的一阶泰勒级数展开，可以化简成线性模型。当然，由于真实的值是要估计的，因此它是未知的。然而，假定我们能够猜测真实值，然后使用泰勒级数。即使并不知道真实值，仍可以把它看成一个变量，对泰勒级数进行迭代直至到达真实值，类似于牛顿-拉夫森(Newton-Raphson)法。下面考察简单正弦信号 $s[n]=\cos(2\pi f_0 n)$ 的频率估计，使下式最小求得 f_0 的估计，

$$J(f_0)=\sum_{n=0}^{N-1}(x[n]-\cos(2\pi f_0 n))^2 \tag{3.23}$$

显然，信号与 f_0 呈非线性关系，但可以在某个猜测的值处线性化，比如 $f_G=1/4$，使用一阶泰勒级数 $g(x)=g(x_G)+\mathrm{d}g/\mathrm{d}x|_{x_G}(x-x_G)$，得

$$\begin{aligned}\cos(2\pi f_0 n) &= \cos[2\pi f_G n]+(-2\pi n\sin[2\pi f_G n])(f_0-f_G)\\ &= \cos[2\pi(1/4)n]+(-2\pi n\sin[2\pi(1/4)n])(f_0-1/4)\end{aligned}$$

然后，将上式代入式(3.23)，得

$$J(f_0)\approx\sum_{n=0}^{N-1}\left[x[n]-\cos\left(\frac{n\pi}{2}\right)+\left(2\pi n\sin\left(\frac{n\pi}{2}\right)\right)(f_0-1/4)\right]^2$$

上式是一个简单的 f_0 的二次型，$J(f_0)\approx$ 对 f_0 求导并令导数等于零，求解可得

$$\hat{f}_0=\frac{1}{4}-\frac{\sum_{n=0}^{N-1}[(x[n]-\cos(n\pi/2))(2\pi n\sin(n\pi/2))]}{\sum_{n=0}^{N-1}(2\pi n\sin(n\pi/2))^2} \tag{3.24}$$

如果假定无噪声，$x[n]=\cos(2\pi f_0 n)$，那么

$$\hat{f}_0=\frac{1}{4}-\frac{\sum_{n=0}^{N-1}[(\cos(2\pi f_0 n)-\cos(n\pi/2))(2\pi n\sin(n\pi/2))]}{\sum_{n=0}^{N-1}(2\pi n\sin(n\pi/2))^2}$$

估计 $\hat{f}_0$ 作为真实频率 f_0 的函数如图 3.11 所示，真实频率值靠近原始的猜测值 $f_G = 0.25$。

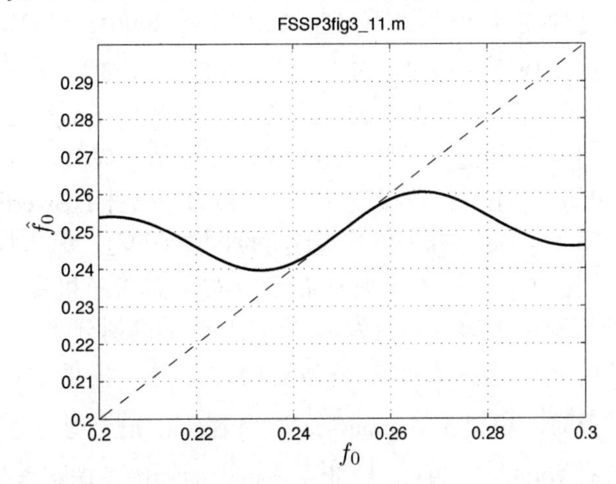

图 3.11　假定无噪声时，线性化信号频率 $\hat{f}_0$ 的最小二乘估计与真实频率 f_0 的关系。频率估计误差为实线与虚线的差值，线性化点位于 $f_G = 0.25$

可以看出，只要真实值 f_0 在猜测值 $f_G = 0.25$ 附近，估计的误差较小。然而，如果线性化的点不靠近真实值，那么会出现大的估计误差。　⚠

3.6　具有已知 PDF 的随机信号（类型 3）

3.6.1　一般考虑

有些信号的参数最好是看成随机变量的实验结果。最简单但也是最有用的例子是正弦信号，它是由几何上复杂目标反射形成的。这样的目标显示有多个反射点，每一个反射点产生一个幅度衰减、时延有轻微变化的回波。特别是，如果发射的连续时间信号为 $s(t) = A\cos(2\pi F_0 t + \phi)$，那么由 p 个反射点形成的反射信号为

$$\begin{aligned}\sum_{i=1}^{p} A_i \cos[2\pi F_0(t-\tau_i)+\phi_i] &= \underbrace{\sum_{i=1}^{p} A_i \cos(-2\pi F_0 \tau_i + \phi_i)}_{\alpha_1} \cos(2\pi F_0 t) \\ &\quad - \underbrace{\sum_{i=1}^{p} A_i \sin(-2\pi F_0 \tau_i + \phi_i)}_{\alpha_2} \sin(2\pi F_0 t) \\ &= \alpha_1 \cos(2\pi F_0 t) + \alpha_2 \sin(2\pi F_0 t)\end{aligned}$$

由于 $\{A_i, \tau_i, \phi_i; i = 1, 2, \cdots, p\}$ 是未知的（它们依赖于目标形状、方向等），描述其值的最好方法是假定观测到随机变量的特定的实验结果。这类建模的动机可由图 3.12 和图 3.13 所给出的例子加以理解。在图 3.12(a) 中，频率为 $F_0 = 10$ Hz 的正弦信号被发射，持续时间为 1 秒，接收信号“窗”显示在图 3.12(b) 中。注意，接收时间窗要比发射持续时间长。这保证了所有的反射信号都能被处理。由于发射机与反射点的距离不同，使得这些反射信号到达接收机的时间也不同。接收波形如图 3.13 所示，并且呈现了实际中常见的时延扩展（time delay spreading）。

幅度的变化称为衰落，它是由相长和相消干扰引起的。由于接收波形是所有这些回波之和，每一个回波都有类似的特性。应用中心极限定理(CLT)[Kay 2006, pg.492]，幅度 α_1 和 α_2 的 PDF 是高斯的，这可以通过估计 PDF 来验证。PDF 估计的结果如图 3.14 所示。对于小目标，通常要比图 3.13 所显示的靠得更近一些，图 3.13 为了演示的目的做了加重处理。因此，接收信号在 1 秒的时间间隔里看上去是恒定幅度和恒定相位的正弦信号模型，但它们的值是随机实验结果。这一模型称为随机幅度/相位正弦模型，雷达中称为斯韦林 I(Swerling I)模型[Nathanson 1999]，也可作为通信衰落信道输出波形的模型[Rappaport 2002]。现在假定幅度 α_1 和 α_2 是高斯的，那么也就意味着接收信号样本也服从高斯分布，高斯随机变量的简写表示为 $X\sim\mathcal{N}(\mu,\sigma^2)$，叙述为“随机变量 X 服从均值为 μ、方差为 σ^2 的高斯分布”。利用这一表示，假定 $\alpha_1\sim\mathcal{N}(0,\sigma_\alpha^2)$，$\alpha_2\sim\mathcal{N}(0,\sigma_\alpha^2)$，且 α_1 和 α_2 是独立的。注意，根据这些假定，正弦幅度是 $A=\sqrt{\alpha_1^2+\alpha_2^2}$，为瑞利分布，相位 $\phi=\arctan(-\alpha_2/\alpha_1)$ 在 $(-\pi,\ \pi)$ 上均匀分布。此外，幅度和相位是独立的随机变量[Kay 2006, pg. 403]，因此在通信中的术语是瑞利衰落信道。

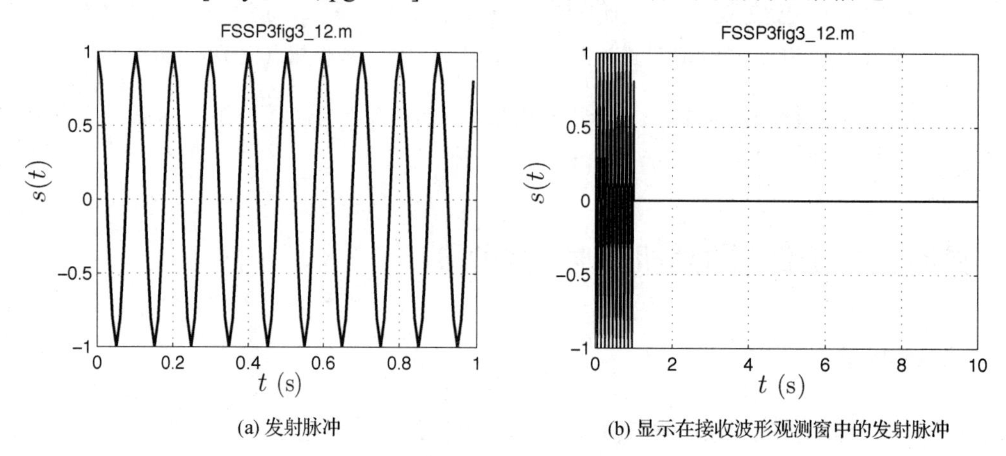

(a) 发射脉冲　　(b) 显示在接收波形观测窗中的发射脉冲

图 3.12　发射的正弦脉冲

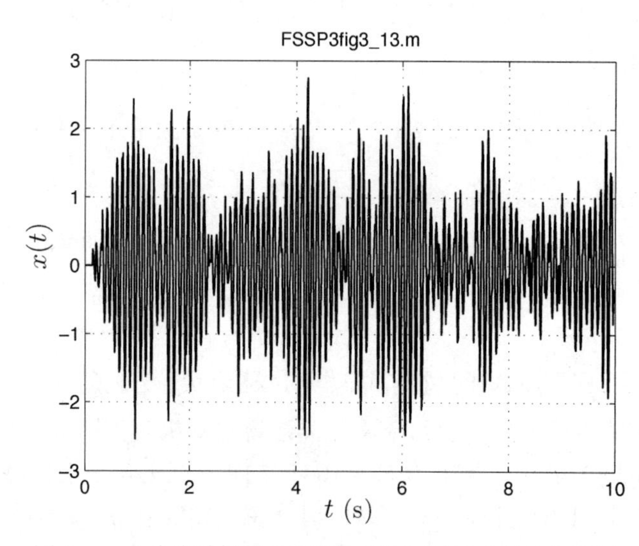

图 3.13　由许多随机重叠和随机幅度回波组成的接收波形

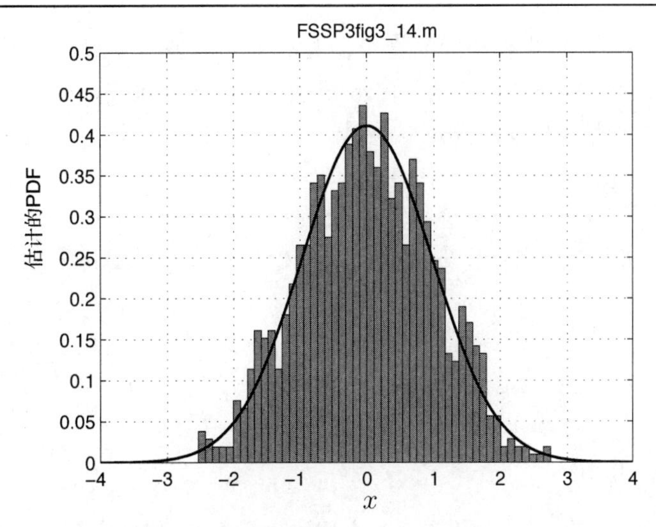

图 3.14　图 3.13 中显示的接收波形样本估计的 PDF 和高斯 PDF 拟合(实线)

根据建模的结果，接收的离散时间信号可表示为

$$s[n]=\alpha_1\cos(2\pi f_0 n)+\alpha_2\sin(2\pi f_0 n) \tag{3.25}$$

称为随机正弦模型，信号用矩阵/向量形式可表示为

$$\mathbf{s}=\underbrace{\begin{bmatrix}1 & 0\\ \cos(2\pi f_0) & \sin(2\pi f_0)\\ \vdots & \vdots\\ \cos[2\pi f_0(N-1)] & \sin[2\pi f_0(N-1)]\end{bmatrix}}_{\mathbf{H}}\underbrace{\begin{bmatrix}\alpha_1\\ \alpha_2\end{bmatrix}}_{\boldsymbol{\theta}} \tag{3.26}$$

这是一种线性模型的形式，除了$\boldsymbol{\theta}$是随机向量之外，很明显与式(3.17)的信号部分相同。$\boldsymbol{\theta}$的 PDF 是均值为零、方差矩阵为$\mathbf{C}=\sigma_\alpha^2\mathbf{I}$ ($\mathbf{I}$ 为单位矩阵)的多维高斯随机向量(因为α_1和α_2是相互独立的，因而也是不相关的随机变量，每个变量的方差为σ_α^2)。用$\mathbf{X}\sim\mathcal{N}(\boldsymbol{\mu},\mathbf{C})$表示一个随机向量服从均值向量为$\boldsymbol{\mu}$、方差矩阵为$\mathbf{C}$的多维高斯 PDF，因此有$\boldsymbol{\theta}\sim\mathcal{N}(\mathbf{0},\sigma_\alpha^2\mathbf{I})$。接下来总结两个常用的随机正弦模型，然后推广到贝叶斯线性模型。

3.6.2　随机正弦模型——零均值

零均值随机正弦模型为

$$s[n]=\alpha_1\cos(2\pi f_0 n)+\alpha_2\sin(2\pi f_0 n)\qquad n=0,1,\cdots,N-1 \tag{3.27}$$

其中$\boldsymbol{\alpha}=[\alpha_1\ \alpha_2]^{\mathrm{T}}\sim\mathcal{N}(\mathbf{0},\sigma_\alpha^2\mathbf{I})$，这是图 3.13 显示的模型。

3.6.3　随机正弦模型——非零均值

在有些情况下，幅度用非零均值建模更为精确。非零均值的幅度为

$$\boldsymbol{\alpha}\sim\mathcal{N}(\boldsymbol{\mu}_\alpha,\sigma_\alpha^2\mathbf{I})$$

当目标或接收回波的信道并非有相同的幅度而是有一个回波占主导地位时会遇到这种情况，在通信中通常称为莱斯(Rician)衰落信号[Proakis and Salehi 2007]，在雷达中呈现镜面反射回波的目标也是一种典型情况[Nathanson 1999]。

3.6.4 贝叶斯线性模型

随机信号 $\{h_1[n], h_2[n], \cdots, h_p[n]\}$ 更一般的线性模型是允许任意的基信号 $\{\theta_1, \theta_2, \cdots, \theta_p\}$ 和随机幅度，可表示为

$$s[n] = \sum_{i=1}^{p} \theta_i h_i[n] \qquad n = 0, 1, \cdots, N-1$$

通常可写成 $\mathbf{s} = \mathbf{H}\boldsymbol{\theta}$，其中

$$\mathbf{H} = \begin{bmatrix} h_1[0] & h_2[0] & \cdots & h_p[0] \\ h_1[1] & h_2[1] & \cdots & h_p[1] \\ \vdots & \vdots & \vdots & \vdots \\ h_1[N-1] & h_2[N-1] & \cdots & h_p[N-1] \end{bmatrix}$$

它是 $N \times p$ 维的，且 $\boldsymbol{\theta} \sim \mathcal{N}(\boldsymbol{\mu}_\theta, \sigma_\theta^2 \mathbf{I})$，最后将 WGN $\mathbf{w}$ 加到模型中，得到

$$\mathbf{x} = \mathbf{s} + \mathbf{w} = \mathbf{H}\boldsymbol{\theta} + \mathbf{w} \tag{3.28}$$

上式称为贝叶斯线性模型。与式(3.17)的确定性线性模型相比，未知参数向量 $\boldsymbol{\theta}$ 现在是高斯随机向量。作为一种特殊情况，如果 $\sigma_\theta^2 = 0$，幅度不再是随机的，而是已知的确定性值 $\boldsymbol{\theta} = \boldsymbol{\mu}_\theta$，那么式(3.28)就化简为

$$\mathbf{x} = \mathbf{H}\boldsymbol{\mu}_\theta + \mathbf{w} \tag{3.29}$$

这刚好是确定性线性模型，其中 $\boldsymbol{\theta}$ 已经由一个确定性向量 $\boldsymbol{\mu}_\theta$ 取代。可以证明，如果 $\boldsymbol{\theta} \sim \mathcal{N}(\boldsymbol{\mu}_\theta, \mathbf{C}_\theta)$，对于贝叶斯线性模型，数据的 PDF[kay 1993, pg. 326]为

$$\boldsymbol{x} \sim \mathcal{N}(\mathbf{H}\boldsymbol{\mu}_\theta, \mathbf{H}\mathbf{C}_\theta\mathbf{H}^{\mathrm{T}} + \sigma^2\mathbf{I})$$

作为贝叶斯线性模型应用的一个例子，考虑 DC 电平信号 $s[n] = A$ 的建模，其中 A 是未知的，但平均说来似乎取值 $A \approx 10$，后者可能是通过重复地收集数据并观测 A 的值的这种实验来确定的。通过令 $A \sim \mathcal{N}(10, \sigma_A^2)$ 来对 A 建模，其中 $\sigma_A^2 = 2$，所以信号被称为随机 DC 电平。σ_A^2 的选择反映了在实际中将要观测到 A 值的置信区间。当 $\sigma_A^2 = 2$ 时，我们期待以高概率观测到 A 值在 $\mu_A \pm 3\sigma_A = 10 \pm 3\sqrt{2}$ 内或处于[5.8, 14.2]内(即均值加减三倍标准差)。此外，当选择 $\sigma^2 = 0.01$ 时，DC 电平将不能直接观测到，而是每一个样本都像式(3.28)那样受到噪声的污染。这说明我们观察到 $x[n] = A + w[n]$，其中 $w[n]$ 是方差 $\sigma^2 = 0.01$ 的 WGN。几个典型的观测数据集如图 3.15 所示。

注意到由于 A 有一些实验结果小于 10，因此任何基于随机 DC 电平建模的算法，其性能有可能比基于确定性模型 $A = 10$ 建模的算法性能要差。它完全依赖于 A 小于 10 所带来的性能变差是否要多于 A 大于 10 所带来的性能改善。例如，在瑞利衰落通信信道中，其性能相对于无衰落信道要差[Proakis and Salehi 2007]。

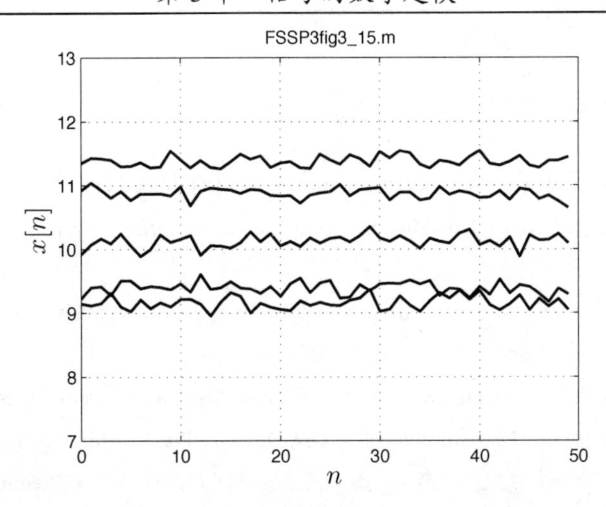

图 3.15　服从 $A\sim\mathcal{N}(10,2)$ 的随机 DC 信号加方差为 $\sigma^2=0.01$ 的 WGN 的典型实验结果。为了便于观看，数据样本用直线进行了连接

3.6.5　其他具有已知 PDF 的随机模型

前面的随机信号模型使用了已知信号形式，而参数看做随机变量的实验结果。也有一些模型并不假定信号的形式，而是假定为随机过程。由于随机过程常用于噪声建模，所以有关这方面的问题将在第 4 章中描述。

3.7　PDF 具有未知参数的随机信号(类型 4)

对于这类信号的建模，尽管偶尔在实际中采用，但算法设计相当困难，详细的讨论在[Kay 1998, pg. 302]中可以找到。

3.8　小结

- 数学模型有时既可用于信号模型，又可用于噪声模型。
- 在算法设计中，假定的知识要在实际中，即在算法的操作环境中是有效的，这是一个关键点。
- 在线估计未知参数的自适应算法将更具有鲁棒特性，但性能相对于参数是先验已知的情况要差一些。
- 信号与未知参数呈线性关系的线性信号模型是实际中最有用的，它导出的最佳算法最容易实现。
- 当非线性参数数量较少时(典型的为 3 个)，部分线性模型可用于实际中。
- 试图用线性化技术将非线性信号转换成线性信号是存在潜在危险的。
- 大多数信号处理算法是通过降低噪声的影响而达到目的，为此总是显著存在或者隐含噪声平均的运算。
- 对未知参数和噪声模型的高斯假定对于设计实际算法是关键因素。

参考文献

Brennan, L.E., I.S. Reed, W. Sollfrey, "A Comparison of Average-Likelihood and Maximum-Likelihood Ratio Tests for Detecting Radar Targets of Unknown Doppler Frequency", *IEEE Trans. on Information Theory*, pp. 104-110, Jan. 1968.

Burdic, W.S., *Underwater Acoustic Systems Analysis*, Prentice-Hall, Englewood Cliffs, NJ, 1984.

Cook, C.E., M. Bernfeld, *Radar Signals*, Artech House, Boston, 1993.

Granger, C.W.J., P. Newbold, *Forecasting Economic Time Series, Sec. Ed.*, Academic Press, NY, 1986.

Graybill, F.A., *Theory and Application of the Linear Model*, Duxbury Press, Belmont, CA, 1976.

Kay, S., *Fundamentals of Statistical Signal Processing: Estimation Theory, Vol. I*, Prentice-Hall, Englewood Cliffs, NJ, 1993.

Kay, S., *Fundamentals of Statistical Signal Processing: Detection Theory, Vol. II*, Prentice-Hall, Englewood Cliffs, NJ, 1998.

Kay, S., *Intuitive Probability and Random Processes Using MATLAB*, Springer, NY, 2006.

McConnell, *Vibration Testing, Theory and Practice*, J. Wiley, NY, 1995.

Miller, T., L. Potter, J. McCorkle, "RFI Suppression for Ultra Wideband Radar", *IEEE Trans. on Aerospace and Electronic Systems*, pp. 1142-1156, Oct. 1997.

Nathanson, F.E., *Radar Design Principles*, SciTech Pubs., NJ, 1999.

Proakis, J., M. Salehi, *Digital Communications*, 5th ed., McGraw-Hill, NY, 2007.

Rappaport, T.S., *Wireless Communications*, Prentice Hall PTR, Upper Saddle River, NJ, 2002.

Schafer, R.W., L.R. Rabiner, *Digital Processing of Speech Signals*, Prentice-Hall, Englewood Cliffs, NJ, 1978.

S¨ornmo, L., P. Laguna, *Biolectrical Signal Processing in Cardiac and Neurological Applications*, Elsevier Academic Press, NY, 2005.

Vanhamme, L., T. Sundin, P. Van Hecke, S. Van Huffel, "MR Spectroscopy Quantification: A Review of Time-Domain Methods", *NMR in Biomedicine*, pp. 233-246, 2001.

Wise, J.D., J.R. Caprio, T.W. Parks, "Maximum Likelihood Pitch Estimation", *IEEE Trans. on Acoustics, Speech and Signal Processing*, pp. 418-423, 1976.

附录 3A　练习解答

为了得到下面描述的结果，在任何程序的开头用 `rand('state',0)` 和 `randn('state',0)` 初始化随机数产生器。这两个命令分别针对均匀分布和高斯分布随机数产生器。

3.1　第一个方程由 $\cos(A+B)=\cos(A)\cos(B)-\sin(A)\sin(B)$ 得出，第二个方程由 $\sin(2A)=2\sin(A)\cos(A)$ 得出，第三个方程利用了欧拉恒等式。最后，$\sum_{n=0}^{3}\exp(jn\pi/2)$ 可以在复平面从原点到每一个复数画一个箭头进行计算。箭头或复向量将在单位圆终止，角度为 $0^\circ, 90^\circ, 180^\circ, 270^\circ$。导致所有复向量被对消，所以和为零，因此虚部为零。

3.2　它们是不相等的，因为

$$g_n(a+b)=\cos(2\pi(0.1-0.1)n)=\cos(0)=1$$

$$\begin{aligned}g_n(a)+g_n(b)&=\cos(2\pi(0.1)n)+\cos(2\pi(-0.1)n)\\&=\cos(2\pi(0.1)n)+\cos(2\pi(0.1)n)=2\cos(2\pi(0.1)n)\end{aligned}$$

3.3　对于所有的 n，信号是相等的，因为

$$\begin{aligned}s_1[n]&=1\cdot\cos(2\pi f_0 n+\pi/4)=\cos(2\pi f_0 n+(5/4)\pi-\pi)\\&=\cos(2\pi f_0 n+(5/4)\pi)\cos(-\pi)-\sin(2\pi f_0 n+(5/4)\pi)\sin(-\pi)\\&=-\cos(2\pi f_0 n+(5/4)\pi)=s_2[n]\end{aligned}$$

3.4　为了求最小值，对 $J(A)$ 求导并令其为零，得

$$\frac{\mathrm{d}J(A)}{\mathrm{d}A}=-2\sum_{n=0}^{N-1}(x[n]-A)=0$$

得到 $\hat{A}=(1/N)\sum_{n=0}^{N-1}x[n]$，这是样本均值。对于 DC 电平信号加上零均值噪声来说，这是一个合理的估计，通过对样本进行平均，由于信号是常数将被保留，因而噪声将被平均到一个很小的量。很容易证明，如果 $x[n]=A+w[n]$，其中 $w[n]$是方差为σ^2的 WGN，那么 $\operatorname{var}\left((1/N)\sum_{n=0}^{N-1}w[n]\right)=\sigma^2/N$。因此，由于平均使得噪声功率减为原来的 $1/N$ [Kay 1993, pg.31]。当 $N=2$ 时，$\hat{A}$ 的方差的详细计算过程请参见练习 3.6。

3.5　由于

$$\mathbf{H}=\begin{bmatrix}1&0\\1&1\\1&2\end{bmatrix}$$

我们有

$$\mathbf{H}^{\mathrm{T}}\mathbf{H}=\begin{bmatrix}1&1&1\\0&1&2\end{bmatrix}\begin{bmatrix}1&0\\1&1\\1&2\end{bmatrix}=\begin{bmatrix}3&3\\3&5\end{bmatrix}$$

和

$$\mathbf{H}^{\mathrm{T}}\mathbf{x}=\begin{bmatrix}1&1&1\\0&1&2\end{bmatrix}\begin{bmatrix}x[0]\\x[1]\\x[2]\end{bmatrix}=\begin{bmatrix}x[0]+x[1]+x[2]\\x[1]+2x[2]\end{bmatrix}$$

注意，在式(3.13)中矩阵的各元素为

$$\sum_{n=0}^{2}1=3\quad\sum_{n=0}^{2}n=3\quad\sum_{n=0}^{2}n^2=5$$

向量的各元素为

$$\sum_{n=0}^{2}x[n]=x[0]+x[1]+x[2]$$

$$\sum_{n=0}^{2}nx[n]=0\cdot x[0]+x[1]+2x[2]=x[1]+2x[2]$$

3.6 为了求方差，注意到 $\text{var}(X)=E[X^2]-E^2[X]$，如果 X 的均值为零，即 $E[X]=0$，方差就变成了 $\text{var}(X)=E[X^2]$。因此，由于 $E[\overline{w}]=E[(w[0]+w[3])/2]=E[w[0]]/2+E[w[3]]/2=0$，我们有

$$
\begin{aligned}
\text{var}(\overline{w}) &= E[\overline{w}^2] && (\overline{w}\text{的均值为零})\\
&= E[(w[0]+w[3])/2)^2] && (\overline{w}\text{的定义})\\
&= \frac{1}{4}E[w^2[0]+2w[0]w[3]+w^2[3]] \\
&= \frac{1}{4}[E[w^2[0]]+2E[w[0]w[3]]+E[w^2[3]]] && (\text{数学期望的线性特性})\\
&= \frac{1}{4}[\text{var}(w[0])+2E[w[0]]E[w[3]]+\text{var}(w[3])] && (w[0],w[3]\text{均值为零，且不相关})\\
&= \frac{1}{4}[1+2\cdot 0\cdot 0+1]=\frac{1}{2}
\end{aligned}
$$

3.7 当 $N=50$ 时，应该能够得到图 3.10(b)所示的估计信号，它们的值列在表 3A.1 中。$N=1000$ 时，估计信号的值也列在表中，应该更加精确。运行随书光盘上的 MATLAB 程序 `FSSP3exer3_7.m` 可得到结果。

表 3A.1 通过在长度为 10 的一个周期上平均得到的估计信号

n	$s[n]$	$\hat{s}[n]$, $N=50$	$\hat{s}[n]$, $N=1000$
0	0	–0.4658	–0.0034
1	1	0.7343	0.9349
2	2	2.0021	2.1623
3	3	4.2443	2.9155
4	4	3.7021	3.9727
5	5	5.6720	5.0056
6	6	6.9840	6.0535
7	7	6.2607	6.8331
8	8	7.3200	7.8451
9	9	8.9395	8.8501

3.8 对于频率值 $f_0=0.1, 0.2, 0.3, 0.4$，$J(f_0)$ 的最大值为 4.68，出现在频率 $f_0=0.1$ 处。而对于频率值 $f_0=0.01, 0.02,\cdots, 0.49$，最大值为 9.57，出现在频率 $f_0=0.12$ 处，这是一个正确的值。显然，最大化的函数必须依据足够精细的网格点进行计算，以便得到更加精确的函数最大值所对应的 f_0 值。运行 MATLAB 程序 `FSSP3exer3_8.m` 可得到结果。

第 4 章　噪声的数学建模

4.1　引言

观测噪声的数学建模与随机过程理论有很大关系。许多需要的背景知识请参考[Kay 2006]，关于随机过程以及高斯随机过程的一些重要概念和公式分别在附录 4A 和附录 4B 进行了总结。在噪声建模中，高斯随机过程是实际中使用的最基本的模型，因此在本章中着重强调。

在第 3 章曾提到，将要描述的噪声模型也可作为信号模型。当信号的数学形式是未知的，以至于只有统计模型可用时，正是这样一种情况。例如，在语音信号处理中，自回归随机过程模型用于清音的声音建模[Schafer and Rabiner 1978]。每个声音用一个具有唯一功率谱(PSD)的高斯随机过程建模。声音波形的这种特性是因为它是快速实现的和不可再生的。即使是同一说话者，给定声音的波形也随发声者谈话的速度、邻近的其他元音/辅音以及其他一些因素的变化而变化。正是这样一种可变性，这种像噪声一样的特性正是随机过程模型要捕捉的。一般来说，只有功率谱保持不变，它才是与建模有关的。当然，对于实际的噪声过程，很少有波形方面的知识，所以随机过程模型是一个自然的选择。

本章我们介绍高斯和某些非高斯噪声模型、平稳和某些非平稳模型。由于数学上的复杂性，对于非高斯和非平稳模型只做简单介绍。在实际中，至少要清楚什么时候平稳高斯噪声模型假定是失效的，这一点很重要。在这种情况下，通常尝试把非平稳非高斯数据转换成平稳高斯数据(见第 6 章)。如果不能这样做，任何随之而来的信号处理算法都将变得非常复杂和毫无希望。正因为这样，人们常常忽略了数据的非平稳非高斯特性，然而这样可能使算法性能变得很差，感兴趣的读者请参考[Middleton and Spaulding 1993]。

所有讨论的噪声模型都假定有已知的概率密度(PDF)。当模型的 PDF 具有未知参数时，根据现场数据估计这些参数，将使随之的算法开发异常困难。类似地，自适应处理算法也要求参数估计这项工作。在第 6 章将介绍只有噪声数据可用时的噪声参数估计方法，这些方法对于选择合适的模型是有用的。

4.2　一般噪声模型

将要讨论的噪声模型总结在表 4.1 中，它们用高斯和非高斯然后进一步用 PSD 进行分类。这些是算法设计最显著的特征，并且在模型选择时必须牢记。按照最容易的模型到最难的模型，从上到下对噪声模型粗略地进行排序。前三个模型都是高斯随机过程(参见附录 4B)，高斯白噪声(WGN)模型和高斯色噪声模型进一步用它们的 PSD 进行描述。一般高斯随机过程是非平稳的，排除了 PSD 的定义。图 4.1 给出了前两个模型 PSD 的例子，图 4.1(a)是一种“平坦”PSD，也称为白色 PSD，类似于白光，它可分解为均匀分布的光谱或有色的彩虹。图 4.1(b)

显示的非平坦 PSD，也称为“有色”PSD。噪声模型的第三种类型是非平稳高斯随机过程，意味着自相关序列(ACS)没有定义(见附录 4A)。因此，也不可能定义 PSD。图 4.2 给出了非平稳高斯随机过程的一个实际例子，为了比较，同时还给出了一个平稳的例子。两个过程都是高斯的，但功率与时间的关系不同，特别是 $w_1[n]=u[n]$，$w_2[n]=A[n]u[n]$，其中 $u[n]$是 WGN，方差 $\sigma_u^2=1$，$A[n]=\sqrt{0.95^n}$ 。第一个过程的功率与时间关系是常数，功率为

$$\begin{aligned}E[w_1^2[n]] &= E[u^2[n]]\\ &= \text{var}(u[n]) \quad (u[n]\text{的均值为零})\\ &= \sigma_u^2 = 1\end{aligned}$$

而第二个过程的功率为

$$\begin{aligned}E[w_2^2[n]] &= E[(A[n]u[n])^2]\\ &= A^2[n]E[u^2[n]] \quad (A[n]\text{是确定性的量})\\ &= A^2[n]\text{var}(u[n])\\ &= A^2[n]\sigma_u^2 \quad (u[n]\text{的均值为零})\\ &= A^2[n] = 0.95^n\end{aligned}$$

表 4.1 噪声模型

噪声模型	PDF	PSD	平稳性
1. 高斯白噪声	高斯	平坦	平稳
2. 高斯色噪声	高斯	非平坦	平稳
3. 一般高斯噪声	高斯	没有定义	非平稳
4. IID[+]非高斯噪声	非高斯	平坦	平稳
5. 随机相位正弦噪声	非高斯[++]	冲激	平稳

[+]IID 表示独立同分布。

[++]如果将幅度看做高斯随机变量的实验结果，则可以用高斯建模。

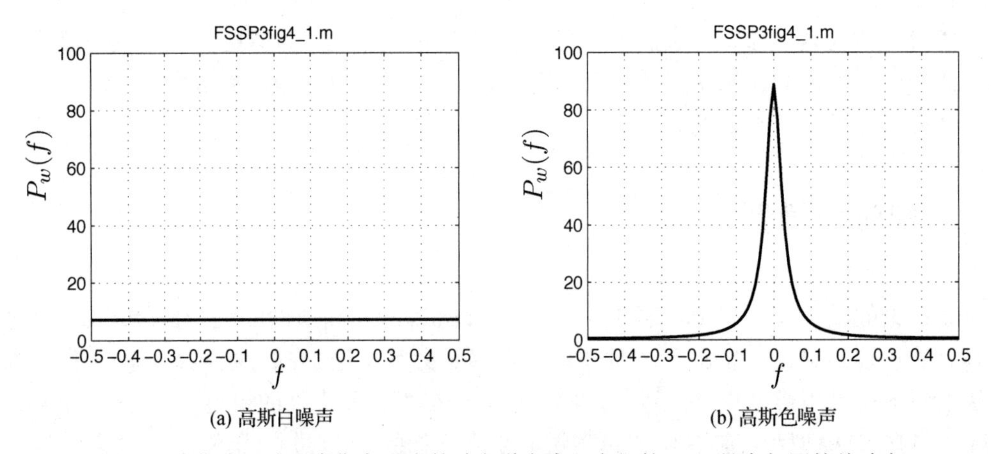

(a) 高斯白噪声　　(b) 高斯色噪声

图 4.1 高斯白噪声和高斯色噪声的功率谱密度。它们的 PSD 具有相同的总功率

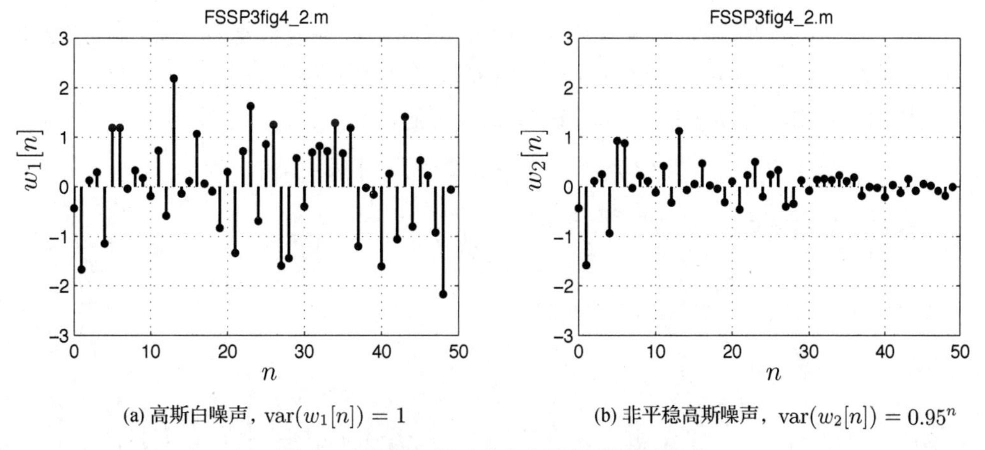

(a) 高斯白噪声，$\mathrm{var}(w_1[n]) = 1$　　(b) 非平稳高斯噪声，$\mathrm{var}(w_2[n]) = 0.95^n$

图 4.2　平稳与非平稳高斯随机过程的现实

从以上内容可以看出，功率是随时间变化的。因此，$w_2[n]$是一个非平稳随机过程，它应该这样来建模。例如，噪声功率随时间减少的情况表明，当信噪比在数据尾端要大于数据开头时，任何算法都应该对数据样本在记录尾端的值给予重的加权。然而，在许多实际情况下，精确的噪声功率变化是未知的(实际上它可能是增加的)，所以这种信噪比的变化是无法进行加权的。实际中，如果观测的时间间隔足够长，大多数过程都是非平稳的。

噪声模型 4 和 5 都有非高斯 PDF。模型 4 假定每个噪声样本都是非高斯的，典型的情况是 PDF 呈现“重尾”特征(后面将给出一个例子)。这样就会产生较多$|w[n]|>3\sigma$(σ^2为噪声方差)的噪声幅度值，而在高斯 PDF 时是不会这样的。注意到在图 4.2(a)中噪声样本幅度值都是小于 3 的。此外，噪声样本假定为都是相同的 PDF(同分布)且都是独立的，因此称为独立同分布(IID)非高斯噪声。由于 IID 的假定，可以证明噪声过程是平稳的和具有平坦的 PSD。

噪声模型 5 是随机相位正弦噪声，它与第 3 章的正弦信号模型相同(参见表 3.1 的模型类型 3)。该模型是带有许多固定幅度和具有不同频率的随机相位正弦之和，它的 PSD 是一串在给定频率处的冲激之和。确定这个模型的 PDF 是比较困难的，然而，如果幅度假定为某个给定 PDF 的随机变量的实验结果，那么它可用高斯随机过程来建模。这将会在后面做简单的讨论，接下来详细讨论每个模型。

4.3　高斯白噪声

高斯白噪声（WGN）有下列重要的性质：

1．数据集$\{w[0], w[1], \cdots, w[N-1]\}$的每个噪声样本有同样的 PDF(相同分布)，PDF 是高斯的，可表示为

$$pW(w) = \frac{1}{\sqrt{2\pi\sigma^2}}\exp\left(-\frac{1}{2\sigma^2}w^2\right) \qquad -\infty < w < \infty \tag{4.1}$$

图 4.3 给出一个例子，其中$\sigma^2 = 1$。注意，样本超过$3\sigma = 3$或小于$-3\sigma = -3$的概率是非常小的。因为当$|w| > 3$时，PDF 接近零。事实上，从图 4.3(b)可以看出，对于这种典型的现实，幅度是没有超过 3 的。此外也可以证明，对所有的 n，均值$E[w[n]] = 0$、方差$\mathrm{var}(w[n]) = \sigma^2$。

2．每一个噪声样本都独立于其他噪声样本。这意味着不能依据观测到的样本去预测任何其他样本，我们可以说这类随机过程是非常“像噪声”(noise-like)的。

3．因为 $w[n]$由 IID 样本组成，所以 PSD 是平坦的，

$$P_w(f)=\sigma^2 \qquad -1/2\leqslant f\leqslant 1/2$$

图 4.1(a)给出了$\sigma^2=7.2$ 时的图形。

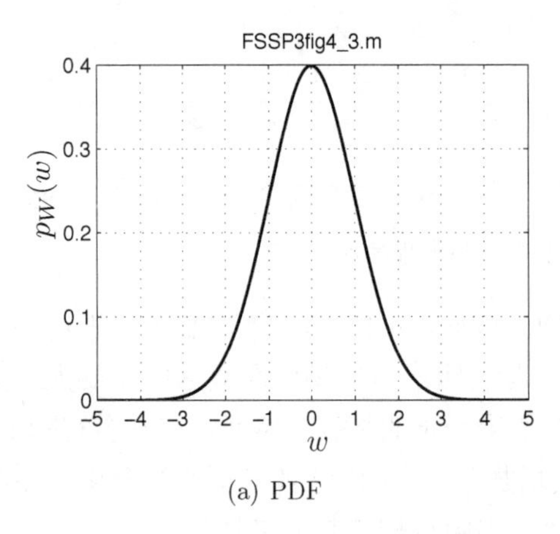

(a) PDF

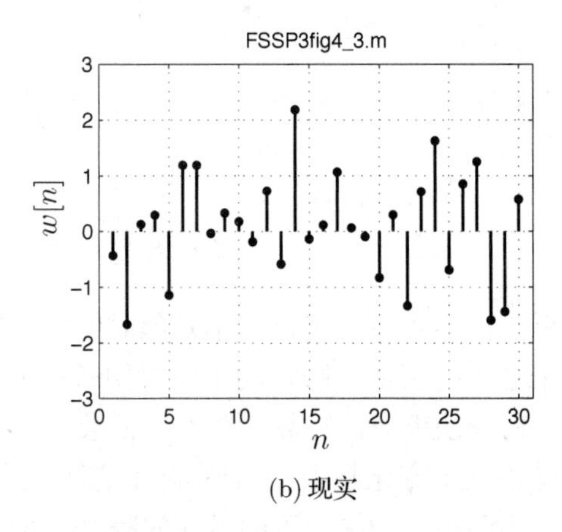

(b) 现实

图 4.3　$\sigma^2=1$ 的白色高斯的 PDF 和现实

WGN 随机过程通常用于通信系统对噪声建模(在该领域称为加性 WGN)。而在雷达/声呐系统中，WGN 用于对环境噪声建模；此外，利用 WGN 模拟任何实际的信号处理系统的电子噪声。随书光盘的 MATLAB 程序 `WGNgendata.m` 用来产生 WGN 的现实。

练习 4.1　产生高斯白噪声

利用程序 `WGNgendata.m` 产生方差$\sigma^2=4$ 的 WGN 的一个数据记录(也称为实验结果或现实)。如果产生 $N=1000$ 个样本，超过 3 的样本有多少个？期望的数由总样本数乘以样本超过 3 的概率给出，即

$$\begin{aligned}NP[w[n]>3]&=NQ\left(\frac{3}{\sqrt{\sigma^2}}\right)\\&=NQ(3/2)=0.0668N\end{aligned}$$

其中

$$Q(x)=\int_x^\infty \frac{1}{\sqrt{2\pi}}\exp(-t^2/2)\mathrm{d}t$$

是$\mathcal{N}(0,1)$随机变量的概率右尾函数(x 点的概率右尾函数是随机变量超过 x 的概率)。可以用随书光盘上的 MATLAB 程序 `Q.m` 来计算，当 $N=1000$ 时，我们期望有 67 个样本超过 3。　•

练习 4.2　估计功率

利用前一练习的 $N=1000$ 个样本，用下式估计功率，

$$\hat{\sigma}^2=\frac{1}{N}\sum_{n=0}^{N-1}w^2[n]$$

它靠近 $\sigma^2=4$ 的真实值吗？如果不是，试着增加 N，在第 6 章将给出噪声过程估计性质的更多讨论。 ●

4.4 高斯色噪声

雷达中的杂波[Nathanson 1999]和声呐中的回声[Burdic 1984]都在感兴趣的波段中有非平坦的 PSD。图 4.1(b)给出了这样一个非平坦 PSD 的例子。这种 PSD 称为低通 PSD，其功率的大部分集中在 $f=0.1$ 以下。这种非平坦 PSD 的有用模型是自回归(AR)模型，它的数学形式为

$$P_w(f)=\frac{\sigma_u^2}{\left|1+a[1]\exp(-\mathrm{j}2\pi f)+\cdots+a[p]\exp(-\mathrm{j}2\pi fp)\right|^2} \tag{4.2}$$

其中 $\sigma_u^2>0$ 是激励噪声的方差，$\{a[1], a[2], \cdots, a[p]\}$ 是 AR 滤波器参数。下面将对这些名称做简单说明。模型的阶数由滤波器参数的数目 p 给出。通常在描述中包括了模型的阶数，称为 AR(p) PSD 模型，它之所以有用是基于以下性质：

1. 只要模型阶数 p 足够大，可以用它来对任何 PSD 建模。
2. 根据现场数据可以很容易且精确地估计它的参数；参数的估计将在第 11 章描述，并用算法 11.3 和 11.4 实现。
3. 现实的计算机模拟是很容易完成的。

例如，考虑由下式给出的 AR(1)模型，

$$P_w(f)=\frac{\sigma_u^2}{\left|1+a[1]\exp(-\mathrm{j}2\pi f)\right|^2} \tag{4.3}$$

图 4.4(a)给出了 $a[1]=-0.5$ 且 $\sigma_u^2=0.75$ 时的 PSD，而图 4.4(b)给出了 $a[1]=-0.9$ 且 $\sigma_u^2=0.19$ 时的 PSD。两个 PSD 都有相同的功率(曲线下的面积)，然而 $|a[1]|$ 的值越大的 PSD，其带宽更窄。通过 AR 滤波参数的选择可以模拟任何带宽。$a[1]$ 值一旦选定，那么也就指定了带宽，σ_u^2 的值则用来调节平均功率，即 $\sigma_u^2/(1-a^2[1])$。

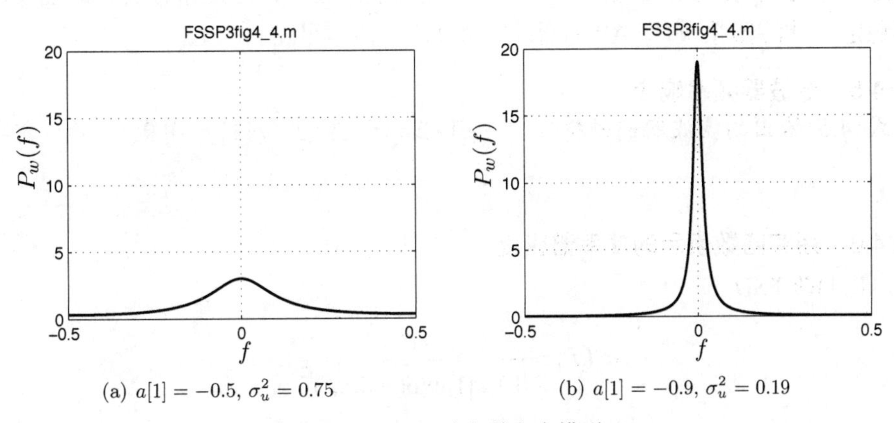

(a) $a[1]=-0.5$, $\sigma_u^2=0.75$　　(b) $a[1]=-0.9$, $\sigma_u^2=0.19$

图 4.4　AR(1)功率谱密度模型

练习 4.3　AR(1) PSD——另一个例子

如果 $a[1]=0$，那么 PSD 是什么类型？ •

练习 4.4　AR(1) PSD——低通或高通？

AR 参数选为 $a[1]=0.9$，$\sigma_u^2=0.19$，利用程序 ARpsd.m 得到 AR(1) PSD 的值与对应的频率，并画出结果的图形。与图 4.4(b)的 PSD 进行比较，请说明 $a[1]$的符号对 PSD 的影响。•

为了更清楚地理解式(4.3)模型的内涵，注意随机过程在输入到线性时不变滤波器后输入端和输出端 PSD 之间的关系。如果 $u[n]$是输入，$w[n]$是输出，滤波器频率响应为 $H(f)$，那么 PSD 的关系为

$$P_w(f)=|H(f)|^2 P_u(f) \tag{4.4}$$

这个关系类似于滤波器确定性信号输入和输出傅里叶变换的关系 $W(f)=H(f)U(f)$。差别是对于随机过程，我们感兴趣的是功率(实际上是平均功率)而不是幅度。如果假定 $P_u(f)=\sigma_u^2$，即平坦 PSD，滤波器频率响应为

$$H(f)=\frac{1}{1+a[1]\exp(-\mathrm{j}2\pi f)} \tag{4.5}$$

那么，利用式(4.4)得到式(4.3)的 AR(1) 模型的滤波器输出的 PSD。图 4.5 总结了这一结果。

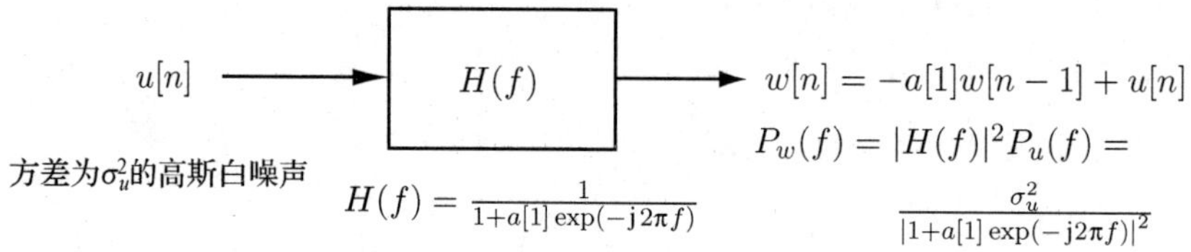

$u[n]$ → $H(f)$ → $w[n]=-a[1]w[n-1]+u[n]$

方差为σ_u^2的高斯白噪声

$H(f)=\frac{1}{1+a[1]\exp(-\mathrm{j}2\pi f)}$

$P_w(f)=|H(f)|^2P_u(f)=\frac{\sigma_u^2}{|1+a[1]\exp(-\mathrm{j}2\pi f)|^2}$

图 4.5　有色噪声 $w[n]$的 AR(1) 模型，$H(f)$ 是有色化滤波器的频率响应

注意，输入随机过程 $u[n]$是 WGN，通过滤波改变了不同频率处的功率，在输出端产生了有色噪声 $w[n]$。此外，也可以通过时域描述方法，将 $u[n]$通过单极点滤波器来实现输出过程，

$$w[n]=-a[1]w[n-1]+u[n] \tag{4.6}$$

其中 $u[n]$是方差为 σ_u^2 的高斯白噪声。由于 $u[n]$激励了滤波器，因此常称其为激励噪声。为了使滤波器稳定，滤波器系数(即 AR(1) 滤波器参数)应该满足$|a[1]|<1$。

练习 4.5　滤波器频率响应

画出式(4.5)给出的滤波器幅频特性图，$-1/2\leqslant f\leqslant 1/2$，$a[1]=-0.9$。提示：需要计算机来完成。 •

练习 4.6　用实函数表示的功率谱密度

证明 AR(1)的 PSD

$$P_w(f)=\frac{\sigma_u^2}{|1+a[1]\exp(-\mathrm{j}2\pi f)|^2}$$

可以表示为

$$P_w(f)=\frac{\sigma_u^2}{1+a^2[1]+2a[1]\cos(2\pi f)}$$

如果 $a[1]<0$，证明峰值出现在 $f=0$ 处；如果 $a[1]>0$，峰值出现在 $f=1/2$。●

利用式(4.6)，很容易产生 AR(1) 过程的计算机模拟现实。图 4.6 给出了图 4.4 所示的两个 AR(1) 功率谱的随机过程现实。注意，当$|a[1]|$很小时［见图 4.6(a)］要比$|a[1]|$很大时［见图 4.6(b)］更“像噪声”。$|a[1]|$很大时有很大的相关性，这是因为在图 4.6(b)中现实的 PSD 含有更高的频率，从而引起波形的快速变化。

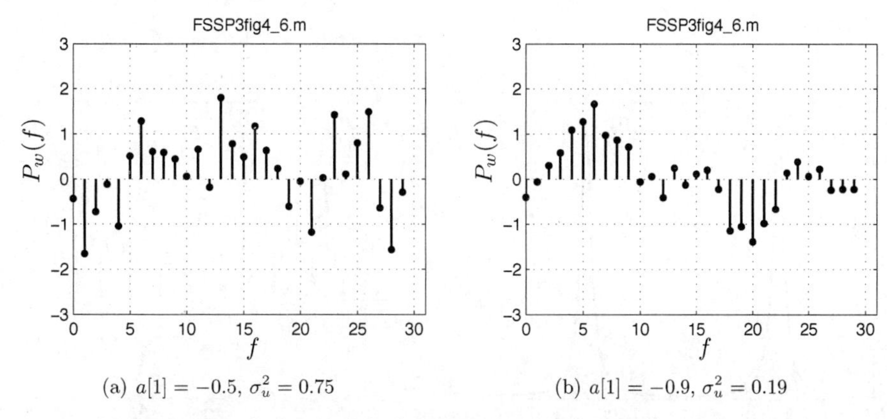

(a) $a[1]=-0.5,\ \sigma_u^2=0.75$　　(b) $a[1]=-0.9,\ \sigma_u^2=0.19$

图 4.6　图 4.4 中给出的功率谱密度的 AR(1) 随机过程模型的典型现实

为了对带通信号(即 PSD 的峰值不在 $f=0$ 或 $f=1/2$ 处)建模，我们要求 $p>1$ 的 AR 模型。由于根据式(4.2)，频率响应为

$$H(f)=\frac{1}{1+a[1]\exp(-\mathrm{j}2\pi f)+\cdots+a[p]\exp(-\mathrm{j}2\pi f_p)} \tag{4.7}$$

它完全确定了 PSD 与频率之间的关系，因此需要设计全极点滤波器来满足期望的频率响应。这是一个数字滤波器的设计问题，有许多可用的设计方法。举一个简单的例子，为了设计一个峰值频率在 $f=f_0$ 处的带通 PSD，只需在 z 平面上放置一对复共轭的极点 $z_1=r\exp(\mathrm{j}2\pi f_0)$ 和 $z_2=r\exp(-\mathrm{j}2\pi f_0)$，这就产生了如下的系统函数(冲激响应的 z 变换[Jackson 1988])

$$\begin{aligned}\mathcal{H}(z)&=\frac{1}{(1-z_1z^{-1})(1-z_2z^{-1})}\\&=\frac{1}{(1-r\exp(\mathrm{j}2\pi f_0)z^{-1})(1-r\exp(-\mathrm{j}2\pi f_0)z^{-1})}\\&=\frac{1}{1-2r\cos(2\pi f_0)z^{-1}+r^2z^{-2}}\end{aligned}$$

频率响应为

$$\begin{aligned}H(f)&=\mathcal{H}(z)\big|_{z=\exp(\mathrm{j}2\pi f)}\\&=\frac{1}{1-2r\cos(2\pi f_0)\exp(-\mathrm{j}2\pi f)+r^2\exp(-\mathrm{j}4\pi f)}\end{aligned}$$

于是，由式(4.7)，设 $p=2$，可得

$$a[1] = -2r\cos(2\pi f_0)$$
$$a[2] = r^2 \tag{4.8}$$

例如，如果选 $r = 0.9$，即靠近单位圆放置极点；选 $f_0 = 0.25$，使得极点角度是 $2\pi f_0 = 2\pi/4 = \pi/2$，则功率谱如图 4.7(a)所示。AR(2)的激励噪声方差与 PSD 的整个功率是成比例的，激励噪声方差选择为 $\sigma_u^2 = 1$。为了产生 $w[n]$的一个现实，利用二阶回归差分方程

$$w[n] = -a[1]w[n-1] - a[2]w[n-2] + u[n] \tag{4.9}$$

图 4.7(b)给出了一个典型的现实。为了产生 AR(p)随机过程的现实，可以采用 MATLAB 程序 `Argendata.m`。

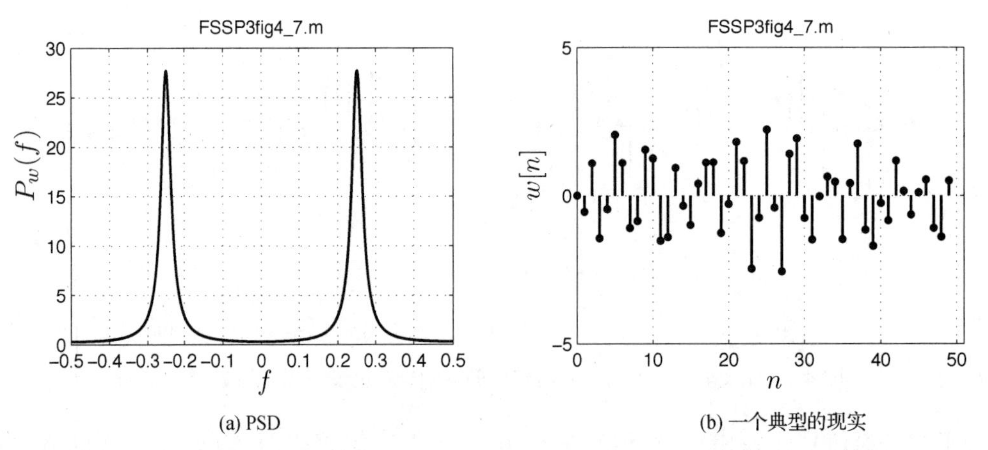

(a) PSD　　(b) 一个典型的现实

图 4.7　利用在 0.9exp(±j2π(0.25)) 处的复共轭极点，采用 AR(2)模型对带通 PSD 建模和一个典型的现实

为了理解极点位置对 PSD 的影响，可以使用总结在附录 4C 的几何分析。MATLAB 程序 `pole_plot_PSD.m` 允许通过定位光标在 z 平面的单位圆内放置极点，然后计算和显示对应的 AR 谱，计算中假定 $\sigma_u^2 = 1$。

练习 4.7　极点位置对 AR(2)PSD 的影响

利用程序 `pole_plot_PSD.m` 在 $0.9\exp(\pm j2\pi(0.25))$ 处放置一对复共轭极点，程序代码中含有运行程序的指南。PSD 会像图 4.7(a)那样吗？重复实验但增加极点半径到大约 $r = 0.98$，解释相应的结果。提示：并不能将光标精确定位到正确的半径，所以刚才说的是大约。●

程序 `pole_plot_PSD.m` 也可以产生选择的极点所对应的 AR 滤波器参数$\{a[1], a[2], \cdots, a[p]\}$。这些参数与 σ_u^2 的值一起输入到 `ARgendata.m` 中产生对应的数据现实，如图 4.7(b)所示。

练习 4.8　产生一个 AR(2)噪声的现实

利用 `ARgendata.m` 产生并画出一条 $r = 0.9$、$f_0 = 0.25$、$\sigma_u^2 = 1$ 的 AR(2)随机过程的现实。这条现实的数据记录长度为 $N = 100$，使用该程序时要求输入 AR 参数。然后增加极点半径到 $r = 0.98$。重复该实验，解释你的结果。提示：参考式(4.8)来设置 AR 滤波器参数。●

前面的讨论和实验试图深入了解 AR PSD 模型的性质，特别是具有建模能力的 PSD 类型，我们只是探讨了低阶 AR 模型，有些 PSD 需要很高的阶数。PSD 在某个频率处为零正是这样

一种情况，尽管只要阶数足够高总是可以满足建模要求，但实际中的困难在于难以从现场数据中估计很多 AR 参数。因而，构建的模型及随之而来的高阶模型的使用，可能导致很难实施的算法，将在第 11 章讨论这一限制。对于良好的建模和算法设计而言，阶数相对于数据记录长度 N 应该是低的，这就足够好了。

为了抛开从数据中估计 AR 参数的问题，现在根据 PSD 的精确知识来展示 AR 建模的一般过程：

1．选取要建模的 PSD $P_w(f)$。如果已知，则 PSD 用数学形式来表示，如 $P_w(f)=\exp(-f^2/2)$。否则，PSD 要用频率上的一些样本来表示，如 $P_w(f_l)$，其中 $f_l=0,\ 1/(2L),\ 1/L,\cdots,1/2$（对于大的 L 值）。

2．选择 $p>2M$，其中 M 是 PSD 的波峰数。

3．如果 PSD 的数学形式已知，可以求傅里叶逆变换，进入到第 4 步。否则，利用数值计算方法计算 $P_w(f)$ 的傅里叶逆变换，产生离散时间 ACS $\hat{r}_w[k],\ k=0,1,\cdots,p$，即

$$\begin{aligned}\hat{r}_w[k]&=\int_{-\frac{1}{2}}^{\frac{1}{2}}P_w(f)\exp(\mathrm{j}2\pi fk)\mathrm{d}f\\&\approx\Delta f\sum_{l=-L}^{L}P_w(f_l)\exp(\mathrm{j}2\pi f_lk)\\&=\Delta f\sum_{l=-L}^{L}P_w(f_l)\cos(2\pi f_lk)\end{aligned}$$

其中 $f_l=l/(2L)$，$\Delta f=1/(2L)$，L 取大的值，如 $L=2048$。此外，利用 $P_w(f_l)+P_w(f-l)$ $(l<0)$。对于 ACS 使用“^”是为了提醒我们随后的 AR PSD $\hat{P}_w(f)$（$\hat{r}_w[k]$ 的傅里叶逆变换）只是真实 PSD $P_w(f)$ 的近似。

4．利用 ACS 值，为了得到 AR 滤波器参数，解如下 Yule-Walker 方程：

$$\begin{bmatrix}\hat{r}_w[0]&\hat{r}_w[1]&\cdots&\hat{r}_w[p-1]\\\hat{r}_w[1]&\hat{r}_w[0]&\cdots&\hat{r}_w[p-2]\\\vdots&\vdots&\ddots&\vdots\\\hat{r}_w[p-1]&\hat{r}_w[p-2]&\cdots&\hat{r}_w[0]\end{bmatrix}\begin{bmatrix}\hat{a}[1]\\\hat{a}[2]\\\vdots\\\hat{a}[p]\end{bmatrix}=-\begin{bmatrix}\hat{r}_w[1]\\\hat{r}_w[2]\\\vdots\\\hat{r}_w[p]\end{bmatrix}\tag{4.10}$$

为了求解这些方程，Levinson 递推算法是计算最有效的方法[Kay 1988]。随书光盘的 MATLAB 程序 `YWsolve.m` 可用来求解这些方法。一旦方程求解出 AR 滤波器参数，激励噪声方差就可以求得为

$$\hat{\sigma}_u^2=\hat{r}_w[0]+\hat{a}[1]\hat{r}_w[1]+\cdots+\hat{a}[p]\hat{r}_w[p]$$

5．将得到的 AR 参数代入式(4.2)中，计算 AR(p)建模的 PSD，

$$\hat{P}_w(f)=\frac{\hat{\sigma}_u^2}{\left|1+\hat{a}[1]\exp(-\mathrm{j}2\pi f)+\cdots+\hat{a}[p]\exp(-\mathrm{j}2\pi f_p)\right|^2}$$

6．将得到的 AR PSD 模型 $\hat{P}_w(f)$ 与 $P_w(f)$ 进行比较，如果不满足，增加 p 和继续第 3 步。

例如，考虑一个 PSD 在某些频率处为零的建模问题，数学表达式为

$$P_w(f)=4[1-\cos(2\pi(f-1/4))][1-\cos(2\pi(f+1/4))] \qquad -1/2\leqslant f\leqslant 1/2$$

如图 4.8 所示。这类 PSD 是最坏情况，因为 AR 模型只有极点，只能近似为零。对于小的模型阶数 $p=10$，拟合较差并非不可预料，如图 4.9(a)所示。然而，如果将模型阶数增加到 $p=30$，从图 4.9(b)可以看出拟合就好多了。这是 AR 模型的一种典型情况，即近似是呈现“等波纹”的拟合类型。随书光盘上有一个 MATLAB 程序 `ARpsd_model.m`，如果期望的 PSD 作为输入，那么这个程序可以用于求出 AR 参数。

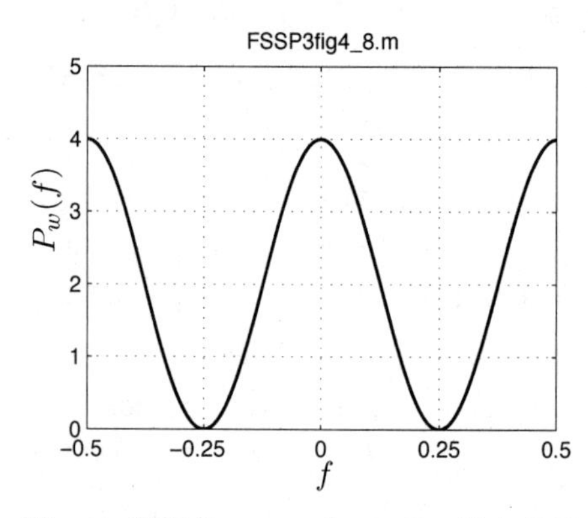

图 4.8　期望的 PSD，在 $f=0.25$ 处出现零

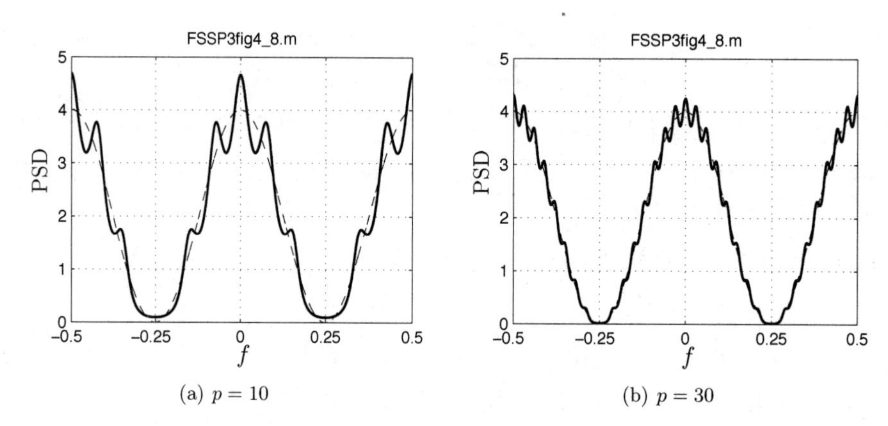

图 4.9　期望的 PSD，出现零点，AR PSD 模型。真实的 PSD $P_w(f)$ 用虚线表示，AR PSD 模型 $\hat{P}_w(f)$ 用实线表示

练习 4.9　一个实际的例子

假定要对 PSD $P_w(f)=\exp(-10|f|)$ $(-1/2\leqslant f\leqslant 1/2)$ 建模。计算 $P_w(f)$ 的样本，然后输入这些样本和一个合适的 p 值到 `ARpsd_model.m`。程序的输出将产生 AR PSD 模型，并与真实的 PSD 进行比较。要得到好的近似，模型阶数应为多少？ ●

4.5　一般高斯噪声

前两节介绍了平稳噪声的高斯模型。平稳性允许我们定义 PSD，而像图 4.2(b)所示的非平稳噪声过程则不能定义 PSD。实际中非平稳高斯随机过程的出现是由于：

1．随机过程的特性像图 4.10(a)那样突然变化。

2．像图 4.2(b)那样逐步变化。

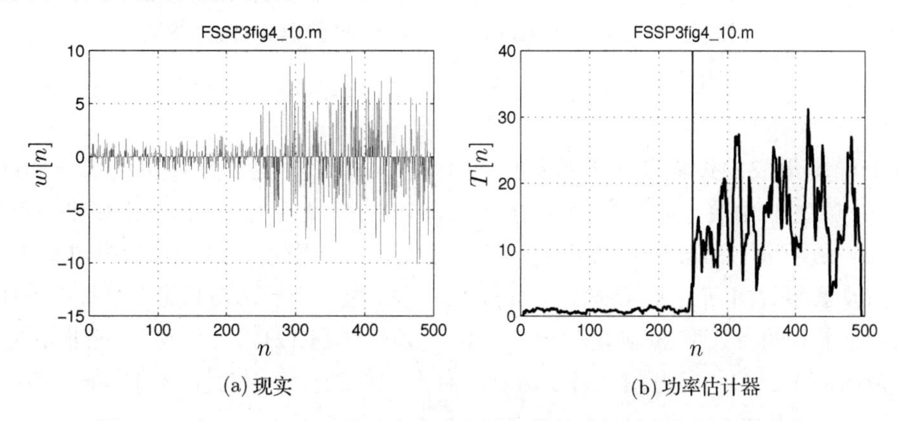

(a) 现实　　(b) 功率估计器

图 4.10　在 $n = M = 250$ 处功率发生突然变化的随机过程和滑窗功率估计器。在图 4.10(b)中，为了便于观察，点用直线进行了连接

在突然变化的情况下，如果使用两个不同模型，仍有可能使用平稳随机过程模型，一个在变化前使用，一个在变化后使用。例如，在图 4.10(a)中，用来产生这个图的实际模型是

$$w[n] = \begin{cases} w_1[n] & n = 0, 1, \cdots, M-1 \\ 2w_1[n] & n = M, M+1, \cdots, N-1 \end{cases}$$

其中 $w_1[n]$是方差为 $\sigma^2 = 1$ 和 $M = 250$ 的 WGN。为了使用这一模型，需要知道转换时间 $n = M$。然而，如果转换时间未知，那么毫无疑问只能在线估计。简单的滑窗功率估计器［如图 4.10(b)所示］就可以满足了。变化发生的时间用垂线表示，可以看出功率估计器很容易找到转换的时间点。功率估计器为

$$T[n] = \frac{1}{L+1} \sum_{k=n-L/2}^{n+L/2} w^2[k]$$

其中窗的长度 $L + 1$ 选为 $L + 1 = 11$。我们并不进一步追求这类非平稳过程的建模，大家可参考[Basseville and Nikiforov 1993]和[Kay 1998, Chapter 12]。

非平稳的第二种类型是由数据在特性上的逐步变化而展现出来的。如图 4.11 所示，功率与频率的分布在时间上缓慢变化。这类非平稳随机过程称为局部平稳。在一个足够小的时间间隔上，可以假定随机过程的现实可以由一个平稳随机过程产生。语音信号的建模就是一个很好的例子，如果是在一个 20 ms 的时间窗上观察辅音的波形，它看上去就是局部平稳的。在雷达和声呐中，如果在一个足够短的时间窗 T(秒)上观察，杂波和回响也分别都是局部平稳的。时间窗的长度必须足够小，以便发射的波形照射到一个区域上，其反射差不多都是同样的大小。此外，传播的损耗也是恒定的。这就要求满足方程 $cT \ll d$，其中 d 是均匀照射区域的空间距离，c 是传播速度。当这一假定满足时，由于接收的噪声是反射的总和，因此就可以说在距离上是平稳的。

为了对局部平稳随机过程进行建模，可以修改前一节的 AR(1)模型为允许滤波器或激励噪声参数是时变的。为了强调时变，稍微修改式(4.6)的表示，即

$$w[n] = -a[1, n]w[n-1] + u[n] \tag{4.11}$$

其中 $a[1, n]$是时变滤波器参数，$u[n]$是零均值高斯噪声，但方差 $\sigma_u^2[n]$ 与时间 n 有关。这个模型可以用来产生图 4.11 的现实。特别是，为了产生一个非平稳随机过程，在图 4.11 中选择 $\sigma_u^2[n] = \sigma_u^2 = 1$，所以 $u[n]$是 WGN(平稳随机过程)，但时变滤波器的参数为

$$a[1, n] = -0.9 + \frac{n}{N} \qquad n = 0, 1, \cdots, N-1 \tag{4.12}$$

在由 500 个样本组成的过程现实的持续时间上，AR(1)滤波器参数从 $a[1, 0] = -0.9$ 变化到 $a[1, N-1] \approx 0.1$。这也解释了在过程现实的开头，$w[n]$的高度相关性，而在末尾则更“像噪声”。此外要注意，由于 $a[1, n]$随时间慢变化，在一个小的时间窗上可以假定随机过程是平稳的。例如，当滤波器参数由 $a[1] = -0.9$ 修改为 $a[1] = -0.8$ 时，由于 AR(1)随机过程的 PSD 没有太大的变化。如果时间窗长度Δn 满足$(\Delta n)/N = 0.1$［参见式(4.12)］，我们可以说非平稳的 AR(1)随机过程是局部平稳的。参见图 4.11，这是一种合理的选择，因为波形的特征在 50 个样本内并没有明显的变化。

式(4.11)给出的模型称为动态模型，这一模型具有对飞行器动态特性建模的能力[BarShalom et al. 2001]，由此而得名，在信号建模中有着广泛的应用。感兴趣的读者如要了解详情，或要了解将动态信号模型扩展到随机过程以及动态模型如何在卡尔曼滤波器中应用的内容，可以参考[Kay 1993, Chapter 13]。

式(4.11)的模型也可以对具有时变功率的高斯随机过程建模，图 4.12 给出了这样一个例子。

如果对所有 n 选择 $a[1, n] = 0$，以至于 $w[n] = u[n]$，那么噪声样本是独立的。然而，$u[n]$的功率选择为时变的，即

$$\sigma_u^2[n] = 1 + 0.9\cos\left(\frac{2\pi}{N}n\right)$$

这解释了在 $n = 0$ 和 $n = N = 500$ 时看到的大功率，因为 $\sigma_u^2[n] = 1.9$。而在 $n = N/2 = 250$ 时功率较小，因为这时 $\sigma_u^2[n] = 0.1$。

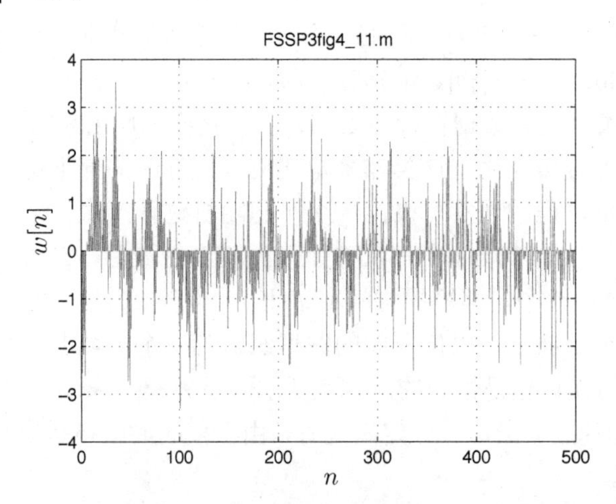

图 4.11　功率分布与频率之间随时间慢变化的随机过程的一个现实

最后，随机游动(有时也称为维纳过程)也很容易建模。随机游动定义为

$$w[n]=\sum_{k=0}^{n}u[k] \qquad n\geqslant 0 \tag{4.13}$$

其中 $u[k]$是方差为 σ_u^2 的 WGN(按照 WGN 的定义，方差为常数)。这类模型通常用来模拟“漂移”，它是由于设备误差引起的微小摄动的累加。为了看到式(4.11)的特殊情况，令 $a[1,n]=-1$ 和 $\sigma_u^2[n]=\sigma_u^2$。假定起始时间为 $n=0$，那么式(4.11)变成

$$w[n]=\begin{cases} w[n-1]+u[n] & n\geqslant 0 \\ 0 & n<-1 \end{cases} \tag{4.14}$$

利用 $w[-1]=0$ 进行递推，得

$$\begin{aligned} w[0]&=u[0] \\ w[1]&=w[0]+u[1]=u[0]+u[1] \\ w[2]&=w[1]+u[2]=u[0]+u[1]+u[2] \\ &\cdots \end{aligned}$$

这就是式(4.13)，随机游动的一个现实如图 4.13 所示。它的功率为

$$\operatorname{var}(w[n])=(n+1)\sigma_u^2 \tag{4.15}$$

由于功率随时间变化，随机游动呈现非平稳性。

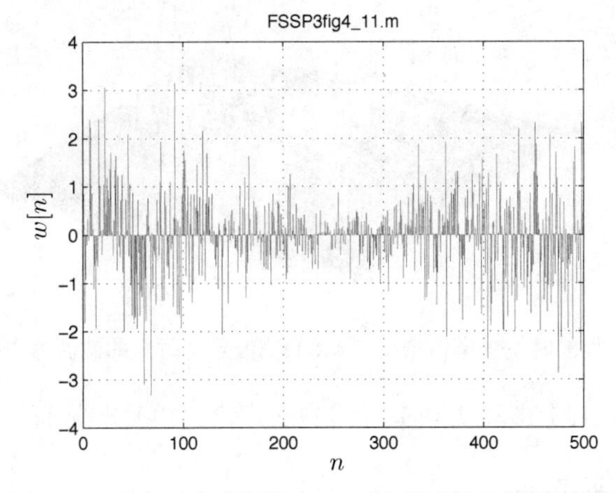

图 4.12　具有时变功率的 AR(1)非平稳随机过程的现实

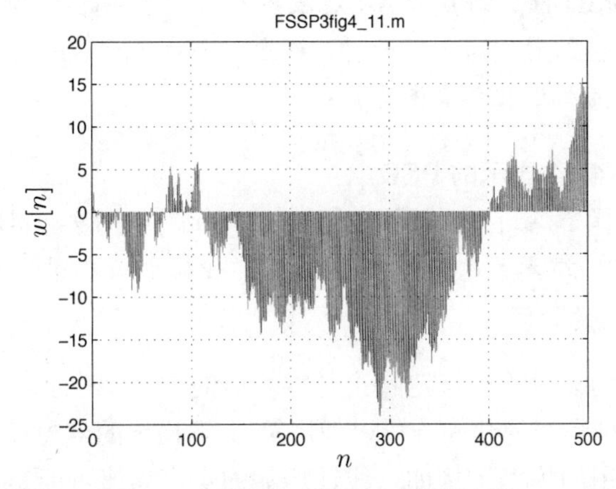

图 4.13　随机游动的现实(维纳过程)

练习 4.10　随机游动的功率与时间关系

证明式(4.15)。回想一下，两个独立随机变量和的方差为方差之和。 •

尽管非平稳随机过程并没有 PSD，在实际中常用局部平稳随机过程的时变 PSD。假定非平稳是渐近的，即局部平稳的，可以对式(4.11)的过程定义一个时变 PSD[Thostheim 1976]为

$$P_w(f,n)=\frac{\sigma_u^2[n]}{\left|1+a[1,n]\exp(-\mathrm{j}2\pi f)\right|^2} \tag{4.16}$$

例如，如果令 $a[1,n]=-0.9+0.2(n/N)$，$n=0,1,\cdots,N-1$，$\sigma_u^2[n]=1$，对 $n=0,50,100,\cdots,500$ 画出 $P_w(f,n)$ 得到图 4.14。不出所料，PSD 频带宽度随时间增加，而在通带内($f=0$ 处)的幅度则减少，因为这时 AR(1)滤波器参数的幅度是减少的。滤波器参数范围在 $n=0$ 时为−0.9，而在 $n=500$ 时为−0.7。

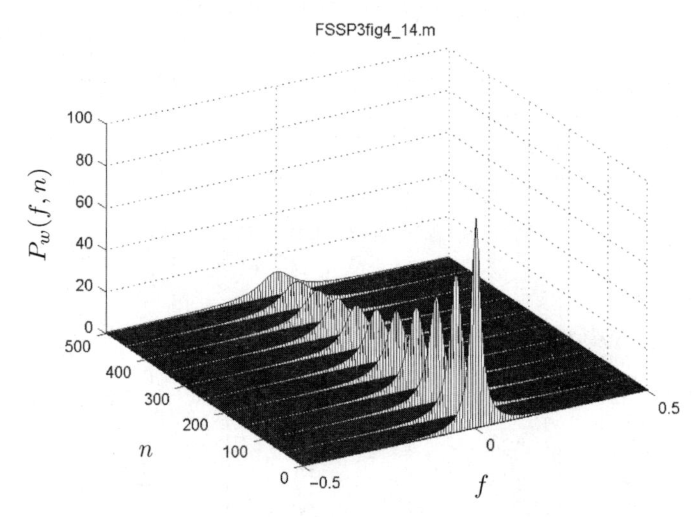

图 4.14　AR(1)动态噪声过程的时变功率谱密度，AR(1)滤波器有时变的滤波器参数和恒定的激励噪声方差

图 4.14 显示的 PSD 对于主动声呐中观测到回声谱建模是非常有用的[Knight et al. 1981]。

练习 4.11　高阶非平稳模型

将式(4.16)的时变 PSD 推广到 p 阶 AR 滤波器参数，怎样选择滤波器参数使时变 PSD 在 $f=0.25$ 显示一个峰且峰值随时间减少？此外，给出一个对应于这一时变 PSD 的动态模型。提示：令 $p=2$，对于平稳随机过程参考图 4.7。 •

练习 4.12　验证图 4.14 显示的 PSD

使用随书光盘中的程序 `Arpsd.m`，对于 $\sigma_u^1=1$ 和 $a[1]=-0.9$，$a[1]=-0.8$ 和 $a[1]=-0.7$，画出 PSD 的图形，将你的结果与图 4.14 进行比较。根据表达式 $a[1,n]=-0.9+0.2(n/N)$，注意 AR(1)滤波器取这些值的时间。 •

到目前为止，在我们的讨论中假定噪声是零均值的。通常也会出现一种趋势，即呈现非平稳性。为了完成非平稳噪声的建模，可以使用第 3 章描述的信号模型将这种趋势加入，直线信号模型就是一种常用的模型。例如，线性增加的噪声均值可能是由通过积分器的偏移电压引起的，这是不希望有的分量，我们把它当做噪声处理。

非平稳随机过程的建模非常困难，这是因为激励模型的起点缺乏先验知识，必须借助现场数据，然后用现场数据来估计和验证提出的噪声模型。然而，由于数据的非平稳性，必须估计参数，因为它们在变化，而对于快速的变化，这种估计几乎是不可能的。对于慢的变化来说，可以假定数据是局部平稳的，因而能够收集足够多的平稳数据来得到好的参数估计。

4.6 IID 非高斯噪声

表 4.1 的前三个模型是高斯分布，在本节我们考虑非高斯分布的噪声样本，这就意味着不能应用幅度“小于等于三倍标准差”(即$-3\sigma < w[n] < 3\sigma$)的拇指法则。因此，对于固定的平均噪声功率$\sigma^2$，噪声样本可能呈现大的尖峰。

图 4.15 给出了一个这样的例子，图中显示了 500 个样本的高斯和非高斯噪声，方差都为$\sigma^2 = 1$。在图 4.15(b)中产生噪声现实的非高斯噪声 PDF 是拉普拉斯 PDF，即

$$p_W(w) = \frac{1}{\sqrt{2\sigma^2}} \exp\left(-\sqrt{\frac{2}{\sigma^2}}|w|\right) \qquad -\infty < w < \infty \tag{4.17}$$

从图中可以看出，没有高斯噪声样本超过$\pm 3\sigma = \pm 3$，但是有许多高斯噪声样本超过了这个条件，这是因为超过3σ的概率可以计算如下：

$$P[w[n] > 3\sigma] = \int_{3\sigma}^{\infty} p_W(w)\mathrm{d}w$$

此概率对于拉普拉斯 PDF 要大于由式(4.1)给出的高斯 PDF。有人说非高斯 PDF 的“尾巴”要大。事实上，高斯 PDF 的尾巴是以$\exp(-aw^2)$下降的，而拉普拉斯 PDF 的尾巴是以$\exp(-a|w|)$下降的，下降速率要慢很多。为了理解其差别，在图 4.16 中用线性的和对数刻度画出了两种 PDF。可以看出，当$w > 3\sigma = 3$，拉普拉斯 PDF 的值要大很多，在$w = 5\sigma = 5$时幅度值要大两个数量级(大于 100 倍)。

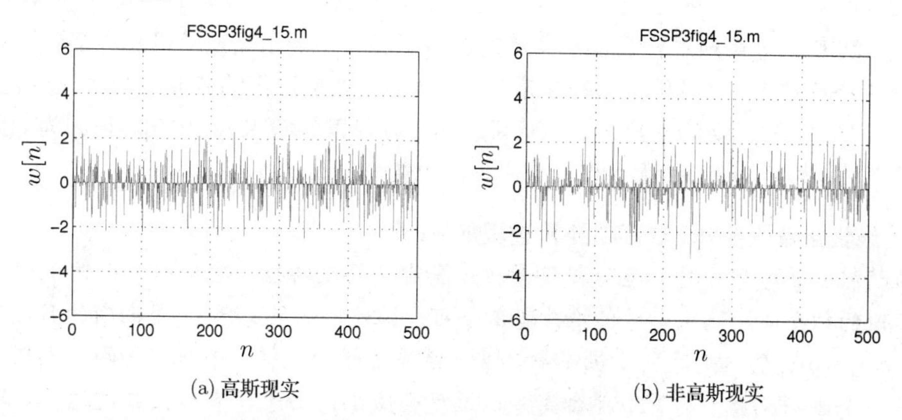

(a) 高斯现实　　(b) 非高斯现实

图 4.15　高斯和 IID 非高斯噪声的现实，每个过程的方差均为$\sigma^2 = 1$

大的噪声尖峰是非高斯 PDF 的特征，常用来对某些物理噪声建模，如人工噪声[Middleton 1973]、声瞬态[Dwyer 1983]、地磁噪声[Schweiger 1982]等。

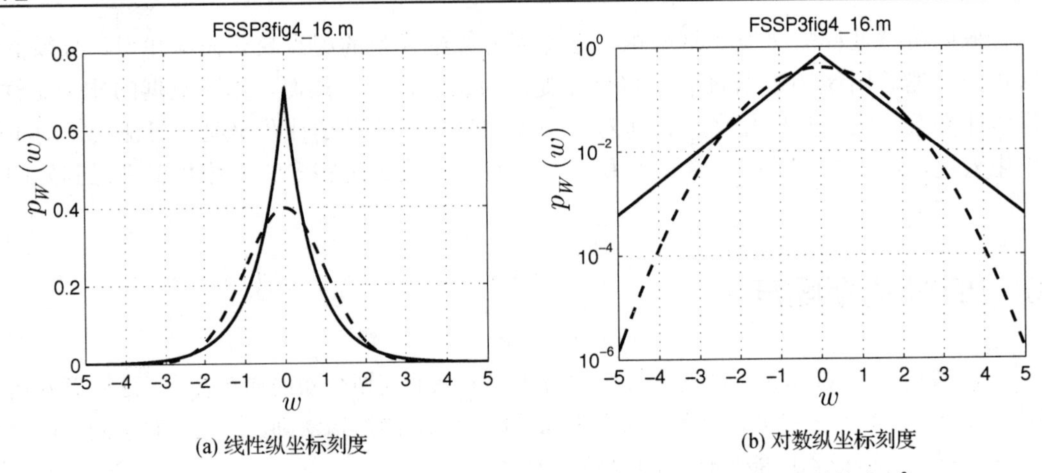

(a) 线性纵坐标刻度　　(b) 对数纵坐标刻度

图 4.16　高斯 PDF(虚线)和拉普拉斯 PDF(实线)的概率密度函数，方差均为$\sigma^2=1$

练习 4.13　尖峰的概率

利用随书光盘中的 MATLAB 程序 `Laplacian_gendata.m` 产生拉普拉斯噪声样本，接着估计拉普拉斯噪声超过 3($\sigma^2=1$)的概率，并将结果与高斯噪声超过 3 的概率(0.0013)进行比较。为此用 $N=100\,000$ 运行程序，将超过数除以 N，然后将你的值与 PDF 从 3 到∞积分得到的理论值进行比较，理论值为

$$P[w>3]=\int_3^\infty p_W(w)\mathrm{d}w$$

其中 $p_W(w)$ 由式(4.17)给出。●

由于非高斯噪声模型是由 IID 样本构成的，随机过程可以证明为平稳的。由于独立的假设，它的 PSD 是平坦的，即

$$P_w(f)=\sigma^2 \qquad -1/2\leqslant f\leqslant 1/2$$

对具有任意 PSD 的非高斯过程建模是困难的。这是因为不同于高斯随机过程那样通过线性滤波器能够对 PSD 成形，并且仍然保持高斯分布，非高斯随机过程的滤波将彻底改变它的 PDF。对于这一问题的一种可能的解决方法，感兴趣的读者可以参考[Kay 2010]。正因为如此，所有非高斯噪声过程假定为 IID，因而也具有平坦的 PSD。

⚠　线性滤波改变 IID 非高斯随机过程的 PDF

高斯随机变量享有一种其他随机变量极少具有的再生特性。它乘以一个比例因子或者加上一个其他的独立高斯随机变量仍维持高斯分布。因此，如果 x_1 和 x_2 是高斯的且相互独立，那么 $y=a_1x_1+a_2x_2$ 仍然是高斯随机变量。这一结果依赖于这样一个事实：两个高斯函数的卷积产生另一个高斯函数，尽管宽度会变宽，幅度会减小。由于所有线性滤波运算，即使是时变的，也会是输入的线性组合，因此高斯再生特性是成立的。这样，高斯随机过程加到线性滤波器，在输出端将产生一个高斯随机过程。读者可以尝试将两个拉普拉斯 PDF 进行卷积，看看是否仍是拉普拉斯 PDF。⚠

IID 非高斯噪声实验结果的产生通常是用(0, 1)上均匀分布的随机变量 u 的非线性变换来实现的。均匀随机变量的实验结果在 MATLAB 中很容易用 `rand(N,1)`产生，其产生 N 个样本。要求的非线性变换是累积分布函数的反函数。具体来说，定义累积分布函数(CDF) $F_X(x)$ 为

$$u = F_X(x) = \int_{-\infty}^{x} px(t)\mathrm{d}t$$

要求的非线性变换 $g(u)$ 为 $x = g(u) = F_X^{-1}(u)$，其中 $F_X^{-1}(\cdot)$ 表示 $F_X(x)$ 的反函数。如果一个(0, 1)均匀分布的随机变量进行这样的变换，那么变换后的随机变量将有期望的 PDF $p_X(x)$。例如，对于 PDF 由式(4.17)给出的拉普拉斯随机变量($\sigma^2 = 1$)，结果为

$$g(u) = \begin{cases} \dfrac{1}{\sqrt{2}}\ln(2u) & 0 < u \leqslant 1/2 \\ \dfrac{1}{\sqrt{2}}\ln\dfrac{1}{2(1-u)} & 1/2 < u < 1 \end{cases} \tag{4.18}$$

练习 4.14　修正随机变量的方差

式(4.18)给出的变换产生了一个方差 $\sigma^2 = 1$ 的拉普拉斯随机变量的实验结果。为了得到任意方差的拉普拉斯随机变量，只需要形成 $\sigma g(u)$，其中 $\sigma = \sqrt{\sigma^2}$。要证明这一点，只需要确定 $y = \sigma x$ 的方差，其中 x 是零均值随机变量。提示：利用这样一个事实 $E[g(x)] = \int_{-\infty}^{\infty} g(x)p_X(x)\mathrm{d}x$ 以及零均值随机变量方差的定义。 •

在实际中有用的第二类非高斯 PDF 是高斯混合 PDF。如果均匀和高斯随机数生成器可用，这一随机数是很容易产生的。在 MATLAB 中，高斯随机数可用函数 `randn(N,1)`产生。它产生 N 个高斯随机变量的实验结果，每一个都是零均值和单位方差。此外，也可以扩展到多维高斯混合 PDF 的产生过程，这在分类问题中是很有用的[Duda et al. 2001]。一个简单的例子是两个分量的高斯混合 PDF，PDF 由下式给出：

$$p_W(w) = (1-\varepsilon)\frac{1}{\sqrt{2\pi\sigma_1^2}}\exp\left(-\frac{1}{2\sigma_1^2}w^2\right) + \varepsilon\frac{1}{\sqrt{2\pi\sigma_2^2}}\exp\left(-\frac{1}{2\sigma_2^2}w^2\right) \tag{4.19}$$

它是将两个方差为 σ_1^2 和 σ_2^2 的高斯 PDF 分别以概率 $(1-\varepsilon)$ 和 ε 混合而成。典型的情况是 σ_2^2 要大于 σ_1^2。由于 σ_2^2 的值大，实验结果在幅度上也要大，因此以概率 ε (选择小的)加权，出现大的幅度值 $|w| > \sigma_2$ 的概率大约为 0.32ε。图 4.17(a)给出了一个现实的例子，而图 4.17(b)用实线给出了 PDF。可以证明，平均功率或者方差为

$$\sigma^2 = (1-\varepsilon)\sigma_1^2 + \varepsilon\sigma_2^2$$

在本例中 $\sigma^2 \approx 1$，可以看出有许多幅度 $|w| > \sigma_2 \approx 7$ 的尖峰，观测到一个尖峰的概率就是高方差实验结果的概率($\varepsilon = 0.01$)乘以它的幅度超过 σ_2 的概率(0.32)。因此，尖峰的概率是 0.0032，对于 $N = 500$，可以期待有 1.6 个尖峰出现，实际观察到的尖峰是 4 个。如果噪声大部分时间是高斯的(概率 $1-\varepsilon$)，但偶然受到尖峰的污染(概率 ε)，那么采用混合高斯 PDF 对这样的噪声建模是特别适合的。

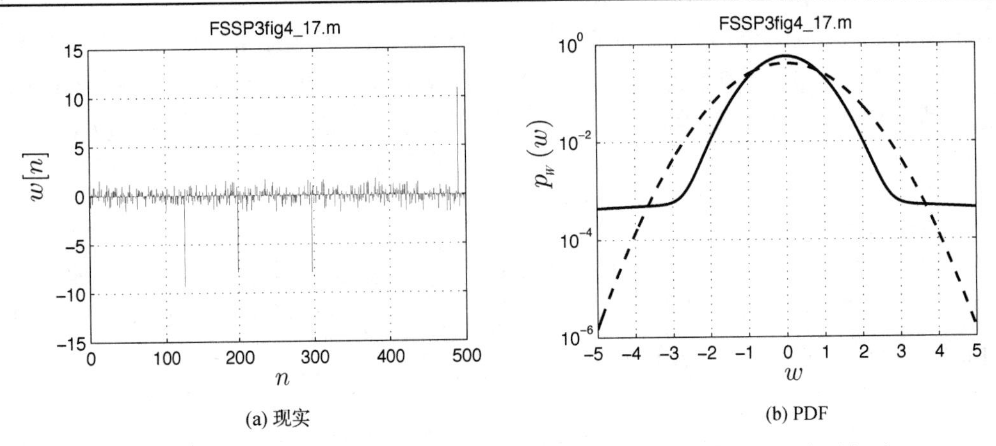

(a) 现实　　(b) PDF

图 4.17　混合高斯噪声的现实与 PDF。高斯混合 PDF 用实线表示，为了便于比较 PDF 的“尾巴”，同样方差($\sigma^2=1$)的高斯 PDF 用虚线表示

练习 4.15　尖峰出现的相对频数

使用随书光盘上的 MATLAB 程序 `Gaussmix_gendata.m`，用前面给出的σ_1^2，σ_2^2和ε产生 100 000 个噪声样本。观察到的$|w|>7$的尖峰有多少个？这是你所期望的吗？ •

尖峰尽管不是频繁地出现，但它的出现将使信号处理系统的性能变差。在能量检测器中，每一个尖峰都可能引起一次过门限。如果检测器只是按照高斯的假定进行设计，噪声样本超过3σ的概率很小，那么对于尖峰概率为 0.01 的混合高斯样本，虚警概率将从设计值的$P_{FA}=10^{-7}$增加到$P_{FA}=2\times10^{-3}$。

4.7　随机相位正弦噪声

对于由干扰引起的噪声，如电源的 60 Hz 干扰、机器噪声或窄带干扰，通常的模型是正弦之和，除了正弦参数$\{A_i,f_i,\phi_i\}$几乎总是未知的之外，这一模型与信号采用的模型(见表 3.2)几乎是相同的，可表示为

$$w[n]=\sum_{i=1}^{p}A_i\cos(2\pi f_i n+\phi_i) \tag{4.20}$$

正弦参数未知是因为干扰 $w[n]$不在我们的控制之下。此外，为了对周期性的干扰建模，如果将频率限定为相关的谐波，可以使用式(4.20)。这样，如果频率限定为$f_i=i/M$，$i=1,2,\cdots,M/2$，假定 DC 分量为零，采用傅里叶级数的表示是合适的。周期性的干扰会经常遇到，称为电磁干扰(EMI，ElectroMagnetic Interference)，如由电力线或电机电弧引起的干扰。

对正弦参数的假定将决定 $w[n]$的 PDF。有两种典型的模型，它们都称为随机相位正弦模型。首先假定每个相位在$(-\pi,\pi)$上均匀分布，所有的相位是彼此独立的，在这种情况下的 PSD 为

$$P_w(f)=\sum_{i=1}^{p}\frac{A_i^2}{4}\delta\left(|f|-f_i\right)\qquad -1/2\leqslant f\leqslant 1/2$$

$w[n]$的 PDF 是难以确定的，因为它是非高斯的。另一方面，如果我们进一步假定幅度是瑞利分布随机变量，且与其他幅度和相位是统计独立的，那么 PDF 就是高斯的。特别是，令 $P_i = E[A_i^2]/2$，那么 PSD 变成

$$P_w(f) = \sum_{i=1}^{p} \frac{P_i}{2} \delta\left(|f| - f_i\right) \quad -1/2 \leqslant f \leqslant 1/2$$

$w[n]$是高斯随机过程[Kay 2006, pg. 689]。在每一种情况下，PSD 都是一组成对的狄拉克冲激，每一对冲激位于$\pm f_i$。

正如在 3.6.1 节中所描述的那样，对于瑞利分布的幅度。我们可以将 $w[n] = \sum_{i=1}^{p} w_i[n]$ 写成余弦和正弦之和，每一个 $w_i[n]$ 取如下形式：

$$\begin{aligned} w_i[n] &= A_i \cos(2\pi f_i n + \phi_i) \\ &= \alpha_{1_i} \cos(2\pi f_i n) + \alpha_{2_i} \sin(2\pi f_i n) \end{aligned} \tag{4.21}$$

其中 $\boldsymbol{\alpha}_i \sim \mathcal{N}(\mathbf{0}, \sigma_{\alpha_i}^2 \mathbf{I})$，$\sigma_{\alpha_i}^2 = P_i$。因此，产生高斯随机相位正弦是很容易的，它是由式(4.20)给出的正弦之和。

练习 4.16　正弦分量和余弦分量的幅度均为高斯的随机相位正弦的均值和功率

证明 $w_i[n]$ 的均值为零，功率即方差 P_i。提示：对于零均值高斯随机变量 x 和 y，可得出 $\operatorname{cov}(x,y) = E[xy] - E[x]E[y] = E[xy]$，如果它们是不相关的，即 $\operatorname{cov}(x,y) = 0$，那么 $E[xy] = 0$。●

4.8　小结

- 高斯白噪声随机过程是对噪声建模的起点，我们一般都使用高斯白噪声模型。除非噪声样本有很大的相关性或呈现非高斯特征，典型的非高斯特征就是幅度“尖峰”的出现。
- 将平坦的 PSD(即白噪声)模型转换成非平坦的 PSD(即有色噪声)模型是通过线性滤波器实现的。
- 窄带 PSD(如正弦)的噪声波形出现慢的变化，宽带 PSD 的噪声(更像噪声)波形出现快速的变化。
- AR 模型是一种实用的有色噪声模型，只要有足够多的滤波器参数，它就可以对任何 PSD 建模。
- 如果观察时间间隔足够长，大多数噪声过程是非平稳的。短的数据段的分析可以应用到为平稳噪声设计的算法中。
- 对于非平稳但局部平稳的噪声建模采用动态 AR 模型。
- 如果观察到噪声尖峰，则必须放弃高斯噪声的假定。拇指法则是：对于 N 个样本的数据记录，尖峰的幅度是否超过 3σ。因此，如果噪声是高斯的，我们会观察到比 $0.026N$ 更多的尖峰。
- 对于非高斯噪声，很难对 PSD 和 PDF 联合建模，常常采用 IID 非高斯模型，因为大多数算法对奇异值特别敏感，而对噪声染色并不敏感。

参考文献

Bar-Shalom, Y., X. Rong Li, T. Kirubarajan, *Estimation with Application to Tracking and Navigation*, J. Wiley, NY, 2001.

Basseville, M., I.V. Nifikorov, *Detection of Abrupt Changes: Theory and Application*, Prentice-Hall, Englewood Cliffs, NJ, 1993.

Burdic, W.S., *Underwater Acoustic Systems Analysis*, Prentice-Hall, Englewood Cliffs, NJ, 1984.

Duda, R.O., P.E. Hart, D.G. Stork, *Pattern Classification*, *Second Ed.*, J. Wiley, NY, 2001.

Dwyer, R., "A Technique for Improving Detection and Estimation of Signals Contaminated by Under Ice Noise", *Journal Acoustical Society of America*, Volume 74, Issue 1, pp. 124-130, July 1983.

Jackson, L., *Signals, Systems, and Transforms*, Addison-Wesley, NY, 1988.

Kay, S., *Modern Spectral Estimation: Theory and Application*, Prentice-Hall, Englewood Cliffs, NJ, 1988.

Kay, S., *Fundamentals of Statistical Signal Processing: Estimation Theory, Vol. I*, Prentice-Hall, Englewood Cliffs, NJ, 1993.

Kay, S., *Fundamentals of Statistical Signal Processing: Detection Theory, Vol. II*, Prentice-Hall, Englewood Cliffs, NJ, 1998.

Kay, S., *Intuitive Probability and Random Processes using MATLAB*, Springer, NY, 2006.

Kay, S., "Representation and Generation of NonGaussian Wide Sense Stationary Random Processes with Arbitrary PSDs and a Class of PDFs", *IEEE Trans. on Signal Processing*, pp. 448-458, July 2010.

Knight, W., R.G. Pridham, S. Kay, "Digital Signal Processing for Sonar", *Proc. of the IEEE*, pp. 1451-1506, Nov. 1981.

Middleton, D., "Man-Made Noise in Urban Environments and Transportation Systems: Models and Measurements", *IEEE Trans. on Communications*, Vol. 21., pp. 1232-1241, Nov. 1973.

Middleton, D., A.D. Spaulding, "Elements of Weak Signal Detection in Non-Gaussian Noise Environments", in *Advances in Statistical Signal Processing*, Vol. 2, pp. 142–215, JAI Press, Greenwich, CT, 1993.

Nathanson, F.E., *Radar Design Principles*, SciTech Pubs., NJ, 1999.

Schafer, R.W., L.R. Rabiner, *Digital Processing of Speech Signals*, Prentice-Hall, Englewood Cliffs, NJ, 1978.

Schweiger, J., "Evaluation of Geomagnetic Activity in the MAD Frequency Band (0.04 to 0.6 Hz)", Masters Thesis, Naval Postgraduate School, Oct. 1982.

Tjostheim, D., "Spectral Generating Operators for Non-Stationary Processes", *Advances Applied Probability*, Vol. 8, pp. 831-846, 1976.

附录 4A 随机过程的概念和公式

离散时间随机过程 $x[n]$是由每一个整数 $n\,(-\infty < n < \infty)$ 定义的随机变量序列。如果它的均值

$$E(x[n]) = \mu$$

不依赖于 n(即对所有 n 它是常数)，自相关序列(ACS)

$$r_x[k] = E[x[n]x[n+k]]$$

只依赖于两个样本之间的时间间隔 k，而不依赖于它们的绝对位置(即不依赖于 n)，那么就称随机过程是广义平稳的(WSS)。当随机过程用于对噪声建模时，通常假定$\mu = 0$。ACS 的一些有用性质有

$$r_x[0] \geqslant |r_x[k]| \quad \text{对所有} k$$

$$r_x[-k] = r_x[k] \quad \text{序列是偶函数}$$

其 $r_x[0]$ 是正的。$r_x[0]$ 给出了随机过程的平均功率 $r_x[0] = E[x^2[n]]$。

ACS 的傅里叶变换是功率谱，它定义为

$$P_x(f) = \sum_{k=-\infty}^{\infty} r_x[k]\exp(-\mathrm{j}2\pi fk) \qquad -1/2 \leqslant f \leqslant 1/2 \tag{4A.1}$$

这一关系称为维纳-辛钦定理。注意，PSD 是周期的，周期为 1(总是使用区间为[−1/2, 1/2]的基本周期。它肯定是实的和非负函数，因为它在频带上的积分得到该频带的平均功率，即

$$\begin{aligned}\text{在频带}[f_1, f_2]\text{上的平均功率} &= \int_{-f_2}^{-f_1} P_x(f)\mathrm{d}f + \int_{f_1}^{f_2} P_x(f)\mathrm{d}f \\ &= 2\int_{f_1}^{f_2} P_x(f)\mathrm{d}f\end{aligned}$$

其中后一步骤使用了偶对称性质，即 $P_x(-f) = P_x(f)$。由于 $r_x[k]$ 是偶序列，PSD 也可以写成

$$P_x(f) = \sum_{k=-\infty}^{\infty} r_x[k]\cos(2\pi fk) \qquad -1/2 \leqslant f \leqslant 1/2$$

由于 PSD 是 ACS 的傅里叶变换，它的 PSD 的逆变换就得到 ACS，即

$$r_x[k] = \int_{-\frac{1}{2}}^{\frac{1}{2}} P_x(f)\exp(\mathrm{j}2\pi fk)\mathrm{d}f$$

作为一种特殊情况，如果随机过程是白噪声，即所有样本是不相关的，那么 $r_x[k] = \sigma^2\delta[k]$，其中 $\delta[k]$ 是单位样值序列。那么，由式(4A.1)可得出 PSD 为 $P_x(f) = \sigma^2$。最后，更直观但等效的 PSD 定义为

$$P_x(f) = \lim_{M\to\infty} \frac{1}{2M+1} E\left[\left|\sum_{n=-M}^{M} x[n]\exp(-\mathrm{j}2\pi fn)\right|^2\right]$$

如果 WSS 随机过程 $u[n]$输入到线性时不变(LSI)系统，那么其输出随机过程 $x[n]$也是 WSS，PSD 为

$$P_x(f) = |H(f)|^2 P_u(f)$$

其中 $H(f)$ 是线性时不变系统的频率响应。

输入/输出的 ACS 也可联系起来。如果 LSI 系统的单位样值响应为 $h[n]$，它是 $H(f)$ 的傅里叶逆变换，那么

$$
\begin{aligned}
r_x[k] &= h[k]*h[-k]*r_u[k] \\
&= \sum_{m=-\infty}^{\infty} h[k-m] \sum_{l=-\infty}^{\infty} h[-l] r_u[m-l]
\end{aligned} \tag{4A.2}
$$

其中$*$表示离散时间卷积，进一步的细节请参见[Kay 2006]。

附录 4B　高斯随机过程

毫无疑问，高斯随机过程是信号处理用到的最重要的理论和实际的噪声模型，特别是高斯随机过程具有如下重要性质：

1. 物理上的动机源于中心极限定理(参见图 3.13 和图 3.14)。
2. 它是数学上易于处理的一种模型。
3. 样本的任何集合的联合 PDF 是多维高斯 PDF，具有许多有用的性质。
4. 只需要一、二阶矩(即均值序列和协方差序列)就可以完全描述它，于是：
   a. 在实际中，只要估计一、二阶矩就可以估计联合 PDF。
   b. 如果高斯随机过程是广义平稳的，那么它也是平稳的。
5. 线性滤波器对高斯随机过程进行处理不会改变其高斯特性，但会修改一、二阶矩。修改的一、二阶矩是很容易计算的。

更为特别的是，高斯随机过程样本 $x[n_0], x[n_1], \cdots, x[n_{N-1}]$ 的任何集合服从多维高斯 PDF。如果样本连续地采样产生随机向量 $\mathbf{x} = [x[0]\ x[1] \cdots x[N-1]]^{\mathrm{T}}$，假定是零均值 WSS 随机过程，那么协方差矩阵为

$$
\mathbf{C} = \begin{bmatrix} r_x[0] & r_x[1] & \cdots & r_x[N-1] \\ r_x[1] & r_x[0] & \cdots & r_x[N-2] \\ \vdots & \vdots & \ddots & \vdots \\ r_x[N-1] & r_x[N-2] & \cdots & r_x[0] \end{bmatrix} \tag{4B.1}
$$

这是一种对称 Toeplitz 矩阵，其中对角线上的元素是相同的，多维 PDF 可以写成

$$
p_X(\mathbf{x}) = \frac{1}{(2\pi)^{N/2} \det^{1/2}(\mathbf{C})} \exp\left[-\frac{1}{2}\mathbf{x}^{\mathrm{T}}\mathbf{C}^{-1}\mathbf{x}\right] \tag{4B.2}
$$

注意，要完全指定 PDF 只需要式(4B.1)的协方差矩阵和等效的 ACS，在实际中可以通过估计来得到(见第 6 章)。此外，对于大数据记录，即当 N 很大时，式(4B.2)的 PDF 可以近似为[Kay 1993, pg. 80]

$$
\ln p_X(\mathbf{x}) \approx -\frac{N}{2}\ln 2\pi - \frac{N}{2}\int_{-\frac{1}{2}}^{\frac{1}{2}} \left[\ln P_x(f) + \frac{I(f)}{P_x(f)}\right] \mathrm{d}f
$$

其中 $I(f)$ 是由下式给出的周期图：

$$
I(f) = \frac{1}{N}\left|\sum_{n=0}^{N-1} x[n]\exp(-\mathrm{j}2\pi f n)\right|^2
$$

当 N 大到足以满足 $r_x[k] \approx 0 (k > N)$ 时，近似是有效的。利用这一表达式可以求出简单形式的最大似然估计器和克拉美-罗下限(参见算法 9.7、9.8 和 10.4)。实际的好处就是可以在频域处理，实现更为直观的方法，并且可以通过快速傅里叶变换(FFT)获得计算上的优势。

如果高斯随机过程输入到 LSI 系统，那么输出也是高斯的。这允许我们利用式(4B.1)计算滤波器输出的 ACS，进而利用式(4A.2)计算滤波器输出的 PDF。

对于数据的非线性处理，高斯随机过程产生高阶矩的简单表达式。假定是零均值 WSS 高斯随机过程，可以证明它的四阶矩为[Kay 2006, pg. 684]

$$E[x[m]x[n]x[k]x[l]] = r_x[m-n]r_x[k-l] + r_x[m-k]r_x[n-l] + r_x[m-l]r_x[n-k]$$

附录 4C　AR PSD 的几何解释

考虑由下式给出的 AR(2) PSD，

$$P_w(f) = \frac{\sigma_u^2}{\left|1 + a[1]\exp(-j2\pi f) + a[2]\exp(-j4\pi f)\right|^2} \tag{4C.1}$$

分母多项式 $\mathcal{A}(z) = 1 + a[1]z^{-1} + a[2]z^{-2}$ 的极点可以由多项式 $z^2\mathcal{A}(z)$ 的根求得。假定极点是复共轭的，且为 $r\exp(\pm j2\pi f_0)$，其中 $r < 1$，如果令 $z = \exp(j2\pi f)$，就可以将 $P_w(f)$ 写成如下形式：

$$\begin{aligned} 1 + a[1]\exp(-j2\pi f) + a[2]\exp(-j4\pi f) &= 1 + a[1]z^{-1} + a[2]z^{-2} \\ &= z^{-2}(z^2 + a[1]z + a[2]) \\ &= z^{-2}(z - r\exp(j2\pi f_0)) \cdot (z - r\exp(-j2\pi f_0)) \end{aligned}$$

因此有

$$\begin{aligned} \left|1 + a[1]\exp(-j2\pi f) + a[2]\exp(-j4\pi f)\right| &= \left|z^{-2}(z - r\exp(j2\pi f_0)) \cdot (z - r\exp(-j2\pi f_0))\right| \\ &= \left|(z - r\exp(j2\pi f_0))\right| \cdot \left|(z - r\exp(-j2\pi f_0))\right| \end{aligned}$$

其中 $-1/2 \leqslant f \leqslant 1/2$，或等效于 $z = \exp(j2\pi f)$，即在 z 平面的单位圆上。考虑第一个因子 $|(z - r\exp(j2\pi f_0))|$，注意向量的长度是从极点 $z_{p1} = r\exp(j2\pi f_0)$ 到单位圆的距离(即 $z = \exp(j2\pi f)$)(见图 4C.1)。

图 4C.1 给出了几个频率的图形。注意，在 $f = f_0$ 处的向量长度 L_1 是最短的，由于这个向量是式(4C.1)的分母，因此在这个频率的 PSD 最大。对于负频率的极点(在单位圆的下半部)对 PSD 的影响较小，因为它们的长度对正的频率变化较小。但频率从 $f = f_0$ 移开时，向量的长度会增加，因此 PSD 会减小。事实上，在频率 f_1 处的 PSD 刚好是 $1/(L_1L_2)^2$，这里在式(4C.1)中假定 $\sigma_u^2 = 1$。这一解释允许将 AR PSD 的极点位置影响可视化。使用程序 `pole_plot_PSD.m` 的另一个例子示于图 4C.2 中。

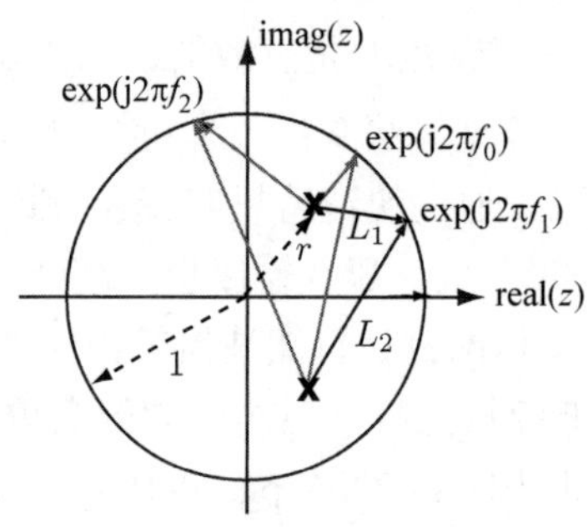

图 4C.1　复 z 平面向量长度的示意图，向量是从每个极点［用 **x** 表示，其中 $z_{p1}=r\exp(\mathrm{j}2\pi f_0), z_{p2}=r\exp(-\mathrm{j}2\pi f_0)$］到单位圆上的点

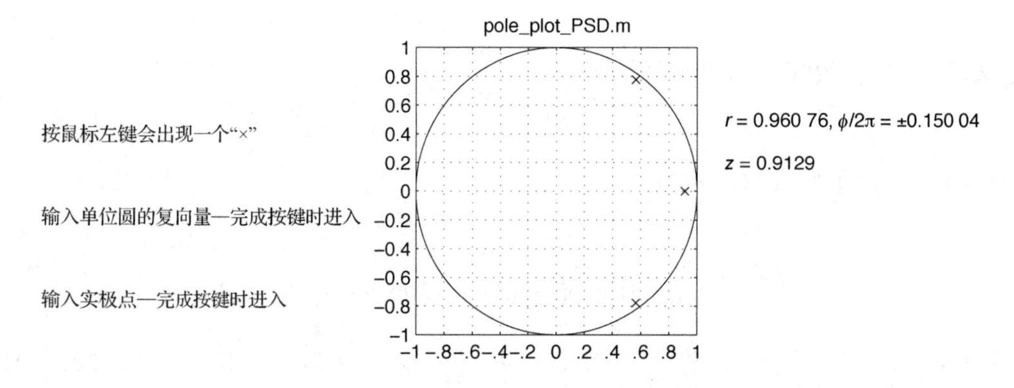

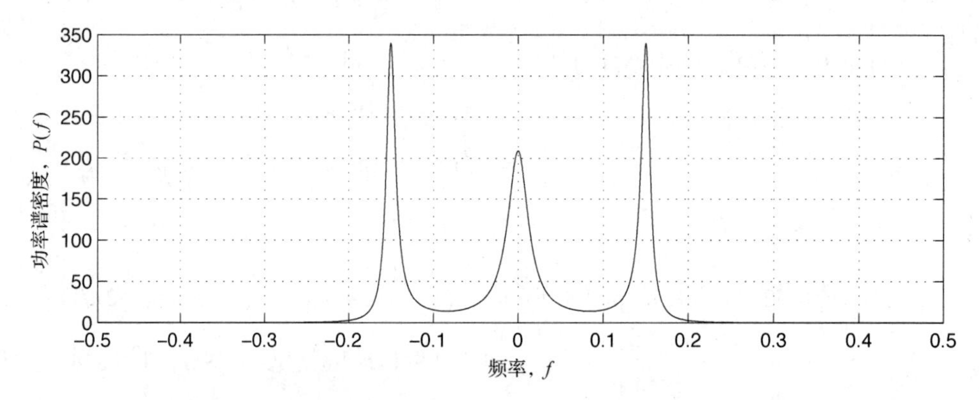

图 4C.2　利用程序 `pole_plot_PSD.m` 画出极点及对应的 PSD

附录 4D　练习解答

为了得到下面描述的结果，在任何程序的开头用 `rand('state',0)` 和 `randn('state',0)` 初始化随机数产生器。这两个命令分别针对均匀分布和高斯分布随机数产生器。

4.1　运行 `WGNgendata.m`，应该会得到 50 个超过 3 的实验结果。运行随书光盘上的 `FSSP3exer4_1.m` 得到答案。

4.2　$N=1000$ 时，估计为 $\hat{\sigma}^2=3.5646$；$N=10\,000$ 时，估计为 $\hat{\sigma}^2=4.0087$。运行随书光盘上的 `FSSP3exer4_2.m` 得到答案。

4.3　如果 $a[1]=0$，那么由式(4.3)，$P_w(f)=\sigma_u^2$，刚好是平坦 PSD。

4.4 得到的 PSD 除了移向右边从而以 $f = 1/2$ 为中心之外，其他与图 4.4(b)相同。注意，因为我们只画出周期 PSD 在频率区间[−1/2, 1/2]的值，所以 PSD 看来是分裂的。画在更宽的范围内，比如[−1, 1]，将显示右移了1/2。读者可以将右移比做在单位圆上的环形移动。PSD 现在可以说是高通 PSD。$a[1]$的符号加一个负号的效果是将低通 PSD 变成高通 PSD。运行随书光盘上的 MATLAB 程序 `FSSP3exer4_4.m` 可得到答案。

4.5 图示应该会指出这是一个低通滤波器，峰值$|H(0)|=10$ 在 $f = 0$ 处，运行随书光盘上的 MATLAB 程序 `FSSP3exer4_5.m` 可得到答案。

4.6 分母可以由下面的代数关系用实函数表示，

$$\begin{aligned}|1+a[1]\exp(-\mathrm{j}2\pi f)|^2 &= (1+a[1]\exp(-\mathrm{j}2\pi f))*(1+a[1]\exp(-\mathrm{j}2\pi f)) \\ &= (1+a[1]\exp(\mathrm{j}2\pi f))(1+a[1]\exp(-\mathrm{j}2\pi f)) \\ &= 1+a[1]\exp(-\mathrm{j}2\pi f)+a[1]\exp(\mathrm{j}2\pi f)+a^2[1] \\ &= 1+a^2[1]+a[1](\exp(-\mathrm{j}2\pi f)+\exp(\mathrm{j}2\pi f)) \\ &= 1+a^2[1]+2a[1]\cos(2\pi f)\end{aligned}$$

PSD 的峰值或最大值出现在分母最小的时候，取决于 $a[1]$符号的唯一一项是 $2a[1]\cos(2\pi f)$。因此，当后一项为负时分母最小，对于 $a[1]<0$，分母最小出现在 $f = 0$；而对 $a[1] > 0$，分母最小出现在 $f = 1/2$。在两种情况下，分母的值变成了 $1+a^2[1]-2|a[1]|=(1-|a[1]|)^2$。

4.7 当 $r = 0.9$ 时，PSD 应该与图 4.7(a)类似。当极点的半径增加到 $r = 0.98$ 时，PSD 在 $f_0 = 0.25$ 处的峰值应该增加很大。注意，当用户用光标输入时，极点的精确位置显示在屏幕上。一般来说，当极点的半径增加到 1 时，PSD 的峰值将增加，此外带宽会变得非常小。这很容易解释，因为从极点到单位圆的向量长度将减小(见附录 4C)。

4.8 对于 $r = 0.9$ 的复共轭极点，数据记录应该与图 4.7(b)看到的类似。当 $r = 0.98$ 时，PSD 非常窄，和练习 4.7 观察到的类似，也与 $f_0 = 0.25$ 的正弦(每个周期的样本数为 4)的 PSD 类似。因此，观察到的数据记录像一个正弦，至少在一个短的时间间隔中是这样的。运行随书光盘上的 MATLAB 程序 `FSSP3exer4_8.m` 可得到答案。

4.9 当 $p = 4$ 时，能够基本拟合上；但当 $p = 10$ 时，除了在 $f = 0$ 时稍有误差之外，拟合是非常完美的。误差是由于多项式逆时的“尖头”近似(在那一点不可导)导致的。运行随书光盘上的 MATLAB 程序 `FSSP3exer4_9.m` 可得到答案。

4.10 利用方差的性质：$\mathrm{var}(x+y)=\mathrm{var}(x)+\mathrm{var}(y)+2\mathrm{cov}(x,y)$。因此，对于独立的随机变量(也是不相关的)，$\mathrm{cov}(x,y)=0$，我们有 $\mathrm{var}(x+y)=\mathrm{var}(x)+\mathrm{var}(y)$，将此关系扩展到多个独立随机变量。所以，对于对立随机变量$\{u[0]\ \ u[1]\ \cdots\ u[n]\}$(方差 σ_u^2 都相同)，有

$$\begin{aligned}\mathrm{var}(w[n]) &= \mathrm{var}\left(\sum_{k=0}^{n}u[k]\right) \\ &= \sum_{k=0}^{n}\mathrm{var}(u[k]) \\ &= \sum_{k=0}^{n}\sigma_u^2 = (n+1)\sigma_u^2\end{aligned}$$

4.11 时变 AR(p) PSD 的一般形式是

$$P_w(f,n)=\frac{\sigma_u^2[n]}{\left|1+a[1,n]\exp(-\mathrm{j}2\pi f)+\cdots+a[p,n]\exp(-\mathrm{j}2\pi fp)\right|^2}$$

选择 $p=2$ 得到时变“极点” $r\exp(\pm\mathrm{j}2\pi f_0)$，我们有

$$\begin{aligned}a[1,n]&=-2r[n]\cos(2\pi f_0 n)\\a[2,n]&=r^2[n]\end{aligned}$$

其中 $f_0=0.25$，$r[n]$是任意递减序列，例如 $r[n]=0.9-n/(2N)$， $n=0,1,2,\cdots,N-1$。激励噪声方差可选择为一个常数，如 $\sigma^2[n]=1$。那么动态模型为

$$\begin{aligned}w[n]&=-a[1,n]w[n-1]-a[2,n]w[n-2]+u[n]\\&=2r[n]\cos(2\pi f_0 n)w[n-1]-r^2[n]w[n-2]+u[n]\end{aligned}$$

其中 $u[n]$是方差为 $\sigma_u^2=1$ 的 WGN。

4.12 取不同的 AR(1)滤波器参数值运行 `ARpsd.m`，并画出得到的 PSD。应该看到与图 4.14 相同的 PSD。在时间 $n=0$、$n=N/2=250$ 和 $n=N=500$ 的 PSD 应该分别对应于 $a[1]=-0.9$、$a[1]=-0.8$ 和 $a[1]=-0.7$ 观察到的 PSD。运行随书光盘上的 MATLAB 程序 `FSSP3exer4_12.m` 可得到答案。

4.13 尖峰的估计概率是 100 000 个样本中尖峰出现的数除以 100 000。求得的结果是 676 / 100 000 = 0.006 76。$\sigma^2=1$ 时理论上的值为

$$\begin{aligned}P[w>3]&=\int_3^\infty \frac{1}{\sqrt{2}}\exp(-\sqrt{2}w)\mathrm{d}w\\&=-\frac{1}{2}\exp(-\sqrt{2}w)\Big|_3^\infty\\&=\frac{1}{2}\exp(-3\sqrt{2})=0.007\,18\end{aligned}$$

注意这个值要大于高斯随机变量得到的值(0.0013)。运行随书光盘上的 MATLAB 程序 `FSSP3exer4_13.m` 可得到答案。

4.14 随机变量方差的定义为

$$\mathrm{var}(x)=E[(x-E[x])^2]=\int_{-\infty}^{\infty}(x-E[x])^2 p_X(x)\mathrm{d}x$$

对于零均值随机变量，即 $E[x]=0$，方差变成

$$\mathrm{var}(x)=E[x^2]=\int_{-\infty}^{\infty}x^2 p_X(x)\mathrm{d}x$$

现在令 $y=\sigma x$，那么方差为 $\mathrm{var}(y)=\mathrm{var}(\sigma x)=E[(\sigma x)^2]$。后一步是有效的，因为如果 x 的均值为零，那么 σx 的均值也为零。

$$\begin{aligned}\mathrm{var}(\sigma x) &= E[(\sigma x)^2] \\ &= \int_{-\infty}^{\infty} (\sigma x)^2 p_X(x)\mathrm{d}x \quad (\text{利用提示} g(x)=\sigma x) \\ &= \int_{-\infty}^{\infty} \sigma^2 x^2 p_X(x)\mathrm{d}x \\ &= \sigma^2 \int_{-\infty}^{\infty} x^2 p_X(x)\mathrm{d}x = \sigma^2 \mathrm{var}(x)\end{aligned}$$

4.15　样本幅度超过$\sigma_2 = 7$的概率是高方差实验结果出现的概率。这个概率是$\varepsilon = 0.01$乘以实验结果幅度超过σ_2的概率(0.32)，即 0.0032。因此，我们期待有 $0.0032 \times 100\,000 = 320$ 个尖峰。运行程序后实际观察到 320 个尖峰，与前面的分析结果碰巧一样。运行随书光盘上的 MATLAB 程序 `FSSP3exer4_15.m` 可得到答案。

4.16　由于$w_i[n]$能够写成$w_i[n] = \alpha_{1_i}\cos(2\pi f_i n) + \alpha_{2_i}\sin(2\pi f_i n)$，我们有

$$\begin{aligned}E[w_i[n]] &= E[\alpha_{1_i}\cos(2\pi f_i n) + \alpha_{2_i}\sin(2\pi f_i n)] \\ &= E[\alpha_{1_i}]\cos(2\pi f_i n) + E[\alpha_{2_i}]\sin(2\pi f_i n) \quad (\text{数学期望是线性运算}) \\ &= 0 \quad (\text{每}\alpha_i\text{个的均值是零})\end{aligned}$$

功率$E[w_i^2[n]]$为

$$\begin{aligned}E[w_i^2[n]] &= E[(\alpha_{1_i}\cos(2\pi f_i n) + \alpha_{2_i}\sin(2\pi f_i n))^2] \\ &= E[\alpha_{1_i}^2\cos^2(2\pi f_i n) + 2\alpha_{1_i}\alpha_{2_i}\cos(2\pi f_i n)\sin(2\pi f_i n) + \alpha_{2_i}^2\sin^2(2\pi f_i n)] \\ &= E[\alpha_{1_i}^2]\cos^2(2\pi f_i n) + 2E[\alpha_{1_i}\alpha_{2_i}]\cos(2\pi f_i n)\sin(2\pi f_i n) + \\ &\quad E[\alpha_{2_i}^2]\sin^2(2\pi f_i n) \quad (\text{数学期望是线性运算})\end{aligned}$$

但是每个α_i的均值是零，所以$E[\alpha_i^2] = \mathrm{var}(\alpha_i) = \sigma_{\alpha_i}^2$。此外，因为协方差矩阵$\boldsymbol{\alpha}_i$是对角矩阵，所以$\boldsymbol{\alpha}_i$的任意两分量是不相关的，因此，

$$\begin{aligned}E[\alpha_{1_i}\alpha_{2_i}] &= \mathrm{cov}(\alpha_{1_i}, \alpha_{2_i}) \quad (\text{由于它们是零均值}) \\ &= 0 \quad (\text{不相关})\end{aligned}$$

最后，

$$\begin{aligned}E[w_i^2[n]] &= E[\alpha_{1_i}^2]\cos^2(2\pi f_i n) + E[\alpha_{2_i}^2]\sin^2(2\pi f_i n) \\ &= \sigma_{\alpha_i}^2(\cos^2(2\pi f_i n) + \sin^2(2\pi f_i n)) \\ &= \sigma_{\alpha_i}^2 = P_i\end{aligned}$$

第5章　信号模型选择

5.1　引言

在第 3 章和第 4 章，分别描述了某些有用的信号模型和噪声模型。现在详细考察一下在实际中表示数据时如何选择模型。本章讨论信号模型的选择，噪声模型的选择将放到下一章讲解。根据韦伯斯特(Webster)字典，模型是一种“导航”或“模仿”的数学描述。我们并不期待能选择正确的模型，精确的描述确实是不存在的。所以，我们的目标是选择一个足以精确地满足需求的模型。因而，我们试图基于某些数学形式找到一个对现实的合适的近似。对于这一点，读者可能需要复习图 2.1 所示的算法流程图。现在考虑第 5 步，即选择数学模型。

在第 3 章描述了许多信号模型，这些信号参数假定是已知的，因此模型是完全指定的。例如，可能假定信号是频率为 1000 Hz 的正弦，幅度和相位假定是已知的。基于这样的模型，可以设计一个较好的检测算法，有时它就像计算一个中心频率在 1000 Hz 的窄带滤波器的输出功率那样简单。然而，如果实际中频率从 1000 Hz 开始有较大变化，那么检测算法就不会像期待的那样好。在这种情况下，最好是设计一个能使滤波器中心频率自适应的算法。实际上，滤波器应该使中心频率自适应观测到的数据，这类算法称为数据自适应算法(data-adaptive algorithm)。在信号模型参数知识缺乏的情况下，我们不得不采用数据自适应算法。在本例中缺乏的参数知识是信号频率，必须通过模型参数的在线估计才能完成数据自适应算法的任务。对应地，我们把基于完全已知的信号模型(包括信号模型的参数)的算法称为固定算法(fixed algorithm)。

概括起来，信号模型的选择按照如下步骤进行：

1．选择一般信号模型类型，如下式给出的正弦模型：

$$s[n]=\sum_{i=1}^{p} A_i\cos(2\pi f_i n+\phi_i) \qquad n=0,1,\cdots,N-1$$

2．选择模型阶数 p，即正弦个数。
3．选择参数 $\{A_1,\cdots,A_p,f_1,\cdots,f_p,\phi_1,\cdots,\phi_p\}$ 的值，在固定算法中选择固定的常数，而在数据自适应算法中，参数的值要在线计算。

一般来说，模型的精度依赖于它的复杂度。使用的参数越多，模型也就越详细，其潜在的精度也就越高。然而，如果这些模型参数需要从数据中在线估计，那么模型的精度将受统计误差的限制。如果模型中包含太多的参数，则将导致不精确的模型。因此，模型阶数的选择是非常重要的，需要权衡考虑。一个类比是用于可视识别的对汽车外观的建模。“数据”显示的是特定的汽车，自适应模型将四个轮子、某些车窗、像“箱子”一样的外形等加入进来，其结果非常像小孩画出的汽车图。更详细的模型还应包含轮毂、尾翼、装饰灯。但是，要识别一般的汽车，几乎不能参考后面的信息。后面的这种详细的模型有太多的参数，以至于不可能成为一个较好的通用模型。

信号模型的选择首先要利用物理约束的知识，其次要利用现场数据的分析。第一个考虑就是要利用信号产生的物理过程来引导模型选择。例如，考虑直升飞机发出声音的信号建模，制造商可能有直升机叶片以给定速度运转时的声谱波频率的物理知识，这些知识在前期的测试与开发中已经建立。正如前面提到的，为了得到较好的算法性能，任何假定的先验知识都应该作为一种约束加入到算法中。第二个考虑，现场数据分析是关键因素，它有助于我们洞察当前任务，为算法的初步性能分析提供测试数据。注意，在描述一个模型时会再次使用相同类型的现场数据分析。在实际中如果是数据自适应的，也可能在实际算法的后期实现。

5.2　信号建模

接下来我们提供信号建模的一般方法，这个方法通过“路图”(roadmap)来引导。

5.2.1　路图

在第 3 章的表 3.2 中列出了一些有用的确定性信号模型，现在描述选择信号模型的详细过程，然后通过一个例子加以说明。整个方法总结在图 5.1 给出的“路图”中。选择过程如下所述。

首先确定信号的物理起源是否是已知的、是否存在一个可接受的模型。如果是这种情况，那么就使用原有模型，并为模型的阶数和参数指定已知的值，这是一种固定的信号模型。然而，如果模型阶数和参数是未知的且随数据集的不同而变化，那么就需要在线估计这些参数，这就导致了数据自适应模型。

如果信号的物理起源是未知的，或者即使已知，但模型并不足够精确，那么接下来就要获取某些现场数据进行研究和分析。注意，即使没有可接受的模型，仍然可从问题的物理现象中提取信息，这对后面的模型选择是有帮助的。获得现场数据以后，需要判断波形在本质上是以确定性形式(一种容易识别的时间序列模式)出现还是在本质上更为随机？如果是后者，就从表 4.1 中选择一个随机过程模型。如果随机过程参数是已知的或者能够估计，并且不随数据集的变化而变化，那么就到此为止，这样就产生了一个固定模型，否则就要在线估计它们来产生一种数据自适应信号模型。

当信号的波形有一定的模式，即类似于表 3.1 给出的数学模型，那么将采取同样的方法。两种感兴趣的情况是波形在时间上重复或者不重复。如果是后者，我们选择阻尼指数、阻尼正弦、相位调制信号或多项式。如果波形以稳定的模式重复，即在时间上是周期的，那么就选择与正弦有关的谐波型的模型(傅里叶级数表示的模型)，或者在基本周期内具有已知或未知样本的时间信号。正如前面所述，如果模型阶数或者参数已知，或者估计这些参数且从估计参数的现场数据到运行数据时参数并没有变化，就使用固定模型，否则就使用数据自适应模型。

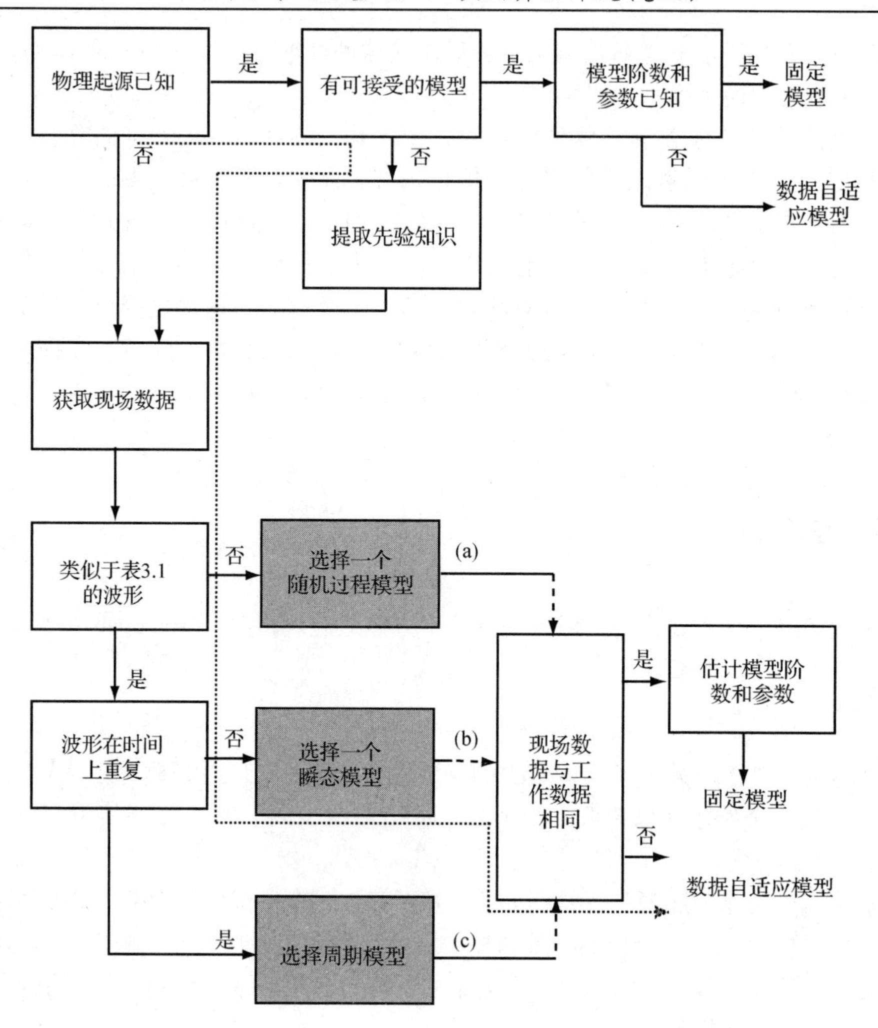

图 5.1　信号模型选择的路图

5.3　示例

考虑一个精密机器中轴承故障的诊断问题[Liu 2008]。我们描述判决路径，在图 5.1 中用虚线表示。故障的物理起因一般是已知的，即它可能是由于不合适的润滑剂、金属疲劳等引起的，但将这些知识翻译成加速计输出信号的一个合适的信号模型是不可能的，这主要是由于机器的许多工作条件。例如，波形依赖于电机速度，而电机速度又依赖于随时间变化的负载。然而，根据过去的经验，当有故障出现时，波形将有尖峰特性，尖锋的形状恒定，但每个尖峰的幅度不同。尖峰几乎是周期的，但当机器改变速度时这一假设违背了前一假设。前一假设表明速度与负载有关且不能预测。该例如图 5.2 所示。

从图中可以看出，尖峰幅度是不同的，出现的间隔随时间增加，表面轴承速度也在降低。

因此，波形并没有重复，引导我们选择瞬态模型。如果考虑 $t = 0.125$ 秒时的单一的尖峰，我们观察到一条采样的波形，如图 5.3 所示。

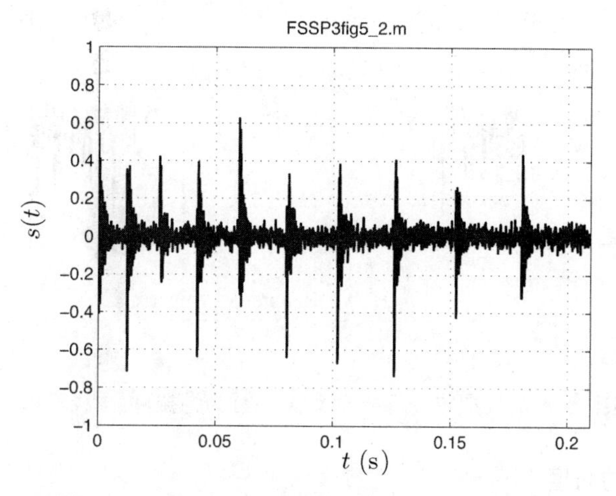

图 5.2　指示轴承故障的加速计输出波形的例子

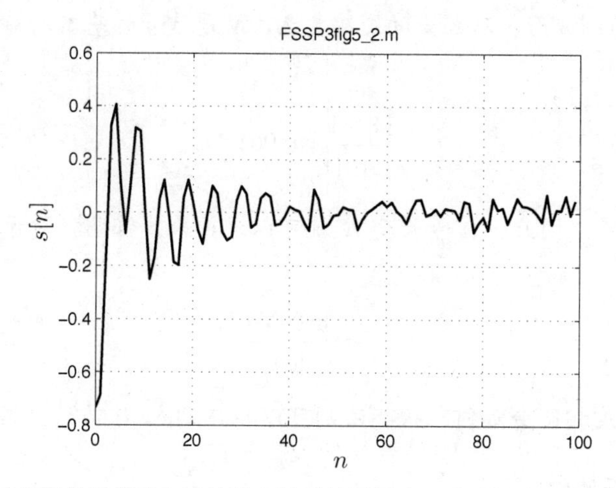

图 5.3　$t = 0.125$ 秒开始呈现的采样的加速计输出波形扩展版本。为了易于观察，采样点之间进行了连接

以 10 000 样本/秒采样，在 0.01 秒的时间间隔中将产生 $N = 100$ 个样本。波形是阻尼正弦或者是阻尼正弦之和，并叠加一些加性噪声。众所周知，周期图定义为

$$I(f) = \frac{1}{N}\left|\sum_{n=0}^{N-1} s[n]\exp(-\mathrm{j}2\pi f n)\right|^2 \tag{5.1}$$

它是离散傅里叶变换幅度的平方，并进行了归一化。通过画出信号的周期图，可以看到图 5.4 中的两个谐振。因此，选择 $p = 2$ 的阻尼正弦模型

$$s[n] = \sum_{i=1}^{2} A_i r_i^n \cos(2\pi f_i n + \phi_i) \qquad n_0 \leqslant n \leqslant n_0 + N - 1 \tag{5.2}$$

其中 n_0 是所选尖峰的第一个信号样本的索引，N 是信号的长度。

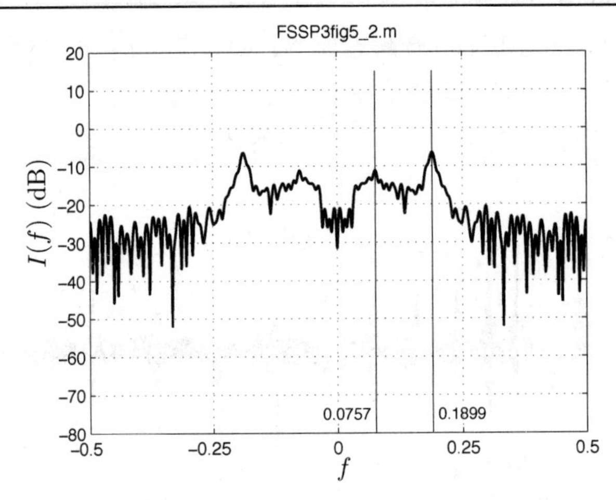

图 5.4 图 5.3 中时间采样波形的周期图，两个局部最大(称为谐振)用垂线表示，它们的位置也显示出来

练习 5.1 信号的长度

对于单个阻尼正弦 $s[n]=Ar^n\cos(2\pi f_0 n+\phi)$，$A=2$，$r=0.95$，$f_0=0.05$，$\phi=0$，画出信号 $s[n]$($n=0,1,\cdots,199$)的波形。从画出的图确定 N，N 是信号的基本的持续时间。假定相位为零，拇指法则是：如果

$$\left|\frac{s[N]}{s[0]}\right|<0.001$$

那么就可认为信号是零。因此，信号长度 N 就可以求出来。证明，对于单个阻尼正弦，N 可以精确地表示为

$$N=\frac{\ln 0.001}{\ln r}$$

与图形确定的信号长度相比会如何？拇指法则可以推广到 $\phi\neq 0$ 吗？ •

练习 5.2 信号开始时间

根据受噪声污染的数据 $x[n]$ 来确定信号开始时间的一个简单方法是采用滑窗功率检测器(见 4.5 节)。将平均功率超过门限 γ 的时间作为信号的开始时间，平均功率为

$$T[n]=\frac{1}{L+1}\sum_{k=n-L/2}^{n+L/2}x^2[n]$$

利用 MATLAB 命令 `load FSSP3exer5_2` 载入图 5.2 所画波形的采样数据，采样率是 10 000 样本/秒。使用窗口长度 $L+1=11$ 来实现 $T[n]$，并画出 $T[n]$ 与 n 的图形($5\leqslant n\leqslant 2094$)。能确定尖峰的开始时间吗？ •

由于幅度 A_i 和相位 ϕ_i 以及尖峰之间的时间间隔不能事先确定(注意在图 5.2 中从尖峰到尖峰之间是变化的)。我们用式(5.2)作为数据自适应算法的信号模型，未知参数需要在算法内估计。依据前面的经验，阻尼因子 r_1,r_2 和谐振频率 f_1,f_2 已知是不变的，因此可以从图 5.3 的数据中估计它们，然后在模型中固定它们的值。然而，幅度和相位在数据自适应算法中需要估计。利用这个数据，得到的参数估计(精确的方法将做简要描述)为

$$r_1 = 0.86 \quad f_1 = 0.08 \quad r_2 = 0.91 \quad f_2 = 0.18 \tag{5.3}$$

注意到估计的谐振频率与图 5.4 所示有点偏差，这是由于噪声的影响以及栅格搜索用于求估计时的量化误差，稍后将做简要介绍。于是，对于给定的尖峰，最终的信号模型是

$$s[n;\boldsymbol{\theta}] = A_1(0.86)^n \cos(2\pi(0.08)n + \phi_1) + A_2(0.91)^n \cos(2\pi(0.18)n + \phi_2) \tag{5.4}$$

其中 $0 \leqslant n \leqslant N-1$。信号的长度是 N。由图 5.3 可目测得到 $N = 100$，可以假定为已知的。信号长度更精确的估计可参考练习 5.1，其中 $N = \ln(0.001)/\ln(0.91) = 73$。信号的开始时间 n_0 需要用滑窗功率估计器在线估计。最后，由 $\boldsymbol{\theta} = [A_1 A_2 \phi_1 \phi_2]^{\mathrm{T}}$ 给出的幅度和相位能够在线估计作为线性模型的参数。接下来我们描述求出式(5.3)的阻尼因子和频率的估计方法。

5.4　参数估计

正如在 3.5 节中提到的，模型中使用的非线性参数的估计是很困难的。表 3.2 中列出的所有信号模型是线性的或者是部分线性的(见 3.5.4 节)。多项式和周期信号是线性模型的例子，所以它们的参数容易估计，即

$$\hat{\boldsymbol{\theta}} = (\mathbf{H}^{\mathrm{T}}\mathbf{H})^{-1}\mathbf{H}^{\mathrm{T}}\mathbf{x} \tag{5.5}$$

其中 $\mathbf{H}$ 是已知的观测矩阵，$\mathbf{x}$ 是数据向量。其他信号模型是部分线性的，所以首先要求对于嵌入在 $\mathbf{H}$ 中的非线性参数使下面的函数最大，

$$\mathbf{x}^{\mathrm{T}}\mathbf{H}(\mathbf{H}^{\mathrm{T}}\mathbf{H})^{-1}\mathbf{H}^{\mathrm{T}}\mathbf{x} \tag{5.6}$$

一旦求出了非线性参数，将它们代入 $\mathbf{H}$ 中，然后利用式(5.5)得到线性参数的估计。接下来针对前面讨论的阻尼正弦信号模型来详细说明这个过程。

对于图 5.2 表示的波形，选择信号尖峰模型为

$$s[n] = A_1 r_1^n \cos(2\pi f_1 n + \phi_1) + A_2 r_2^n \cos(2\pi f_2 n + \phi_2) \qquad n = 0, 1, \cdots, N-1 \tag{5.7}$$

其中我们参考的时间采样是在给定的尖峰开始的。此外，参数的取值被约束为：$A_1 > 0$，$A_2 > 0$，$-\pi \leqslant \phi_1 < \pi$，$-\pi \leqslant \phi_2 < \pi$，所以幅度和相位是可识别的(参见练习 3.3)。如通常那样假定 $0 < f_1 < 1/2$ 和 $0 < f_2 < 1/2$，并且最终需要假定 $0 < r_1 < 1$，$0 < r_2 < 1$。阻尼因子小于 1 的假定避免了指数增长的可能性，而正的假定是为了可识别的需要。

练习 5.3　为了便于识别假定 $r > 0$

证明，如果 $r = 1/2$、$f_0 = 1/10$ 和 $r = -1/2$、$f_0 = 4/10$，那么每一组参数都产生同一信号 $s[n] = r^n \cos(2\pi f_0 n)$，$n \geqslant 0$。 •

此外，在式(5.7)中实现极坐标到直角坐标的变换 $\alpha_{1_i} = A_i \cos\phi_i$，$\alpha_{2_i} = -A_i \sin\phi_i$，得

$$s[n] = (\alpha_{1_1} r_1^n \cos(2\pi f_1 n) + \alpha_{1_2} r_1^n \sin(2\pi f_1 n)) + (\alpha_{2_1} r_2^n \cos(2\pi f_2 n) + \alpha_{2_2} r_2^n \cos(2\pi f_2 n))$$

这是 $\boldsymbol{\theta} = [\alpha_{1_1} \alpha_{1_2} \alpha_{2_1} \alpha_{2_2}]^{\mathrm{T}}$ 的线性模型，且

$$\mathbf{H}(r_1,f_1,r_2,f_2)=$$

$$\begin{bmatrix} 1 & 0 & 1 & 0 \\ r_1\cos(2\pi f_1) & r_1\sin(2\pi f_1) & r_2\cos(2\pi f_2) & r_2\sin(2\pi f_2) \\ \vdots & \vdots & \vdots & \vdots \\ r_1^{N-1}\cos[2\pi f_1(N-1)] & r_1^{N-1}\sin[2\pi f_1(N-1)] & r_2^{N-1}\cos[2\pi f_2(N-1)] & r_2^{N-1}\sin[2\pi f_2(N-1)] \end{bmatrix} \tag{5.8}$$

因此，由式(5.6)，必须使下面的函数最大，

$$J(r_1,f_1,r_2,f_2)=\mathbf{x}^{\mathrm{T}}\mathbf{H}(r_1,f_1,r_2,f_2)[\mathbf{H}^{\mathrm{T}}(r_1,f_1,r_2,f_2)\mathbf{H}(r_1,f_1,r_2,f_2)]^{-1}\mathbf{H}^{\mathrm{T}}(r_1,f_1,r_2,f_2)\mathbf{x} \tag{5.9}$$

为了避免在区分两个阻尼正弦时出现模糊，假定 $r_1 < r_2$。如果不是这样，将得到两个相同的极大值和多余的参数估计。例如，$(r_1, f_1, r_2, f_2)=(0.7, 0.2, 0.8, 0.4)$ 和 $(r_1, f_1, r_2, f_2)=(0.8, 0.4, 0.7, 0.2)$。

为了使式(5.9)最大，我们执行网格搜索(参见练习 3.8)来求最大值。由于函数 J 是四维的，根据精细的格点进行计算将是很耗时的。因此，函数以 0.05 的间隔进行计算，对阻尼参数产生网格{0.01, 0.06,…, 0.96}；函数以 0.025 的间隔进行计算，对频率参数产生网格{0.005, 0.03,…, 0.48}，由式(5.3)求出最大值。因此，由于对阻尼参数 J 有 $0.05/2=0.025$ 的量化误差，对频率参数有 $0.025/2=0.0125$ 的量化误差，求出的最大值可能会偏离真实的最大值。这是网格搜索的缺陷，这就促使我们去寻找其他方法，比如迭代法。然而，只有网格搜索法能够保证在指定的网格尺寸误差内产生全局最大值(用网格搜索求函数最大的另一个例子参见算法 9.9)。为了完成部分线性模型剩余部分的讨论，我们注意到正弦、阻尼指数和相位调制信号也要求对非线性参数求最大值。

练习 5.4　另一个例子——相位调制信号

相位调制信号由 $s[n]=A\cos\left[2\pi\left(f_0 n+\frac{1}{2}mn^2\right)+\phi\right](n=0,1,\cdots,N-1)$ 给出。证明：该式可以写成 $\mathbf{s}=\mathbf{H}(f_0, m)\boldsymbol{\theta}$，其中 $\boldsymbol{\theta}=[\alpha_1\alpha_2]^{\mathrm{T}}=[A\cos(\phi)\ -A\sin(\phi)]^{\mathrm{T}}$ 是线性参数。$\mathbf{H}(f_0,m)$ 是含有非线性参数 f_0 和 m 的 $N\times 2$ 的矩阵，如何估计所有参数 A, ϕ, f_0, m？ •

练习 5.5　线性频率调制信号参数的估计

利用练习 5.4 的结果来实现计算机模拟的例子，为此，

1. 产生 $s[n]=A\cos\left[2\pi\left(f_0 n+\frac{1}{2}mn^2\right)+\phi\right](n=0,1,\cdots,N-1)$ 的 $N=100$ 个样本，令 $A=1$，$\phi=0$，$f_0=0.1$ 和 $m=0.0005$。
2. 接着将方差为 $\sigma^2=0.001$ 的 WGN $w[n]$ 加到 $s[n]$ 上，形成数据 $x[n]=s[n]+w[n]$。
3. 在 f_0 和 m 上使 $J(f_0,m)=\mathbf{x}^{\mathrm{T}}\mathbf{H}(f_0,m)[\mathbf{H}^{\mathrm{T}}(f_0,m)\mathbf{H}(f_0,m)]^{-1}\mathbf{H}^{\mathrm{T}}(f_0,m)\mathbf{x}$ 最大，J 的计算是在 $f_0=0.01, 0.02,\cdots, 0.45$ 和 $m=0.0001, 0.0002,\cdots, 0.001$ 的网格上进行的。

估计的频率和扫频率是精确的吗？接着求幅度和相位的估计。如果 $\sigma^2=1$，重复以上实验。•

5.5　模型阶数的选择

到目前为止，假定模型阶数 p 是已知的，如式(5.2)中阻尼正弦的个数 $p=2$。根据 p 的知识估计模型参数，在式(5.8)中描述 $\mathbf{H}$ 时，p 的值是必须指定的。当这种先验知识不可用时，

除了模型的参数需要估计，还需要估计模型的阶数。在某些情况下，根据对数据的表观检查就很容易推断模型阶数。例如在图 5.4 中，注意周期图对于 $f>0$ 显示了两个谐振，这就表明阻尼正弦的个数肯定是两个，每一个都引起估计谱中峰值的出现。但即使这样，这种方法也不能保证结果正确，特别是如果谐振的幅度低时。如果阻尼正弦的幅度很小，就会出现这种情况。另一个困难在于谐振看起来可能是由于两个靠得很近的正弦分量。后一个例子在图 5.5 给出。

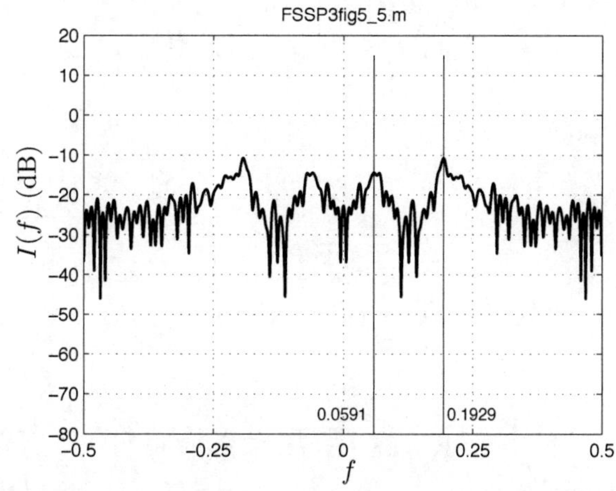

图 5.5　时间采样尖峰波形加阻尼正弦的周期图。两个局部最大值用垂线显示，它们的位置也显示出来

将这种谱与图 5.4 中的谱进行比较，可以看出在呈现两个谐振这一点上是类似的。这是因为用来产生图 5.4 的谱的数据是两个阻尼正弦分量，频率为 $f_1=0.06$，$f_2=0.19$。然而，用来产生图 5.5 的数据实际上包含三个阻尼正弦分量，频率为 $f_1=0.06$，$f_2=0.19$ 和 $f_3=0.21$。显然，根据谱的表观检查并不能判断是两个谐波，因为它们彼此靠得很近。

练习 5.6　阻尼指数的周期图

对于单一的阻尼指数信号，

$$s[n]=\begin{cases}Ar^n & n\geqslant 0\\ 0 & n<0\end{cases}$$

证明离散傅里叶变换的幅度平方为

$$|S(f)|^2=\frac{A^2}{|1-r\exp(-\mathrm{j}2\pi f)|^2}$$

其中 $S(f)=\sum_{n=-\infty}^{\infty}s[n]\exp(-\mathrm{j}2\pi fn)$。接着画出 $|S(f)|^2$，其中参数分别取 $A=1$、$r=0.9$ 和 $A=1$、$r=0.7$。通过观察它们的和 $s[n]=0.7^n+0.9^n\,(0\leqslant n\leqslant N-1)$ 的周期图，能否判断出现两个阻尼指数信号？提示：在求阻尼指数信号的傅里叶变换时利用下面的复几何级数求和公式：

$$\sum_{n=0}^{\infty}z^n=\frac{1}{1-z}\qquad |z|<1$$

•

显然，我们需要一些方法来确定模型的阶数。当需要为其他信号选择模型时，模型阶数选择问题只会更加困难，比如相位调制信号之和。存在的谱甚至都没有指出每个分量的峰值，使得采用谱的表观检查来确定模型阶数的方法无效。

产生良好结果的模型阶数选择方法是指数嵌入族方法(Exponentially Embedded Family，EEF)[Kay 2005]。可以证明，对于足够大的数据记录或足够高的信噪比，它能产生正确的模型阶数[Xu and Kay 2008, Ding and Kay 2011]。假定可用数据为 $x[n], n = 0, 1, \cdots, N-1$，用 $N \times 1$ 的数据向量 $\mathbf{x}$ 表示，包含的信号模型阶数是要估计的。EEF 方法是使下式最大的 k 作为 p 的值，

$$\mathrm{EEF}(k) = \begin{cases} \xi_k - n_k\left[\ln\left(\dfrac{\xi_k}{n_k}\right)+1\right], & \dfrac{\xi_k}{n_k} \geqslant 1 \\ 0, & \dfrac{\xi_k}{n_k} < 1 \end{cases} \qquad k = 1, 2, \cdots, k_{\max} \tag{5.10}$$

其中

$$\xi_k = \frac{\mathbf{x}^{\mathrm{T}}\mathbf{P}_k\mathbf{x}}{\dfrac{1}{N}(\mathbf{x}^{\mathrm{T}}\mathbf{x} - \mathbf{x}^{\mathrm{T}}\boldsymbol{P}_k\mathbf{x})} \tag{5.11}$$

和

$$\mathbf{P}_k = \hat{\mathbf{H}}_k(\hat{\mathbf{H}}_k^{\mathrm{T}}\hat{\mathbf{H}}_k)^{-1}\hat{\mathbf{H}}_k^{\mathrm{T}} \tag{5.12}$$

整数 n_k 表示形成一个具有 k 个分量的模型所要估计的未知参数的个数。$\mathbf{H}_k$ 中的未知参数用估计代入，产生估计的观测矩阵 $\hat{\mathbf{H}}_k$。此外，注意 $\mathbf{P}_k$ 是估计的投影矩阵，用列数来表示模型阶数 k 的信号。

例如，考虑阻尼正弦信号模型

$$s[n] = \begin{cases} \sum_{i=1}^{k} A_i r_i^n \cos(2\pi f_i n + \phi_i) & n \geqslant 0 \\ 0 & n < 0 \end{cases}$$

有两种情况是感兴趣的：一种是阻尼因子 r_i 和频率 f_i 已知；另一种是未知，需要估计。对于已知参数的情况，我们有通常的观测矩阵为 $\mathbf{H}$ 的线性模型，如式(5.8)是 $k = 2$ 时的 $\mathbf{H}$ 矩阵。对于任意的 k，矩阵的维数为 $N \times 2k$。当阻尼因子和频率未知时，在式(5.12)的应用中必须估计这些参数来产生估计的测量矩阵，每个分量的未知参数个数是 4。因此，对于阻尼正弦情况，假定信号由 k 个分量组成，每个分量有 4 个未知参数，总共有 $n_k = 4k$ 个未知参数。

继续阻尼正弦的例子，假定我们希望确定分量的个数，如 1 个、2 个、3 个或者 4 个。然后，对于 $k = 1, 2, 3, 4$，分别计算式(5.10)，选择使 EEF(k)最大的 k 值作为 p。为了简化讨论，假定阻尼因子和频率集对四种可能的模型都是已知的，只有幅度和相位未知。这样，对于 $k = 1$，有

$$\hat{\mathbf{H}}_1 = \mathbf{H}_1 = \begin{bmatrix} 1 & 0 \\ r_1\cos(2\pi f_1) & r_1\sin(2\pi f_1) \\ \vdots & \vdots \\ r_1^{N-1}\cos[2\pi f_1(N-1)] & r_1^{N-1}\sin[2\pi f_1(N-1)] \end{bmatrix}$$

而对于 $k = 2$，$\hat{\mathbf{H}}_2 = \mathbf{H}_2$，使用式(5.8)。对于剩余的 3 个和 4 个分量的模型，我们在 $\mathbf{H}$ 矩阵中增加列数，每增加一个分量就增加两列。接下来考虑四种可能的模型，

$k=1$：$r_1=0.95,\quad f_1=0.19$

$k=2$：$r_1=0.95,\quad f_1=0.19;\quad r_2=0.87,\quad f_2=0.06$

$k=3$：$r_1=0.95,\quad f_1=0.19;\quad r_2=0.87,\quad f_2=0.06;\quad r_3=0.85,\quad f_3=0.21$

$k=4$：$r_1=0.95,\quad f_1=0.19;\quad r_2=0.87,\quad f_2=0.06;\quad r_3=0.85,\quad f_3=0.21;$
$r_4=0.9,\quad f_4=0.3$

对于图 5.3 给出的数据(使用 $k=2$ 的模型产生)计算 EEF，得

$$\begin{aligned}\text{EEF}(1)&=147.3\\ \text{EEF}(2)&=1778.9\\ \text{EEF}(3)&=1775.7\\ \text{EEF}(4)&=1767.0\end{aligned}$$

最大的值是由 $k=2$ 给出的，这是一个正确的值。作为一种典型的最常用的模型阶数选择方法，阶数的低估是很容易看出来的[EEF(k)的值随 k 从 $k=1$ 到 $k=2$ 在增加]，而阶数高估却非常难以辨认[随着 $k=2$ 增加到 $k=3$ 至 $k=4$，注意看EEF(k)的值]，因此，过度拟合是要关注的主要问题。

练习 5.7　多项式拟合数据

考虑图 5.6 的数据样本，使用 EEF 估计模型阶数。数据最好是用常数 $s[n]=A$ 还是用直线 $s[n]=A+Bn$ 来描述呢？或采用抛物线 $s[n]=A+Bn+Cn^2$ 或立方 $s[n]=A+Bn+Cn^2+Dn^3$？数据样本可以从随书光盘的数据文件 `FSSP3exer5_7.mat` 获取。

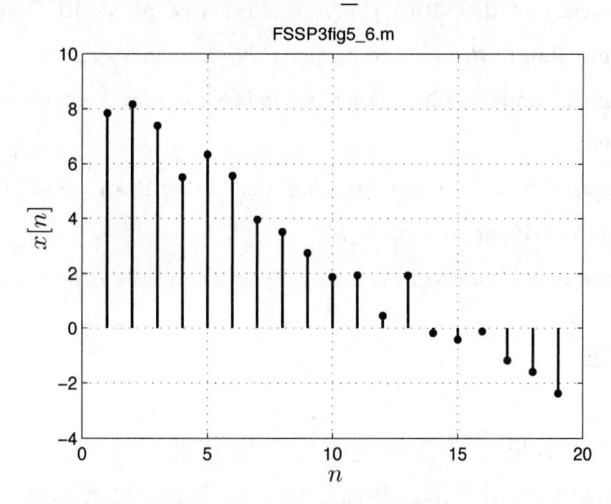

图 5.6　高斯白噪声中未知阶数的多项式信号

提示：对于每个模型只有线性参数，对于立方模型，则有

$$\mathbf{H}_4=\begin{bmatrix}1 & 0 & 0 & 0\\ 1 & 1 & 1 & 1\\ 1 & 2 & 2^2 & 2^3\\ \vdots & \vdots & \vdots & \vdots\\ 1 & N-1 & (N-1)^2 & (N-1)^3\end{bmatrix}$$

此外，使用 `load FSSP3exer5_7` 将数据加载到 MATLAB 中。

5.6 小结

- 精确的信号模型是不存在的，对观测数据能有好的近似就是我们希望的最好模型。
- 模型要么是固定的，要么是数据自适应的。如果数据特性从一个数据集到另一个数据集并没有变化，那么就使用固定模型，否则就使用在线估计模型参数的数据自适应模型。
- 注意在模型中不要包含太多的参数。如果必须要估计参数，则模型越简单越好。
- 任何有关数据特性的先验知识都应该加入到模型中。
- 确定信号起点的简单方法是使用滑窗功率检测器。然而，如果知道更多的信号特征，那么应有更好的方法。
- 应该检查信号模型确保它们是可分辨的，否则有可能使随后的算法呈现不可预测的行为。
- 使函数最大来确定参数估计，在实际中总是使用格型搜索方法。
- 信号频谱的表观检查并非总是能用于识别信号分量的个数。
- 与很少的参数相比，需要估计太多的模型参数是模型阶数选择方法的典型误差。

参考文献

Ding, Q., S. Kay, "Inconsistency of the MDL: On the Performance of Model Order Selection Criteria with Increasing Signal-to-Noise Ratio", *IEEE Trans. on Signal Processing*, May 2011.

Kay, S., "Embedded Exponential Families: A New Approach to Model Order Selection", *IEEE Trans. on Aerospace and Electronics*, Jan. 2005.

Liu, J., W. Wang, F. Golnaraghi, K. Liu, "Wavelet Spectrum Analysis for Bearing Fault Diagnostics", *Measurement Science and Technology*, Vol. 19, pp. 1-9, 2008.

Xu, C., S. Kay, "Source Enumeration Using the EEF", *IEEE Signal Processing Letters*, Dec. 2008.

附录 5A 练习解答

为了得到下面描述的结果，在任何代码的开头分别用 `rand('state',0)`和 `randn('state',0)`初始化随机数产生器，这些命令分别是均匀随机数和高斯随机数产生器。

5.1 应该观察到在大约 $N = 120$ 时，信号衰减到零。运行随书光盘上的 MATLAB 程序 `FSSP3exer5_1.m`，得到 $s[n]$的图形。当 $r = 0.95$ 时使用给定的公式将得到 $N = 134$，公式推导如下：

$$\left|\frac{s[N]}{s[0]}\right| = \left|\frac{Ar^N\cos(2\pi f_0 N)}{A}\right| \leqslant r^N < 0.001$$

解出 N 得到期望的拇指法则。当相位不是零时，应该用 $s[n]$的最大的绝对值代替 $s[0]$，这个值应该在 $n = 0$ 附近，重复这个过程。

5.2 无论什么时候遇到尖峰，应该观察到 $T[n]$的值有大的变化。例如，在图 5.3 中，尖峰的起始时间从图中可以看出大约是 0.125 秒。解答由随书光盘上的 MATLAB 程序 `FSSP3exer5_2.m` 给出。

5.3　对于第一个参数集，我们有

$$\begin{aligned} s[n] &= \left(\frac{1}{2}\right)^n \cos(2\pi(1/10)n) \\ &= \left(-\frac{1}{2}\right)^n \cos(2\pi(1/10)n - \pi n) \qquad （由于\cos(n\pi) = (-1)^n） \\ &= \left(-\frac{1}{2}\right)^n \cos(2\pi(1/10)n - 2\pi(5/10)n) \\ &= \left(-\frac{1}{2}\right)^n \cos(2\pi(4/10)n) \end{aligned}$$

对于第二个参数集，产生同样的信号。

5.4　相位调制信号可以用部分线性模型的形式来表示(假定 f_0 和 m 是未知的)，即

$$\begin{aligned} s[n] &= A\cos\left[2\pi\left(f_0 n + \frac{1}{2}mn^2\right) + \phi\right] \\ &= A\cos\left[2\pi\left(f_0 n + \frac{1}{2}mn^2\right)\right]\cos(\phi) - A\sin\left[2\pi\left(f_0 n + \frac{1}{2}mn^2\right)\right]\sin(\phi) \\ &= \alpha_1 \cos\left[2\pi\left(f_0 n + \frac{1}{2}mn^2\right)\right] + \alpha_2 \sin\left[2\pi\left(f_0 n + \frac{1}{2}mn^2\right)\right] \end{aligned}$$

所以，$\boldsymbol{\theta} = [\alpha_1 \quad \alpha_2]^{\mathrm{T}}$ 和

$$\mathbf{H}(f_0, m) = \begin{bmatrix} 1 & 0 \\ \cos\left[2\pi\left(f_0 + \frac{1}{2}m\right)\right] & \sin\left[2\pi\left(f_0 + \frac{1}{2}m\right)\right] \\ \vdots & \vdots \\ \cos\left[2\pi\left(f_0(N-1) + \frac{1}{2}m(N-1)^2\right)\right] & \sin\left[2\pi\left(f_0(N-1) + \frac{1}{2}m(N-1)^2\right)\right] \end{bmatrix}$$

起始频率 f_0 和扫频率 m 是通过使下式最大的位置来估计的：

$$J(f_0, m) = \mathbf{x}^{\mathrm{T}}\mathbf{H}(f_0, m)[\mathbf{H}^{\mathrm{T}}(f_0, m)\mathbf{H}(f_0, m)]^{-1}\mathbf{H}^{\mathrm{T}}(f_0, m)\mathbf{x}$$

使用求出的值 $\hat{f}_0$ 和 $\hat{m}$ 代入 $\mathbf{H}(f_0, m)$ 中形成 $\mathbf{H}(\hat{f}_0, \hat{m})$，然后求 α_1 和 α_2 的估计，即

$$\begin{bmatrix} \hat{\alpha}_1 \\ \hat{\alpha}_2 \end{bmatrix} = [\mathbf{H}^{\mathrm{T}}(\hat{f}_0, \hat{m})\mathbf{H}(\hat{f}_0, \hat{m})]^{-1}\mathbf{H}^{\mathrm{T}}(\hat{f}_0, \hat{m})\mathbf{x}$$

最后，幅度和相位的估计为

$$\hat{A} = \sqrt{\hat{\alpha}_1^2 + \hat{\alpha}_2^2}$$

$$\hat{\phi} = \arctan\left(\frac{-\hat{\alpha}_2}{\hat{\alpha}_1}\right)$$

注意，arctan 函数是四象限正切(tangent)函数的反函数。

5.5 噪声方差为$\sigma^2 = 0.001$时的结果：

$$\hat{A} = 0.9997$$
$$\hat{\phi} = 0.0061$$
$$\hat{f}_0 = 0.1000$$
$$\hat{m} = 0.0005$$

而噪声方差为$\sigma^2 = 1$时的结果：

$$\hat{A} = 1.0095$$
$$\hat{\phi} = 0.1912$$
$$\hat{f}_0 = 0.1000$$
$$\hat{m} = 0.0005$$

运行随书光盘上的程序 `FSSP3exer5_5.m`。

5.6 求离散傅里叶变换

$$\begin{aligned} S(f) &= \sum_{n=-\infty}^{\infty} s[n]\exp(-\mathrm{j}2\pi fn) \qquad \text{（定义）} \\ &= \sum_{n=0}^{\infty} Ar^n \exp(-\mathrm{j}2\pi fn) \\ &= A\sum_{n=0}^{\infty} [r\exp(-\mathrm{j}2\pi f)]^n \qquad (|z| = |r\exp(-\mathrm{j}2\pi f)| = r < 1) \\ &= \frac{A}{1 - r\exp(-\mathrm{j}2\pi f)} \end{aligned}$$

如果对不同的 r 画出$|S(f)|^2$，它们在频率上会出现重叠。因此两个阻尼指数信号的周期图仅呈现出一个单峰。运行随书光盘上的 MATLAB 程序 `FSSP3exer5_6.m`，当 $r = 0.7$ 和 $r = 0.9$ 时可看到这两个图。

5.7 利用练习题中给出的观测矩阵 $\mathbf{H}_4$ 计算 EEF，对 $k = 1$ 的值只取第一列，产生 $\mathbf{H}_1$，对 $k = 2$ 的值只取前二列，产生 $\mathbf{H}_2$，以此类推。EEF 的值为

$$\mathrm{EEF}(1) = 11.3$$
$$\mathrm{EEF}(2) = 1073.0$$
$$\mathrm{EEF}(3) = 1486.7$$
$$\mathrm{EEF}(4) = 1484.8$$

所以，应该选择三阶模型(抛物线模型 $s[n] = A + Bn + Cn^2$)，用来产生数据的实际信号是抛物线 $s[n] = 10 - n + 0.02n^2$。运行随书光盘上的 MATLAB 程序 `FSSP3exer5_7.m` 可得到结果。

第 6 章　噪声模型选择

6.1　引言

本章我们将聚焦于噪声模型来完成有关模型选择的讨论。5.1 节有关信号模型选择的大部分解释都可以应用到这里。为了避免重复讨论，这里只归纳重要的几点：

1. 噪声模型只是现实的近似。它不需要完美，而只是对噪声的重要特征建模，这些特征将影响信号处理算法的性能。例如，考虑在一些不可能含有信号的频带上对噪声的频谱特征的建模。这些频带与算法性能无关，所以对于它们可以选择任何简便的模型。
2. 噪声模型可能是固定的或数据自适应模型。前者的一个例子是方差为$\sigma^2=1$的高斯白噪声(WGN)，而后者的例子是具有未知方差的 WGN，未知的方差需要在线估计。
3. 模型越简单越好。非常复杂的模型在实际中有失败的风险，因为有过多的参数需要估计。例如，为了对精细的频谱细节建模而采用复杂的自回归(AR)功率谱密度(PSD)模型，由于有大量的 AR 滤波器的系数，这种选择是不明智的。
4. 任何与噪声产生机制有关的物理知识都应该加入到模型中。将参数值限制为实际中可实现的值，这种知识将转换成约束，从而改善算法的性能。例如，可约束干扰功率的范围，算法只需在可能的干扰级别上运行得好即可。

6.2　噪声建模

选择噪声模型的过程的开始与 5.2 节描述的信号模型非常类似，我们现在描述的路图如图 6.1 所示。

6.2.1　路图

首先要确定产生噪声的物理机制是否已知，如果已知，是否存在一个已经接受的模型？如果模型是已知的，那么就要确定模型的阶数和参数是否已知。如果是已知的，就可以使用给定的模型，称为固定模型。如果模型阶数和参数是未知的，则必须在线估计模型参数及可能的模型阶数，这就是数据自适应模型。如果没有曾经接受的模型，那么就从物理背景中提取更多的信息，从而引导我们进行模型选择。如果没有可接受的模型，则必须获取现场数据来分析它的特征，这样可对采用什么样的模型提出有益的建议。在这一点上，噪声模型的选择与信号模型的选择是不同的。

表 4.1 中已经列出了可能的噪声模型，它们也显示在图 6.1 中，用带阴影的框表示。首先确定噪声数据是否为平稳的，相关的一些考虑已经在 4.2 节进行了描述。如果噪声是非平稳的，那么可以尝试使它变成平稳的，以便利用平稳模型易于处理的优势。使数据平稳的过程是相

当简单的。如果噪声的功率是随时间变化的(当然，如果这种时变是已知的)，只需对数据除以噪声功率的平方根即可使数据变得平稳。另一种变换将在6.3节描述[对于非平稳均值的提取请参见式(6.1)]。如果噪声过程不能变成平稳过程，那么就要尝试假定它为局部平稳的。如果噪声过程具有慢变的时变参数，这样的假定是有效的。特别是如果噪声是高斯的，应该选择在表4.1中第3项给出的通用高斯模型。噪声是局部平稳这一事实允许我们使用AR谱模型，并且根据现场数据块来估计模型的阶数和参数。块的时间长度必须满足在该时间间隔上参数无显著变化这一条件，否则对于快速变化的非平稳性，数据特征在精确地估计参数之前将发生改变。在这种情况下，只能略带困惑地去选择一种噪声模型(参见图6.1中困惑的脸)。此外，如果噪声是局部平稳的但非高斯，那么很难给出一种精确的模型描述(另一个困惑的脸)。

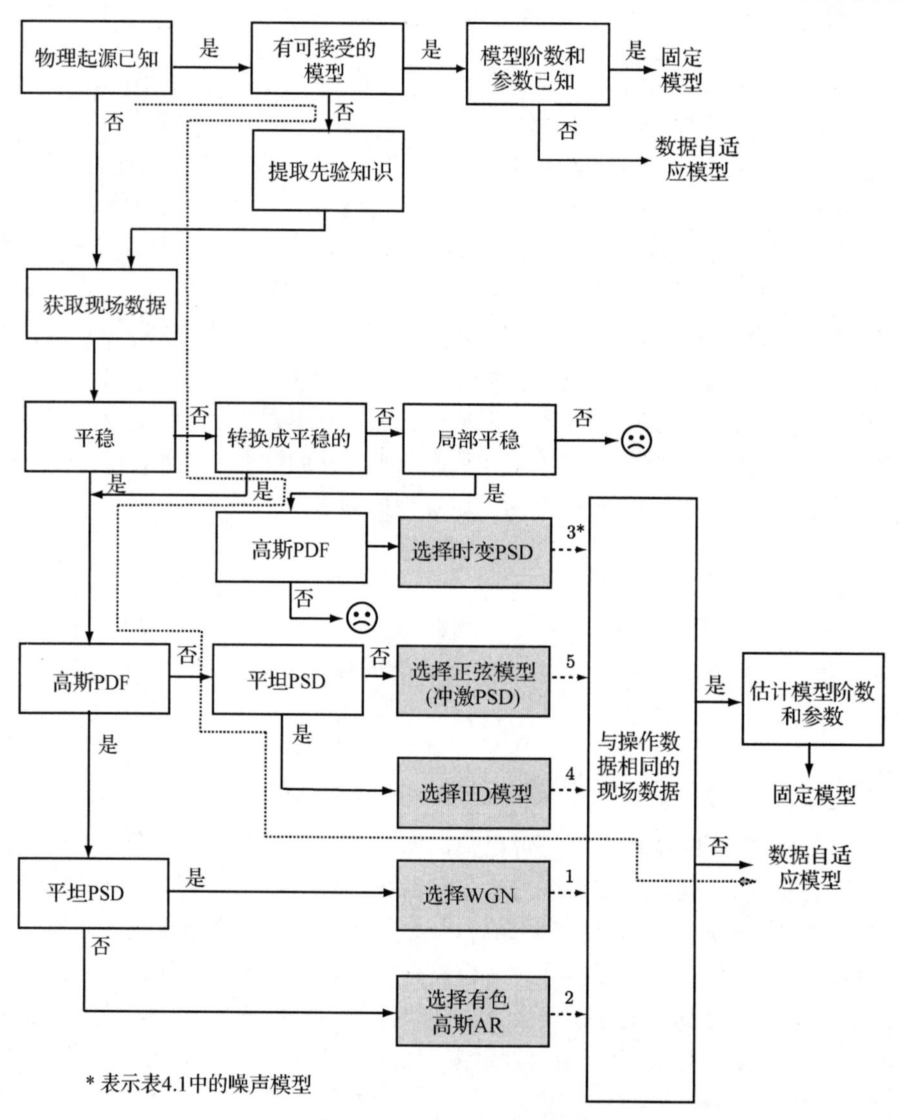

图6.1　噪声模型选择的路图

接着假定噪声过程是平稳的，我们确定概率密度函数(PDF)是否是高斯的，方法将在6.4节中描述。如果PDF是非高斯的，并且PSD是平坦的(表面样本之间是不相关的)，那么选择独立同分布(IID)模型，即表 4.1 中的第 4 项(当然，从理论上来讲不相关并不意味着独立，但在实际中这是一种合理的近似)。如果 PSD 不是平坦的，而是冲激型的，那么选择表 4.1 中的第 5 项，即随机相位正弦模型。如果过程被假定为高斯的，并且 PSD 是平坦的，则选择 WGN 模型，即表 4.1 中的第 1 项。对于具有非平坦 PSD 的高斯过程，高斯色噪声是一种合适的模型，这种模型对应于表 4.1 中的第 2 项。

接下来与选择信号模型相同，我们要确定选择噪声模型所使用的现场数据是否与操作数据具有相同的特性。操作数据就是算法实际运行中所使用的数据，如果具有相同特性，模型的阶数和参数也已经估计过了，那么我们的选择也就完成了，其结果是固定模型。否则还需要在线估计模型的阶数和参数，得出数据自适应模型。

下一节将给出一个完整的噪声建模过程的例子。

6.3 示例

心律失常检测对于心脏异常的病人是非常重要的。为了确定什么时候出现心律失常，要求病人带上监护仪监测心跳波形并生成心电图(ECG)[Ligtenberg and Kunt 1983]。问题的复杂性在于监护要持续一段时间，典型的是 24 小时，在这段时间中病人会参加一些体力活动(如散步)，由于监护仪对移动的感知，这种移动在 ECG 中会产生人为的运动。此外，通常还有 60 Hz 的电源干扰，因此记录的 ECG 会受到运动噪声和干扰的污染。图 6.2 给出了一个假设的心跳之间的记录波形，我们的目的是要选择一个噪声模型，其中“噪声”项也包括干扰。为此参考图 6.1 中由虚线表示的选择步骤。

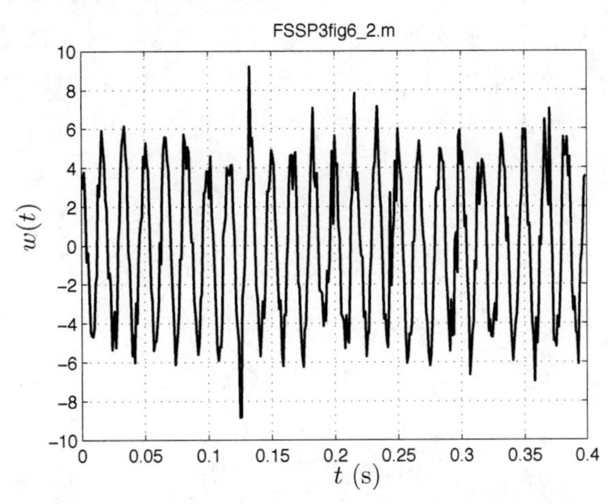

图 6.2　从 Holter 监护仪观测到的假设的噪声波形

首先，注意噪声的物理起源是已知的，它是由传感器的移动和 60 Hz 的电源干扰(注意图 6.2 中在[0, 0.1]秒的间隔上有 6 个干扰周期)引起的。后者很容易用 60 Hz 的正弦建模，但正弦的幅度和相位预先是未知的。因为这些参数依赖于电源线的精确的电磁耦合机制，而这是未知的，干扰出现的时间点也是未知的。此外，幅度和相位也会随病人位置的变化而变化，即当病人移动时随靠近电源的距离(因而也是随时间)的变化而变化。运动噪声的建模将更为困难，运动噪声在图 6.2 中呈现出更高频率的扰动，它取决于用来粘在传感器和身体上的黏合剂类型以及体力活动的强度，因此也没有可接受的模型。作为一种备选方法，首先通过对图 6.2 的波形以 $F_s = 1/\Delta = 1000$ 个样本/秒的速率进行采样获得现场数据，产生 $N = 400$ 个样本(实际中或许需要采用更多的数据来建模)。这些数据可以从正常心律的病人身上获得，让他带上监护仪并提取其 QRS 波群，剩下的就是心跳之间的噪声。为了简化我们的讨论，假定有图 6.2 所示的噪声波形可用，其 QRS 信号已经完全提取(一个大的拉伸)。注意在图 6.2 中，QRS 在 0.4 秒的时间间隔并没有显示出中心。对于每分钟 80 下的典型心律，每次心跳之间的时间间隔是 0.75 秒，只允许我们提取噪声。

首先要确定噪声是否平稳。很显然由于干扰的存在，均值是随时间变化的。然而，如果能够提取出均值，就可以将数据转换成平稳的。假定干扰的频率是 60 Hz，并且是一个完美的正弦，就可以估计幅度和相位，然后从采样的波形 $x[n]$中减去它。应该强调的是，将原始噪声过程转换成平稳过程的目的，是为了使用许多平稳过程的可能模型对转换过来的模型进行建模。然而，整个建模过程完成以后，我们将重新引入时变均值作为模型的一部分，那么随后算法的开发需要考虑非平稳均值。

⚠ **均值意味着什么？**

时间均值是对图 6.2 那样的波形在时间上积分并除以时间间隔所得到的值。对于正弦，如果积分，将得到小于半周面积的值。因此，除以一个大的时间间隔将使得时间均值收敛到零。随机变量的概率均值(有时也称为集合均值)为 $E[X]$。如果多次重复实验产生随机变量的实验结果，$E[X]$就表示随机变量的“平均值”。参考图 6.2，如果将时间固定为 $t = 0.1$(出现峰值的时间)，则 $W(0.1) = 5$。我们知道这是真实的，因为使用了幅度为 $A = 5$ 的正弦来产生这组数据。如果重复实验产生另外 400 点数据，使用同样的正弦并取相同的时间 $t = 0.1$。因此，在 $t = 0.1$ 时 $W(t)$ 的值仍然是 5。由于有其他噪声分量出现，波形只在 $t = 0.1$ 改变(假定噪声的其他分量的均值是零)。因此，我们有 $E[W[0.1]] = 5$。如果观察 $t_1 = 0.1 + 0.5(1/60)$ 的波形，那么概率均值将是 $E[W(t_1)] = -5$，这就是为什么说均值是随时间变化的。除非有其他说明，均值总是指概率均值。 ⚠

为了将数据转换成平稳随机过程，必须减去非平稳的均值，得到

$$y[n] = x[n] - \hat{A}\cos[2\pi(60)n\Delta + \hat{\phi}] \tag{6.1}$$

为了估计幅度和相位，利用 $\hat{\boldsymbol{\theta}} = [\hat{\alpha}_1 \hat{\alpha}_2]^{\mathrm{T}} = (\mathbf{H}^{\mathrm{T}}\mathbf{H})^{-1}\mathbf{H}^{\mathrm{T}}\mathbf{x}$，其中

$$\mathbf{H} = \begin{bmatrix} 1 & 0 \\ \cos(2\pi f_0) & \sin(2\pi f_0) \\ \vdots & \vdots \\ \cos[2\pi f_0(N-1)] & \sin[2\pi f_0(N-1)] \end{bmatrix}$$

以及 $f_0 = 60\Delta = 0.06$ 周期/样本来得到正弦和余弦幅度 α_1 和 α_2 的估计。利用正切函数的四象限的逆(见算法 9.2)，得到幅度和相位的估计为

$$\hat{A} = \sqrt{\hat{\alpha}_1^2 + \hat{\alpha}_2^2}$$

$$\hat{\phi} = \arctan\left(\frac{-\hat{\alpha}_2}{\hat{\alpha}_1}\right)$$

在图 6.3 中显示了剩余数据 $y[n]$。减去时变均值以后，它似乎更像噪声。消除 60 Hz 干扰的另一种可能方法，是用有限冲激响应滤波器(FIR)对数据滤波，例如

$$z[n]=x[n]+b[1]x[n-1]+b[2]x[n-2] \tag{6.2}$$

其中通过选择系数 $b[1]$、$b[2]$使得在 60 Hz 处产生零点。

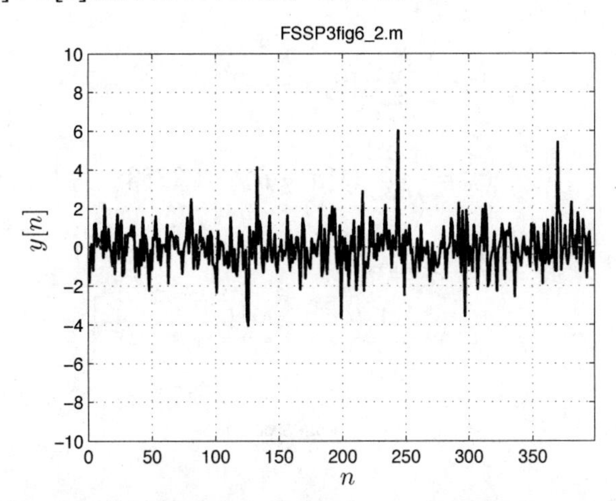

图 6.3　估计 60 Hz 干扰并减去它之后的剩余数据集。为了便于观察，点与点之间用直线连接

练习 6.1　利用有限冲激响应滤波器(FIR)消除正弦

令 $b[1]=-2\cos[2\pi(0.06)]$ 和 $b[2]=1$，验证由 $H(f)=1+b[1]\exp(-j2\pi f)+b[2]\exp(-j4\pi f)$ 给出的滤波器频率响应在正确的频率处等于零。接下来对图 6.2 给出的 $x(t)$ 的采样信号 $x[n](n=0,1,\cdots,399)$(数据在随书光盘的文件 `FSSP3exer6_1.mat` 中)进行滤波，显示输出 $z[n]$。可以用 `load FSSP3exer6_1` 获取数据。将你的结果与图 6.3 显示的结果进行比较(数据 $y[n]$将与 $x[n]$一同输入，以便能直观地比较两种方法)。利用式(6.1)滤波或估计/提取会更好吗？提示：可以令 $x[-2]=x[-1]=0$ 作为 FIR 滤波器的起始条件。•

练习 6.2　通过估计/提取消除正弦——另一种观点

注意到 $y[n]$可以等价地表示为

$$y[n]=x[n]-\hat{\alpha}_1\cos(2\pi f_0 n)-\hat{\alpha}_2\sin(2\pi f_0 n)$$

该式可以用向量 $\mathbf{y}=[y[0]y[1]\cdots y[N-1]]^{\mathrm{T}}$ 写成如下形式：

$$\begin{aligned}\mathbf{y}&=\mathbf{x}-\mathbf{H}\hat{\boldsymbol{\theta}}\\&=\mathbf{x}-\mathbf{H}(\mathbf{H}^{\mathrm{T}}\mathbf{H})^{-1}\mathbf{H}^{\mathrm{T}}\mathbf{x}\\&=(\mathbf{I}-\mathbf{H}(\mathbf{H}^{\mathrm{T}}\mathbf{H})^{-1}\mathbf{H}^{\mathrm{T}})\mathbf{x}\end{aligned} \tag{6.3}$$

如果 $\mathbf{x}=\mathbf{H}\boldsymbol{\theta}+\mathbf{w}$ [回顾式(3.21)的线性模型，对于正弦信号参见算法 9.2]，对于每一个$\boldsymbol{\theta}$，$\mathbf{y}$是什么？式(6.3)消除了干扰吗？对于噪声会如何？它也会改变吗？•

我们现在假定 $y[n]$由非干扰噪声组成，尽管这显然是一种近似，除非式(6.1)中的幅度和相位是完美的(实际上不可能是完美的)。因此，非平稳的原始数据 $x[n]$被转换成近似的平稳数据 $y[n]$(隐含地假定了理想情况下的运动噪声 $y[n]$是平稳的)。接下来的任务就是要确定图 6.3 的噪声是否可以用高斯模型建模，这也意味着每一个样本应该有高斯 PDF。要试图做

出这样的决定，需要假定所有的样本具有相同的 PDF，有时也称为同分布。否则，我们无法进一步做下去。为了从数据中估计 PDF，必须要从相同 PDF 中获得多个样本，非常像随机变量均值的估计(也就是多个具有相同均值的样本一起进行平均)。PDF 的估计将在 6.4 节中详细讨论，现在我们假定可以用图 6.4 给出的直方图来估计 PDF。由于高斯 PDF 要求指定均值μ和方差σ^2，可以从数据 $y[n]$中估计这些参数，

$$\hat{\mu} = \frac{1}{N}\sum_{n=0}^{N-1} y[n] = -0.0345$$

$$\widehat{\sigma^2} = \frac{1}{N}\sum_{n=0}^{N-1} (y[n] - \hat{\mu})^2 = 1.2758$$

然后在理论的高斯 PDF 中使用这些参数，得

$$\hat{p}_Y(y) = \frac{1}{\sqrt{2\pi\widehat{\sigma^2}}} \exp\left[-\frac{1}{2\widehat{\sigma^2}}(y - \hat{\mu})^2\right]$$

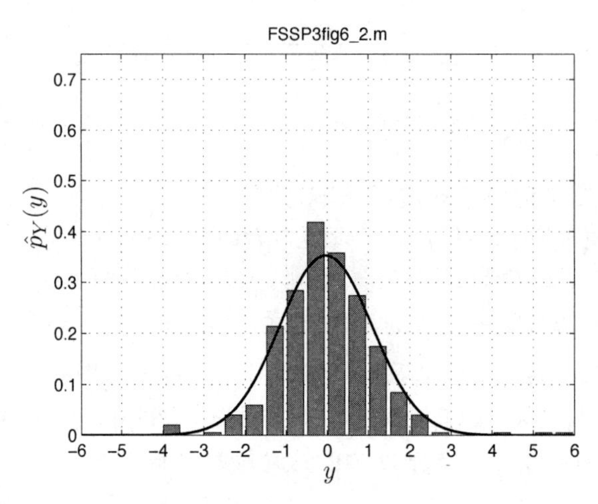

图 6.4　用直方图表示的 $y[n]$的 PDF 的估计(假定对每个 n 值，PDF 是相同的)，图中还给出了匹配于 $y[n]$估计的均值和方差的高斯 PDF

估计的高斯 PDF 在图 6.4 中用实线显示。由图可以看出高斯拟合似乎并不是特别好，存在有一些超过$\pm 3\sigma$的事件。在本例中$\widehat{\sigma^2} \approx 1.28$，所以在幅度上大于$3\hat{\sigma} = 3.39(\hat{\sigma} = \sqrt{\widehat{\sigma^2}})$的事件不应该出现。理论上这一事件发生的概率为 0.0027，对于 $N = 400$ 的样本，只应该出现一次，但图 6.3 中该事件出现了 6 次。此外，参考图 6.4，估计的 PDF 在 $y = 0$ 附近相对于高斯拟合 PDF 似乎太大。然后，只用 400 个样本，我们的结论仅仅是一种猜测，所以要进一步考察时间数据并估计 PDF。在选择模型时，加上非高斯的测度是很有用的。一种非常简单的检验方法就是计算峭度(kurtosis)，这是四阶中心矩 $E[(Y-\mu)^4]$ 的测度。由于 $Y-\mu$ 以四次幂增加，因此偏离均值越大将产生较大的峭度值，它的定义为

$$\kappa = \frac{E[(Y-\mu)^4]}{\mathrm{var}^2(Y)} \tag{6.4}$$

它是归一化的四阶中心矩(以均值为中心)，对于均值为μ、方差为σ^2的高斯 PDF，峭度是 3。

练习 6.3　高斯随机变量的峭度

利用下面的结果:

$$E[(Y-\mu)^k]=1\cdot 3\cdot 5\cdots(k-1)\sigma^k \tag{6.5}$$

如果 k 是偶数，求峭度。

当峭度大于 3 时，表明是非高斯 PDF，特别是有大的尾巴的 PDF，使用下式估计峭度，

$$\hat{\kappa}=\frac{\frac{1}{N}\sum_{n=0}^{N-1}(y[n]-\bar{y})^4}{\left(\frac{1}{N}\sum_{n=0}^{N-1}(y[n]-\bar{y})^2\right)^2} \tag{6.6}$$

其中 $\bar{y}=(1/N)\sum_{n=0}^{N-1}y[n]$。对于图 6.3 的剩余数据，峭度为 $\hat{\kappa}=6.58$，表明有很强的非高斯性。在附录 6A 中描述了置信区间的概念，特别是给出了 $\hat{\kappa}$ 的置信区间。这对确定估计的峭度需要多大才能宣称为非高斯 PDF 是非常有用的。例如，$\hat{\kappa}=4$ 是否足够了？或许要求 $\hat{\kappa}=5$ 才能决定 PDF 是非高斯的？由于基于长度 N = 400 的数据记录的峭度的 95%的置信区间是[6.10, 7.06](见附录 6A 的练习 6.19)，我们得出结论：噪声 $y[n]$应该用非高斯建模。因此，接下来按照图 6.1 的 PSD 建模。根据路图，需要评估 PSD 是否是平坦的。这要求估计 PSD，详细的讨论将在 6.4 节中给出。我们使用平均周期图估计器(见第 11 章)。由于有 400 个噪声采样数据，将数据划分为 10 个连续的互不重叠的数据块，每个数据块有 40 个采样数据。对于每个数据块计算周期图，最终在每个频率点对这些周期图进行平均。然而，在进行这些处理之前，通常将数据进行变换，使其归一化。这意味着我们希望确定均值为零、方差为 1。

练习 6.4　随机变量的归一化

证明: 如果随机变量 X 的均值 $E[X]=\mu$、方差 $\mathrm{var}(X)=\sigma^2$，那么新的随机变量

$$Y=\frac{X-\mu}{\sqrt{\sigma^2}}$$

的均值为零、方差为 1。提示: 使用性质 $E[aX+b]=aE[X]+b$，且 $\mathrm{var}(aX+b)=a^2\,\mathrm{var}(X)$，$a$ 和 b 为常数。

为了归一化一个随机变量，需要已知数据的均值和方差。在缺乏这些知识的情况下，最好的方法是用它们的估计值代替理论的均值和方差。因此，我们用下式代替数据集 $y[n]$，

$$z[n]=\frac{y[n]-\bar{y}}{\sqrt{\frac{1}{N}\sum_{n=0}^{N-1}(y[n]-\bar{y})^2}} \tag{6.7}$$

然后计算 $z[n]$的平均周期图。注意，归一化的过程将不改变 PSD 的形状，而只改变 $f=0$ 附近的 PSD 的值，因为时间均值已经被减去，而且整个功率被归一化为 1，平坦性的判决将更加容易。图 6.5 显示了用 dB 表示的平均周期图的结果，纵轴用对数表示的理由将在 6.4.7 节做详细说明。

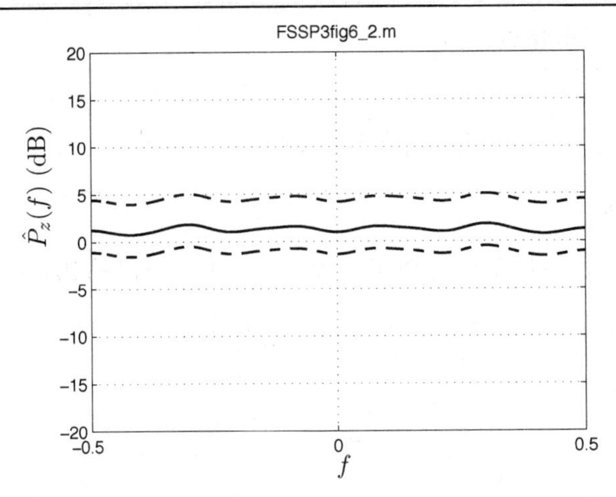

图 6.5　归一化数据 $z[n]$的 PSD 的估计，使用平均周期图，95%置信区间(虚线)

虚线是 95%的置信区间(将在 6.4.7 节中给出)。通过归一化，平坦 PSD 将具有数学形式 $P_z(f)=1$ ($-1/2 \leqslant f \leqslant 1/2$)，用分贝表示则是 $10\log_{10} 1 = 0$ dB。可以看出，估计的 PSD 接近 0 dB 线，但是根据置信区间大约有±3 dB 的变化。利用这些结果得出 PSD 确实是平坦的结论，因为它并没有呈现可以排除这一结论的任何尖的谐振或尖的零值。

练习 6.5　使用自相关序列确定 PSD 的平坦性

确定 PSD 是否平坦的另一种方法是考察自相关序列(ACS)(参见附录 4A)。由于 PSD 是 ACS 的傅里叶变换[Kay 2006]，平坦的 PSD 对应于冲激型的 ACS。对于平坦的 PSD，$P_z(f)=1$，其傅里叶逆变换即 ACS 为 $r_z[k]=1$，$k=0$，对于其他 k，$r_z[k]=0$。MATLAB 程序 `autocorrelation_est(z,p)` 从数据 $z[n]$中估计 ACS $r_z[0]$, $r_z[1]$,⋯, $r_z[p]$，并估计 $z[n]$的 ACS。图 6.3 中的数据 $y[n]$可以用 MATLAB 命令 `load FSSP3exer6_5` 获得，并用式(6.7)做归一化。估计的 ACS 指出了 PSD 是平坦的吗？在下一节我们将讨论 ACS 的估计。　●

⚠　采用多种方法增加可信度

采用多种方法分析数据总是一种好的思路，由单一分析产生的证据不能支撑一种明确的模型。如果几种方法似乎都指向同一模型，那么可信度将大大增加。这种方法的一个例子就是练习 6.5 中考察自相关序列的同时，运用谱估计来确定 PSD 模型是否应该选为平坦型。　⚠

参考图 6.1，噪声模型选择过程现在已经进行到选择 IID 模型了，即表 4.1 中的第 4 项。回想一下，平坦 PSD 意味着数据样本是不相关的，因而假定它们也是独立的。我们最后需要做出的建模决定就是要选择合适的非高斯 PDF。

估计的 PDF 显示于图 6.4 中，回想到均值的估计是 $\hat{\mu}=-0.0345$。由于没有理由相信其他情况，假定 PDF 的均值为零。此外，估计的 PDF 似乎并没有呈现不对称，即意味着 $y>0$ 的质量多于 $y<0$ 的质量，或者反过来。因此，我们假定 PDF 是偶函数，即 $p_Y(-y)=p_Y(y)$。这些假定与通常的噪声特性是一致的。接下来，我们继续估计 PDF。

有许多方法可以估计 PDF。图 6.4 采用了标准的直方图(详细情况见 6.4.6 节)。另一种方法就是假定 PDF 能够用 AR 模型建模，与 4.4 节中关于 PSD 的建模非常类似。

练习 6.6　PDF 与 PSD

PDF 与 PSD 的唯一差别就是曲线下的面积，注意，这两个函数都是非负的。PDF 的总面积是多少？PSD 的总面积又是多少？给出一个噪声过程的例子，它的 PSD 总面积分别取 1 和 10。•

6.4 节将给出 AR 模型的描述，它易于实现，因而也适合 PDF 的在线估计，这是数据自适应算法所要求的。将这种估计器应用到图 6.3 所给出的数据，得出的 PDF 估计显示在图 6.6 中，图中还给出了直方图估计。由图可以看出，估计的 PDF 对直方图的拟合要比高斯 PDF 好，直方图对高斯 PDF 的拟合显示在图 6.4 中。假定操作数据与现场数据有相同的统计特性(噪声模型是根据现场数据建立的)，那么建模任务就完成了。

概括起来，噪声模型为

$$w[n] = A\cos[2\pi(60\Delta)n + \phi] + w_{NG}[n] \quad n = 0, 1, \cdots, N-1$$

其中 A 和 ϕ 需要在线估计，$w_{NG}[n]$ 表示非高斯噪声，假定它为 IID 噪声，PDF 如图 6.6 所示。

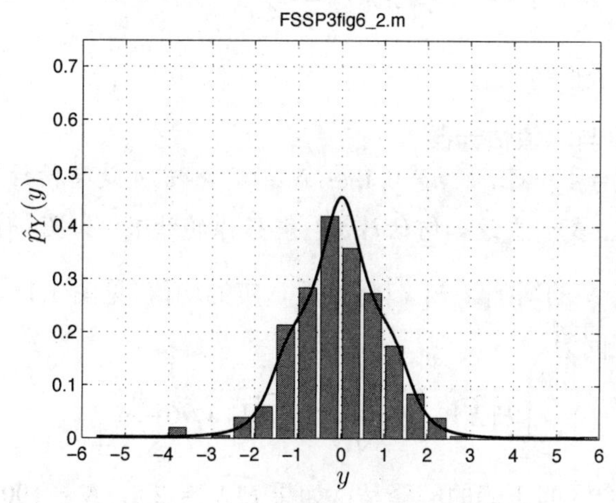

图 6.6　根据图 6.3 给出的数据估计的 PDF。实线是由 AR PDF 估计器产生的，条形图是先前在图 6.4 显示的直方图估计

⚠ **永远都不要确信！**

对于一件你可能购买的 T 恤的价格，美国统计协会将会说“统计学意味着你永远都不要说你是确定的”。这既是警示，也是设计统计信号处理算法的魅力所在。在我们的例子中，最终选择的噪声模型是合理的，但也许不是正确的(如果确实存在一个正确模型)。“确信”的唯一方法就是有足够的数据，以至于在建模过程中的任何错误都可以被忽略。遗憾的是，在实际中永远都不可能有这种情况。因此，前面的方法产生的一种模型，即使有些错误，对于导出一种实际中工作得好的信号处理算法将是有益的。这里所谓的“工作得好”是统计意义上的或者是长期运行的结果，所有这些将在下一章讨论算法性能的评估时明确给出。⚠

6.4　噪声特性的估计

现在，我们对前一节分析图 6.2 的数据时用到的方法进行详细的描述。在模型参数事先未知且必须在线估计时，这些方法也可以用到数据自适应算法中。模型参数的选择(即确定模型参数的总数)将在 6.5 节讨论。

将要描述的估计方法包括：

1．矩，包括均值、方差、协方差和自相关序列。
2．PDF，包括一维、二维以及多维高斯分布。
3．PSD。

6.4.1 均值

连续随机变量X(即它的取值位于$-\infty < x < \infty$)的均值定义为$E[X]=\int_{-\infty}^{\infty} x p_X(x)\mathrm{d}x$。有时用符号$\mu$表示，并用样本均值来估计它。如果给定的数据样本为$x_1, x_2, \cdots, x_N$，假定它们都有相同的均值$E[X]$，那么样本均值估计器为

$$\widehat{E[X]}=\frac{1}{N}\sum_{i=1}^{N} x_i \tag{6.8}$$

通常也用符号$\bar{x}$表示样本均值。

练习 6.7 DC 电平与均值估计器

如果观测数据$x[n]=A+w[n]$，$n=0,1,\cdots,N-1$，其中A是待估计量，$w[n]$是噪声，每个噪声样本的均值都为零，我们应该如何估计A？解释你的结果。如果$w[n]$的均值不为零呢？ •

随着数据记录长度N的增加，$\widehat{E[X]}$将靠近真实的均值(见图 1.1)。对于 IID 高斯数据样本，均值的 95%置信区间为

$$\left[\widehat{E[X]}-1.96\frac{\sigma}{\sqrt{N}}, \widehat{E[X]}+1.96\frac{\sigma}{\sqrt{N}}\right] \tag{6.9}$$

其中$\sigma=\sqrt{\operatorname{var}(X)}$。这个区间正确的解释是：如果$\widehat{E[X]}=2.5$，$N=100$，$\sigma^2=1$，可以说 95%的时间在这个区间(即$[2.5-1.96/\sqrt{100}, 2.5+1.96/\sqrt{100}=[2.30, 2.70]$)包含真实的均值。如果要精确地描述真实的均值而减少区间的长度，则必须增加数据记录长度。最后，如果σ^2未知，这是一种典型的情况，那么必须用估计值代替它。

⚠ **如果有怀疑，则增加数据记录长度。**

如果置信区间太大，确定参数值的最笨的方法就是增加数据记录长度，直到估计收敛到一个固定的数。当然，假定有附加的数据且是平稳的(至少每个样本的均值应该相同)。为了评估这一点，通常显示估计量与N之间的关系(见图 1.1)。 ⚠

练习 6.8 均值的估计

使用 MATLAB 命令 `x = 1+randn(10000,1)` 产生 10 000 个$\mathcal{N}(1,1)$随机变量的实验结果，对每一个N用式(6.8)计算$\widehat{E[X]}$，即$\widehat{E[X]}=x_1$，$\widehat{E[X]}=(x_1+x_2)/2$，$\widehat{E[X]}=(x_1+x_2+x_3)/3$，等等。需要多少样本才能使估计收敛到 1？ •

6.4.2 方差

连续随机变量X的方差定义为$\operatorname{var}(X)=E[(X-E[X])^2]=\int_{-\infty}^{\infty}(x-E[X])^2 p_X(x)\mathrm{d}x$，通常也

用σ^2表示。与均值的估计类似，我们将数学期望运算$E[\cdot]$用对期望变量（在这里是$(x-E[X])^2$）的样本进行平均来代替，得到的估计为

$$\widehat{\text{var}(X)} = \widehat{\sigma^2} = \frac{1}{N}\sum_{i=1}^{N}\left(x_i - \widehat{E[X]}\right)^2 \tag{6.10}$$

其中$\widehat{E[X]}$由式(6.8)给出，这里近似（并不知道σ^2，估计量的置信区间依赖于未知参数）95%的置信区间为

$$\left[\widehat{\text{var}(X)} - 1.96\sqrt{\frac{2(\widehat{\sigma^2})^2}{N}}, \widehat{\text{var}(X)} + 1.96\sqrt{\frac{2(\widehat{\sigma^2})^2}{N}},\right]$$

注意，如果$2\sigma^4 / N > \sigma^2 / N$，即$\sigma^2 > 1/2$，该置信区间将大于均值的置信区间[见式(6.9)]。这是因为对数据的平方引起变化增加。例如，四阶矩（如峭度估计所做的那样）的估计为

$$\widehat{E[X^4]} = \frac{1}{N}\sum_{i=1}^{N} x_i^4 \tag{6.11}$$

而二阶矩的估计为

$$\widehat{E[X^2]} = \frac{1}{N}\sum_{i=1}^{N} x_i^2 \tag{6.12}$$

当$\sigma^2 > 1/\sqrt{48}$时，四阶矩估计器的变化将更大。因此，通常估计高阶矩将更为困难。

练习 6.9　高斯随机变量二阶和四阶矩的估计

使用 MATLAB 命令 `x=randn(30,1)` 产生$\mathcal{N}(0,1)$随机变量的 30 个实验结果。利用式(6.11)和式(6.12)计算二阶和四阶矩的估计值。然后重复整个实验 100 次，对每一矩产生 100 个估计。画出估计对$(\widehat{E[X^2]}, \widehat{E[X^4]})$（称为散图），但点之间并没有连接。哪一个估计有更大的变化？

•

6.4.3　协方差

对于两个连续随机变量X和Y，协方差定义为[Kay 2006]

$$\begin{aligned}\text{cov}(X,Y) &= E[(X-E[X])(Y-E[Y])] \\ &= \int_{-\infty}^{\infty}\int_{-\infty}^{\infty}(x-E[X])(y-E[Y])p_{X,Y}(x,y)\text{d}x\text{d}y\end{aligned}$$

其中$p_{X,Y}(x,y)$是X和Y的联合 PDF。这个量在信号处理中有很重要的意义，因为可以根据一个已观测到的随机变量的实验结果x，预测一个没有观测到的随机变量的实验结果y。如果协方差不为零，那么某些预测（线性函数关系）是可能的，称这些随机变量是相关的。读者可以考虑下面两种极端情况。

练习 6.10　不相关与相关随机变量

使用 MATLAB 命令 `x=rand(1000,1)-0.5` 和 `y=rand(100,1)-0.5` 产生X和Y的 1000 个实验结果，然后形成有序对(x_i, y_i)，$i=1,2,\cdots,1000$，用绘图命令 `plot(x,y,'.')` 画

出 y 与 x 的图。如果已知 $X=x=0$ 是观察到的数据，你能预测 Y 的实验结果吗？重复以上实验，但命令改为 `u=rand(1000,1)`，`x=u-0.5`，`y=u-0.5`。在每一种情况中随机变量是相关的吗？ •

协方差估计的方法在本质上与方差相同。然而，现在我们需要有 N 对实验结果 (x_i, y_i)，$i=1,2,\cdots,N$。那么协方差估计为

$$\widehat{\text{cov}(X,Y)}=\frac{1}{N}\sum_{i=1}^{N}(x_i-\widehat{E[X]})(y_i-\widehat{E[Y]}) \tag{6.13}$$

其中 $\widehat{E[X]}=(1/N)\sum_{i=1}^{N}x_i$ 和 $\widehat{E[Y]}=(1/N)\sum_{i=1}^{N}y_i$。

6.4.4 自相关序列

对于平稳随机过程，自相关序列定义为 $r_x[k]=E[X[n]X[n+k]]$（见附录4A）。假定有数据样本 $x[0],x[1],\cdots,x[N-1]$，ACS的估计为

$$\hat{r}_x[k]=\frac{1}{N}\sum_{n=0}^{N-1-k}x[n]x[n+k] \qquad k=0,1,\cdots,p \tag{6.14}$$

由于ACS是偶序列，即 $r_x[-k]=r_x[k]$，所以对于 $k<0$，$\hat{r}_x[k]=\hat{r}_x[-k]$，即用式(6.14)给出的正的ACS估计值得到 $k<0$ 时的ACS估计值。注意，对于好的估计，要求 $N\gg p$，所以在式(6.14)中一起平均的延迟乘积个数 $N-k$ 要大。随书光盘上的MATLAB程序 `autocorrelation_est.m` 可用来计算ACS的估计。

6.4.5 均值向量和协方差矩阵

对于两个以上的随机变量，我们将 $X_1,X_2,\cdots,X_L$ 表示为 $L\times 1$ 维向量

$$\mathbf{X}=\begin{bmatrix}X_1\\X_2\\\vdots\\X_L\end{bmatrix}$$

称为随机向量。每个元素是随机变量，每个元素的均值为 $E[X_i]$，这些元素表示为向量时称为均值向量

$$E[\mathbf{X}]=\begin{bmatrix}E[X_1]\\E[X_2]\\\vdots\\E[X_L]\end{bmatrix}$$

为了估计均值向量，我们需要 N 个数据向量 $\mathbf{x}_1,\mathbf{x}_2,\cdots,\mathbf{x}_N$，其中每个数据向量都有 $L\times 1$ 维。那么均值向量估计为

$$\widehat{E[\mathbf{X}]}=\frac{1}{N}\sum_{i=1}^{N}\mathbf{x}_i \tag{6.15}$$

练习 6.11　均值向量估计刚好是均值估计向量

如果向量 $\mathbf{x}$ 的第 k 个元素表示为 $[\mathbf{x}]_k$，证明均值向量估计的第 k 个元素为

$$[\widehat{E[\mathbf{X}]}]_k = \frac{1}{N}\sum_{i=1}^{N}[\mathbf{x}_i]_k \tag{6.16}$$

刚好是通常的数据向量的第 k 元素的样本均值，这里是 $N=2$ 的情况。 •

$L\times L$ 维的协方差矩阵定义为

$$\mathbf{C} = \begin{bmatrix} \text{var}(X_1) & \text{cov}(X_1,X_2) & \cdots & \text{cov}(X_1,X_L) \\ \text{cov}(X_2,X_1) & \text{var}(X_2) & \cdots & \text{cov}(X_2,X_L) \\ \vdots & \vdots & \ddots & \vdots \\ \text{cov}(X_L,X_1) & \text{cov}(X_L,X_2) & \cdots & \text{var}(X_L) \end{bmatrix}$$

该矩阵的估计可以通过分别估计矩阵的每个元素来得到(注意由于协方差矩阵的对称性，只需估计主对角线及以上的元素)。对角线上的元素可以用式(6.10)来估计，而非对角线上的元素用式(6.13)估计。估计的协方差矩阵的$[m, n]$元素用$[\hat{\mathbf{C}}]_{mn}$表示，则

$$[\hat{\mathbf{C}}]_{mn} = \frac{1}{N}\sum_{i=1}^{N}([\mathbf{x}_i]_m - [\widehat{E[\mathbf{x}]}]_m)([\mathbf{x}_i]_n - [\widehat{E[\mathbf{x}]}]_n) \qquad m=1,2,\cdots,L;\ n=1,2,\cdots,L$$

可以证明，协方差矩阵的估计可以用更为紧凑的形式表示为

$$\hat{\mathbf{C}} = \frac{1}{N}\sum_{i=1}^{N}(\mathbf{x}_i - \widehat{E[\boldsymbol{X}]})(\mathbf{x}_i - \widehat{E[\boldsymbol{X}]})^{\mathrm{T}} \tag{6.17}$$

其中 $\widehat{E[\boldsymbol{X}]}$ 由式(6.15)表示，该式在计算时是有用的。

练习 6.12　均值向量和协方差矩阵计算

当 $L=2$ 时产生的高斯随机向量的实验结果示于图 6.7 中，2×1 的实验结果 $\mathbf{x}_i (i=1,2,\cdots,100)$ 在数据文件 `FSSP3exer6_12.mat` 中给出，用 2×100 的矩阵 `Z` 表示，利用 `load FSSP3-exer6_12` 命令将其装入 MATLAB 中。利用式(6.15)和式(6.17)分别估计均值向量和协方差矩阵，然后将它们与真实的值进行比较，真实的值是

$$E[\mathbf{X}] = \begin{bmatrix} 1 \\ 1 \end{bmatrix} \qquad \mathbf{C} = \begin{bmatrix} 1 & 0.9 \\ 0.9 & 1 \end{bmatrix}$$

•

能够估计均值向量和协方差矩阵的好处就是当这些量已知时，整个多维高斯 PDF 是已知的。观测数据样本 $\mathbf{x} = [x_1 x_2 \cdots x_L]^{\mathrm{T}}$ 的 PDF 为

$$p_X(\mathbf{x}) = \frac{1}{(2\pi)^{L/2}\det^{1/2}(\mathbf{C})}\exp\left[-\frac{1}{2}(\mathbf{x}-\boldsymbol{\mu})^{\mathrm{T}}\mathbf{C}^{-1}(\mathbf{x}-\boldsymbol{\mu})\right]$$

为了描述 PDF，只需要知道均值向量 $E[\mathbf{X}]=\boldsymbol{\mu}$ 和协方差矩阵 $\mathbf{C}$，这些量很容易用式(6.15)和式(6.17)估计。因此，我们能够估计 L 维的 PDF，多维高斯 PDF 是唯一的一种适合这种简单过程的 PDF，在实际中得到了广泛应用。没有高斯的假定，唯一的实践就是一维 PDF 的估计。为了得到 L 维 PDF，我们被迫假定噪声样本是独立的且每个噪声样本都有相同的 PDF(即 IID)。所以，我们将一维 PDF 相乘就可以得到 L 维的 PDF。IID 的假定就意味着

$$p_X(x_1, x_2, \cdots, x_L) = p_X(x_1)p_X(x_2)\cdots p_X(x_L)$$

于是，PDF 的估计问题将简化为一维 PDF $p_X(x)$ 的估计问题。从效果上看，PDF 估计得到了巨大的简化。然而，要意识到 IID 的假定忽略了样本之间的相关性。接下来要说明如何做，例如用图 6.4 的直方图得到 PDF 的估计。

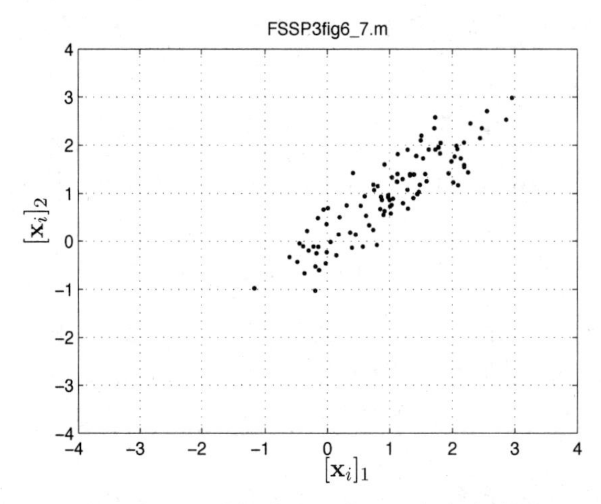

图 6.7　2 × 1 随机向量 **X** 的 100 个实验结果

6.4.6　PDF

PDF 用 $p_X(x)$ 表示，它定义为一个非负的、积分为 1 的函数，在 $x = a$ 和 $x = b > a$ 之间的面积刚好是随机变量 X 的实验结果落在区间 (a,b) 中的概率。在理论上，a 和 b 的值可能分别是$-\infty$和∞，但实际上，这刚好意味着“大”。由于

$$P[a < X < b] = \int_a^b p_X(x)\mathrm{d}x$$

如果 $a = x - \Delta x/2$，$b = x + \Delta x/2$，且Δx 是正的和非常小的量，通过用宽度为Δx 的矩形的面积来近似曲线下的面积，则有

$$P[a < X < b] \approx p_X(x)\Delta x$$

而概率可以用 N 个实验结果来估计，即

$$P[a < X < b] \approx \frac{N((a,b))}{N}$$

其中 $N((a,b))$ 表示随机变量的实验结果落在区间 (a,b) 上的个数。因此，对于某个小的Δx，用下式来估计 x 处的 PDF，

$$\hat{p}_X(x) = \frac{N((x - \Delta x/2, x + \Delta x/2))}{N\Delta x} \tag{6.18}$$

图 6.4 已经给出了一个直方图的例子，那里使用了图 6.3 的 $N = 400$ 个实验结果，取值范围大约是−4 到 6。选择用来估计 PDF 的点的个数，即图 6.4 中圆的个数是 20。而相邻点之间的距离(也称为单元宽度)是$\Delta x = 0.5$。在 $x = -0.27$(即对应于圆最高值)估计的 PDF 为

$$\hat{p}_X(-0.27) = \frac{84}{(400)(0.50)} = 0.42$$

因为 400 个实验结果有 84 个落在区间 $(-0.27 - 0.50/2, -0.27 + 0.50/2) = (-0.52, -0.02)$ 内。注意，在某些区间上没有实验结果，对应的 PDF 的估计是零。这种情况在实际中是不合理的，因为 PDF 应该是连续的曲线。为了避免这种情况，推荐采用“拇指法则”。当估计 PDF 时，在每个区间中至少应该有 10 个实验结果。为了做到这一点，只要像图 6.8 那样使单元变宽，即将图 6.4 中的单元宽度加倍，这样就只有 10 个单元了。

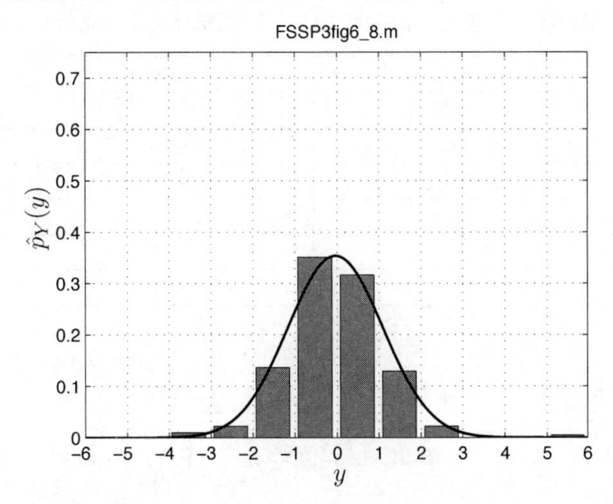

图 6.8　$y[n]$的 PDF 的估计，用直方图以及均值和方差与估计的均值和估计的方差匹配的高斯 PDF 表示。单元宽度相对于图 6.4 已经加宽

不出所料，现在零估计变少了，但所谓的“分辨率”降低了，意味着 PDF 估计是一个平滑器。由于单元数减少，不可能捕捉到非高斯特性，所以用高斯 PDF 去拟合看起来会更好。这确实有点左右为难，也说明了估计一个函数(与此相反的是点的估计，例如 DC 电平 A 的估计)时的基本折中。为了有更好的分辨率，要求有更多的单元，以至于单元变窄。但窄的单元(更小的Δx)意味着实验结果落在给定的单元的概率降低。因此，PDF 估计的方差将增加，变得更加不可靠，下面给出一个例子进行说明。

例 6.1　单元宽度对 PDF 估计的影响

假定要估计数据在 $x = 0$ 处的 PDF(我们应该已经知道会是什么值)，数据由 MATLAB 命令 `x=randn(100,1)` 产生。

考虑估计

$$\hat{p}_X(0) = \frac{N((-\Delta x/2, \Delta x/2))}{100\Delta x}$$

Δx 分别取 $\Delta x = 1, 0.5, 0.25, 0.125, 0.0625, 0.03125$，结果列于表 6.1 中。可以看出，随着$\Delta x$ 的减小，以 $x = 0$ 为中心的单元的实验结果也减少。我们也可以选择尽可能大的单元宽度，在本例中可以选择$\Delta x = 1$，得到非常好的估计。然而在一般情况下这样做会导致严重的估计偏差，这是因为“平均而言”我们得到

$$E[\hat{p}_X(0)] = \frac{E[N((-\Delta x/2, \Delta x/2))]}{N\Delta x}$$

$$= \frac{NP[-\Delta x/2 < X < \Delta x/2]}{N\Delta x}$$ (类似于投掷N次硬币，每次投掷出现正面的概率为p－正面的期望数是Np)

$$= \frac{1}{\Delta x}\int_{-\Delta x/2}^{\Delta x/2} p_X(x)\mathrm{d}x$$ (PDF的定义)

这刚好是实际 PDF 值的平滑值(低分辨率)。

表 6.1　对于均值为零、方差为 1 的高斯 PDF，不同单元宽度下估计的 $x=0$ 处的 PDF

Δx	结果	$\hat{p}_X(0)$	$p_X(0)$
1	39	0.3900	0.3989
0.5	22	0.4400	0.3989
0.25	12	0.4800	0.3989
0.125	8	0.6400	0.3989
0.0625	3	0.4800	0.3989
0.03125	1	0.3200	0.3989

◇

练习 6.13　如何平滑

对于 $\mathcal{N}(0,1)$ 的 PDF，按表 6.1 给出的Δx 值计算 $\frac{1}{\Delta x}\int_{-\Delta x/2}^{\Delta x/2} p_X(x)\mathrm{d}x$。这些平滑值与真值比较如何？提示：回顾 Q 函数[见式(2.6)]在高斯 PDF 面积计算中的应用。　●

应用拇指法则，每个单元里至少有 10 个实验结果。我们应该在表 6.1 中选择最窄的单元宽度$\Delta x = 0.25$，得到估计 $\hat{p}_X(0) = 0.48$。

可以求出 PDF 估计的置信区间。由于 PDF 估计的方差能够证明近似为 $\mathrm{var}(\hat{p}_X(x)) = p_X(x)/(N\Delta x)$，近似的 95%置信区间是

$$\hat{p}_X(x) \pm 1.96\sqrt{\frac{\hat{p}_X(x)}{N\Delta x}} \tag{6.19}$$

对于目前的问题，应用$\Delta x = 0.25$，得

$$0.48 \pm 1.96\sqrt{\frac{0.48}{100(0.25)}} = (0.21, 0.75)$$

刚才讨论的 PDF 估计方法称为直方图法。随书光盘上的 MATLAB 程序 `pdf_hist_est.m` 实现了这一方法。

练习 6.14　PDF 估计练习——直方图法

对于图 6.3 给出的数据，运行 MATLAB 程序 `pdf_hist_est.m`。为了得到像图 6.4 那样的估计(使用 `axis([-6 6 0 0.75])`得到相同的坐标刻度)，采用 20 个单元。然后增加单元数到 35，结果会更好吗？数据作为数组 `y` 存于 MATLAB 数据文件 `FFSP3exer6_14.mat` 中，可用 `loadFSSP3exer6_14` 读入数据。　●

直方图法估计 PDF 并没有对 PDF 的形式做任何假定，因此也称为非参数估计器。第二种一般的方法是用一个参数可调的函数对 PDF 建模[Kay 1998]。假定 PDF 是偶函数($p_X(-x) = p_X(x)$)，

但很容易扩展到非对称的 PDF，那么选择的模型是 AR 模型，尽管这次是用来表示 PDF。回顾 4.4 节中由下式给出的 AR PSD 模型，那么

$$P_x(f)=\frac{\sigma_u^2}{\left|1+a[1]\exp(-\mathrm{j}2\pi f)+\cdots+a[p]\exp(-\mathrm{j}2\pi f_p)\right|^2}\quad |f|\leqslant 1/2$$

对于实的 AR 滤波器系数，注意到 $P_x(-f)=P_x(f)$，如果数据位于区间[−1/2, 1/2]，可以用这个模型来表示对称 PDF。我们只需要用 PDF 的变量 x 代替频率变量 f。此外，由于表示的是 PDF，必须确保 $\int_{-\frac{1}{2}}^{\frac{1}{2}} p_X(x)\mathrm{d}x=1$。因此，AR PDF 估计器为

$$p_X(x)=\frac{\sigma_u^2}{\left|1+a[1]\exp(-\mathrm{j}2\pi x)+\cdots+a[p]\exp(-\mathrm{j}2\pi xp)\right|^2}\quad |x|\leqslant 1/2 \tag{6.20}$$

为了保证数据是在指定的区间上，我们给数据样本乘以一个比例因子。然后基本上采用与谱建模(见 4.4 节)相同的过程，整个过程如下(其中假定 IID 数据可用)：

1. 对位于区间[−1/2, 1/2]的数据乘以一个因子，得

$$y_i=\frac{x_i}{2k_s\hat{\sigma}}$$

其中 $\hat{\sigma}=\sqrt{(1/N)\sum_{i=1}^N x_i^2}$ 是估计的标准差［回想到 PDF 是对称的，因此 $E(X)=0$］。通常选择 $k_s=5$ 或者稍大一点。

2. 数值计算“自相关”序列(实际上是样本的特征函数)为

$$\hat{\phi}_y[k]=\begin{cases}1 & k=0\\ \dfrac{1}{N}\sum_{i=1}^N\cos(2\pi y_i k) & k=1,2,\cdots,p\end{cases}$$

3. 用“自相关”序列解 Yule-Walker 方程，得到滤波器系数：

$$\begin{bmatrix}\hat{\phi}_y[0] & \hat{\phi}_y[1] & \cdots & \hat{\phi}_y[p-1]\\ \hat{\phi}_y[1] & \hat{\phi}_y[0] & \cdots & \hat{\phi}_y[p-2]\\ \vdots & \vdots & \ddots & \vdots\\ \hat{\phi}_y[p-1] & \hat{\phi}_y[p-2] & \cdots & \hat{\phi}_y[0]\end{bmatrix}\begin{bmatrix}\hat{a}[1]\\ \hat{a}[2]\\ \vdots\\ \hat{a}[p]\end{bmatrix}=-\begin{bmatrix}\hat{\phi}_y[1]\\ \hat{\phi}_y[2]\\ \vdots\\ \hat{\phi}_y[p]\end{bmatrix} \tag{6.21}$$

一旦求解方程得到 AR 滤波器系数，激励噪声的方差可求得为

$$\hat{\sigma}_u^2=\hat{\phi}_y[0]+\hat{a}[1]\hat{\phi}_y[1]+\cdots+\hat{a}[p]\hat{\phi}_y[p]$$

4. 将求得的 AR 参数代入式(6.20)计算 AR(p)模型 PDF，注意 $X=(2k_s\hat{\sigma})Y$ [如果 $X=aY$，则 $p_X(x)=p_Y(x/a)(1/|a|)$]，得

$$\hat{p}_X(x)=\frac{(\hat{\sigma}_u^2)/(2k_s\hat{\sigma})}{\left|1+\hat{a}[1]\exp[-\mathrm{j}2\pi(x/(2k_s\hat{\sigma}))]+\cdots+\hat{a}[p]\exp[-\mathrm{j}2\pi(x/(2k_s\hat{\sigma}))p]\right|^2} \tag{6.22}$$

其中 $|x|\leqslant k_s\hat{\sigma}$，其他为零。

这个方法已经用随书光盘上的 MATLAB 程序 `pdf_AR_est.m` 实现。假定模型阶数 p 是

已知的，如果是未知的，则必须估计模型阶数，可以用随书光盘上的 MATLAB 程序 pdf_AR_est_order.m 来估计。模型阶数的估计器在下一节中描述。例如，对图 6.3 所示的数据使用这两个程序，采用 $k_s = 5$，可求得模型阶数估计为 $\hat{p} = 4$。利用这个阶数估计 PDF，得到的结果示于图 6.6 中。

作为第二个例子，考虑显示在图 4.16 中的服从拉普拉斯 PDF 的数据，使用 $N = 400$ 个实验结果。$k_s = 5$ 的 AR PDF 估计示于图 6.9(a)中，图中同时给出了真实的 PDF。AR 模型展现了一种对真实 PDF 的典型的等波纹近似，这在前面的图 4.9 的 AR PSD 建模中已经做过解释。由于我们最终感兴趣的是概率，这种认为的近似不会产生任何困难。对 PDF 的估计积分得到累积分布函数(CDF)的估计，其结果显示在图 6.9(b)中，可以看出与真实的 CDF 非常匹配。在本例中为了说明 CDF 估计提供的改善，选择了一组非典型的实验结果，产生了很差的 PDF 估计。而 CDF 估计依据定义就是一个积分，本质上是对 PDF 的平滑。

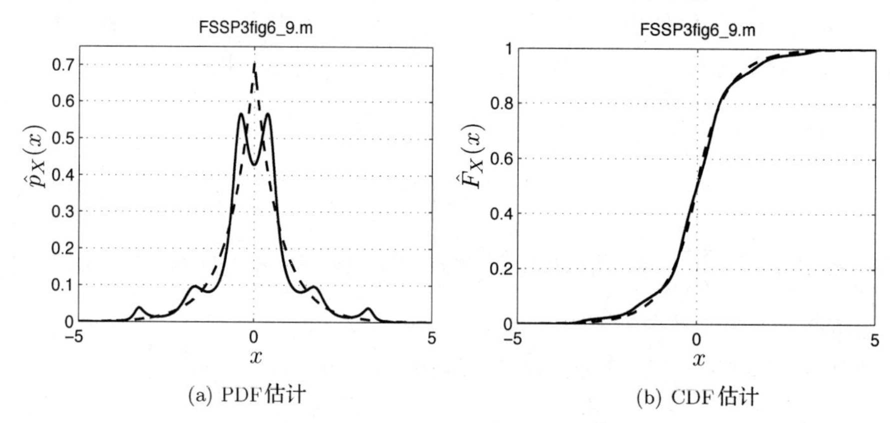

(a) PDF估计　　(b) CDF估计

图 6.9　使用 AR PDF 估计的拉普拉斯随机变量的 PDF 估计和 CDF 估计，估计的模型阶数为 $\hat{p} = 6$。真实的 PDF 和 CDF 用虚线表示

练习 6.15　PDF 估计实践——AR 模型

对于图 6.3 所给出的数据，运行 MATLAB 程序 pdf_AR_est.m，其中 $p = 2$ 和 $p = 15$，$k_s = 5$。其结果要比采用 $p = 4$ 的图 6.6 的结果要好吗？模型阶数的选择对估计的影响有多大？这个数据以数组 y 的形式保存在 MATLAB 数据文件 FSSP3exer6_15.mat 中，可以通过 load FSSP3exer6_15 读取。提示：只要调用子程序并选择合适的变量，就可以自动地估计出 PDF。此外，要使用 axis([-6 6 0 0.75])才能得到与图 6.6 相同的尺度。　•

AR PDF 方法估计地磁噪声的 PDF 的应用也请参见第 14 章。

6.4.7　PSD

本节简要描述用来产生图 6.5 的 PSD 估计方法，第 11 章将给出更为完整的谱估计的讨论。PSD 的标准估计是基于 PSD 的定义(见附录 4A)，

$$P_x(f) = \lim_{M\to\infty} \frac{1}{2M+1} E\left[\left|\sum_{n=-M}^{M} x[n]\exp(-\mathrm{j}2\pi fn)\right|^2\right]$$

如果忽略数学期望(因为我们通常只取单个现实)且使用所有可用的数据(现实的观测部

分) $x[n]\,(n=0,1,\cdots,N-1)$，那么周期图谱估计为

$$\hat{P}_x(f)=\frac{1}{N}\left|\sum_{n=0}^{N-1}x[n]\exp(-\mathrm{j}2\pi fn)\right|^2 \tag{6.23}$$

在某些情况下周期图是最佳估计，如 WGN 中单一正弦信号的频率(见算法 9.3)，但一般情况下对任意的数据集并非是最佳的。例如，考虑方差为$\sigma^2=1$ 的 WGN 的 $N=100$ 个样本。对于这样的数据集，真实的 PSD 为 $P_x(f)=\sigma^2=1$。但是，如图 6.10 所示，它是非常噪声化的，或许要增加数据记录长度来改善性能。但其实并非是这样，下一个练习就说明了这一点。

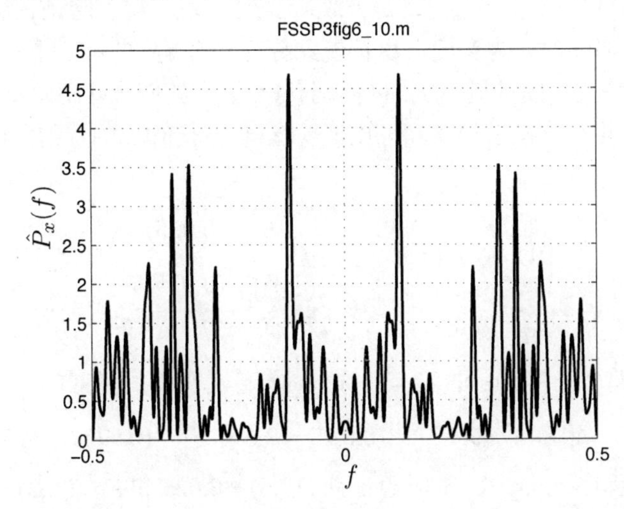

图 6.10　$\sigma^2=1$ 的 WGN 的 100 个样本的 PSP 估计。真实的 PSD 为 $P_x(f)=1$

练习 6.16　周期图谱估计器的不一致性

利用 `x=randn(500,1)` 产生方差为$\sigma^2=1$ 的 WGN 的 $N=500$ 个样本，然后用周期图法估计 PSD。为此需要运行随书光盘上的 MATLAB 程序 `PSD_est_avper(x,500,1024,1,0)`，估计的效果好吗？如果增加数据记录长度 N 会怎样？ •

减少估计方差的唯一方法就是在每个频率执行某种平均。为此数据集 $x[n](n=0,1,\cdots,N-1)$ 被划分为连续的 I 块，每块的长度为 L，其中假定 $N=IL$。数据块表示为

$$y_i[n]=x[n+iL]\qquad n=0,1,\cdots,L-1;\quad i=0,1,\cdots,I-1$$

然后对每一块计算周期图，

$$\hat{P}_x^{(i)}(f)=\frac{1}{L}\left|\sum_{n=0}^{L-1}y_i[n]\exp(-\mathrm{j}2\pi fn)\right|^2 \tag{6.24}$$

接着将所有周期图一起平均产生平均周期图，

$$\hat{P}_x(f)=\frac{1}{I}\sum_{i=0}^{I-1}\hat{P}_x^{(i)}(f) \tag{6.25}$$

图 6.5 就是用此方法产生的，其中 $N=400$，$L=40$(每块的长度)，$I=10$(块的数量)。MATLAB 程序 `PSD_est_avper.m` 实现了这一估计器。文献中可以找到这类 PSD 估计器的许多变种，有些方法在第 11 章中会提到。

练习 6.17　PSD 估计器练习—AR 过程的平均周期图估计器

产生 $N = 500$ 个 AR 过程的连续的样本，模型阶数为 $p = 2$，参数 $a[1] = -2r\cos(f_0)$，$a[2] = r^2$，$\sigma_u^2 = 1$，其中 $r = 0.95$，$f_0 = 0.25$。可以用 MATLAB 程序 `ARgendata.m` 来产生这些数据。然后用平均周期图来估计 PSD，其中 L 分别取 $L = 500$，$L = 100$ 和 $L = 20$。用线性刻度画出 PSD，并将它们与真实的 PSD 进行比较(利用 `ARpsd.m` 计算真实的 PSD 值)，解释你的结果。 ●

如前面的练习所说明的那样，当一起平均的周期图的数量增加时，估计的变化会减少，但分辨率也减少。用统计的术语来说就是方差减少但偏差增加。这是在所有估计问题中固有的基本折中，但在谱估计中尤为普遍。这种现象称为“有偏-方差”折中。

图 6.5 所示的平均周期图的置信区间是基于对数估计的图，用分贝表示。这样做的好处在于，置信区间的长度并不依赖于频率。可以证明[Kay 1988]95%的置信区间是

$$10\log_{10}\hat{P}_x(f)\begin{cases}+10\log_{10}\dfrac{2I}{F^{(-1)}_{\chi^2_{2I}}(0.025)}\\ -10\log_{10}\dfrac{F^{(-1)}_{\chi^2_{2I}}(0.975)}{2I}\end{cases}\text{dB} \tag{6.26}$$

其中 $F^{(-1)}_{\chi^2_\nu}(x)$ 是 χ^2_ν (即自由度为 ν 的 chi-平方分布)随机变量的逆 CDF。对于图 6.5 给出的谱估计，我们有 $I = 10$，很容易求得 $F^{(-1)}_{\chi^2_{20}}(0.025) = 9.6$ 和 $F^{(-1)}_{\chi^2_{20}}(0.975) = 34.2$。可以利用随书光盘上的 MATLAB 子程序 `chipr2.m` 来验证 $F_{\chi^2_{20}}(9.6) = 0.025$ 和 $F_{\chi^2_{20}}(34.2) = 0.975$。将这些值代入式(6.26)，得

$$10\log_{10}\hat{P}_x(f)\begin{cases}+3.19\\ -2.33\end{cases}\text{dB}$$

用对数刻度画 PSD 估计的另一个好处是，允许显示更大的动态范围。这一点对于功率相差较大的多正弦信号检测非常有用(见[Kay 1988, pg. 70])。

在噪声模型选择的导入性例子中我们得出了结论：平坦型 PSD 是一种合理的模型。因此，由于 $P_x(f) = \sigma^2$，必须要做的就是估计功率。如果认为 PSD 不是平坦型的，那么下一步要选择一个 PSD 的模型。色噪声的常见模型是基于 AR PSD 的，所以需要估计模型阶数和参数。由于这一问题是一般的参数谱估计问题的一部分，因此放到第 11 章介绍参数谱估计时再进行讨论。

6.5　模型阶数的选择

在有关信号建模的 5.5 节中，介绍了模型选择中用得较好的指数嵌入簇方法(EEF)。对于噪声建模，使用 EEF 来确定 AR PSD 和 AR PDF 的阶数，前者将在第 11 章讨论，后者在这里讨论。本章已经用它确定了图 6.6 的 AR PDF 估计的阶数。通过使下式最大的 k 值作为 EEF 方法求出 p 的值，

$$\mathrm{EEF}(k)=\begin{cases}\xi_k-k\left[\ln\left(\dfrac{\xi_k}{k}\right)+1\right], & \dfrac{\xi_k}{k}\geqslant 1\\ 0, & \dfrac{\xi_k}{k}<1\end{cases}\quad k=1,2,\cdots,k_{\max} \tag{6.27}$$

其中

$$\xi_k=2\ln\prod_{i=1}^{N}\frac{\hat{p}_x^{(k)}(x_i)}{\hat{p}_x^{(0)}(x_i)} \tag{6.28}$$

$\hat{p}_x^{(k)}(x)$ 是假定模型阶数为 k 时的 AR PDF 估计，由式(6.22)给出。$k=0$ 时使用 $\hat{p}_x^{(0)}(x)=\widehat{\sigma_u^{2(0)}}/(2k_s\hat{\sigma})$，注意 PDF 的积分等于 1，必须有

$$\int_{-k_s\hat{\sigma}}^{k_s\hat{\sigma}}\hat{p}_x^{(0)}(x)\mathrm{d}x=1$$

因此，$\widehat{\sigma_u^{2(0)}}=1$。这一模型阶数估计器已经在 MATLAB 程序 `pdf_AR_est_order.m` 中实现，可在随书光盘中找到。

6.6 小结

- 精确的噪声模型并不存在，我们最大的期望就是对观测的数据建模时有个好的近似。
- 模型是固定的或数据自适应的。如果数据的统计特性不随数据集变化，就使用固定模型；否则就用数据自适应模型，在线估计模型参数。
- 注意不要在模型中包含太多的参数，简单的模型往往更好。
- 关于数据特性的任何先验信息应该加入模型中。
- 为了消除正弦干扰，可以估计它的幅度和相位，然后从数据中减去估计的干扰。
- 使用置信区间来评估估计参数的精度，评估统计误差是否引起估计参数与真实值产生大的偏差。
- 如果可能，使用多种分析方法来确定模型，根据一致性来建议好的模型。
- 如果可能，总是要增加数据记录长度来确保模型参数的估计收敛到真值。
- 矩的阶数越高，估计起来越困难，因此也要求更多的数据。
- 实际中唯一能够可靠地估计的多维 PDF 是高斯 PDF，因为多维 PDF 只与均值和协方差有关。
- 在估计 PDF 时，每个单元至少应该有 10 个实验结果。
- CDF 的估计总是会产生比 PDF 估计更为平滑的估计。
- 周期图产生不太可靠的估计，要求某些平均运算。
- 谱估计中的基本折中就在于：估计器要产生高分辨率(小偏差)，同时它呈现的变化也越高(方差越大)。
- 用分贝画 PSD 允许使用恒定长度的置信区间，也可以显示更大的动态范围的谱。
- 模型阶数选择方法通常在估计更多模型参数时要比估计较少模型参数时的误差大。

参考文献

Cox, D.R., D.V. Hinkley, *Theoretical Statistics*, Chapman and Hall, NY, 1974.

Kay, S., *Modern Spectral Estimation: Theory and Application*, Prentice-Hall, Englewood Cliffs, NJ, 1988.

Kay, S., "Model-Based Probability Density Function Estimation", *IEEE Signal Processing Letters*, Dec. 1998.

Kay, S., *Intuitive Probability and Random Processes Using MATLAB*, Springer, NY, 2006.

Ligtenberg, A., M. Kunt, "A Robust-Digital QRS-Detection Algorithm for Arrhythmia Monitoring", *Computers and Biomedical Research*, pp. 273-286, 1983.

Webb, A., *Statistical Pattern Recognition, Second Ed.*, J. Wiley, NY, 2002.

附录 6A 置信区间

对图 6.3 显示的数据用高斯 PDF 对数据建模时，隐含着依赖于置信区间。回想一下对于零均值、方差为σ^2的高斯随机变量的值应该很少超过$\pm 3\sigma$，但显示的数据表明有许多超过的。粗略地说，我们确信随机变量的实验结果应该位于区间$[-3\sigma, 3\sigma]$。如果不是这样，就有理由拒绝原始的$\mathcal{N}(0,\sigma^2)$的假定。用数学的话语来表达，对于零均值、方差为σ^2的高斯随机变量$Y[n]$，实验结果位于区间的概率为

$$P[-3\sigma < Y[n] < 3\sigma] = Q(-3) - Q(3) = 0.9973$$

更一般地说，可以证明如果随机变量 T 服从 PDF $\mathcal{N}(\mu, \sigma^2)$，那么[Kay 2006]

$$P[\mu - k_s\sigma < T < \mu + k_s\sigma] = 1 - 2Q(k_s) \tag{6A.1}$$

例如，如果 $k_s = 3$(我们经常使用的值)，那么观察到 T 落在区间$[\mu - 3\sigma, \mu + 3\sigma]$的概率为$1-2Q(3)=0.9973$。如果不是这样，那么就是 $T\sim\mathcal{N}(\mu,\sigma^2)$的假设有些问题。$T$ 不是高斯随机变量或它的真实值μ和σ^2不是我们所假定的。这为评估假设的有效性提供了强有力的方法。由于在实际中均值和方差很少是事先已知的，因此用估计值代入产生置信区间$[\hat{\mu}-3\hat{\sigma}, \hat{\mu}+3\hat{\sigma}]$。当然，用均值与方差的估计值去代替真实值，置信区间只是近似。典型的置信区间是 0.95 的概率代替 0.9973，产生了大约 95%的置信区间$[\hat{\mu}-1.96\hat{\sigma}, \hat{\mu}+1.96\hat{\sigma}]$。最后，注意$\hat{\mu}$是$\mu=E[T]$的估计，其中$\mu$是待估计的量。由于通常对 T 只有单个观测值，即用 T 的值作为估计量$\hat{\mu}$，这就产生了 T 的均值(即μ) 95%的置信区间

$$[T - 1.96\hat{\sigma}, T + 1.96\hat{\sigma}] \tag{6A.2}$$

$\hat{\sigma}$通常依赖于 T，下面的例子就是这种情况。

考虑一个 DC 电平 A 的估计问题，观测数据为$x[n]=A+w[n]$，其中$w[n]$是方差为σ_w^2的 WGN。这个问题在第 1 章曾经进行过描述，在那里好的估计是样本均值$\hat{A}=T=(1/N)\sum_{n=0}^{N-1}x[n]$，此外也求得$\mathrm{var}(T)=\sigma^2=\sigma_w^2/N$。因此由式(6A.2)可得，$A$ 的近似为 95%的置信区间是

$$\left[\hat{A}-1.96\sqrt{\frac{\widehat{\sigma_w^2}}{N}}, \hat{A}+1.96\sqrt{\frac{\widehat{\sigma_w^2}}{N}}\right] \tag{6A.3}$$

其中

$$\widehat{\sigma_w^2} = \frac{1}{N}\sum_{n=0}^{N-1}(x[n]-\hat{A})^2$$

置信区间通常也写成

$$\hat{A} \pm \frac{1.96}{\sqrt{N}}\sqrt{\frac{1}{N}\sum_{n=0}^{N-1}(x[n]-\hat{A})^2} \tag{6A.4}$$

在这种情况下，置信区间的宽度是 $2(1.96)\hat{\sigma}$，与 $\hat{A}$ 即 T 是有关的。

作为一个数值计算的例子，考虑图 6A.1 所示的数据。假定 $A = 10$，由数据可以求得 $\hat{A} = T = (1/N)\sum_{n=0}^{N-1} x[n] = 11.58$。此外，根据式(6A.3)，$A$ 的近似为 95%的置信区间是[9.70, 13.45]，它覆盖了假定的 $A = 10$ 的值。因此，这一结果促使我们接受起初的假设，假定值 $A = 10$ 和估计值 $\hat{A} = 11.58$ 之间的偏差归结于噪声 $w[n]$的扰动。更为“确定”的唯一方法就是使用更长的数据，从而减少置信区间的长度，这样的数据记录示于图 6A.2。

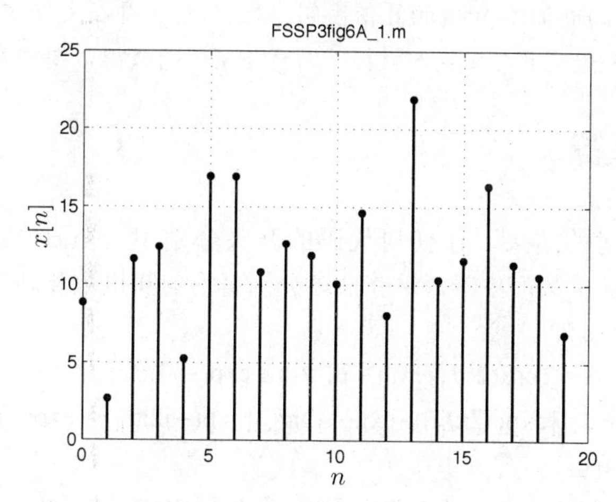

图 6A.1　方差为 $\sigma_w^2 = 25$ 的 WGN 中 DC 电平的观测数据

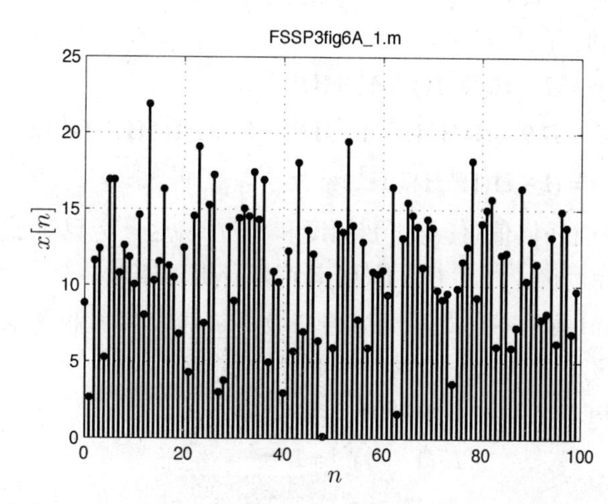

图 6A.2　方差为 $\sigma_w^2 = 25$ 的 WGN 中 DC 电平的观测数据，现在的数据记录长度为 $N = 100$

练习 6.18 接受或拒绝 $A = 10$ 的假设

对于图 6A.2 的数据记录(该数据以文件 `FSSP3exer6_18.mat` 存放在随书光盘上)用式(6A.3)计算近似为 95%的置信区间，你会接受 $A = 10$ 的假设吗？可以用 `load FSSP3exer6_18` 装入数据。 •

总而言之，给定一个未知参数θ，估计量为$\hat{\theta}$，近似为 95%的置信区间是

$$\hat{\theta} \pm 1.96\sqrt{\operatorname{var}(\hat{\theta})} \tag{6A.5}$$

练习 6.19 峭度的置信区间

现在希望估计峭度κ，这是我们的未知参数θ，由于将要指出当$\kappa = 3$时数据(显示于图 6.3 中)是否能用高斯建模。可以证明，如果用式(6.6)作为估计，那么[Cox and Hinkley 1974]对于大的 N(比如 $N > 100$)，

$$\operatorname{var}(\hat{\kappa}) \approx \frac{24}{N}$$

求图 6.3 所示数据的近似为 95%的置信区间。数据以 `y` 存在文件 `FSSP3exer6_19.mat` 中，可用 `load FSSP3exer6_19` 载入数据。对于图 6.3 的数据，要用高斯还是非高斯建模?

附录 6B 练习解答

为了得到下面描述的结果，在任何代码的开头分别用 `rand('state',0)` 和 `randn('state',0)` 初始化随机数产生器，这些命令分别是均匀随机数和高斯随机数产生器。

6.1 令 $f_0 = 0.06$，那么

$$\begin{aligned} H(f_0) &= 1 - 2\cos(2\pi f_0)\exp(-\mathrm{j}2\pi f_0) + \exp(-\mathrm{j}4\pi f_0) \\ &= 1 - [\exp(\mathrm{j}2\pi f_0) + \exp(-\mathrm{j}2\pi f_0)]\exp(-\mathrm{j}2\pi f_0) + \exp(-\mathrm{j}4\pi f_0) \\ &= 0 \end{aligned}$$

当 $y[n]$中噪声较少时，估计/提取方法看起来工作得更好，运行随书光盘上的 `FSSP3exer6_1.m` 程序，可以得到这些结果。

6.2 为了求$\mathbf{y}$，我们有

$$\begin{aligned} \mathbf{y} &= (\mathbf{I} - \mathbf{H}(\mathbf{H}^{\mathrm{T}}\mathbf{H})^{-1}\mathbf{H}^{\mathrm{T}})(\mathbf{H}\theta) + \mathbf{w}) \\ &= \mathbf{H}\boldsymbol{\theta} - \mathbf{H}(\mathbf{H}^{\mathrm{T}}\mathbf{H})^{-1}\mathbf{H}^{\mathrm{T}}\mathbf{H}\boldsymbol{\theta} + (\mathbf{I} - \mathbf{H}(\mathbf{H}^{\mathrm{T}}\mathbf{H})^{-1}\mathbf{H}^{\mathrm{T}})\mathbf{w} \\ &= (\mathbf{I} - \mathbf{H}(\mathbf{H}^{\mathrm{T}}\mathbf{H})^{-1}\mathbf{H}^{\mathrm{T}})\mathbf{w} \end{aligned}$$

注意，对于$\boldsymbol{\theta}$的任何值(任意正弦幅度和相位)，这一运算对于干扰分量是零。然而，在输出端的噪声由于因子$(\mathbf{I} - \mathbf{H}(\mathbf{H}^{\mathrm{T}}\mathbf{H})^{-1}\mathbf{H}^{\mathrm{T}})$也被改变。练习 6.1 的滤波方法只是近似滤除了干扰(由于零起始和滤波器的最终条件)，并且也影响到噪声。根据练习 6.1 的结果，应该观测到滤波的输出有更多的噪声。

6.3 为了求高斯 PDF 的峭度，由式(6.5)注意到

$$E[(Y-\mu)^2] = 1 \cdot \sigma^2 = \sigma^2$$
$$E[(Y-\mu)^4] = 1 \cdot 3\sigma^4 = 3\sigma^4$$

得$\kappa = 3$。

6.4 根据提示我们有

$$
\begin{aligned}
E[Y] &= E\left[\frac{X-\mu}{\sqrt{\sigma^2}}\right] \\
&= E\left[\frac{X}{\sqrt{\sigma^2}} - \frac{\mu}{\sqrt{\sigma^2}}\right] \\
&= \frac{1}{\sqrt{\sigma^2}}\mu - \frac{1}{\sqrt{\sigma^2}}\mu \quad \text{（为了求数学期望，这里利用了提示）} \\
&= 0
\end{aligned}
$$

和

$$
\begin{aligned}
\operatorname{var}(Y) &= \operatorname{var}\left(\frac{X-\mu}{\sqrt{\sigma^2}}\right) \\
&= \frac{1}{\sigma^2}\operatorname{var}(X) \quad \text{（为了求方差，这里利用了提示）} \\
&= \frac{\sigma^2}{\sigma^2} = 1
\end{aligned}
$$

6.5 估计的 ACS 在 $k = 0$ 时应该为 1，而在其他值应该非常接近零。这一结果将有助于相信平坦型 PSD 的假设。运行随书光盘上的 `FSSP3exer6_5.m`，可以看到这一结果。

6.6 由于概率是由 PDF 曲线下的面积给出的，因此 PDF 的整个面积为 1。这样 $P[-\infty < X < \infty] = \int_{-\infty}^{\infty} p_X(x)\mathrm{d}x = 1$，因为随机变量的实验结果肯定是有限的。而 PSD 没有这样的限制。考虑一个方差为σ^2的 WGN 过程，PSD 为 $P_x(f) = \sigma^2$，$|f| \leqslant 1/2$，所以整个面积是σ^2。这可以取任何值，特别是$\sigma^2 = 1$ 和$\sigma^2 = 10$，整个面积分别为 1 和 10。

6.7 应该用常用的样本均值估计器 $\hat{A} = (1/N)\sum_{n=0}^{N-1} x[n]$。这是因为每个 $x[n]$的均值为 $E[x[n]] = E[A + w[n]] = E[A] + E[w[n]] = A + 0 = A$。然而，如果 $w[n]$的均值是$\mu \neq 0$，那么

$$
E[\hat{A}] = \frac{1}{N}\sum_{n=0}^{N-1} E[x[n]] = \frac{1}{N}\sum_{n=0}^{N-1}(A+\mu) = A + \mu
$$

平均来说将得到错误的值。

6.8 画出估计量与 N 的图，应该看到在大约 $N > 6000$ 个样本时是收敛的。当然，6000 的选择有点主观化，依赖于如何去定义收敛。样本数也可选择为 $N > 2000$，依赖于估计靠近真实值的程度。为了做出像这种精细的陈述，要求采用收敛的概率定义[Kay 2006]。但遗憾的是，这要求更为复杂的数学方法。运行随书光盘上的 `FSSPexer6_8.m` 可得到结果。

6.9 垂直方向上(四阶矩)的扩散要大于水平方向上(二阶矩)的扩散，这表明增加了高阶矩的变化。运行随书光盘上的 `FSSPexer6_9.m` 可得到结果。

6.10 对于问题的第一部分，你应该看到均匀分布在[−0.5, 0.5] × [−0.5, 0.5]正方体内点的散

射图。它们是独立的，因为 X 和 Y 之间是零相关。因此，即使知道 $x=0$，Y 的实验结果也是不能预测的。因为当 $x=0$ 时，y 的值以均匀的方式覆盖了整个区间 $(-0.5, 0.5)$。然而，第二部分我们应该看到直线 $y=x$，因为随机变量是完美相关的。因而 Y 的完美的预测刚好是 $\hat{Y}=x$。运行随书光盘上的 FSS3Pexer6_10.m 可得到结果。

6.11　根据式(6.15)，当 $N=2$ 时我们有

$$\widehat{E[\mathbf{X}]}=\frac{1}{2}(\mathbf{x}_1+\mathbf{x}_2)$$

由于 $\mathbf{x}$ 是 $L\times 1$，可以把 $\mathbf{x}_1$ 和 $\mathbf{x}_2$ 写成

$$\mathbf{x}_1=\begin{bmatrix} x_1^{(1)} \\ x_2^{(2)} \\ \vdots \\ x_L^{(1)} \end{bmatrix}$$

其中上标表示随机向量的实验结果数，$\mathbf{x}_2$ 与此类似。因此，对于两个随机向量之和，利用常规的对应元素相加和相乘，我们有

$$\widehat{E[\mathbf{X}]}=\frac{1}{2}\begin{bmatrix} x_1^{(1)}+x_1^{(2)} \\ x_2^{(1)}+x_2^{(2)} \\ \vdots \\ x_L^{(1)}+x_L^{(2)} \end{bmatrix}$$

$$=\begin{bmatrix} (x_1^{(1)}+x_1^{(2)})/2 \\ (x_2^{(1)}+x_2^{(2)})/2 \\ \vdots \\ (x_L^{(1)}+x_L^{(2)})/2 \end{bmatrix}$$

所以第 $k(k=1,2,\cdots,L)$ 个元素为

$$[\widehat{E[\mathbf{X}]}]_k=(x_k^{(1)}+x_k^{(2)})/2=([\mathbf{x}_1]_k+[\mathbf{x}_2]_k)/2$$

下面有更一般的类似结果。

6.12　应该得到均值向量和协方差矩阵的估计，

$$\widehat{E[\mathbf{X}]}=\begin{bmatrix} 1.0023 \\ 0.9666 \end{bmatrix} \qquad \hat{\mathbf{C}}=\begin{bmatrix} 0.7679 & 0.6928 \\ 0.6928 & 0.7912 \end{bmatrix}$$

注意，均值向量估计是非常接近于真实的均值，但协方差矩阵估计是不准确的，这是在高阶矩估计中的另一个难题。对于好的协方差矩阵估计，至少需要 $N=1000$。运行随书光盘上的 FSSP3exer6_12.m 可得到这些结果。

6.13　如果用 MATLAB 程序 Q.m 去求 $\mathcal{N}(0,1)$ PDF 曲线的面积，即 $P[a<X<b]=Q(a)-Q(b)$，那么可以得到表 6B.1 的结果。最窄的单元得到最精确的值(平均而言)，

即最窄的单元产生估计的偏差最小。运行随书光盘上的 `FSSP3exer6_13.m` 可得到这些结果。

6.14 应该观察到用更多的(因而也是更窄的)直方图估计可以得到更好的 PDF 估计，即有更多的质量(在 $x = 0$ 处)或更好的分辨率，但在“尾巴”上的质量少，位于这些单元里的概率低，因此估计较差。注意到增加的单元数实验的结果为零。运行随书光盘上的 `FSSP3exer6_14.m` 可得到这些结果。

6.15 当 $p = 2$ 时你应该观测到平滑的 PDF 估计，而对 $p = 15$，估计展示了许多峰值，即太多的噪声。很显然，近似的阶数应该在这些值之间。运行随书光盘上的 `FSSP3exer6_15.m` 可得到这些结果。

6.16 估计并没有得到改善。事实上变得噪声更多。运行随书光盘上的 `FSSP3exer6_16.m` 可得到结果。

6.17 你应该注意到谱估计的变化随块的增加(L 变得更小)而减少，然而，估计也变得有更多的“污斑”，因为块尺寸变小后分辨率差。运行随书光盘上的 `FSSP3exer6_17.m` 可得到结果。

表 6B.1 对于零均值、单位方差的高斯 PDF，采用不同的单元宽度时估计的 PDF 在 $x = 0$ 处的期望值

Δx	$E[\hat{p}_X(0)]$
1	0.3829
0.5	0.3948
0.25	0.3979
0.125	0.3987
0.0625	0.3989
0.031 25	0.3989

6.18 应该得到估计 $\hat{A} = 11.23$ 和 95%的置信区间[10.39, 12.08]。由于置信区间并没有覆盖假设的 $A = 10$ 的值，应该拒绝假设 $A = 10$。用来产生图 6A.2 和图 6A.3 数据的真实 A 值是 $A = 11$。运行随书光盘上的 `FSSP3exer6_18.m` 可得到结果。

6.19 应该得到置信区间[6.10, 7.06]。由于它并没有覆盖高斯 PDF 的理论值 $\kappa = 3$，我们可以判定图 6.3 的数据是非高斯的。用来产生图 6.2 噪声的实际 PDF 是混合高斯 PDF，也是一种非高斯 PDF［参见式(4.19)］。运行随书光盘上的 `FSSP3exer6_19.m` 可得到结果。

第 7 章　性能评估、测试与文档

7.1　引言

在第 2 章中提出了算法设计与测试的一般方法，在第 3～6 章描述了用于推导(第 8 章将做更为完整的解释)或激发我们建立算法的数学模型。本章假定算法已经提出，希望确定算法的性能。这要求我们选择性能准则，然后进行测试以便确定相对于选定准则的性能。通常，性能是通过在计算机软件中对算法进行编程来评估的，然后用计算机产生的数据进行测试，最终步骤是在现场进行测试。我们只探讨前者，最后的步骤留给使用者。参考图 2.1，现在描述步骤 9“性能分析”、步骤 10“技术规范评估”和步骤 11“灵敏度分析”。我们不会过分强调现实的和精确的性能评估的重要性，一个算法是被选为工作算法还是被放弃的差异，在这一步中被危险地进行了平衡。最后，我们讨论至关重要的但也常常被忽略的处理算法文档的任务。如果要让其他人理解和成功地实现算法，那么这是一个非常基础的工作。

7.2　为什么采用计算机模拟评估

评估算法性能的常用方法，就是采用蒙特卡罗计算机模拟。我们已经在许多场合使用了这一方法，图 2.5 和图 2.6 给出了这样的例子。这是一种优先考虑的方法，因为现代统计信号处理算法可能相当复杂，很难进行解析的性能评估。此外，使用计算机模拟数据作为在数字计算机实现算法的输入将允许使用者：

1. 使用统计意义下的性能评估准则，常常称为性能的度量指标。这种性能标准难以用解析的方法进行评估，所以要求计算机模拟。
2. 可以得到精确的结果，这与渐近结果是相反的。渐近结果只是在大数据记录长度或高信噪比(SNR)时才有效，渐近结果是通常的解析评估所得到的。
3. 快速地评估性能和研究算法对设计参数变化的鲁棒特性。
4. 易于比较其他竞争算法的性能，假定其他竞争算法软件是可以实现的。
5. 促进对于算法的更全面的理解，因为必须用软件去构建它。
6. 评估算法计算的复杂性和它实时运算的适应性。如果需要可以更一般地确定实现所要求的计算量。
7. 通过共享软件的实现，由其他人去验证算法的有效性。

⚠　**总是首先使用计算机模拟来确定性能。**

以上所列的几种说明，不仅是一种优势，而且也是算法性能的计算机模拟的基础。遗憾的是，经验告诉我们，精心设计的算法在现场永远也不会像在数字计算机中仔细控制条件那样工作得很好。因此，通过计算机模拟得到的性能应该是算法能够得到的最好性能。如果算法通过计算机模拟来实现和测试时表现得没有期望的那么好，那么在现场就永远不要采用！⚠

接下来我们详细讨论在性能评估中的某些重要问题。

7.3 统计意义下的性能度量指标

一对骰子如果只投掷一次，是很难确定它们是否已经灌了铅。然而，如果投掷 1000 次，“蛇眼”(即实验结果出现双幺 1 和 1)出现 52 次，我们就有理由确定骰子被灌铅了(因为出现蛇眼的概率仅为 1/36，所以出现蛇眼的实验结果大约为 28 次)。统计信号处理算法对具有随机特性的数据进行运算，所以要求性能的统计测度，即统计的度量指标。典型的度量指标如表 7.1 所示，但也常用一些其他标准，取决于感兴趣的问题是什么。所有的度量指标都含有数学期望或概率。在这两种情况下，度量性能是在“长期运行”或者在相同条件下重复实验多次。

表 7.1 典型的统计信号处理性能度量指标(P_D=检测概率，P_{FA}=虚警概率，ROC=接收机工作特性)

问题	性能度量指标
参数估计	偏差/方差或均方误差
信号检测	P_{FA}/P_D(ROC)或 P_D 与 SNR(固定 P_{FA})
分类	错误概率 P_e 或正确分类概率 $P_c = 1 - P_e$

例 7.1 “长期运行”性能的重要性

DC 电平 A 嵌入在 WGN 噪声 $w[n]$中形成数据集 $x[n] = A + w[n]$，$n = 0, 1, 2$，希望从数据估计 DC 电平。给出两个估计器，它们是 $\hat{A}_1 = x[0]$，$\hat{A}_2 = (x[0]+x[1]+x[2])/3$，$A$ 的真实值是 1。一个单一的数据集如图 7.1 所示。

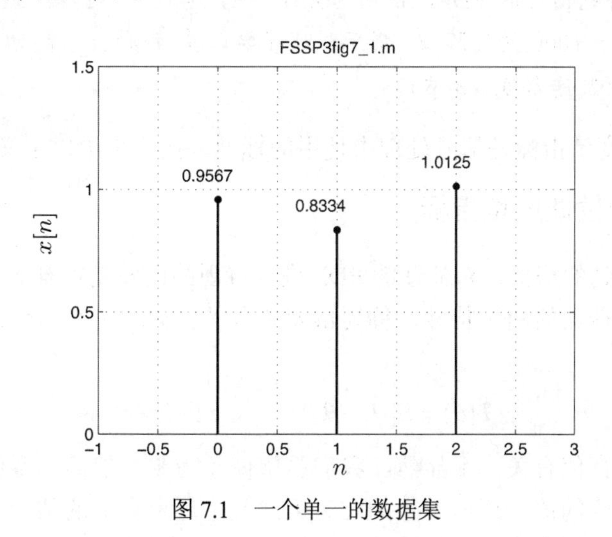

图 7.1 一个单一的数据集

对于这一组实验结果的估计为 $\hat{A}_1 = 0.9567$，$\hat{A}_2 = (0.9567+0.8334+1.0125)/3 = 0.9342$，这样可能出现第一个估计器更好的情况，因为它更接近真值 $A = 1$。然而 $x[0]$、$x[1]$和 $x[2]$的第二次实验结果可能表现出相反的结果，即 $\hat{A}_2$ 要比 $\hat{A}_1$ 更靠近 1。评估两个估计器的长期运行性能的唯一方法就是确定它们的概率密度函数(PDF)。将整个实验重复 1000 次，计算 1000 次估计

$\hat{A}_1$和$\hat{A}_2$，并估计 PDF(见 6.4.6 节)。得到的 PDF 估计示于图 7.2 中，观察估计的 PDF 可以很明显地看出，两个估计器的均值都在真值 $A=1$ 处，但第二个估计有更低的方差，所以估计器更好。注意，这一结论只有重复多次实验才有可能实现。◊

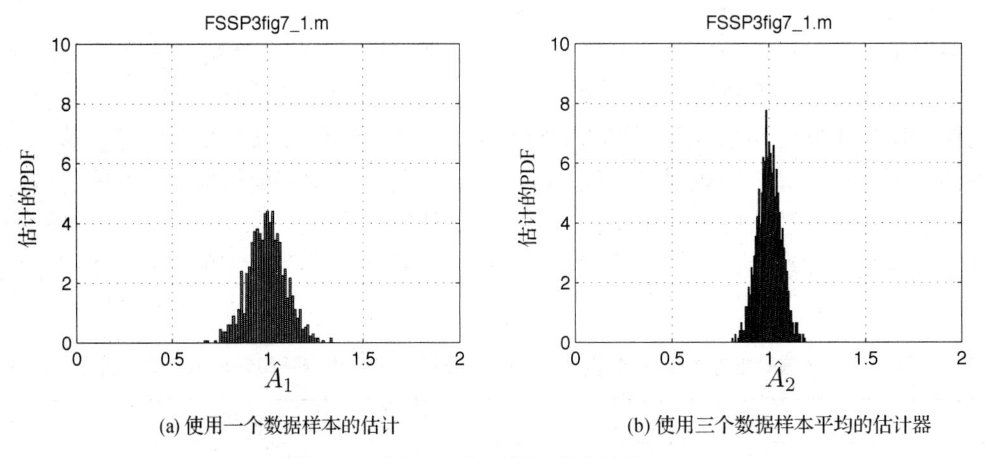

(a) 使用一个数据样本的估计 (b) 使用三个数据样本平均的估计器

图 7.2 两个 DC 电平估计器估计的 PDF

练习 7.1 另一个 DC 电平估计器

WGN 中的 DC 电平由 IID 样本组成，每个样本的 PDF 为 $x[n] \sim \mathcal{N}(A,\sigma^2)$，中位数是 A。中位数是指概率为 0.5 所对应的位置。某人提出 A 的更好的估计器，即使用观测到的中位数。例如，对于图 7.1 所示的数据集，三个值按升序排列为{0.8334, 0.9567, 1.0125}，所以观测到的中位数估计是由中间值给出的，即 $\hat{A}_{\text{med}}=0.9567$。请确定该估计器是否要优于 $\hat{A}_2$。可以使用 `pdf_hist.m` 来得到估计的 PDF，使用 `load FSSP3exer7_1` 装入 1000 个数据集，产生图 7.2。随后将得到 3×1000 的矩阵 `x`。提示：可能要计算 $\hat{A}_2$ 和 $\hat{A}_{\text{med}}$ 的估计方差，才能对性能进行数值的比较(如何做请参见 6.4 节)。 •

表 7.1 中的性能度量指标是信号处理中使用的标准。接下来给出定义并且依次进行说明。

7.3.1 参数估计的性能度量指标

正如前一节所看到的那样，对估计的 PDF 进行直观的比较是很难的。在实际中更为简单的性能度量指标是估计器的两个特性，称为偏差和方差。偏差定义为估计量与真值之差的统计平均值，即

$$b(\theta)=E[\hat{\theta}]-\theta \qquad -\infty<\theta<\infty$$

它可能与未知参数的真值有关。很显然，我们希望偏差为零。然而，零偏差只是确保我们的估计平均来说产生正确的值。任何单个的实验可能产生远离真值的估计。为了确保每次实验产生接近真值的估计值，我们也使用方差度量指标。方差定义为随机变量 $\hat{\theta}$ 通常意义下的方差，用 $\text{var}(\hat{\theta})$ 表示。理想的情况是方差要小，以至于 PDF 集中在其均值附近［比较图 7.2(a)和图 7.2(b)］。如果偏差为零，估计就会产生真值。有时可以解析地求出这些度量指标，但在实际中大部分情况下都需要用计算机模拟来解决。对于方差估计，可参考练习 7.1。

也有可能将两个度量指标组合成一个单一的度量指标，称为均方误差(MSE)，它定义为

$$\text{mse}(\hat{\theta}) = E[(\hat{\theta}-\theta)^2] \tag{7.1}$$

用它可以度量估计值与真实参数的平均平方偏差。可以证明它与偏差和方差的关系为[Kay 1993, pg. 19]

$$\text{mse}(\hat{\theta}) = b^2(\theta) + \text{var}(\hat{\theta}) \tag{7.2}$$

大多数好的估计是无偏的［意味着 $b(\theta)=0$］，所以方差等价于均方误差。如果不能确定估计是否无偏，那么就应该选择均方误差的度量指标。

练习 7.2　DC 电平估计的偏差和方差

证明例 7.1 中的 $\hat{A}_1$ 和 $\hat{A}_2$ 是无偏估计。接下来计算方差，这些是否可以帮助你解释图 7.2 中看到的结果？提示：作为练习的第一部分，证明对于所有的 A 有 $E[\hat{A}_1]=A$ 和 $E[\hat{A}_2]=A$。此外，回想到对于常数 a，$\text{var}(aX)=a^2\,\text{var}(X)$。如果 X 和 Y 不相关，则 $\text{var}(X+Y)=\text{var}(X)+\text{var}(Y)$。通常为了确定这些度量指标，我们借助计算机模拟来产生估计量的许多实验结果，然后估计度量指标。在任何度量指标的估计中都是用样本均值代替定义中的均值［即用 $(1/N)\sum_{i=1}^{N}(\cdot)$ 代替 $E(\cdot)$］。例如，如果我们观测到估计量 $\hat{\theta}$ 的 N 个实验结果，表示为 $\{\hat{\theta}_1,\hat{\theta}_2,\cdots,\hat{\theta}_N\}$，那么对于方差，使用如下估计

$$\widehat{\text{var}(\hat{\theta})} = \frac{1}{N}\sum_{i=1}^{N}\left[\hat{\theta}_i - \left(\frac{1}{N}\sum_{j=1}^{N}\hat{\theta}_j\right)\right]^2$$

(进一步的讨论见 6.4 节)。

练习 7.3　参数估计的评估

使用计算机模拟比较高斯白噪声中 DC 电平 $(A=1)$ 的样本均值估计 $\hat{A}=\bar{x}=(1/N)\sum_{n=0}^{N-1}x[n]$ 和中值估计 $\hat{A}_{\text{med}}$。假定 WGN 的方差为 $\sigma^2=1$，数据记录长度 $N=11$。对两种估计器计算偏差、方差和 MSE。 •

7.3.2　检测性能的度量指标

检测器的评估有两种常用的方法，它们是接收机工作特性(ROC)，以及在固定虚警概率的情况下检测概率与信噪比的关系。为了描述这些度量指标，考虑 WGN 中 DC 电平 $A\,(A>0)$ 的检测问题，观测数据为 $x[n]=A+w[n]$，$n=0,1,\cdots,N-1$。根据奈曼-皮尔逊准则(见 8.2.2 节和[Kay 1998, pg. 96])，如果

$$\frac{1}{N}\sum_{n=0}^{N-1}x[n] > \gamma \tag{7.3}$$

判信号出现，其中 γ 称为门限。当信号出现时，$\frac{1}{N}\sum_{n=0}^{N-1}x[n]>\gamma$ 的概率定义为检测概率 P_D；当只有噪声时，$\frac{1}{N}\sum_{n=0}^{N-1}x[n]>\gamma$ 的概率定义为虚警概率 P_{FA}。在这两种情况下，根据准则应判为有信号出现，即统计量样本均值超过了门限，性能能够解析地求出为

$$P_D = Q\left(Q^{-1}(P_{FA}) - \sqrt{\frac{NA^2}{\sigma^2}}\right) \tag{7.4}$$

其中函数$Q(\cdot)$和$Q^{-1}(\cdot)$在4.3节中已经定义过(随书光盘上的MATLAB子程序`Q.m`和`Qinv.m`可以用于P_D的计算)。在信噪比SNR = NA^2/σ^2固定的情况下，P_D与P_{FA}之间的曲线称为ROC，对于不同SNR值的ROC如图7.3(a)所示。注意，曲线必须是上凸的且在45°线之上；否则，可以证明最佳检测器是基于硬币投掷的结果。(P_{FA}, P_D)的值有时也称为工作点，对于给定的SNR，工作点可以通过调整门限γ来改变。尽管由式(7.4)来看这种变化并不明显，当门限增加时，工作点从(1, 1)点(对应于$\gamma = -\infty$)沿ROC移动到(0, 0)((对应于$\gamma = \infty$)。根据式(7.3)给出的判决准则，读者可以仔细思考为什么会是这样。

好的检测器即使对于非常小的P_{FA}也应该有大的P_D。因此有时将图放大，即使在低P_{FA}时性能也能看得很明显，如图7.3(b)所示。在实际中解析地确定P_{FA}和P_D可能很困难，所以常用计算机模拟来估计ROC。估计概率非常简单，但可能非常耗时。产生ROC的过程如下：

1. 产生大量的只由噪声组成的数据集$x[n] = w[n]$，$n = 0, 1, \cdots, N-1$，比如N = 4和1000个数据集，数据集1 = {1.1, −3.5, 5.0, −3.4}、数据集2 = {0.3, 0.8, −2.4, 1.1}, …，数据集1000 = {0.3, −0.1, 3.1, 2.7}。
2. 对于每一个数据集，根据式(7.3)计算样本均值，记为$\bar{x}_1, \bar{x}_2, \cdots, \bar{x}_{1000}$。
3. 在$\bar{x}_{\min} \leqslant \gamma \leqslant \bar{x}_{\max}$范围内取一组等间隔的$\gamma$值。
4. 对于每一个γ，计算$\bar{x}$超过γ的次数并除以1000。那么就产生了P_{FA}的估计，或更精确地用$P_{FA}(\gamma)$表示，以表明与门限有关。
5. 重复步骤1～4，但数据用$x[n] = A + w[n]$取代。使用第4步中同样的一组γ。这样就产生了P_D的估计，或更精确地用$P_D(\gamma)$表示，以表明与门限有关。
6. 对每一个γ画出一对$(P_{FA}(\gamma), P_D(\gamma))$。

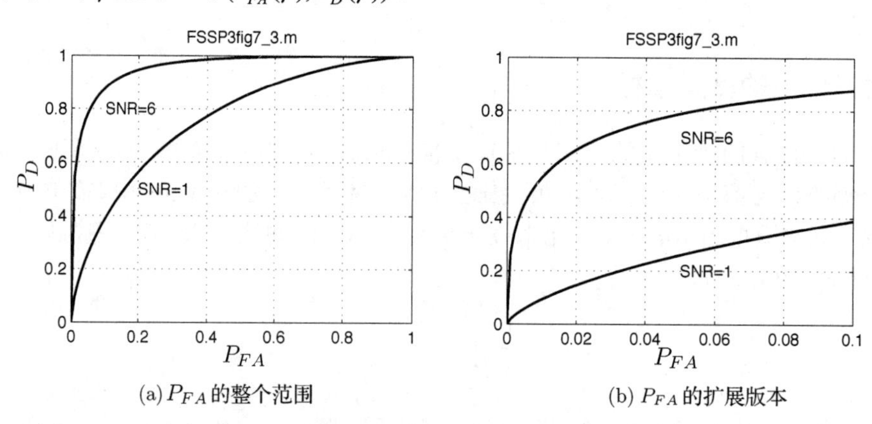

(a) P_{FA}的整个范围　　(b) P_{FA}的扩展版本

图7.3　WGN中DC电平的接收机工作特性

例如，对于SNR = 1，用1000个数据集估计的ROC显示于图7.4(a)中，同时也显示了图7.3(a)给出的理论ROC(SNR = 1)。随书光盘上的MATLAB程序`roccurve.m`用来根据样本均值(在只有噪声和信号加噪声的情况下)检测统计量来求出一对(P_{FA}, P_D)。

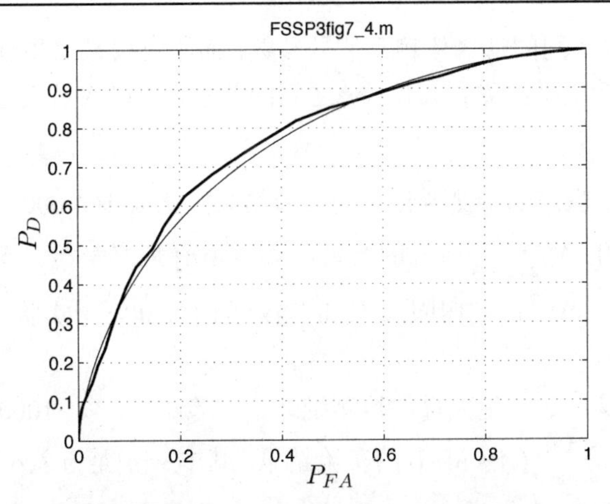

图 7.4　在 WGN 中 DC 电平的接收机工作特性估计。计算机模拟估计用粗线表示，理论曲线用细线表示

练习 7.4　产生 ROC

对于 WGN 中的 DC 电平，考虑下列两组条件：$A=1/\sqrt{10}$，$N=10$，$\sigma^2=1$；$A=0.1$，$N=100$，$\sigma^2=1$。产生 1000 个只有噪声的数据集，另外对两个不同的信号参数集，各产生 1000 个信号加噪声的数据集。然后利用 `roccurve.m` 得到 (P_{FA},P_D)，最后画出 ROC。这里要注意什么？ ●

描述检测性能的另一种方法是画出检测概率与信噪比之间的关系。根据式(7.4)可以看出，如果固定 P_{FA}，那么 P_D 将只与 SNR 有关。这类图在实际中经常使用，因为它显示了对于给定的虚警概率 P_{FA} 和检测概率 P_D，需要多大的信噪比 SNR。例如，如果希望维持虚警概率 P_{FA} 为 10^{-3}，那么在式(7.4)中用 $P_{FA}=10^{-3}$ 代入。画出的 P_D 与 SNR 之间的关系曲线如图 7.5 所示。注意，为了实现近乎完美的检测，要求的 SNR 大约为 15 dB。对于更低的 P_{FA}，曲线将向右边移动，所以需要更高的 SNR。

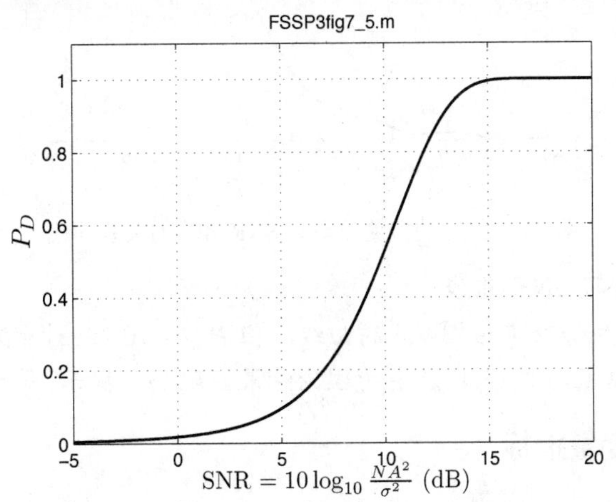

图 7.5　检测概率与 SNR(dB)的理论曲线

如果不能推导出理论性能，这一任务确实相当困难，那么可以借助计算机模拟。例如，假定 $N=10$，$\sigma^2=5$，A 变化，以便根据 $\mathrm{SNR}=NA^2/\sigma^2$ 得出信噪比的范围，P_{FA} 固定为 10^{-3}。

[注意，检测性能常常以不同的形式依赖于信号参数，而不仅仅是简单地依赖于式(7.4)给出的 NA^2/σ^2。因此，我们希望画出 P_D 与 A^2/σ^2 之间的关系，而以 N 作为参数。] 得到 P_D 与 SNR 曲线的步骤如下：

1. 产生大量的只有噪声的检测统计量的实验结果，比如 100 000 个实验结果。这种情况下生成 $T_0(\mathbf{x})=(1/N)\sum_{x=0}^{N-1}w[n]$ 的结果，其中 $w[n]$ 是方差 $\sigma^2=5$ 的 WGN。
2. 对于给定的 $P_{FA}=10^{-3}$ 确定门限 γ，使得 $T_0(\mathbf{x})$ 的 100 000 个实验结果中只有 100 个超过门限 γ。
3. 在假定信号加噪声时产生大量的检测统计量实验结果，如 1000 个。在这种情况下产生 $T_1(\mathbf{x})=(1/N)\sum_{n=0}^{N-1}(A+w[n])$ 的实验结果，其中 $w[n]$ 是方差 $\sigma^2=5$ 的WGN。选择 DC 电平的幅度 A 产生期望的 SNR。
4. 对 $T_1(\mathbf{x})$ 超过门限的次数计数并除以 1000，这就产生了对于给定的 P_{FA} 的 P_D 的估计。
5. 对于所有期望的 SNR，重复步骤 3～4。

注意，对于只有噪声的情况，$x[n]=w[n]$ 的实验结果数通常要求非常大，因为要估计的 P_{FA} 非常小，在本例中是 0.001。因此，我们应该选择实验数使得过门限数多。如果 $P_{FA}=0.001$，但只产生 1000 个 $T_0(\mathbf{x})$ 的实验结果，在这种情况下会怎样呢？例如，当 $N=10$，$\sigma^2=5$ 时，估计的检测性能曲线如图 7.6 所示，与图 7.5 所示的理论结果相比毫不逊色。

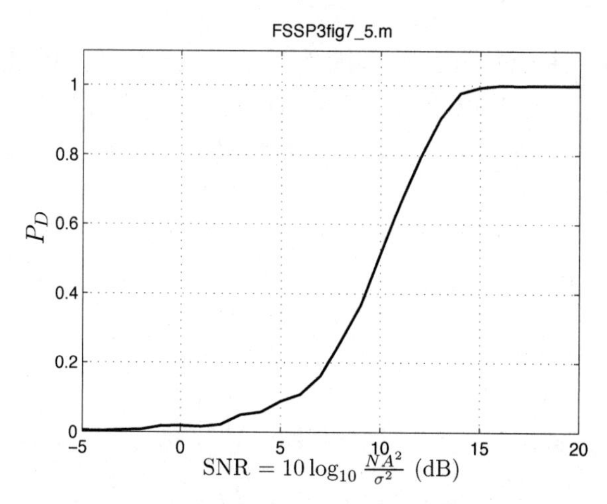

图 7.6　估计的检测概率与 SNR(dB)的关系曲线

练习 7.5　产生 P_D 与 SNR 曲线

重复前面的例子产生一条类似图 7.6 的曲线，但 $P_{FA}=10^{-4}$。对于只有噪声的情况，需要运行许多次的实验，其结果与式(7.4)产生的理论结果匹配吗？提示：等待时不妨要杯咖啡。 •

7.3.3　分类性能的度量指标

分类也称为模式识别或辨识，它是信号检测中遇到的假设检验中的更具一般性的问题。可能存在两个以上的假设，通常每个假设涉及不同信号的出现。一个典型的应用就是判断写在信封上的数字是 10 个可能数字中的哪一个？另一个重要的应用是在数字通信中，我们要判断位(bit)发射的是“0”还是“1”。考虑后一种应用，发射正电平 A 是传送 1 位，发射负电平

A 是传送 0 位。另外，通常的情况下，两种可能的位假定是等可能地出现的。因而，对于检测受到 WGN 影响的电平信号，判决准则就是选择哪一个位最有可能[Kay 1998, pg. 112]。将此翻译成判决准则就是：假定收到 N 个样本，如果 $(1/N)\sum_{n=0}^{N-1} x[n] \geqslant 0$，判位 1；如果 $(1/N)\sum_{n=0}^{N-1} x[n] < 0$，判位 0。常用的性能度量指标是错误概率 P_e，可用下式计算：

$$P_e = P[\text{判}1\,|\,\text{发}0]P[\text{发}0] + P[\text{判}0\,|\,\text{发}1]P[\text{发}1]$$

其中 $P[C\,|\,D]$表示当事件 D 已经发生的条件下事件 C 发生的概率。由于假定位的发射是等可能的，因此使用前面提到的准则，P_e变成

$$P_e = P\left[\frac{1}{N}\sum_{n=0}^{N-1} x[n] \geqslant 0\,|\,\text{发}0\right]\frac{1}{2} + P\left[\frac{1}{N}\sum_{n=0}^{N-1} x[n] < 0\,|\,\text{发}1\right]\frac{1}{2}$$

可以证明错误概率的理论表达式为[Kay 1998, pg.117]

$$P_e = Q\left(\sqrt{\frac{NA^2}{\sigma^2}}\right) \tag{7.5}$$

可以看出，错误概率依赖于 SNR（实际上是能量噪声比）。错误概率与 SNR（用 dB 表示）的关系曲线如图 7.7 所示。

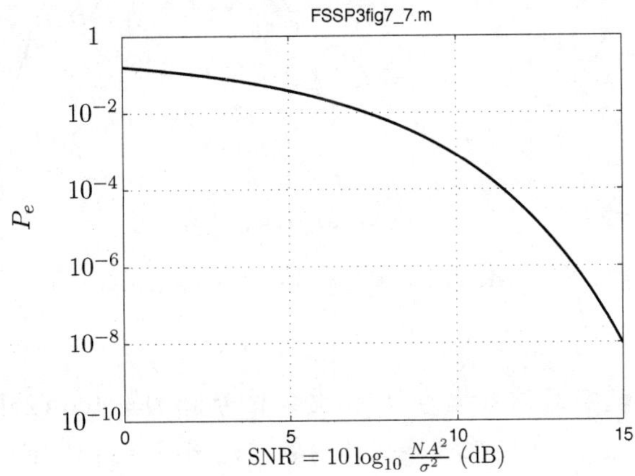

图 7.7　理论的错误概率与 SNR（dB）的关系曲线

注意，通常都期望有非常低的 P_e，如 10^{-7} 的量级。如果缺乏像式（7.5）那样的解析表达式，那么总是可以用计算机模拟来确定性能。然而要注意的是，非常低的 P_e 将要求非常复杂的蒙特卡罗模拟，感兴趣的读者可以参考[Rubinstein 1981]。

通过计算机模拟确定性能的步骤如下：

1. 以等概率产生 0 或 1，然后分别构建信号 $s[n] = -A$ 或 $s[n] = A$，$n = 0, 1, \cdots, N-1$。MATLAB 代码为

```
bit=floor(rand(1,1)+0.5);
s=A*(2*bit-1)*ones(N,1);
```

重复这个过程产生大量的信号，比如 10 000 个信号（每个信号的样本长度为 N）。

2. 对于每个信号 $s[n]$加 WGN，产生 10 000 个含噪声的数据集，每个含信号的数据为：对位 1 的数据是 $x[n] = A + w[n]$，对位 0 的数据是 $x[n] = -A + w[n]$。

3．如果 $(1/N)\sum_{n=0}^{N-1}x[n]\geqslant 0$，判 1；否则判 0。

4．对于没有正确检测的位计数，然后除以 10 000，这样就产生了对于给定 A 值的 P_e 的估计。

5．改变 A 值，对所有感兴趣的 SNR 重复步骤 1～4，也就是令 $A=\sqrt{\mathrm{SNR}(\sigma^2/N)}$（SNR 为线性度量）。

例如，令 $N=10$，$\sigma^2=1$，调整 A 产生 0～10 dB 的 SNR。然后 MATLAB 模拟产生 P_e 与 SNR(用 dB 表示)的关系曲线，如图 7.8 中的粗线所示。而由式(7.5)给出的理论性能预测用细线表示。注意，由于用了 10 000 位，只是做了最大 SNR 为 10 dB 的计算机模拟，对于更高信噪比和低的 P_e，位数需要非常大。此外，信噪比为 10 dB 时，位数少的误差效应就显示出来了，P_e 的估计就没那么精确了，与理论曲线偏移较大。

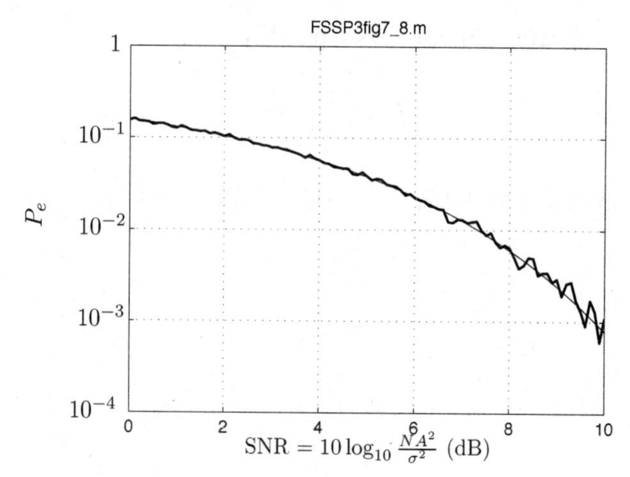

图 7.8　估计的错误概率与 SNR(dB)的关系曲线，估计 P_e 用粗线表示，理论 P_e 用细线表示

练习 7.6　估计 P_e

相移键控（PSK）数字通信系统为 1 位发射信号 $s_1[n]=A\cos(2\pi(0.25)n)$，为 0 位发射 $s_0[n]=A\cos(2\pi(0.25)n+\pi)$。在接收机接收到的数据是 $x[n]=s_i[n]+w[n]$，$n=0,1,\cdots,N-1$，其中 $w[n]$是方差为σ^2的 WGN。可以证明最佳接收机为：如果(对于 1 和 0 等概率的情况)

$$\frac{1}{N}\sum_{n=0}^{N-1}x[n]\cos(2\pi(0.25)n)\geqslant 0$$

判 1，否则判 0。［对于最大似然（ML）准则[Kay 1998, pg.117]，请参见 8.2.3 节］。理论的 P_e 为(当 N 为偶数)

$$P_e=Q\left(\sqrt{\frac{NA^2}{2\sigma^2}}\right)\tag{7.6}$$

如果 $N=10$，$\sigma^2=1$，采用计算机模拟估计 P_e，模拟次数为 100 000，SNR = 5 dB，其中的 SNR 定义为

$$\mathrm{SNR}=10\log_{10}\frac{NA^2}{2\sigma^2}$$

将你的结果与式(7.6)的理论结果进行比较。 ●

7.4　性能边界

算法的性能边界(也可参考 2.2 节的可行性讨论)在下列几方面是有价值的：

1．建立算法性能指标的可行性。

2．可以度量算法性能与理论上界的损失，如果算法接近达到上界，那么寻找更好性能算法的意义就不大了。

3．对来自计算机或理论性能评估的结果提供一种“完整性检测”。超过边界表明分析有误或者在算法建立时的假设无效，或者是算法实现时的程序出现错误。

例 7.2　准最佳检测器

考虑一个 WGN 中 DC 电平的检测问题。当信号出现时，观测为 $x[n]=A+w[n]$，其中 $A>0$，$w[n]$是方差为σ^2的 WGN；当只有噪声时，观测为 $x[n]=w[n]$。众所周知(见 8.3 节)，固定虚警概率 P_{FA} 的情况下，使检测概率最大的最佳检测器为：如果满足$(1/N)\sum_{n=0}^{N-1}x[n]\geqslant\gamma$，判信号存在。如果 $P_{FA}=1/2$，那么可以证明应该选择$\gamma=0$。这种检测器(称为奈曼-皮尔逊检测器)的性能由式(7.4)给出，为方便起见，这里重写如下：

$$P_D=Q\left(Q^{-1}(P_{FA})-\sqrt{\frac{NA^2}{\sigma^2}}\right)$$

对于所述的问题，这是所能达到的最好的性能(即性能的上界)。例如，如果 $P_{FA}=1/2$，$N=100$，$A=0.1$ 和$\sigma^2=1$，可得 $P_D=Q(0-1)=0.8413$。

我们提出另外一种备选的检测器，即数据样本的立方根，如果$(1/N)\sum_{n=0}^{N-1}(x[n])^{1/3}\geqslant 0$，则检测器判有信号；可以证明检测器也产生 $P_{FA}=1/2$。为了求出检测器的性能，采用如下程序：

```
clear all    % clear out all variables
randn('state',0)    % initialize random number generator
count=0; % initialize threshold exceedance counter
for i=1:10000
    x=0.1+randn(100,1);    % generate data set
    for j=1:100 % take the cube root
    if x(j)>=0
        y(j,1)=x(j)^(1/3);
    else
        y(j,1)=-((-x(j))^(1/3));    % this avoids the complex cube root
    end
    end
    T=mean(y);  % compute detection statistic
    if T>=0     % determine if threshold exceeded
        count=count+1;
    end
end
P_Dest=count/10000    % estimate of P_D
```

运行该程序，得到的 P_D 的估计为 0.8228，不出所料，这一结果要小于 0.8413 的 NP 边界。此外要说明的是，尽管立方根检测器的性能要差些，但对于非高斯噪声的性能有更好的韧性 [Kay 1998, pg. 402]。如果能够接受性能上的稍微变差，对于设计一种能适合多种不同噪声环境的检测器来说，立方根检测器不失为一种好的备选检测器。 ◇

练习 7.7　应用 NP 边界的实例

重复前面的实验，但数据记录长度选择为 $N = 10$，样本的立方根检测器的性能如何？性能要小于边界？显著吗？ ●

不同统计信号处理问题常用的边界列在表 7.2 中，在第 8 章中将有进一步的描述。

表 7.2　典型的统计信号处理性能边界

问题	边界
参数估计	方差的克拉美-罗下界，$\mathrm{var}(\hat{\theta}) \geqslant \mathrm{CRLB}$
信号检测	奈曼-皮尔逊，$P_{D_{NP}} \geqslant P_D$
分类	最大后验概率判决准则，$P_{c_{MAP}} \geqslant P_c$

7.5　精确与渐近性能

计算机模拟对任意数据记录长度产生“精确”的性能评估(只要实验次数选择合适就是精确的，参考 6.4 节的讨论)。不足之处在于每一组新的条件都要求新的计算机模拟，而解析的性能评估总结了所有条件下的性能，可以更深入地洞察算法。然而，解析的性能评估通常只在渐近情况下可用，也意味着只对大数据记录或大信噪比时可用。缺乏精确的解析结果是由于推导算法中数学上的复杂性。一般来说，渐近结果作为精确结果的近似所需要的条件是很难确定的，因此，通常只能说在大数据记录或大信噪比情况下，渐近性能才有效。因此，在应用时必须借助计算机模拟来确定渐近性能有效的数据记录长度或信噪比大小。精确的结果能够比较容易确定的一种情况是线性模型(见 8.3 节)，线性模型得到的结果可应用到任意数据记录长度和任意信噪比。通常，将解析的渐近结果应用到精确的性能评估中一般是有风险的。此外，用渐近的结果与竞争的算法性能进行比较也是很危险的，因为每个算法给出的渐近性能的数据记录长度或信噪比是不同的。

例 7.3　峭度估计器的渐近方差

式(6.6)给出的峭度估计器为

$$\hat{\kappa} = \frac{\frac{1}{N}\sum_{n=0}^{N-1}(x[n]-\bar{x})^4}{\left(\frac{1}{N}\sum_{n=0}^{N-1}(x[n]-\bar{x})^2\right)^2}$$

当 $x[n]$ 是 WGN 时，峭度估计的渐近 $(N \to \infty)$ 方差为(见附录 6A)

$$\mathrm{var}(\hat{\kappa}) = \frac{24}{N}$$

对于有效的数据记录长度，这只是一个近似。为了确定近似的效果，我们可以模拟 WGN，估计峭度，然后估计峭度估计器的方差。为此，更为方便的做法是考虑归一化的方差 $N\,\mathrm{var}(\hat{\kappa})$，

当 N 增加时，看看这个量是否接近 24。采用计算机模拟，对于长度为 N 的 WGN 数据记录，产生 10 000 个峭度的估计，然后画出归一化方差与 N 的关系图。如图 7.9 所示，可以看出渐近值是 24，近似值出现在数据记录长度大于 400 时。因此，使用峭度估计来评估 WGN 的非高斯特性时，至少要有 $N=400$ 个样本点。

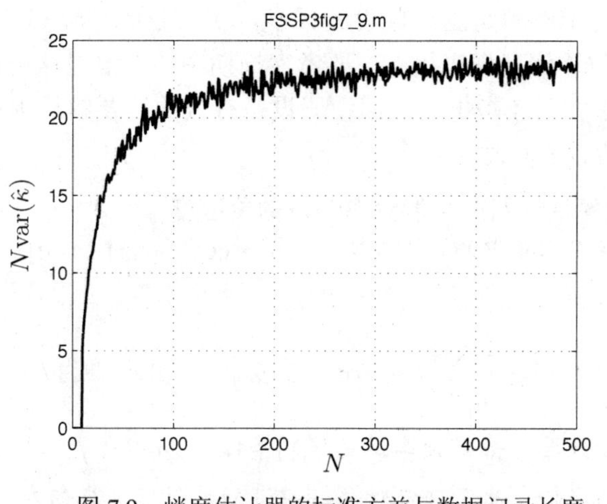

图 7.9　峭度估计器的标准方差与数据记录长度　◇

练习 7.8　另一种渐近表达式

在 6.4 节中，我们研究了如何估计平稳高斯随机过程的自相关序列(ACS)，通常的估计器为

$$\hat{r}_x[k]=\frac{1}{N}\sum_{k=0}^{N-k-1}x[n]x[n+k]\qquad k=0,1,\cdots,N-1$$

这时估计是有些偏差的，因为 $E[\hat{r}_x[k]]=(1-k/N)r_x[k]$。但在确信估计与理论的自相关序列有相同性质的情况下[Jenkins and Watts 1968]，这个偏差是可接受的折中，对于大的 N，这个偏差是可以忽略的。渐近方差的公式($N\to\infty$)经常被采用，即

$$\mathrm{var}(\hat{r}_x[k])=\frac{1}{N}\sum_{m=-\infty}^{\infty}(r_x^2[m]+r_x[m+k]r_x[m-k])\tag{7.7}$$

假定 $x[n]$ 是一阶 AR 过程(见 4.4 节)，其理论的 ACS 为

$$r_x[k]=\frac{\sigma_u^2}{1-a^2[1]}(-a[1])^{|k|}$$

当 $a[1]=-0.7$、$\sigma_u^2=1$ 时，用计算机计算式(7.7)可求得 $\hat{r}_x[2]$ 的渐近方差为 $N\,\mathrm{var}(\hat{r}_x[2])=17.62$，通过计算机模拟确定需要多大的 N 才能使渐近的方差作为 $\hat{r}_x[2]$ 方差的一个好的近似。利用 MATLAB 程序 `ARgendata.m` 能够产生 AR 过程的实验结果，至少需要 100 000 次实验，并在 $N=100, 200, 300, 400$ 和 500 时估计方差。 •

7.6　灵敏度

评估算法对所做假设的灵敏度是非常重要的，有时也称为算法的稳健性(也可参见练习 1.2 的解答)。这是因为在操作环境中，数据假设几乎是不能满足的。此外，在设备实现时，

通常因为制造公差引起设备的性能不同于理想设计估计的性能。最后，如果算法是基于“第一原理”推导的，如最大似然，那么为了数学上易于处理，在推导过程中可能做了某些近似。如果在实际中这些近似不满足，那么算法性能将会下降。这种近似的另一个例子是频率估计时周期图的使用。可以证明，如果频率在 $2/N \leqslant f \leqslant 1/2-2/N$(见算法 9.3)，周期图就是最大似然估计。否则，对于不满足这一假设的频率，实正弦的正频和负频将产生相互作用(见图 1.A.1)，造成峰值位置偏离真实频率。要考察周期图估计器对这一假设的灵敏度，必须采用计算机进行评估。正如已经指出的，即使假设是有效的，要解析地推导算法的性能就已经很难了，更不要说当假设成立时。

例 7.4　周期图频率估计器对可能频率假设的灵敏度

假设有一个嵌入在 WGN 中的正弦信号，$x[n]=\cos(2\pi f_0 n)+w[n]$，$n=0,1,\cdots,N-1$，周期图定义为

$$I(f)=\frac{1}{N}\left|\sum_{n=0}^{N-1}x[n]\exp(-\mathrm{j}2\pi fn)\right|^2 \qquad 0\leqslant f\leqslant 1/2 \tag{7.8}$$

这是近似的最大似然估计器，如果频率满足限制条件：$2/N\leqslant f_0\leqslant 1/2-2/N$ (见算法 9.3)，那么这就是一个很好的近似。为了确定对这一假设的灵敏度，我们在图 7.10(a)中画出了周期图，其中 $f_0=0.25$，$N=20$，周期图峰值的位置指明了正确的频率。注意对于 N 的值，频率限制在 $0.1\leqslant f_0\leqslant 0.4$，即图 7.10(a)所示。然而，如果 $f_0=0.05$，即真实频率不满足用来推导周期图的假设。由图 7.10(b)可以看出，峰值的位置偏离真实的频率。

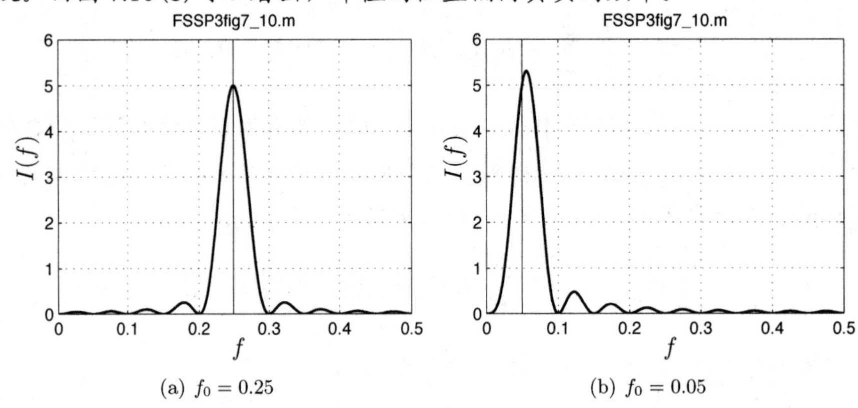

图 7.10　周期图频率估计器对真实频率(用细的垂线表示)的灵敏度，其中 $N=20$，加性噪声假定为零

◊

练习 7.9　周期图频率估计器的定量分析

当 $x[n]=\cos(2\pi f_0 n)$ 时，利用式(7.8)的最大值的位置，首先确定在 $0<f_0<1/2$ 区间内 f_0 的每一个值的估计，其中 $N=20$；然后画出绝对误差 $|\hat{f}_0-f_0|$ 与真实频率 f_0 的函数。如果能够容许的最大绝对误差是 0.01，那么估计器能够使用的频率范围(即 $f_{\min}\leqslant f_0\leqslant f_{\max}$)应该是多少？ ●

7.7　有效性能比较

大多数统计信号处理的算法都致力于设计一种新算法去改善性能，为此有一种可用的标准检查程序(Benchmark)是必需的。标准检查程序是一个标准算法，其性能被认为是“众矢之

的”。当然，如果标准检查程序在一组假设的情况下对应于一个最佳算法，那么继续做下去都是徒劳的。而当不是这种情况的时候，标准检查程序在开发和评估新算法时就相当有价值。通常的情况是，标准检查程序本身就是许多研究者努力的结果，要做得更出色是不容易的。

为了公平的比较算法，我们必须做到不能让“苹果与橙子进行比较”。测试数据的特性和标准检查程序假定的工作条件必须一致，改变它们中的任何一个都是不公平的。例如，在 WGN 中的 DC 电平的估计，我们使用样本均值。有一个竞争者给出了新估计器的 MSE 与 N 之间的关系，如图 7.11 中的实线所示，要优于样本均值。根据图形来看这是真的，特别是对短数据，即 $N<10$。图 7.11 的比较是针对 WGN 的 DC 电平 A，其中 $A=1$，WGN 的方差 $\sigma^2=5$。看起来奇怪的是，新估计器应该优于样本均值，因为已经知道它是最小方差无偏估计[Kay 1993, pg. 31](尽管不一定是最小 MSE 估计器)。仔细考察新估计器，发现其精确的表达式为

$$
\begin{aligned}
\hat{A}_{\text{new}} &= \frac{1}{N}\sum_{n=0}^{N-1}x[n] && \text{如果}\left|\frac{1}{N}\sum_{n=0}^{N-1}x[n]\right|\leqslant 2 \\
&= 2 && \text{如果}\left|\frac{1}{N}\sum_{n=0}^{N-1}x[n]\right| > 2 \\
&= -2 && \text{如果}\left|\frac{1}{N}\sum_{n=0}^{N-1}x[n]\right| < -2
\end{aligned}
$$

算法设计者在推导算法时可能隐含地假设 A 的可能取值范围是 $-2\leqslant A\leqslant 2$。然而，样本均值估计器对 A 的取值范围没有这样的假设，对 A 的任何值都产生好的估计。因此，新估计器的性能改善是由于样本均值超过 2 的值用 2 来取代，估计值就更靠近真值 $A=1$。这是一个不公平比较的例子，两个竞争的估计器工作在数据的不同假设下——这是不公平的。

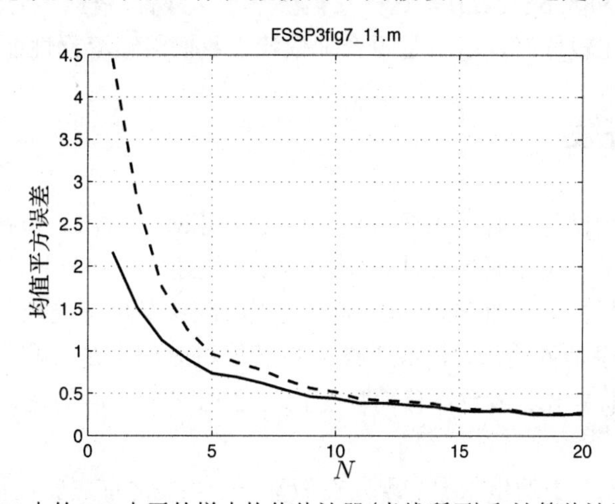

图 7.11　WGN 中的 DC 电平的样本均值估计器(虚线所示)和计算估计器(实线所示)

练习 7.10　错误假设的影响

当 $2\leqslant A\leqslant 4$ 和 $N=5$ 时，求样本均值估计器和 $\hat{A}_{\text{new}}$ 的 MSE，和前面一样，令 $\sigma^2=5$。固定 A 的值，产生 1000 组数据，然后对每个估计器估计 1000 次，计算 MSE。对每个估计器最后计算的 MSE 为

$$\mathrm{MSE}(A) = \frac{1}{1000}\sum_{i=1}^{1000}(\hat{A}_i - A)^2$$

对每个估计器的效果该如何评价? •

⚠ **没有"免费的午餐"**

前面的例题和练习说明，在一组条件下看似比竞争者性能优越的算法在不同的条件下未必是这样。实际上没有免费的午餐，算法性能的改善首先必须定量分析，然后必须解释。改进的性能几乎总是包含了一些在该算法中运用的信息，而这些信息在其他算法中并没有采用。如果看起来太好以至于不会是真的，那么它真就不是。 ⚠

同样，在比较算法时必须对数据使用同样的测试情况。对于这种测试情况，应该选择在实际中找到的实际模型的工作条件。这样做可以避免无效的和不公平的算法比较。

7.8 性能/复杂性的折中

最佳算法通常都伴随高的计算成本。除线性模型之外，我们通常要求多维函数的最大化或积分，这在实时算法的实现中是不可能的。因此，为了减少计算量，我们不得不将最佳算法进行简化，或者用其他准最佳算法取代。通常的情况是在计算复杂性与性能之间进行折中。5.4 节就给出了一个这样的例子，其中信号的幅度、相位、阻尼因子和频率需要估计，信号为

$$s[n] = A_1 r_1^n \cos(2\pi f_1 n + \phi_1) + A_2 r_2^n \cos(2\pi f_2 n + \phi_2) \qquad n = 0,1,\cdots,N-1$$

最佳估计器必须使参数 $\{r_1, f_1, r_2, f_2\}$ 的四维函数最大。为了减少计算量，我们改用协方差方法(见算法 11.3 和[Kay 1988, pg. 225])，这样只需要解一组线性方程。当然，折中的结果使性能下降，特别是当信噪比较低时，折中是否合理依赖于我们能够容忍性能下降多少。

7.9 算法软件开发

在用计算机模拟测试算法时必须要编程，通常采用 MATLAB。现在只考虑性能评估时的程序，而不考虑实际系统实现时的软件开发。实际系统通常是在一特定的硬件平台用 C++编程实现。由于程序的目的只是性能测试，基本的程序应该是尽可能模仿算法的数学形式。在这一阶段并不关心程序是否编得"漂亮"或者在计算机时间上是否有效率，最关心的问题是精度(作者常常为循环中出现常数计算而怀有内疚之意——幸运的是计算机并不反对这样浪费计算资源)。

算法编程必须在一些小的步骤中实现，在做下一个步骤之前先验证每一个程序段。否则，如果整个算法和性能评估一次编程完成，则不要期待它会运行得好——永远也不要这样做，在编程时每个人都有自己的方法。为了要实现信号处理算法的编程，作者给出下列有用的策略。

1. 用小的代码段编写尽可能简单的程序。
2. 验证每一段。为此可以首先选择无噪声，然后使用大的数据记录。
3. 一旦用于某一特定目的的程序段编好并且经过验证，将它编成一个函数子程序是有益的。
4. 再次利用理论结果已知的情况进行测试。

下面给出一个例子。

例 7.5　混合高斯噪声中样本均值估计器的性能

假定我们希望确定数据模型为 $x[n] = A + w[n]\,(n = 0, 1,\cdots, N-1)$ 的 A 的样本均值估计器的 MSE，其中 $w[n]$是 IID 噪声，PDF 为混合高斯的，

$$p_W(w) = (1-\varepsilon)\frac{1}{\sqrt{2\pi\sigma_1^2}}\exp\left(-\frac{1}{2\sigma_1^2}w^2\right) + \varepsilon\frac{1}{\sqrt{2\pi\sigma_2^2}}\exp\left(-\frac{1}{2\sigma_2^2}w^2\right)$$

这个 PDF 在 4.6 节描述过。我们希望产生一个 MSE 与 A 之间的曲线，其中数据记录长度 N 和噪声参数$\varepsilon,\sigma_1^2,\sigma_2^2$的值给定。假定 $1 \leqslant A \leqslant 5$，$N = 10$，$\varepsilon = 0.1$，$\sigma_1^2 = 1$，$\sigma_2^2 = 100$。第一步是产生 IID 噪声样本，这要求使用 rand，它能够以概率 $1-\varepsilon$和ε选择高斯分量。一旦高斯分量被选择，用 randn 产生高斯随机变量的实验结果。由于这个实验结果是从计算机运行(computer run)到计算机运行的随机变量，用 rand('state',0)和 randn('state',0)设置每个随机数产生器的初始值。将这些随机数固定是有好处的。否则，每次程序运行时将产生不同的随机数，给程序的调试带来很大的难题。当程序调好后，如果需要，可以去掉随机数的初始化。下面的程序产生具有指定参数的混合高斯噪声的 N 个样本的一个现实。

```
clear all             % always clear out all "stale" data values
rand('state',0)       % initialize uniform random number generator
randn('state',0)      % initialize Gaussian random number generator
epsilon=0.1;          % set noise parameters
sig21=1;
sig22=100;
N=10;                 % set data record length
u=rand(N,1);% uniform random variable outcomes used
                      % to choose Gaussian components
    for i=1:N
      if u(i)<1-epsilon  % choose first Gaussian component
                         % with probability 1-epsilon
         w(i,1)=sqrt(sig21)*randn(1,1);  % scale to obtain
                                          % correct variance
      else % choose second Gaussian component with probability epsilon
         w(i,1)=sqrt(sig22)*randn(1,1);  % scale to obtain
                                          % correct variance
      end
    end
```

如何测试这段程序呢？众所周知的测试情况是零均值、单位方差的高斯 PDF，令 epsilon=0 就可以得到这种特殊情况。当 $N = 10\,000$ 时运行，用 pdf_hist_est.m 估计 PDF(细节请参见 6.4.6 节)产生图 7.12(a)中估计的 PDF。(注意，样本是 IID，所以 $N = 10\,000$ 可以认为是单个随机变量 W 的 10 000 个实验结果)。将其与理论的 PDF 进行比较，理论的 PDF 为

$$p_W(w) = \frac{1}{\sqrt{2\pi}}\exp\left(-\frac{1}{2}w^2\right)$$

可以看出拟合得很好。还应该检验均值和方差，看看这些估计值是否分别靠近真实值 0 和 1。由于我们只测试了单一高斯模式的情况，还必须检验程序是否产生混合 PDF。很容易看出这种情况，只需要给每一个高斯模式加一个常数+5 和–5，使得两种模式是分开的。此外，令$\varepsilon = 0.5$和$\sigma_1^2 = \sigma_2^2 = 1$，使得两种模式是等高的。在这种情况下，理论的 PDF 为

$$p_W(w) = \frac{1}{2}\frac{1}{\sqrt{2\pi}}\exp\left(-\frac{1}{2}(w-5)^2\right) + \frac{1}{2}\frac{1}{\sqrt{2\pi}}\exp\left(-\frac{1}{2}(w+5)^2\right)$$

我们应该看到图 7.12(a)的两个部分，一个以 $w=5$ 为中心，另一个以 $w=-5$ 为中心，每一个都有图 7.12(a)中看到的高度的 1/2。程序如下:

```
clear all
rand('state',0)
randn('state',0)
epsilon=0.5;
sig21=1;
sig22=1;
N=10000;
u=rand(N,1);
    for i=1:N
       if u(i)<1-epsilon
           w(i,1)=sqrt(sig21)*randn(1,1)-5;      % now add -5 for
                                                 % validation purposes only
       else
           w(i,1)=sqrt(sig22)*randn(1,1)+5;      % now add +5 for
                                                 % validation purposes only
       end
    end
    [xx,pdfest]=pdf_hist_est(w,50,1,-10,10,0.5);
```

运行结果显示在图 7.12(b)中。

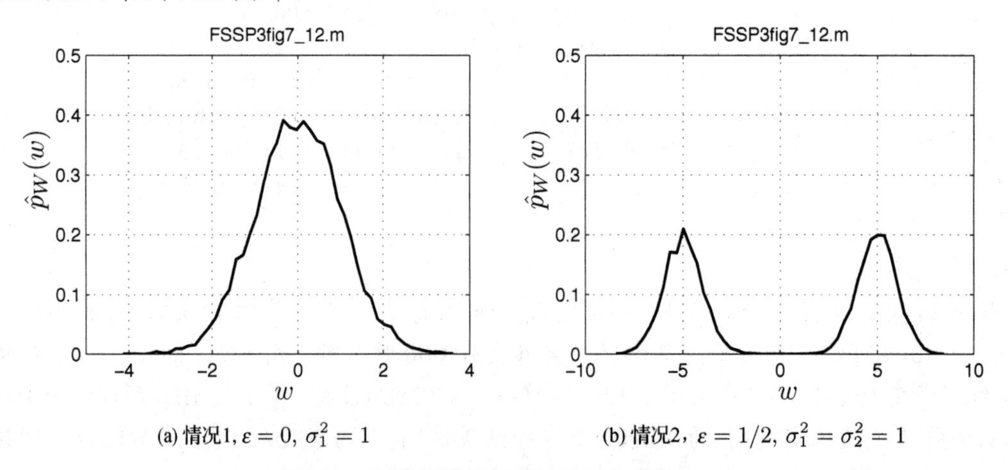

(a) 情况1, $\varepsilon = 0$, $\sigma_1^2 = 1$　　(b) 情况2, $\varepsilon = 1/2$, $\sigma_1^2 = \sigma_2^2 = 1$

图 7.12　两种测试情况估计的混合高斯 PDF

接下来，将混合高斯数据的产生过程编写为函数子程序是十分方便的。下面是函数子程序，这个程序放在随书光盘上。

```
% Gaussmix_gendata.m
%
% This program generates a realization of IID Gaussian mixture noise
% given the mixture parameters and the noise variances.
%
%  Input Parameters:
%
%    sig21   - variance of first component of Gaussian mixture
%    sig22   - variance of second component of Gaussian mixture
%    epsilon - mixing probability
%    N       - number of data points desired
%
%  Output Parameters:
%
%    x   - array of dimension Nx1 of data samples
%
function x=Gaussmix_gendata(sig21,sig22,epsilon,N)
   u=rand(N,1);
   for i=1:N
     if u(i)<1-epsilon
        x(i,1)=sqrt(sig21)*randn(1,1);
     else
        x(i,1)=sqrt(sig22)*randn(1,1);
     end
   end
```

很容易编写接下来的程序。变量之间几乎没有交互，并为将来所有的工作提供了一个子程序。注意，这个函数子程序应该在原始程序中进行测试，确保输出是相同的[不要忘记在调用函数子程序之前使用 rand('state',0)和 randn('state',0)]。

接下来模拟数据记录长度为 $N=10$ 的混合高斯噪声中的 DC 电平。使用下列程序进行 10 000 次的实验。

```
clear all
rand('state',0)
randn('state',0)
epsilon=0.1;
sig21=1;
sig22=100;
N=10;
A=1;
  for i=1:10000
  x=A+Gaussmix_gendata(sig21,sig22,epsilon,N);
  Ahat(i,1)=mean(x);
  end
```

运行这个程序将产生 A 的 10 000 个估计，即 10 000 个样本均值 $\hat{A}=(1/N)\sum_{n=0}^{N-1}x[n]$。由于样本均值是无偏的，MSE 应该等于方差。对于本例，$\hat{A}$ 的方差为

$$\mathrm{var}(\hat{A}) = \mathrm{var}(W)/N = \frac{(1-\varepsilon)\sigma_1^2 + \varepsilon\sigma_2^2}{N} = 1.09$$

因此，加上代码

```
mse=sum((Ahat-A).^2)/10000
var_theory=((1-epsilon)*sig21+epsilon*sig22)/N
```

得出 mse=1.1018 和 var_theory=1.0900，与理论分析结果一致。最后，将代码加到不同 A 值的循环程序中。◊

7.10　算法文档

整理正确的算法文档不是一个轻松的过程。但如果算法要被其他人可靠地使用，则整理文档是必须的。如果算法要与已有的算法进行比较，在系统中实现或用做进一步开发的基础，那么一份完全描述“内部工作”的文档总是成功的第一步。在附录 7A 中给出了这种文档中建议列出的信息检查表，附录 7B 给出了文档的一份样本。

7.11　小结

- 算法开发的第一步就是要用计算机模拟来实现算法，这样允许我们快速地研究性能、对于设计参数的稳健性、计算的复杂度，也可以考察算法内部的工作过程。
- 在使用实际的现场数据之前，先用计算机产生的数据测试算法，因为计算机产生的数据容易控制，而现场数据不易控制。
- 要使用统计的性能测度。
- 在计算机的性能评估中，确保使用了足够的实验。增加实验次数，直到性能指标给出一致的结果。
- 使用性能边界与算法的性能进行比较。这样做有时会指出一些解析的或者软件实现的错误，也可以给出与最佳算法相比在性能上的损失。
- 在没有确定近似是好的之前，永远都不要用渐近的解析结果来确定算法的性能。类似地，也不要用渐近的结果与竞争的算法进行比较，除非在两种算法的工作条件下，渐近的近似是有效的。
- 算法一旦建立，就要用理想的计算机数据进行测试，通过改变设计参数来测试算法的稳健性。
- 使用标准检查程序来评估算法性能。
- 使用相同的数据假定来仔细比较算法。
- 如果算法的性能太好以至于不敢相信是真的，那可能就不是真的(没有免费的午餐)。
- 在对算法进行软件编程时，尽可能地接近数学表达式，为了精度而牺牲代码的效率。
- 给出算法的详细文档，以便用做进一步的参考或与他人共享。

参考文献

Jenkins, G.M., D.G. Watts, *Spectral Analysis and Its Applications*, Holden-Day, San Francisco, 1968.

Kay, S., *Modern Spectral Estimation: Theory and Application*, Prentice-Hall, Englewood Cliffs, NJ, 1988.

Kay, S., *Fundamentals of Statistical Signal Processing: Estimation Theory, Vol. I*, Prentice-Hall, Englewood Cliffs, NJ, 1993.

Kay, S., *Fundamentals of Statistical Signal Processing: Detection Theory, Vol. II*, Prentice-Hall, Englewood Cliffs, NJ, 1998.

Rubinstein, R.Y., *Simulation and the Monte Carlo Method*, Wiley, NY, 1981.

附录 7A　算法描述文档中包括的信息检查表

问题与目标

- 检测、估计、分类等
- 性能准则的度量指标(ROC，MSE 等)

历史

- 方法是标准的，采用前面的方法或新方法
- 已知的最佳方法
- 在其他领域提出的方法——成功的及难度
- 提供所有用过的字母缩写对照表

假设

- 必要的先验知识
- 哪些是假定已知的，哪些是未知的且必须估计(现场的或从其他数据源)
- 所做的统计假设

数学模型

- 使用方程描述的模型
- 信号和噪声模型
- 概率密度函数

算法描述

- 文字描述——算法是如何工作的，为什么它应该工作(不用方程)
- 使用伪代码描述的方框图和等式编号(也可以是与 MATLAB 程序代码互相参考的等式编号)
- 计算的复杂度

算法实现

- 偏离方程或者技巧的使用(如用来实现傅里叶变换的 FFT)

MATLAB 实现

- 程序应该易于跟随！尽可能地使用函数子程序
- 使用等式编号参考的文档代码
- 流程图
- 变量的描述(使用与方程匹配的变量名)
- 使用的计算技巧
- 工具箱或要求的支持程序
- 典型的运行持续时间
- MATLAB 版本号
- 验证测试情况

计算机模拟数据的性能

- 重复性——设置随机数产生器的起始状态
- 用过的参数表
- 计算机模拟数据得到的结果
- 如果可能，与理论结果进行比较
- 与性能边界进行比较，如检测问题与匹配滤波器进行比较，分类问题与最大后验判决准则进行比较

现场数据的性能

- 用过的参数表
- 根据现场数据得到的结果
- 与标准检查程序性能的比较

强/弱关系

- 什么时候算法工作得好/什么时候不好？
- 根据文献的类似结果，提出的算法可能成功的其他证据
- 对假设和参数值进行的灵敏度分析
- 如果本质上是迭代的，相关的收敛问题

参考文献

- 公开的文献
- 专有资料

附录

- 数学推导
- 所有 MATLAB 程序清单(程序必须存档)

附录 7B　算法描述文档样本

一种计算有效的正弦检测器

摘要

本文提出了一种高斯白噪声中未知频率的正弦检测算法，证明了这种算法的计算复杂性要优于广义似然比检验，而性能要优于能量检测器。

7B.1　问题与目标

问题是要检测噪声中具有未知频率的单一的正弦信号。假定评估性能用到的度量指标是接收机工作特性(ROC)。其目标是要减少实现广义似然比检验的运算量，广义似然比检验首先必须估计频率。

7B.2　历史

该问题的最佳方法是广义似然比检验(GLRT)[1]，这里描述的方法类似于[2]中提出的复高斯白噪声(CWGN)中复正弦信号的检测方法。这里的数据是实的，所以前面的方法并不能应用。已经证明了这种方法的性能和 GLRT 差不多，但计算量小。

7B.3　假设

假定正弦信号的频率是未知的，但是在一定的范围内，正弦的幅度和相位是已知的。噪声假定为高斯白噪声，如果只考虑 ROC，噪声的方差不必是已知的。然而，为了对于给定的虚警概率设置门限，噪声方差已经是已知的。此外，信号的持续时间也是已知的。

7B.4　数学模型

信号为

$$s[n]=\cos(2\pi f_0 n) \qquad n=0,1,\cdots,N-1$$

其中 f_0 是未知频率，已知它的取值在区间$[f_{0_{\min}},f_{0_{\max}}]$内。噪声假定是 WGN，方差为$\sigma_w^2$[3, pg.528]。接收数据假定为：当没有信号时 $x[n]=w[n]$，当有信号时 $x[n]=s[n]+w[n]$，$n=0, 1, \cdots, N-1$。

7B.5　算法描述

提出的检测算法为：如果数据的自相关产生大过零的值，则判信号存在。这是基于这样的假设：正弦信号的自相关序列是正的，而 WGN 的自相关序列对于比零大的步长在理论上为零（对于给定的频率范围）。为了理解这一点，请注意数据集的步长为 1 的自相关定义为

$$T_{ac}(\mathbf{x})=\sum_{n=0}^{N-1}x[n]x[n+1] \tag{7B.1}$$

其中 $\mathbf{x}=[x[0]x[1]\cdots x[N-1]]^{\mathrm{T}}$。如果只有噪声，那么上式的平均为

$$\begin{aligned}E[T_{ac}(\mathbf{x})] &= E\left[\sum_{n=0}^{N-1} w[n]w[n+1]\right]\\ &= \sum_{n=0}^{N-1} E[w[n]w[n+1]]\\ &= \sum_{n=0}^{N-1} E[w[n]]E[w[n+1]] = 0\end{aligned}$$

其中 $E[\cdot]$表示数学期望。最后一步是根据噪声为 WGN 的假设得出的，WGN 是零均值和不相关的[3]。另一方面，正弦信号的自相关为

$$\begin{aligned}T_{ac}(\mathbf{x}) &= \sum_{n=0}^{N-1} \cos(2\pi f_0 n)\cos(2\pi f_0(n+1))\\ &= \sum_{n=0}^{N-1}\left[\frac{1}{2}\cos(2\pi f_0) + \frac{1}{2}\cos(2\pi f_0(2n+1))\right]\\ &\approx \frac{N}{2}\cos(2\pi f_0) + 0\end{aligned}$$

二倍频项相对于第一项而言是一个小的值。注意，f_0 应该是在 0 和 1/4 之间，否则 $\cos(2\pi f_0)$ 可能为零(例如，$f_0 = 1/4$)，甚至为负的。这是在允许的频率范围之内。

提出的算法有适中的计算复杂度，这是因为根据式(7B.1)，乘/加运算数是 N 量级的。而即使是 FFT，要求的乘/加运算也是 $N\log_2 N$ 量级的。

其他能用做性能的标准检查程序的检测器有：匹配滤波器，假定 f_0 是已知的，它的性能用做性能的上界。而能量检测器通常在没有信号信息时采用。这两种检测器如下：

匹配滤波器为

$$T_{mf}(\mathbf{x}) = \sum_{n=0}^{N-1} x[n]\cos(2\pi f_0 n) \tag{7B.2}$$

能量检测器为

$$T_{ed}(\mathbf{x}) = \sum_{n=0}^{N-1} x^2[n] \tag{7B.3}$$

自相关检测器的性能要比匹配滤波器差，但要优于能量检测器。

由于算法非常简单，无须提供算法的伪码。

7B.6 算法实现

使用 MATLAB 实现将非常简单。

7B.7 MATLAB 实现

参见 7B.12 节的 MATLAB 程序 `detection_demo.m` 以及支持程序，图 7B.1 给出了程序 `detection_demo.m` 的流程图。

MATLAB 版本是 R2006A，没有使用工具箱。表 7B.1 给出了变量的对照表。验证测试情况在程序中给出，程序的运行时间大约 10 秒，没有使用计算技巧。

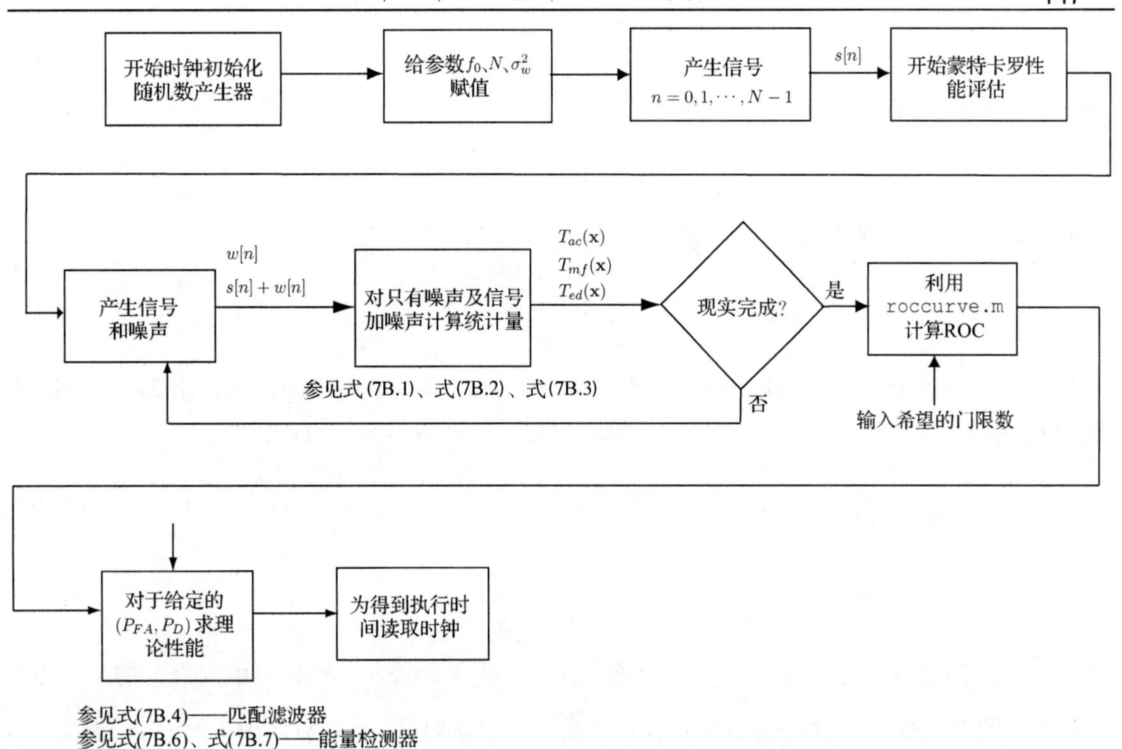

图 7B.1　计算机程序 detection_demo.m 的流程图

表 7B.1　符号与 MATLAB 变量对照表

符号	MATLAB 变量	描述
f_0	f0	频率
N	N	数据记录长度
$s[n]$	s	信号
$w[n]$	w	噪声
n	n	时间索引
σ_w^2	varw	噪声方差
$T_{ac}(\mathbf{x})$	Tac_0, Tac_1	自相关器
$T_{mf}(\mathbf{x})$	Tmf_0, Tmf_1	匹配滤波器
$T_{ed}(\mathbf{x})$	Ted_0, Ted_1	能量检测器
d^2	d2	偏差系数
P_{FA}	Pfa	虚警概率
P_D	Pd	检测概率
γ	gamma	门限

7B.8　计算机产生数据的性能

表 7B.2 列出了模拟中用到的数据参数值，图 7B.2 显示了结果，其中画出了 ROC(检测概率 P_D 与虚警概率 P_{FA} 的关系曲线)。不出所料，匹配滤波是最好的，对于大部分的 P_{FA} 值，能量检测器是最差的，而相关检测器居中。我们可以得到匹配滤波器和能量检测器性能的解析表达式，匹配滤波器的性能为[1, pg.103]

$$P_D = Q(Q^{-1}(P_{FA}) - \sqrt{d^2}) \tag{7B.4}$$

其中的 Q 函数定义为

$$Q(x) = \int_x^\infty \frac{1}{\sqrt{2\pi}} \exp\left[-\frac{1}{2}t^2\right] \mathrm{d}t$$

它的反函数 Q^{-1} 为得到特定 $Q(x)$ 值的 x。d^2 为偏差系数，定义为

$$d^2 = \frac{\sum_{n=0}^{N-1} s^2[n]}{\sigma_w^2} \tag{7B.5}$$

当 $P_{FA}=0$、$d^2=7.1642$ 时，使用 MATLAB 程序 `detection_demo.m`，计算得到理论性能为 $P_D=0.9185$，与图 7B.2 的结果是一致的。能量检测器的性能为(见 7B.12 节)

$$P_{FA} = Q_{\chi_N^2}\left(\frac{\gamma}{\sigma_w^2}\right) \tag{7B.6}$$

$$P_D = Q_{\chi_N'^2(d^2)}\left(\frac{\gamma}{\sigma_w^2}\right) \tag{7B.7}$$

其中 $Q_{\chi_N^2}(x)$ 为自由度为 N 的中心 χ^2 随机变量的右尾概率，$Q_{\chi'^2(d^2)}(x)$ 为自由度为 N 的非中心 χ^2 随机变量的右尾概率，非中心参数为 d^2[1, pg.26]。当 $\gamma=61$ 时，使用 MATLAB 程序 `detection_demo.m` 计算得到理论性能为 $P_{FA}=0.2061$、$P_D=0.5365$，与图 7B.2 给出的结果一致。

自相关检测器的理论性能很难求得。

表 7B.2 模拟中用到的变量的值

符号	MATLAB 变量	值	描述
f_0	`f0`	0.025	频率
N	`N`	25	数据记录长度
σ_w^2	`varw`	2	噪声方差

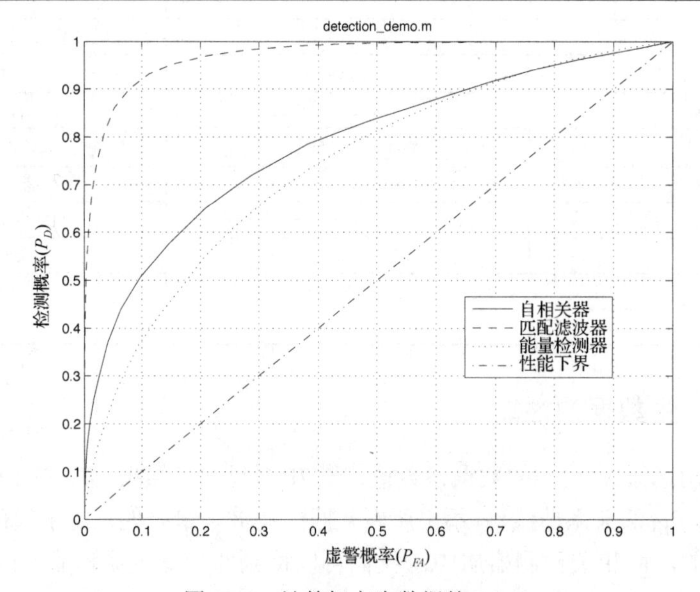

图 7B.2 计算机产生数据的 ROC

7B.9　现场数据的性能

1. 列出使用的参数
2. 对于提供的测试数据，显示提出的算法的结果
3. 将提出的算法与标准检查程序的性能进行比较

7B.10　强/弱关系

正如前面提到的，频率需要在指定的范围内，算法的性能与频率有很大的关系。图 7B.3 给出了一个例子，其中的频率为 $f_0 = 0.15$，应该将此图与图 7B.2 进行比较。从图 7B.3 可以看出，能量检测器的性能优于提出的算法。

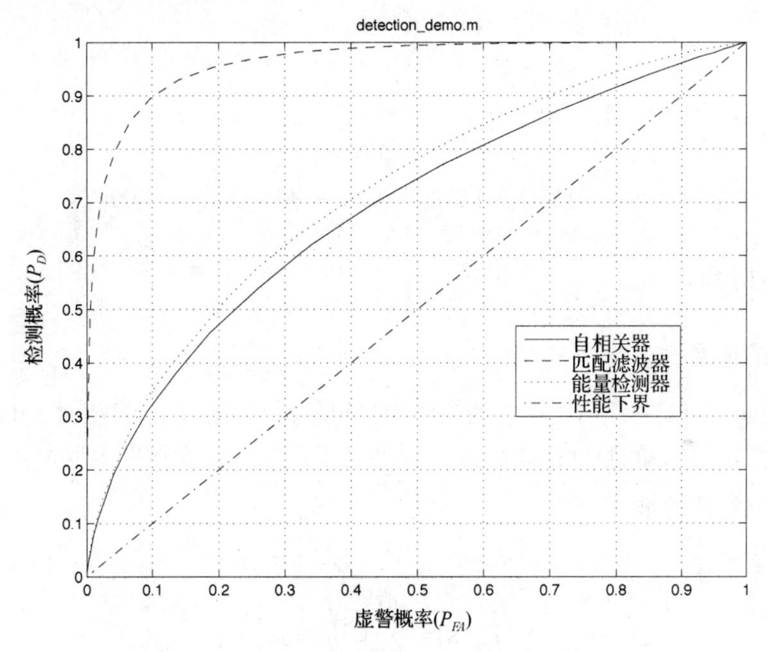

图 7B.3　计算机产生数据的 ROC——频率的影响

高斯白噪声的假定也很关键，如果将 WGN 用均匀噪声代替，算法的性能也很差。白色均匀噪声定义为独立同分布的噪声样本，其概率密度在区间$[-\sqrt{3\sigma_w^2},\sqrt{3\sigma_w^2}]$上是均匀的。计算机模拟数据的结果显示于图 7B.4 中，应该将此图与图 7B.2 进行比较。从图 7B.4 可以看出，现在能量检测器的性能要优于提出的算法。

7B.11　参考文献

1. S. Kay, *Fundamentals of Statistical Signal Processing: Detection Theory*, Prentice-Hall, Upper Saddle, NJ, 1998.
2. S. Kay, "Robust Detection via Autoregressive Spectrum Analysis", *IEEE Trans. on Acoustics, Speech, and Signal Processing*, pp. 256-269, April 1982.
3. S. Kay, *Intuitive Probability and Random Processes Using MATLAB*, Springer, NY, 2006.

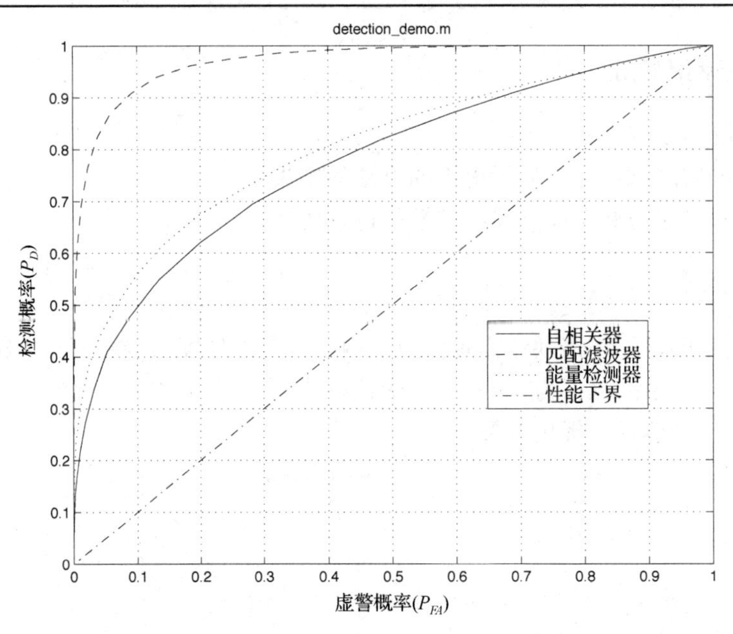

图 7B.4　计算机产生数据的 ROC——噪声统计特性的影响

7B.12　支持材料

改善性能的证据

对于复数据，在[2]中证明了提出的检测器(当幅度归一化为 1 时)相对于 GLRT 有 2.5 dB 的损失。频率假定为未知的且可以取任何值，而不是限制为某个区间上取值。

能量检测器性能的推导

能量检测器定义为：如果

$$T_{ed}(\mathbf{x}) = \sum_{n=0}^{N-1} x^2[n] > \gamma$$

判有信号。当只有噪声时，$x[n] = w[n]$，$w[n]$是方差为σ_w^2的 WGN。因此，

$$\begin{aligned}
P_{FA} &= P[T_{ed}(\mathbf{x}) > \gamma] = P\left[\frac{T_{ed}(\mathbf{x})}{\sigma_w^2} > \frac{\gamma}{\sigma_w^2}\right] \\
&= P\left[\sum_{n=0}^{N-1}\left(\frac{x[n]}{\sigma_w}\right)^2 > \gamma / \sigma_w^2\right] \\
&= P[\chi_N^2 > \gamma / \sigma_w^2] \\
&= Q_{\chi_N^2}\left(\frac{\gamma}{\sigma_w^2}\right)
\end{aligned}$$

当有信号时，我们有

$$P_D = P\left[\sum_{n=0}^{N-1}\left(\frac{x[n]}{\sigma_w}\right)^2 > \gamma / \sigma_w^2\right]$$

但现在每一个 $x[n]/\sigma_w$ 是高斯的且非零均值为 $s[n]/\sigma_w$、方差为 1，因此，

$$\sum_{n=0}^{N-1}\left(\frac{x[n]}{\sigma_w}\right)^2$$

是非中心 χ^2 随机变量，非中心参数为

$$\sum_{n=0}^{N-1}\left(\frac{s[n]}{\sigma_w}\right)^2$$

结果在式(7B.6)和式(7B.7)中给出。

MATLAB 程序

这个程序以及要求的外部程序包含在随书光盘上。

detection_demo.m

```
% detection_demo.m
%
% This program compares the performance of an autocorrelator detector
% with that of a matched filter and an energy detector by computing a
% receiver operating characteristic (ROC). The signal is
% a sinusoid of unknown frequency embedded in white Gaussian noise.
%
%
% Input parameters:
%
% f0 - frequency of sinusoidal signal(0<f0<0.25)
% N  - number of samples in data record
% varw - variance of white Gaussian noise
% nreal - number of realizations used to generate ROC
%
% Output parameters:
%
%  Pfa - array of dimension ngam x 1 containing Pfa values
%  Pd  - array of dimension ngam x 1 containing Pd values
%
% Verification of program:
%
% The exact values for the various detectors should be:
% for the autocorrelator, Pfa_ac(25)=0.0981, Pd_ac(25)=0.5069
% for the matched filter, Pfa_mf(25)=0.1575, Pd_mf(25)=0.9540
% for the energy detector, Pfa_ed(25)= 0.0428, Pd_ed(25)= 0.2270
%
% External programs required:
%
% roccurve.m    - used to compute the ROC
% Q.m           - used to compute Q function (see [1, pg. 50])
% Qinv.m        - used to compute inverse Q function (see [1, pg. 51])
```

```
% Qchipr2      - used to compute right-tail-probability for
%                central and noncentral chi-squared probability density
%                function (see [1, pg. 55])
%
clear all
close all
timestart=clock; % clock time when program begins
randn('state',0) % set random number generator to fixed initial state to
% generate same set of noise samples each time this program is run
rand('state',0)
f0=0.025;
% f0=0.15; % change to this frequency to show sensitivity to frequency
N=25;
n=[0:N-1]'; % integer time samples
s=cos(2*pi*f0*n); % generate signal
varw=2;
nreal=10000;
for i=1:nreal % compute realizations of detector test statistics
    w=sqrt(varw)*randn(N,1); % generate white Gaussian noise
%    w=sqrt(12*varw)*(rand(N,1)-0.5); %generate white uniform noise to show
                                     % effect of noise statistics
    x=s+w;                           % generate signal plus noise
    Tac_0(i,1)=sum(w(1:N-1).*w(2:N));% autocorrelation test statistic for
                                     % noise only - see (7B.1)
    Tac_1(i,1)=sum(x(1:N-1).*x(2:N));% autocorrelation test statistic for
                                     % signal plus noise
    Tmf_0(i,1)=w'*s; % matched filter test statistic - see (7B.2)
    Tmf_1(i,1)=x'*s;
    Ted_0(i,1)=w'*w; % energy detector test statistic - see (7B.3)
    Ted_1(i,1)=x'*x;
end
ngam=50; % number of thresholds used to determine (Pfa,Pd) pairs
[Pfa_ac,Pd_ac,gam]=roccurve(Tac_0,Tac_1,ngam);
[Pfa_mf,Pd_mf,gam]=roccurve(Tmf_0,Tmf_1,ngam);
[Pfa_ed,Pd_ed,gam]=roccurve(Ted_0,Ted_1,ngam);
plot(Pfa_ac,Pd_ac,Pfa_mf,Pd_mf,Pfa_ed,Pd_ed,[0:0.01:1]',[0:0.01:1]')
xlabel('Probability of false alarm (Pfa)')
ylabel('Probability of detection (Pd)')
legend('autocorrelator','matched filter','energy detector', 'lower bound')
title('detection\_demo.m')
grid
d2=s'*s/varw; % This is deflection coefficient - see (7B.5)
Pfa_mft=0.1; Pd_mft=Q(Qinv(Pfa_mft)-sqrt(d2)) % matched filter theoretical
                                               % Pd - see (7B.4)
gamma=61;epsilon=0.01;
Pfa_edt=Qchipr2(N,0,gamma/varw,epsilon) % energy detector theoretical
                                        % Pfa - see (7B.6)
```

```
Pd_edt=Qchipr2(N,d2,gamma/varw,epsilon) % energy detector theoretical
                                        % Pd - see (7B.7)
runtime=clock-timestart % total run time
```

附录 7C　练习解答

为了得到下面描述的结果，在任何代码的开头分别用 rand('state',0)和 randn('state',0)初始化随机数产生器。这些命令分别是均匀随机数和高斯随机数产生器。

7.1　对于观测到的中位数，估计的 PDF 看起来非常类似于图 7.2(b)。如果方差是根据计算机模拟估计的，则应该求得样本均值 $\hat{A}_2$ 的方差为 0.0037，而中位数估计器 $\hat{A}_{\text{med}}$ 的方差是 0.0047，稍大一些。运行随书光盘上的程序 FSSP3exer7_1.m，可以产生这些结果。

7.2　为了证明两种估计器是无偏的，我们有

$$\begin{aligned}E[\hat{A}_1] &= E[x[0]] = E[A + w[0]]\\ &= E[A] + E[w[0]] \quad \text{(数学期望的线性性)}\\ &= A + E[w[0]] \quad \text{(常数的数学期望是常数)}\\ &= A \quad \text{(噪声的均值为零)}\end{aligned}$$

对于 $\hat{A}_2$ 是类似的，我们有

$$\begin{aligned}E[\hat{A}_2] &= E\left[\frac{1}{3}(x[0] + x[1] + x[2])\right]\\ &= \frac{1}{3}(E[x[0]] + E[x[1]] + E[x[2]]) \quad \text{(数学期望的线性性)}\\ &= \frac{1}{3}(A + A + A) = A\end{aligned}$$

方差为

$$\begin{aligned}\text{var}(\hat{A}_1) &= \text{var}(x[0])\\ &= \text{var}(A + w[0])\\ &= \text{var}(w[0]) \quad \text{(加一个常数并不改变方差)}\\ &= \sigma^2\end{aligned}$$

和

$$\begin{aligned}\text{var}(\hat{A}_2) &= \text{var}\left(\frac{1}{3}(x[0] + x[1] + x[2])\right)\\ &= \frac{1}{9}(\text{var}(x[0]) + \text{var}(x[1]) + \text{var}(x[2])) \quad \text{(利用提示)}\\ &= \frac{1}{9}(3\sigma^2) = \frac{\sigma^2}{3}\end{aligned}$$

因此，两个估计器都是无偏的，但 $\text{var}(\hat{A}_2) < \text{var}(\hat{A}_1)$。图 7.2 显示的 PDF 的估计验证了 $\hat{A}_2$ 的方差更小，即 $\hat{A}_2$ 的 PDF 的宽度更小。

7.3 进行 1000 次实验，可以得到下列结果：

$$
\begin{aligned}
b(A) &= 0.0054 \quad \text{样本均值估计器} \\
&= 0.0110 \quad \text{中位数估计器} \\
\operatorname{var}(\hat{A}) &= 0.0949 \quad \text{样本均值估计器} \\
&= 0.1378 \quad \text{中位数估计器} \\
\operatorname{mse}(\hat{A}) &= 0.0949 \quad \text{样本均值估计器} \\
&= 0.1379 \quad \text{中位数估计器}
\end{aligned}
$$

注意到两种估计器的均方误差与方差基本相同，因为偏差的平方几乎为零，相对于方差来说很小。运行随书光盘上的程序 `FSSP3exer7_3.m`，可以产生这些结果。

7.4 应该看到两个几乎相同的 ROC，因为 SNR 在两种情况下是相同的，它们应该与图 7.4 中的曲线相匹配。运行随书光盘上的程序 `FSSP3exer7_4.m`，可以产生这些结果。

7.5 计算机模拟的结果应该与理论的结果相匹配。然而需要注意的是，运行时间非常长，可能要几个小时。运行随书光盘上的程序 `FSSP3exer7_5.m`，可以产生这些结果。

7.6 理论的 P_e 是 0.0377，而计算机模拟结果是 0.0376。运行随书光盘上的程序 `FSSP3exer7_6.m`，可以产生这些结果。

7.7 NP 的理论上界值是 $P_{D_{NP}} = 0.6241$，而立方根检测器的计算机模拟结果是 0.6176，性能的衰减非常小。运行随书光盘上的程序 `FSSP3exer7_7.m`，可以产生这些结果。

7.8 不同 N 值的结果如下：

$$
\begin{aligned}
N = 100 \quad & N\operatorname{var}(\hat{r}_x[2]) = 17.1264 \\
N = 200 \quad & N\operatorname{var}(\hat{r}_x[2]) = 17.3687 \\
N = 300 \quad & N\operatorname{var}(\hat{r}_x[2]) = 17.4578 \\
N = 400 \quad & N\operatorname{var}(\hat{r}_x[2]) = 17.4531 \\
N = 500 \quad & N\operatorname{var}(\hat{r}_x[2]) = 17.4484
\end{aligned}
$$

可以看出，渐近结果如果要成立，大约 $N = 300$ 时就足够了（假定误差不大于 $0.17/N$）。运行随书光盘上的程序 `FSSP3exer7_8.m`，可以产生这些结果。

7.9 当 $0.025 \leqslant f_0 \leqslant 0.475$ ［即 $1/(2N) \leqslant f_0 \leqslant 0.5 - 1/(2N)$ ］时，绝对误差将小于 0.01。运行随书光盘上的程序 `FSSP3exer7_9.m`，可以产生这些结果。

7.10 当 A 大于 2.8 时，新的估计器（是有偏的）将产生大的 MSE。运行随书光盘上的程序 `FSSP3exer7_10.m`，可以产生这些结果。

第 8 章　使用大定理的最佳方法

8.1　引言

本章我们总结用于推导最优统计信号处理算法的数理统计的主要理论，这将作为后续章节所描述算法的基础理论，这些理论都是基于数据的概率密度函数(PDF)的。举例来说，对于在噪声中估计信号的幅度这样的问题，需要明确写出 PDF。因此需要为信号选择一个模型，如同第 3 章讨论的那样，也需要为噪声选择一个模型，如同第 4 章讨论的。例如，高斯白噪声的直流电平问题中假定信号为 $s[n] = A$，其中 A 需要进行估计，噪声假定为已知方差 σ^2 的高斯白噪声，则观测数据为

$$x[n] = A + w[n] \qquad n = 0, 1, \cdots, N-1$$

假定数据集为 $\mathbf{x} = [x[0]x[1]\cdots x[N-1]]^{\mathrm{T}}$，其概率密度函数为

$$\begin{aligned} p(\mathbf{x}) &= \prod_{n=0}^{N-1} \frac{1}{\sqrt{2\pi\sigma^2}} \exp\left[-\frac{1}{2\sigma^2}(x[n]-A)^2\right] \\ &= \frac{1}{(2\pi\sigma^2)^{\frac{N}{2}}} \exp\left[-\frac{1}{2\sigma^2}\sum_{n=0}^{N-1}(x[n]-A)^2\right] \end{aligned} \tag{8.1}$$

这是因为各数据彼此独立，由于假定信号 A 为确定性信号，因此各数据的均值为 A。这样可得观测数据的概率密度函数，并应用适合的理论来确定 A 的最优估计。如同在第 1 章已经讨论的，最优估计器是样本的均值，即 $\hat{A} = (1/N)\sum_{n=0}^{N-1} x[n]$。下面我们会讨论如何得到这个估计器的一些细节问题。注意，概率密度函数的知识在此是至关重要的，没有这些知识，则无法利用任何最优理论，只能寻求准最优性能的估计器。概括来说，我们有

信号 / 噪声模型 + 定理 = 最优算法

为确定最优的算法，需要根据数据特定的概率密度函数来应用定理，这将涉及分析推导。对于某些类型的问题，这些推导已经完成，最优算法是众所周知的，如第 3 章所讨论的线性数据模型。本章后面将讨论这些线性模型的结论。

在进一步讨论之前，需要说明已知概率密度函数的重要性。对于高斯白噪声中的直流电平，观测数据集为 $\{x[0], x[1], \cdots, x[N-1]\}$，除 A 值外，其概率密度函数是已知的。注意，概率密度函数与 A 是有关的，因此可以将 $p(\mathbf{x})$ 写成 $p(\mathbf{x}; A)$。很明显，A 的真实值会影响到数据集的输出，例如 $A = 5$ 且 $\sigma^2 = 1$，则可以预料绝大多数观测数据会在 $5 \pm 3\sigma = 5 \pm 3 = [2, 8]$ 的范围之内，否则 $A = 5$ 的推断将不是一个好的选择。这里描述的最优理论依赖于观测数据值与已知概率密度函数的关联程度。实际上，通过比较数据值发生的频率与已知概率密度函数计算出的数据值，理论应该从数据中最合理地反映参数值、假设的事实等。因此，概率密度函数是

所有最优算法的基石。实际中，为数学处理方便，信号和噪声模型通常假定为高斯概率分布。

当最优算法存在时，除了提供获取最优算法的方法论之外，定理还提供：

1．深入了解算法的运行。当定理运行所需的特定条件没有满足，使得定理不能应用时，这种深入了解对提出新算法特别有用。
2．性能上界。在 7.4 节提到过，这对学习可能有用。
3．通过简单例题(高斯白噪声中的直流电平示例)增强理解。
4．理论的基本扩展。

8.2 大定理

下面我们通过例子来阐述大定理，表 8.1 给出了总结。在[Kay 1993, 1998]的著作中有详细的讨论，读者可以从中参考理论细节和多个示例。对于线性模型这个特定情况(见第 3 章)，大定理将会易于应用并得到清晰的结论。一些结论将在 8.3 节中进行总结。

表 8.1 大定理总结

问题	假定	性能度量	理论	过程
参数估计	常量参数	MVU	8.2.1	若存在，$\hat{\theta}$ 满足 $\frac{\partial \ln p(\mathbf{x};\theta)}{\partial\theta}=I(\theta)(\hat{\theta}-\theta)$
参数估计	随机参数	MMSE	8.2.2	$\hat{\theta}=E[\theta\mid\mathbf{x}]=\frac{\int_{-\infty}^{\infty}\theta_p(\mathbf{x}\mid\theta)p(\theta)\mathrm{d}\theta}{\int_{-\infty}^{\infty}p(\mathbf{x}\mid\theta')p(\theta')\mathrm{d}\theta'}$
检测	假设固定	最小 P_D, P_{FA} 固定	8.2.3	若 $\frac{p(\mathbf{x};\mathcal{H}_1)}{p(\mathbf{x};\mathcal{H}_0)}>\gamma_{NP}$，判决 $\mathcal{H}_1$
分类	假设随机，$M=2$	最小化 P_e	8.2.4	若 $\frac{p(\mathbf{x}\mid\mathcal{H}_1)}{p(\mathbf{x}\mid\mathcal{H}_0)}>\frac{P[\mathcal{H}_0]}{P[\mathcal{H}_1]}$，判决 $\mathcal{H}_1$
分类	假设随机，任意 M	最小化 P_e	8.2.4	若 $P[\mathcal{H}_k\mid\mathbf{x}]=\max_{i=0,1,\cdots,M-1}P[\mathcal{H}_i\mid\mathbf{x}]$，或最小化 $p(\mathbf{x}\mid\mathcal{H}_i)P[\mathcal{H}_i]$，判决 $\mathcal{H}_k$

8.2.1 参数估计

考虑参数θ的估计(比如高斯白噪声中的直流电平估计，$\theta=A$)，已知数据的概率密度函数为 $p(\mathbf{x};\theta)$，最佳估计 $\hat{\theta}$ 定义为无偏($E(\hat{\theta})=\theta$，见 7.3.1 节)及最小方差(所有无偏估计中 $\mathrm{var}(\hat{\theta})$ 最小)。这种估计器称为最小方差无偏(MVU)估计器。实际上，一个 MVU 估计器的方差受限于一个下界，称为克拉美-罗下界(CRLB)。CRLB 由下式计算：

$$\mathrm{var}(\hat{\theta})\geqslant \mathrm{CRLB}=\frac{1}{E\left[-\frac{\partial^2\ln p(\mathbf{x};\theta)}{\partial\theta^2}\right]} \tag{8.2}$$

给定观测数据的函数，即 $\hat{\theta}$，下式对于一个 θ 的正值函数 $I(\theta)$ 成立时，上式可取等号。

$$\frac{\partial \ln p(\mathbf{x};\theta)}{\partial\theta}=I(\theta)(\hat{\theta}-\theta) \tag{8.3}$$

此时，式(8.3)中的 $\hat{\theta}$ 即为 MVU 估计量，其方差由 $\mathrm{var}(\hat{\theta})=1/I(\theta)$ 给定。作为结论，最佳估计器和最小方差由检验得到，关于 CRLB 的深入了解请参见附录 8A。

例 8.1　高斯白噪声中的直流电平

下面我们回答第 1 章中提出的样本的均值估计器为何为最佳估计器。由式(8.1)给出的概率密度函数，有

$$\ln p(\mathbf{x};A)=\ln\left[\frac{1}{(2\pi\sigma^2)^{\frac{N}{2}}}\exp\left(-\frac{1}{2\sigma^2}\sum_{n=0}^{N-1}(x[n]-A)^2\right)\right]$$
$$=-\frac{N}{2}\ln(2\pi\sigma^2)-\frac{1}{2\sigma^2}\sum_{n=0}^{N-1}(x[n]-A)^2$$

可得

$$\frac{\partial\ln p(\mathbf{x};A)}{\partial A}=\frac{1}{\sigma^2}\sum_{n=0}^{N-1}(x[n]-A)$$
$$=\underbrace{\frac{N}{\sigma^2}}_{I(A)}\left(\underbrace{\frac{1}{N}\sum_{n=0}^{N-1}x[n]}_{\hat{A}}-A\right) \tag{8.4}$$

由式(8.3)的形式可得

$$\hat{A}=\frac{1}{N}\sum_{n=0}^{N-1}x[n]$$
$$\operatorname{var}(\hat{A})=\frac{1}{I(A)}=\frac{\sigma^2}{N}$$

因此，可得结论：样本均值即为 MVU 估计器，最小方差为 σ^2/N。 ◊

练习 8.1　CRLB 评估

根据式(8.2)来评估 CRLB，你能得到方差的一些结论吗？ •

下面这个例题是线性模型情形，将在 8.3 节进一步讨论。注意，另一种获得的方式是令 $\partial\ln p(\mathbf{x};A)/\partial A$ 为零来求解，根据式(8.4)可得

$$\frac{1}{\sigma^2}\sum_{n=0}^{N-1}(x[n]-A)=0$$

求解可得 MVU 估计量

$$\hat{A}=\frac{1}{N}\sum_{n=0}^{N-1}x[n]$$

通常，可以通过求解下述方程得到 θ 的 MVU 估计量 $\hat{\theta}$ (当其存在时)，

$$\frac{\partial\ln p(\mathbf{x};\theta)}{\partial\theta}=0 \tag{8.5}$$

这表明 θ 的函数即 $\mathbf{x}$ 为确定的对数似然比函数 $\ln p(\mathbf{x};\theta)$，在 $\hat{\theta}$ 为局部最小值或最大值或转折点。若其为全局最大值，则 MVU 估计器 $\hat{\theta}$ 即为在 θ 取值区间上 $\ln p(\mathbf{x};\theta)$ 最大值的位置，或等

价为在 θ 取值区间上 $p(\mathbf{x};\theta)$ 最大值的位置。具有此性质的估计器称为最大似然估计器(MLE)。由于其在 MVU 估计器不存在时也可应用，是最重要的估计器之一，因而几乎可用于所有实际问题中。在 8.5.1 节将深入讨论，同时请参见附录 8A。

练习 8.2　信号幅度估计

假定数据中信号 $As[n]$除幅度 $A(-\infty < A < \infty)$ 外是已知的，若信号加入了高斯白噪声，即数据模型为

$$x[n] = As[n] + w[n] \qquad n = 0, 1, \cdots, N-1$$

注意，若 $s[n] = 1$，即为我们熟知的高斯白噪声中的直流电平问题。利用式(8.3)求解 A 的最佳估计及其方差，同时证明其是无偏的。为此，注意概率密度函数为式(8.1)的变形。

$$p(\mathbf{x};A) = \frac{1}{(2\pi\sigma^2)^{\frac{N}{2}}}\exp\left[-\frac{1}{2\sigma^2}\sum_{n=0}^{N-1}(x[n]-As[n])^2\right]$$ •

我们将前面的结论总结为如下定理。

定理 8.2.1(MVU 估计器的求解) MVU 估计器是有最小方差的无偏估计器($E[\hat{\theta}]=\theta$)，若其存在，则(实际上)方差必然达到克拉美-罗下界，

$$\mathrm{var}(\hat{\theta}) = \frac{1}{I(\theta)} = \frac{1}{E\left[-\dfrac{\partial^2 \ln p(\mathbf{x};\theta)}{\partial\theta^2}\right]}$$

并可从下述分解式中求得，

$$\frac{\partial \ln p(\mathbf{x};\theta)}{\partial\theta} = I(\theta)(\hat{\theta}-\theta)$$

或等价在 θ 上求解下式

$$\frac{\partial \ln p(\mathbf{x};\theta)}{\partial\theta} = 0$$

求解结果即为 $\hat{\theta}$。

注意，我们附加标注了“实际上”，这是由于存在 MVU 估计器不满足 CRLB 的情况。然而，对于大多数实际问题，这种情况不会出现。同时，即使 CRLB 不能满足，其值对于准最佳估计的潜在性能提升具有指导意义，这将在下面的练习中得到说明。

练习 8.3　应用 CRLB 评估潜在性能提升

在练习 8.2 的数据模型中，令 $s[n]=(1/2)^n$，$n = 0, 1, 2$。A 的一个无偏估计是 $\hat{A}=x[0]$，试确定其方差。并分析 $\hat{A}$ 的 CRLB。对于一个更好的估计器而言，还有多少性能提升空间？ •

前述关于最佳参数估计方法的讨论基于 θ 是一个未知常量的假定，这意味着若用高斯白噪声中的直流电平来产生多组数据集，则 A 的值在各数据集中均相同[尽管噪声样值 $w[n]$ $(n = 0, 1, \cdots, N-1)$在数据集间会随机取值]。但如果每次实验 A 会变化，这将如何影响我们的估计器？举一个物理例子，考虑估计一个给定日期中午 12 点的温度的问题。为此，假定温度读取是有误差的，同时假定温度在正午前后几分钟内是不变的，这样我们在 11：58、11：

59、12：00、12：01 和 12：02 几个时间点读取多个温度，并将读取的温度值进行平均来降低误差。自然，中午的温度每天将会有一些变化，但我们知道八月份罗德岛正午的温度不会是 0°F。因此在读取温度前，就可以将温度限定在一个范围内。可以将正午温度假定为给定概率密度函数的随机变量输出，并利用这些先验知识。举例来说，可以假定正午温度是均值为 70°F、标准差为 5°F 的高斯分布。通过假定先验概率密度函数，可以将 70°F 附近的读取值予以更大的加权，从而利用先验知识得到更好的估计。为此，需要假定不同数据模型，即一个待估参数为随机变量的输出的模型，并利用贝叶斯理论获得最佳估计器，称为贝叶斯方法。前面的数据模型假定温度为未知常量，则称为经典或频率方法。

若高斯白噪声中直流电平 A 的先验概率密度已知，即可应用贝叶斯方法来估计。性能度量(最佳标准)定义为贝叶斯均方误差(MSE)

$$\begin{aligned}\text{Bmse}(\hat{A}) &= E[(A-\hat{A})^2] \\ &= \int_{-\infty}^{\infty}(A-\hat{A})^2 p(\mathbf{x},A)\mathrm{d}\mathbf{x}\mathrm{d}A\end{aligned} \tag{8.6}$$

注意，采用贝叶斯 MSE 这个术语意味着式(8.6)是通过对 $\mathbf{x}$ 和 A 的联合概率密度函数求取均值的，这时 A 假定为随机变量。利用条件概率密度函数[Kay 2006]的概念，联合概率密度函数可写为

$$p(\mathbf{x},A) = p(\mathbf{x}\,|\,A)p(A) \tag{8.7}$$

它由给定 A 值数据的条件概率密度函数 $p(\mathbf{x}\,|\,A)$ 和先验概率密度函数 $p(A)$ 组成。贝叶斯 MSE 通过计算后验概率密度函数 $p(A\,|\,\mathbf{x})$ 的均值达到最小化，均值计算如下：

$$\begin{aligned}\hat{A} &= E[A\,|\,\mathbf{x}] && (p(A\,|\,\mathbf{x})\text{的均值表示}) \\ &= \int_{-\infty}^{\infty} A p(A\,|\,\mathbf{x})\mathrm{d}A && (\text{均值的定义}) \\ &= \int_{-\infty}^{\infty} A\frac{p(\mathbf{x}\,|\,A)p(A)}{p(\mathbf{x})}\mathrm{d}A && (\text{应用贝叶斯公式}) \\ &= \int_{-\infty}^{\infty} A\frac{p(\mathbf{x}\,|\,A)p(A)}{\int_{-\infty}^{\infty} p(\mathbf{x},A')\mathrm{d}A'}\mathrm{d}A && (\text{边缘概率密度函数定义})\end{aligned} \tag{8.8}$$

$$= \frac{\int_{\infty}^{\infty} A p(\mathbf{x}\,|\,A)p(A)\mathrm{d}A}{\int_{-\infty}^{\infty} p(\mathbf{x}\,|\,A')p(A')\mathrm{d}A'} \qquad (\text{应用式(8.7)}) \tag{8.9}$$

计算式(8.9)的贝叶斯最小均方误差(MMSE)估计器(也成为条件均值估计器)需要先验概率密度函数 $p(A)$，对于多参量问题则积分变为更复杂的多维形式。近年来对贝叶斯 MMSE 估计器采用蒙特卡罗计算方法而取得了较大的进展[O'Hagan and Forster 2004]，下面将给出一个贝叶斯 MMSE 估计器的例子。

例 8.2　高斯白噪声中的随机直流电平估计

假定数据集为 $x[n] = A + w[n]$，$n = 0,1,\cdots,N-1$，其中直流电平建模为 $A \sim \mathcal{N}(\mu_A,\sigma_A^2)$，同样 $w[n]$是已知方差为 σ^2 的高斯白噪声。由于 A 建模为随机变量，需要附加假定 A 与 $w[n]$相互独立，那么可知贝叶斯 MMSE 估计器为[Kay 1993, pg. 319]

$$\hat{A}=\alpha\bar{x}+(1-\alpha)\mu_A \tag{8.10}$$

其中 $\bar{x}$ 为样本均值，且

$$\alpha=\frac{\sigma_A^2}{\sigma_A^2+\sigma^2/N}$$

后一表达式为样本均值与 A 的先验估计值，即 μ_A(在观测数据之前)之间的加权系数($0<\alpha<1$)。显然，没有 μ_A,σ_A^2 和 σ^2 的知识，估计器无法实现。附录 8A 解释了为何 μ_A 成为先验估计，以及为何 $E[A|\mathbf{x}]$ 就是贝叶斯 MMSE 估计器。 ◊

练习 8.4 了解随机直流电平估计器

参见式(8.10)的估计器，解释下列条件下的变化情况：

1. 有精确的先验知识，即在估计器中可令 $\sigma_A^2=0$。
2. 没有先验知识，即在估计器中可令 $\sigma_A^2\to\infty$。
3. 数据集足够大，即 $N\to\infty$。 •

贝叶斯 MMSE 估计器总是存在，因而具有吸引力。当最佳估计器及其形式已知，我们只需要进行积分计算即可。唯一的麻烦就是需要附加的假定，即 A 的先验概率密度函数，也就是需要对 A 可能的取值有一些预先知识。如果预先的假定有误，则估计器将不会有好的性能——很可能比经典估计器差。如果希望通过无先验知识，即 $\sigma_A^2\to\infty$ 来保证假定安全，则贝叶斯 MMSE 估计器与经典的均值估计器相同。由于选择经典估计器还是贝叶斯估计器通常是一个有争议的问题(见[Efron 1986]中的观点)，上述结论显然是一个安慰。当有先验知识可用时，通常会采用贝叶斯方法，当没有先验知识时，则采用经典估计器。我们总结前述结论为如下定理。

定理 8.2.2(贝叶斯 MMSE 估计器的求解) 假定参数 θ 为先验概率密度函数为 $p(\theta)$ 的随机变量输出，其贝叶斯 MMSE 估计器为计算后验概率密度函数 $p(\theta|\mathbf{x})$ 的均值，即

$$\hat{\theta}=\frac{\int_{-\infty}^{\infty}\theta_p(\mathbf{x}|\theta)p(\theta)\mathrm{d}\theta}{\int_{-\infty}^{\infty}p(\mathbf{x}|\theta')p(\theta')\mathrm{d}\theta'} \tag{8.11}$$

最小贝叶斯 MSE 为

$$\mathrm{Bmse}(\hat{\theta})=\int\mathrm{var}(\theta|\mathbf{x})p(\mathbf{x})\mathrm{d}\mathbf{x} \tag{8.12}$$

其中 $\mathrm{var}(\theta|\mathbf{x})$ 表示后验概率密度函数 $p(\theta|\mathbf{x})$ 的方差，对 $\mathbf{x}$ 的所有取值积分。

⚠ 贝叶斯与经典估计器的性能比较

由于贝叶斯方法和经典方法对未知参数的假定不同，比较它们的性能其实没什么意义。这就需要选择 θ 的模型，若选择的是常数，则用经典方法；若选择的是随机变量的输出，则为贝叶斯方法。至于经典情况下无偏估计器的最小方差与贝叶斯情况下最小均方误差的性能度量，本质上是不同的，这反映了模型假定的区别。试图去比较这两种估计器如同比较“橘子和苹果”一样(见第 7 章的提示)。 ⚠

我们没有讨论多参数估计的问题，这是由于相关的理论很难，除非是线性模型的情况(见 8.3 节)。理论的拓展可参见[Kay 1993,1998]。

8.2.2　检测

在$\mathcal{H}_1$和$\mathcal{H}_0$两种假设中选择的检测问题在 2.3 节进行了介绍。一般$\mathcal{H}_1$表示噪声中含有信号的假设，$\mathcal{H}_0$表示仅有噪声的假设。选择的原则是，在约束虚警概率为一个很小的值情况下，如$P_{FA}=\alpha$使得检测概率P_D最大化。这意味着当$\mathcal{H}_0$为真时，我们以一个小概率α判决$\mathcal{H}_1$成立，同时判决准则将保证此约束，当$\mathcal{H}_1$为真时，判决准则将使得检测概率P_D最大。如同第 7 章讨论的，在约束P_{FA}的情况下最大化P_D称为奈曼-皮尔逊准则。由 7.3 节可知，在高斯白噪声中直流电平$A>0$存在的最佳判决式为

$$\frac{1}{N}\sum_{n=0}^{N-1}x[n]>\gamma$$

其中γ为由$P_{FA}=\alpha$确定的门限，此即奈曼-皮尔逊(NP)准则的最佳检测器。

奈曼-皮尔逊理论假定两种假设下的概率密度函数是已知的，即当$\mathcal{H}_1$为真时的$p(\mathbf{x};\mathcal{H}_1)$和当$\mathcal{H}_0$为真时的$p(\mathbf{x};\mathcal{H}_0)$。则最佳判决为，若下式成立，则判决$\mathcal{H}_1$为真(存在信号)，

$$L(\mathbf{x})=\frac{p(\mathbf{x};\mathcal{H}_1)}{p(\mathbf{x};\mathcal{H}_0)}>\gamma_{NP} \tag{8.13}$$

其中γ_{NP}为由$P_{FA}=\alpha$确定的门限。注意到$L(\mathbf{x})$称为似然比，是比较在观测数据集$\mathbf{x}$已知时$\mathcal{H}_1$为真和$\mathcal{H}_0$为真的可能性大小。满足不等式(8.13)的数据集$\mathbf{x}$构成判决域，当观测数据落入域中时，我们判决信号存在，如果没有落入，则判决信号不存在。若对不等式进行某种不改变数值的运算，则判决域将不会改变。举例来说，两边同时乘以一个正常数，由于基本不等式没有改变，判决域也将不变，如同不等式$x^2+y^2>1$可以用$2x^2+2y^2>2$代替一样。另一个例子为如下练习，我们将会用到下述操作来简化检测器形式。

练习 8.5　单调递增变换

若$x>1$，即有$\ln(x)>\ln(1)$，绘出当$x>0$时$\ln(x)$与x的关系。如果$x>1$，则对于任意函数g，是否满足$g(x)>g(1)$？如果不满足，举例说明。　•

下面给出采用 NP 准则的高斯白噪声中的直流电平最佳检测器。

例 8.3　高斯白噪声中的直流电平

假定有常规模型$x[n]=A+w[n]$，其中$A>0$但未知，$w[n]$为已知方差σ^2的高斯白噪声。我们基于数据集$x[n]$($n=0,1,\cdots,N-1$)来判决信号是否存在，即是否存在一个已知正值电平($A>0$)或不存在($A=0$)。计算似然比所需的概率密度函数由式(8.1)给出，

$$p(\mathbf{x};\mathcal{H}_1)=\frac{1}{(2\pi\sigma^2)^{\frac{N}{2}}}\exp\left[-\frac{1}{2\sigma^2}\sum_{n=0}^{N-1}(x[n]-A)^2\right]$$

式(8.1)中令$A=0$，有

$$p(\mathbf{x};\mathcal{H}_0)=\frac{1}{(2\pi\sigma^2)^{\frac{N}{2}}}\exp\left[-\frac{1}{2\sigma^2}\sum_{n=0}^{N-1}x^2[n]\right]$$

因此由式(8.13)可得似然比及判决式为

$$L(\mathbf{x})=\frac{\dfrac{1}{(2\pi\sigma^2)^{\frac{N}{2}}}\exp\left[-\dfrac{1}{2\sigma^2}\sum_{n=0}^{N-1}(x[n]-A)^2\right]}{\dfrac{1}{(2\pi\sigma^2)^{\frac{N}{2}}}\exp\left[-\dfrac{1}{2\sigma^2}\sum_{n=0}^{N-1}x^2[n]\right]}>\gamma_{NP} \tag{8.14}$$

两边去自然对数，根据练习 8.5，将不会改变不等式，则有

$$-\frac{1}{2\sigma^2}\left[\sum_{n=0}^{N-1}(x[n]-A)^2-\sum_{n=0}^{N-1}x^2[n]\right]>\ln\gamma_{NP}$$

简化为

$$\frac{A}{\sigma^2}\sum_{n=0}^{N-1}x[n]-\frac{NA^2}{2\sigma^2}>\ln\gamma_{NP} \tag{8.15}$$

由于有 $A>0$ 的假定，两边同时乘以 $\sigma^2/(NA)$ 可得

$$\frac{1}{N}\sum_{n=0}^{N-1}x[n]>\underbrace{\frac{A}{2}+\frac{\sigma^2}{NA}\ln\gamma_{NP}}_{\gamma} \tag{8.16}$$

如同第 7 章给出的结论一样。同时可以证明门限γ为[Kay 1998, pg. 68]

$$\gamma=\sqrt{\frac{\sigma^2}{N}}Q^{-1}(P_{FA})$$

其中 Q 函数的逆，即 Q^{-1}，即为下式的逆函数，

$$Q(x)=\int_x^{\infty}\frac{1}{\sqrt{2\pi}}\exp\left(-\frac{1}{2}t^2\right)\mathrm{d}t$$

最终 $\mathcal{H}_1$ 的最佳判决式为满足下式

$$\frac{1}{N}\sum_{n=0}^{N-1}x[n]>\sqrt{\frac{\sigma^2}{N}}Q^{-1}(P_{FA})$$ ◊

对于这个相对简单的例子来说，检测性能在第 7 章已经给出。注意，由于不等式等价，采用式(8.14)和式(8.16)的检测结果是一样的。式(8.16)的形式更适于观察检测器的运算及更利于解析地确定门限。对于求解检验统计量的概率密度函数这个计算门限的必要步骤来说，推导 $L(\mathbf{x})$ 比推导样本均值的概率密度函数困难得多。我们总结最佳检测器结论如下。

定理 8.2.3(最佳检测器——奈曼-皮尔逊的确定)

在约束虚警概率 $P_{FA}=\alpha$ 情况下最大化检测概率 P_D，最佳检测器判决信号存在如果满足

$$L(\mathbf{x})=\frac{p(\mathbf{x};\mathcal{H}_1)}{p(\mathbf{x};\mathcal{H}_0)}>\gamma_{NP}$$

门限 γ_{NP} 由 P_{FA} 约束确定，

$$P_{FA}=P[L(\mathbf{x})>\gamma_{NP};\mathcal{H}_0]=\alpha$$

为了实现 NP 检测器，需要知道在 $\mathcal{H}_0$ 和 $\mathcal{H}_1$ 假设下的概率密度函数，如果放宽到仅假定 A 值未知且可正可负，则检测器无法实现。后面一个练习就是例子，在这种情况下不存在最佳检测器。对于含有未知参量的信号检测的通用结论仅适用于线性模型，这将在 8.3.2 节进行分析。

练习 8.6　信号知识不足的影响

对于前一个例子，考虑 $N=1$ 的简单情况，式(8.15)变为

$$\frac{A}{\sigma^2}x[0]-\frac{A^2}{2\sigma^2}>\ln\gamma_{NP}$$

令 $\sigma^2=1$、$\gamma_{NP}=e$，确定当 $A=1$ 时所有满足不等式的 $x[0]$值(这称为 $\mathcal{H}_1$ 的判决域)，并分析 $A=-1$ 时的判决域。试说明在应用 NP 定理时我们需要知道 A 值的什么知识？ •

8.2.3　分类

在检测问题中，我们的目标是确定信号存在的 $\mathcal{H}_1$ 和仅有噪声存在的 $\mathcal{H}_0$ 这两个互补假设。当我们希望对数据分成两类时也是面临同样的问题。如在数字通信(见 7.3.3 节)中的目的，就是判决发射的是“0”还是“1”。因此，虽然还是两个互补假设，但两个可能的数据集中均包含信号，当然信号是不同的。在这个例子中，当发射 0 判决 1 或发射 1 判决 0 时，均是等价的错误。因此，将两类错误合并作为性能标准是合理的。与此不同的是，在检测问题中，我们约束当 $\mathcal{H}_0$ 发生时判决 $\mathcal{H}_1$ 的 P_{FA}，并且最大化 P_D，等价于最小化$1-P_D$，即当 $\mathcal{H}_1$ 发生时判决 $\mathcal{H}_0$ 的概率。因此，在检测问题中，两种错误是分开考虑的，并给予虚警概率更多的重视(举例来说，在雷达领域，当发现地方飞行器时马上发射导弹回应是不明智的，可能会在后来证实为虚警)。对于分类问题的合理标准在第 7 章中已进行分析，即为总错误概率 P_e，定义如下：

$$P_e=P[\text{判决}\,\mathcal{H}_1\,|\,\mathcal{H}_0\,\text{为真}]P[\mathcal{H}_0\,\text{为真}]+P[\text{判决}\,\mathcal{H}_0\,|\,\mathcal{H}_1\,\text{为真}]P[\mathcal{H}_1\,\text{为真}] \tag{8.17}$$

我们将两种假设下的先验概率更简洁地表示为 $P[\mathcal{H}_0]=P[\mathcal{H}_0\text{ 为真}]$和 $P[\mathcal{H}_1]=P[\mathcal{H}_1\text{ 为真}]=1-P[\mathcal{H}_0]$。

⚠　检测及分类的假定与性能标准

读者应该注意检测与分类假设问题中的不同假定。在检测问题中，奈曼-皮尔逊准则假定在 $\mathcal{H}_0$ 和 $\mathcal{H}_1$ 假设中只有一个为真。这意味着重复实验也要固定两个假设中的一个为真。但实际上，在第 7 章估计 P_{FA} 和 P_D 的计算机模拟中，数据生成时我们考虑了两种固定情况。这在数据概率密度函数中有所体现，比如 $p(\mathbf{x};\mathcal{H}_0)$ 就是假定 $\mathcal{H}_0$ 为真。对于分类来说，每个假定是否为真取决于随机事件的输出，因此需要指定一个先验概率，比如 $P[\mathcal{H}_0]$。这同样在数据概率密度函数中体现出来，如条件概率密度函数 $p(\mathbf{x}\,|\,\mathcal{H}_0)$。在第 7 章的利用计算机的性能分析中，每次实验中 $\mathcal{H}_0$ 为真还是 $\mathcal{H}_1$ 为真是通过其各自先验概率 $P[\mathcal{H}_0]$和 $P[\mathcal{H}_1]$来模拟的。在分类问题中还假定应用式(8.17)的 P_e 为最佳标准。我们应该谨记这些假定并了解到其本质上是不同的，这些不同造成了经典估计器和贝叶斯估计器的区别。 ⚠

最小化 P_e 准则的判决 $\mathcal{H}_1$ 成立的最佳判决式为

$$L(\mathbf{x})=\frac{p(\mathbf{x}\,|\,\mathcal{H}_1)}{p(\mathbf{x}\,|\,\mathcal{H}_0)}>\frac{P[\mathcal{H}_0]}{P[\mathcal{H}_1]}=\gamma_{MAP} \tag{8.18}$$

其中门限是由先验概率明确给出的。γ 的下标表明是最大后验概率门限，原因将在后面给出。

除门限外，上述判决式与 NP 检测器判决式相近。作为特例，若 $P[\mathcal{H}_0]=P[\mathcal{H}_1]=1/2$，则门限为 1，判决 $\mathcal{H}_1$ 成立即满足

$$p(\mathbf{x}|\mathcal{H}_1)>p(\mathbf{x}|\mathcal{H}_0) \tag{8.19}$$

即我们选择概率密度函数较大的假设成立，这称为最大似然(ML)判决准则。下面给出一个示例。

例 8.4　二元通信系统

假定发射 1 和 0 时接收的单个采样分别为 $x[0]=1+w[0]$ 和 $x[0]=-1+w[0]$，通常假定 $w[0]$ 是方差为 σ^2 的高斯白噪声采样。假定 $P[\mathcal{H}_0]=P[\mathcal{H}_1]=1/2$，即各字节有相同的发射概率。最大似然准则的最佳判决式如式(8.19)所示，即

$$p(x[0]|\mathcal{H}_1)>p(x[0]|\mathcal{H}_0)$$

判决 $\mathcal{H}_1$ 成立，否则判决 $\mathcal{H}_0$ 成立。其中

$$\frac{1}{\sqrt{2\pi\sigma^2}}\exp\left[-\frac{1}{2\sigma^2}(x[0]-1)^2\right]>\frac{1}{\sqrt{2\pi\sigma^2}}\exp\left[-\frac{1}{2\sigma^2}(x[0]+1)^2\right] \tag{8.20}$$

两个概率密度函数在图 8.1 中绘出。可见当 $x[0]>0$ 时，不等式满足，我们应当意识到这两个信号实际上表示两个不同字节，即+1 代表 1，−1 代表 0。 ◊

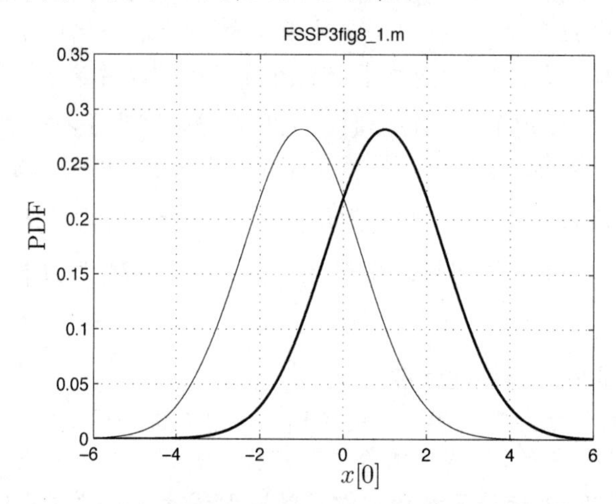

图 8.1　方差 $\sigma^2=2$ 时高斯白噪声中直流电平接收数据采样 $x[0]$的两个概率密度函数，粗线为 $p(x[0]|\mathcal{H}_1)$，细线为 $p(x[0]|\mathcal{H}_0)$

练习 8.7　二元数字通信系统

证明当 $x[0]>0$ 时，不等式(8.20)成立。提示：两边取对数并简化。 •

判决式(8.18)两边可以等价分解为无条件的概率密度函数(正值)

$$p(\mathbf{x})=p(\mathbf{x}|\mathcal{H}_0)P[\mathcal{H}_0]+p(\mathbf{x}|\mathcal{H}_1)P[\mathcal{H}_1]$$

可得

$$\frac{p(\mathbf{x}|\mathcal{H}_1)P[\mathcal{H}_1]}{p(\mathbf{x})}>\frac{p(\mathbf{x}|\mathcal{H}_0)P[\mathcal{H}_0]}{p(\mathbf{x})}$$

根据贝叶斯法则，等价于

$$P[\mathcal{H}_1 \mid \mathbf{x}] > P[\mathcal{H}_0 \mid \mathbf{x}] \tag{8.21}$$

概率 $P[\mathcal{H}_1 \mid \mathbf{x}]$ 和 $P[\mathcal{H}_0 \mid \mathbf{x}]$ 均称为后验概率，分别对应先验概率 $P[\mathcal{H}_1]$ 和 $P[\mathcal{H}_0]$，差别在于后验概率利用了接收数据中假设的信息。这种形式清楚地给出了为什么式(8.18)的判决准则称为最大后验概率(MAP)准则。

实际中非常重要的是，MAP 准则可以容易地应用到多于两个假设的情况。如果有 M 和假设 $\mathcal{H}_0, \mathcal{H}_1, \cdots, \mathcal{H}_{M-1}$，这是分类问题中的常见情形，则由最小化 P_e，若下式满足，我们判决 $\mathcal{H}_k$ 成立。

$$P[\mathcal{H}_k \mid \mathbf{x}] > P[\mathcal{H}_i \mid \mathbf{x}] \qquad \text{对于所有 } i \neq k$$

其中 $i = 0, 1, \cdots, M-1$。也就是说，选择后验概率最大的假设成立。下面总结我们的结论。

定理 8.2.4(最佳分类器的确定)　最佳分类器使得判决错误概率 P_e 最小化。要在 M 个先验概率为 $P[\mathcal{H}_0], P[\mathcal{H}_1], \cdots, P[\mathcal{H}_{M-1}]$ 的假设 $\mathcal{H}_0, \mathcal{H}_1, \cdots, \mathcal{H}_{M-1}$ 中做出最佳判决，应该选择后验概率 $P[\mathcal{H}_i \mid \mathbf{x}]$ 最大的假设成立，其中 $\sum_{i=0}^{M-1} P[\mathcal{H}_i] = 1$，这称为最大后验概率(MAP)准则。后验概率可等价写成

$$P[\mathcal{H}_i \mid \mathbf{x}] = \frac{p(\mathbf{x} \mid \mathcal{H}_i) P[\mathcal{H}_i]}{p(\mathbf{x})}$$

我们也可在所有 i 上选择最大的 $p(\mathbf{x} \mid \mathcal{H}_i) P[\mathcal{H}_i]$。如果假设先验概率相同，即对于所有 i，有 $P[\mathcal{H}_i] = 1/M$，则可简化为最大化 $p(\mathbf{x} \mid \mathcal{H}_i)$，这称为最大似然(ML)准则。

对于两种假设 $\mathcal{H}_0$ 和 $\mathcal{H}_1$ 的特定情况，我们判决 $\mathcal{H}_1$ 成立，如果有

$$\frac{p(\mathbf{x} \mid \mathcal{H}_1)}{p(\mathbf{x} \mid \mathcal{H}_0)} > \frac{P[\mathcal{H}_0]}{P[\mathcal{H}_1]}$$

否则判决 $\mathcal{H}_0$ 成立。若假设先验概率相同，我们就选择最大的 $p(\mathbf{x} \mid \mathcal{H}_i)$ 对应的假设成立。

练习 8.8　二元($M = 2$)分类

考虑例 8.4 的问题。为简化令 $\sigma^2 = 1$，假定用两个+1 样本表示字节 1，两个−1 样本表示字节 0。两个假设概率相同，观测数据概率密度函数为

$$p(x[0], x[1] \mid \mathcal{H}_1) = \frac{1}{2\pi} \exp\left[-\frac{1}{2}(x[0]-1)^2 - \frac{1}{2}(x[1]-1)^2 \right]$$

$$p(x[0], x[1] \mid \mathcal{H}_0) = \frac{1}{2\pi} \exp\left[-\frac{1}{2}(x[0]+1)^2 - \frac{1}{2}(x[1]+1)^2 \right] \tag{8.22}$$

求解最大似然判决，然后利用计算机模拟(见 7.3.3 节)产生 100 个 $(x[0], x[1])$ 的输出，并在 xy 平面上绘出。若 $\mathcal{H}_1$ 成立，用“x”表示，若 $\mathcal{H}_0$ 成立，用“o”表示。然后，画出将平面分成两部分的判决边界，边界一边是 $\mathcal{H}_0$ 成立的点，另一边是 $\mathcal{H}_1$ 成立的点。提示：判决边界应该是一条直线。 •

8.3　线性模型的最佳算法

回顾 3.4 节和 3.5 节给出的线性模型

$$\mathbf{x} = \mathbf{H}\boldsymbol{\theta} + \mathbf{w} \tag{8.23}$$

其中 $\mathbf{x} = [x[0]x[1],\cdots,x[N-1]]^{\mathrm{T}}$ 为数据向量，$\mathbf{H}$ 是已知 $N \times p$ 维的观测矩阵，且 $N > p$，$\boldsymbol{\theta}$ 为 $p \times 1$ 维参数向量，$\mathbf{w}$ 是 $N \times 1$ 维已知方差为 σ^2 的高斯白噪声随机向量。其中 $\mathbf{H}\boldsymbol{\theta}$ 表示确定信号 $\mathbf{s} = \mathbf{H}\boldsymbol{\theta}$，信号幅度是 $\boldsymbol{\theta}$ 的典型表示形式，例如，多项式(直流电平为特殊情形)、正弦波、衰减指数、频率调制这些信号形式均能用线性模型描述。其优势是概率密度函数易于分析，因此可以应用大定理并得到实用算法。进一步，这也易于将前面单一未知参数推广到多参数 $\boldsymbol{\theta} = [\theta_1\theta_2 \cdots \theta_p]^{\mathrm{T}}$ 的情形。

线性模型的概率密度函数是多变量高斯概率密度函数的特例，多变量高斯概率密度函数已有大量的性质分析与结论，大家可以参考[Graybill 1976]来增强理解。概率密度函数的确切形式依赖于是否适于将信号建模为确定性的或随机事件的实现(见第 3 章)。因此，在描述线性模型算法时，需要分别考虑这两种情况。第一种情况，称为经典线性模型，假定 $\boldsymbol{\theta}$ 为确定参量；第二种情况，称为贝叶斯线性模型，假定 $\boldsymbol{\theta}$ 为随机向量的实现。在后一种情况下，我们需要为 $\boldsymbol{\theta}$ 指定一个先验概率密度函数，比如多变量高斯概率密度函数中的均值向量 $\boldsymbol{\mu}_\theta$ 和协方差矩阵 $\mathbf{C}_\theta$。此外，假定 $\boldsymbol{\theta}$ 和 $\mathbf{w}$ 是相互独立的。

下面我们总结各模型的算法，更详细的内容请参考[Kay 1993, 1998]。

8.3.1 参数估计

对于经典线性模型，$\mathbf{x}$ 的概率密度函数为

$$p(\mathbf{x};\boldsymbol{\theta}) = \frac{1}{(2\pi\sigma^2)^{\frac{N}{2}}} \exp\left[-\frac{1}{2\sigma^2}(\mathbf{x} - \mathbf{H}\boldsymbol{\theta})^{\mathrm{T}}(\mathbf{x} - \mathbf{H}\boldsymbol{\theta})\right] \tag{8.24}$$

$\boldsymbol{\theta}$ 的克拉美-罗下界已证明能够达到，最小方差无偏估计为

$$\hat{\boldsymbol{\theta}} = (\mathbf{H}^{\mathrm{T}}\mathbf{H})^{-1}\mathbf{H}^{\mathrm{T}}\mathbf{x} \tag{8.25}$$

这里指出，式(8.25)给出的估计器形式等同于对 $\boldsymbol{\theta}$ 最小化 $J(\boldsymbol{\theta}) = (\mathbf{x} - \mathbf{H}\boldsymbol{\theta})^{\mathrm{T}}(\mathbf{x} - \mathbf{H}\boldsymbol{\theta})$ 得到的最小二乘估计器，如同 3.5 节给出的例子。这是根据式(8.24)给出的线性模型概率密度函数的形式。所以，在经典线性模型情况下，最小二乘估计器是最佳的，这在其他情况下不成立。另外，$\hat{\boldsymbol{\theta}}$ 各元素的方差为

$$\mathrm{var}(\hat{\theta}_i) = \sigma^2[(\mathbf{H}^{\mathrm{T}}\mathbf{H})^{-1}]_{ii} \qquad i = 1, 2, \cdots, p$$

其中 $[\mathbf{A}]_{ii}$ 表示 $\mathbf{A}$ 的第$[i, i]$个元素。经典线性模型估计器的例子在 3.5 节中给出。

对于贝叶斯线性模型，后验概率密度函数为

$$p(\boldsymbol{\theta} \mid \mathbf{x}) = \frac{1}{(2\pi)^{N/2}\det^{1/2}(\mathbf{C}_{\theta|x})} \exp\left[-\frac{1}{2}(\boldsymbol{\theta} - E[\boldsymbol{\theta} \mid \mathbf{x}])^{\mathrm{T}}\mathbf{C}_{\theta|x}^{-1}(\boldsymbol{\theta} - E[\boldsymbol{\theta} \mid \mathbf{x}])\right] \tag{8.26}$$

其均值为

$$E[\boldsymbol{\theta} \mid \mathbf{x}] = \boldsymbol{\mu}_\theta + \left(\mathbf{C}_\theta^{-1} + \frac{1}{\sigma^2}\mathbf{H}^{\mathrm{T}}\mathbf{H}\right)^{-1}\frac{\mathbf{H}^{\mathrm{T}}}{\sigma^2}(\mathbf{x} - \mathbf{H}\mu_\theta) \tag{8.27}$$

协方差矩阵为

$$\mathbf{C}_{\theta|x}=\left(\mathbf{C}_{\theta}^{-1}+\frac{1}{\sigma^{2}}\mathbf{H}^{\mathrm{T}}\mathbf{H}\right)^{-1}$$

由后验概率密度函数均值给出的最小均方估计器为$\hat{\boldsymbol{\theta}}=E[\boldsymbol{\theta}\mid\mathbf{x}]$。

练习 8.9　无先验信息的最小均方估计器

若没有$\boldsymbol{\theta}$的先验信息，就可以表示为令$\mathbf{C}_{\theta}=\sigma_{\theta}^{2}\mathbf{I}$，其中$\sigma_{\theta}^{2}\to\infty$，或等价地有$\mathbf{C}_{\theta}^{-1}=\mathbf{0}$，则式(8.27)给出的最小均方估计器导致的结果是？ •

下面是一个示例。

例 8.5　高斯白噪声中的随机直流电平

作为贝叶斯线性模型的特例，我们令$\boldsymbol{\theta}=A(p=1)$，$\mathbf{H}=[11\cdots1]^{\mathrm{T}}=\mathbf{1}^{\mathrm{T}}$，为$N\times1$维向量，$\boldsymbol{\mu}_{\theta}=\mu_{A}$，$\mathbf{C}_{\theta}=\sigma_{A}^{2}$。这是高斯白噪声中随机直流电平的情况，在例 8.2 中已经提及。根据式(8.27)有

$$\begin{aligned}\hat{A}&=E[A\mid\mathbf{x}]\\&=\mu_{A}+\left(\frac{1}{\sigma_{A}^{2}}+\frac{1}{\sigma^{2}}\mathbf{1}^{\mathrm{T}}\mathbf{1}\right)^{-1}\frac{\mathbf{1}^{\mathrm{T}}}{\sigma^{2}}(\mathbf{x}-\mathbf{1}\mu_{A})\\&=\mu_{A}+\frac{N/\sigma^{2}}{1/\sigma_{A}^{2}+N/\sigma^{2}}\frac{1}{N}(\mathbf{1}^{\mathrm{T}}\mathbf{x}-\mu_{A}\mathbf{1}^{\mathrm{T}}\mathbf{1})\\&=\mu_{A}+\frac{\sigma_{A}^{2}}{\sigma_{A}^{2}+\sigma^{2}/N}(\bar{x}-\mu_{A})\end{aligned}$$

也可以写成式(8.10)的形式。$\hat{A}$的表达式可以看成预测器-相关器形式，第一部分为基于先验信息的预测器，第二部分为基于数据的相关器。 ◊

8.3.2　检测

这里依旧要区分两种情况，首先考虑经典线性模型。在检测中，我们希望判决一个已知信号$\mathbf{s}=\mathbf{H}\boldsymbol{\theta}$是否存在，即$\boldsymbol{\theta}\neq\mathbf{0}$，还是只有噪声存在，即$\boldsymbol{\theta}=\mathbf{0}$。根据式(8.24)给出的概率密度函数，很容易通过计算似然比得到 NP 检测器

$$L(\mathbf{x})=\frac{p(\mathbf{x};\boldsymbol{\theta})}{p(\mathbf{x};\mathbf{0})}$$

可以推导出判决信号存在的判决式为

$$\mathbf{x}^{\mathrm{T}}\mathbf{s}=\sum_{n=0}^{N-1}x[n]s[n]>\sqrt{\sigma^{2}\sum_{n=0}^{N-1}s^{2}[n]}\,Q^{-1}(P_{FA})\tag{8.28}$$

其中信号向量$\mathbf{s}$为$\mathbf{s}=\mathbf{H}\boldsymbol{\theta}$。检测性能为

$$P_{D}=Q\left(Q^{-1}(P_{FA})-\sqrt{\frac{\sum_{n=0}^{N-1}s^{2}[n]}{\sigma^{2}}}\right)\tag{8.29}$$

例 8.6　高斯白噪声中的直流电平

对于 $s[n]=A>0$，根据式(8.28)有

$$\sum_{n=0}^{N-1} x[n]A > \sqrt{NA^2\sigma^2}Q^{-1}(P_{FA})$$

注意 $A>0$，两边同乘 $1/(NA)$ 得

$$\frac{1}{N}\sum_{n=0}^{N-1} x[n] > \sqrt{\frac{\sigma^2}{N}}Q^{-1}(P_{FA})$$

与例 8.3 的结论相同。根据式(8.29)可得检测性能为 $P_D = Q(Q^{-1}(P_{FA}) - \sqrt{(NA^2)/\sigma^2})$。 ◇

对于贝叶斯线性模型，假定 $\boldsymbol{\mu}_\theta = \mathbf{0}$（通常假定），最佳检测器满足下式则判决 $\mathcal{H}_1$ 成立，

$$\mathbf{x}^{\mathrm{T}}\mathbf{H}\mathbf{C}_\theta\mathbf{H}^{\mathrm{T}}(\mathbf{H}\mathbf{C}_\theta\mathbf{H}^{\mathrm{T}} + \sigma^2\mathbf{I})^{-1}\mathbf{x} > \gamma \tag{8.30}$$

相比经典线性模型，这里门限γ的确定及检测性能要复杂得多，这是由于检验统计量为数据 $\mathbf{x}$ 的二次型函数，而经典线性模型的检验统计量为 $\mathbf{x}$ 的线性函数，因此其概率密度函数为高斯的。更多的分析结论可以参考[Kay 1998, pg. 154]。

8.3.3　分类

鉴于实际的应用情况，下面仅考虑等先验概率经典线性模型。根据最大似然准则，最佳分类器最大化 $p(\mathbf{x}|\mathcal{H}_i)$。考虑 M 个可能假设

$$\mathcal{H}_i : \mathbf{x} = \mathbf{H}_i\theta_i + \mathbf{w} \qquad i = 0,1,\cdots,M-1$$

在不同假设下，信号幅度$(\boldsymbol{\theta}_i)$与/或$(\mathbf{H}_i)$假定是不同的。下面是一个例子。

例 8.7　二元假设

练习 8.8 中考虑两个假设，即 $M=2$，我们有两个样本，即 $N=2$，两个可能信号为

$$\mathbf{s}_1 = \begin{bmatrix}1\\1\end{bmatrix} \quad \mathbf{s}_0 = \begin{bmatrix}-1\\-1\end{bmatrix}$$

有

$$\mathbf{s}_1 = \begin{bmatrix}1\\1\end{bmatrix}1 \quad \mathbf{s}_0 = \begin{bmatrix}1\\1\end{bmatrix}(-1)$$

因此有 $\mathbf{H}_0 = \mathbf{H}_1 = [1\ 1]^{\mathrm{T}}$，$\boldsymbol{\theta}_1 = \theta_1 = 1$ 及 $\boldsymbol{\theta}_0 = \theta_0 = -1$，应用经典线性模型，如果对于所有 $i \neq k$，表达式

$$(\mathbf{x} - \mathbf{H}_i\boldsymbol{\theta}_i)^{\mathrm{T}}(\mathbf{x} - \mathbf{H}_i\boldsymbol{\theta}_i)$$

最小，则最大似然准则判决 $\mathcal{H}_k$ 成立，这等价于最大化概率密度函数［见式(8.24)］。由于有 $\mathbf{s}_i = \mathbf{H}_i\boldsymbol{\theta}_i$，即计算 $(\mathbf{x}-\mathbf{s}_i)^{\mathrm{T}}(\mathbf{x}-\mathbf{s}_i)$，即从各信号向量到数据向量距离的平方。因此，判决式称为最小距离分类器。练习 8.8 中的距离平方为

$$
\begin{aligned}
(\mathbf{x}-\mathbf{H}_i\theta_i)^{\mathrm{T}}(\mathbf{x}-\mathbf{H}_i\boldsymbol{\theta}_i) &= \left(\begin{bmatrix} x[0] \\ \mathrm{x}[1] \end{bmatrix} - \begin{bmatrix} 1 \\ 1 \end{bmatrix}\theta_i\right)^{\mathrm{T}}\left(\begin{bmatrix} x[0] \\ x[1] \end{bmatrix} - \begin{bmatrix} 1 \\ 1 \end{bmatrix}\theta_i\right) \\
&= (x[0]-\theta_i)^2 + (x[1]-\theta_i)^2 \\
&= \begin{cases} (x[0]-1)^2 + (x[1]-1)^2 & i=1 \\ (x[0]+1)^2 + (x[1]+1)^2 & i=0 \end{cases}
\end{aligned}
$$

由于有 $\theta_1 = 1$ 和 $\theta_0 = -1$，选取最小值等价于选取式(8.22)的最大概率密度函数。注意若 $x[1] > -x[0]$，我们判决 $\mathcal{H}_1$ 成立，否则判决 $\mathcal{H}_0$ 成立(见练习 8.8 的解答)。 ◊

8.4　利用定理导出新结论

前述理论提供了对于特定问题寻找最佳信号处理算法的方法。通常，现实中遇到的问题与公开文献发表的结论有所区别。此时，既可以假定一个可能的解答，并将其性能与一些标准算法性能进行比较，也可以“从最初原理开始”针对感兴趣的问题推导最佳算法。有时推导是一个令人生畏的任务，但至少我们有大定理的指导。为描述这种方法，考虑一个解答不太明显的二元分类问题。通过应用最大似然准则，最佳算法很容易得到。更进一步，通过审视解答，可以更深入理解算法的运行及解决复杂的问题所需的启示。

考虑将数据集分成两类的问题，每一类表示明显不同类型的数据。第一类的概率密度函数为

$$
p(\mathbf{x} \mid \mathcal{H}_0) = \frac{1}{(2\pi)^{N/2}} \exp\left[-\frac{1}{2}\sum_{n=0}^{N-1}(x[n]-1)^2\right] \tag{8.31}
$$

即 N 个独立的均值为 1、方差为 1 的高斯随机变量(一个方差 $\sigma^2 = 1$ 的高斯白噪声中的直流电平 $A = 1$)。第二类为高斯混合概率密度函数(见 4.6 节)

$$
p(\mathbf{x} \mid \mathcal{H}_1) = \frac{1}{2}\frac{1}{(2\pi)^{N/2}} \exp\left[-\frac{1}{2}\sum_{n=0}^{N-1}(x[n]-1)^2\right] + \frac{1}{2}\frac{1}{(2\pi)^{N/2}} \exp\left[-\frac{1}{2}\sum_{n=0}^{N-1}(x[n]-5)^2\right] \tag{8.32}
$$

此概率密度函数可以看成是采用这样一种随机机制，在一半时间产生均值为 1 的 N 个样本数据，在另一半时间产生均值为 5 的 N 个样本数据。显然，这种问题在文献中很少提到。采用最大似然准则，可以比较容易得到最佳判决式。应用式(8.31)和式(8.32)给出的概率密度函数，如果满足下式，最大似然准则判决 $\mathcal{H}_1$ 成立，

$$
\frac{\frac{1}{2}\frac{1}{(2\pi)^{N/2}} \exp\left[-\frac{1}{2}\sum_{n=0}^{N-1}(x[n]-1)^2\right] + \frac{1}{2}\frac{1}{(2\pi)^{N/2}} \exp\left[-\frac{1}{2}\sum_{n=0}^{N-1}(x[n]-5)^2\right]}{\frac{1}{(2\pi)^{N/2}} \exp\left[-\frac{1}{2}\sum_{n=0}^{N-1}(x[n]-1)^2\right]} > 1
$$

即

$$
\frac{1}{2} + \frac{1}{2}\exp\left[-\frac{1}{2}\left(\sum_{n=0}^{N-1}(x[n]-5)^2 - \sum_{n=0}^{N-1}(x[n]-1)^2\right)\right] > 1
$$

简化并两边取自然对数，有

$$-\frac{1}{2}\left(\sum_{n=0}^{N-1}(x[n]-5)^2-\sum_{n=0}^{N-1}(x[n]-1)^2\right)>0$$

$$-\frac{1}{2}\sum_{n=0}^{N-1}(-10x[n]+25+2x[n]-1)>0$$

最终 $\mathcal{H}_1$ 的判决式为

$$\frac{1}{N}\sum_{n=0}^{N-1}x[n]>3$$

解答提供了一个非常直观的解释。当 $\mathcal{H}_0$ 为真，样本均值的期望值为 1，当 $\mathcal{H}_1$ 为真，则样本均值一半时间为 1，另一半为 5。因此，当 $\mathcal{H}_1$ 为真，我们会预期样本均值有一半时间超过 1，门限设为 3，是在样本均值两个可能值的中间。当先验概率不同时，门限 3 会改变，可以期望结果也是不同的。这个简单的例子可以说明采用最佳理论的优点所在，而靠猜测很难得到好的结果。

为增强直观性，我们进行了计算机模拟。这可以证实前面的分析，防止其中有逻辑或代数错误。结果显示在图 8.2 中，取 $N=2$ 进行 500 次分类，判决边界也进行了显示，即 $(x[0]+x[1])/2>3$。有趣的是，即使数据长度 N 增加，由于概率密度函数形式的关系，P_e 也不可能为零。读者可以分析是否如此，同时可以分析图 8.2 中的 P_e 为何值。

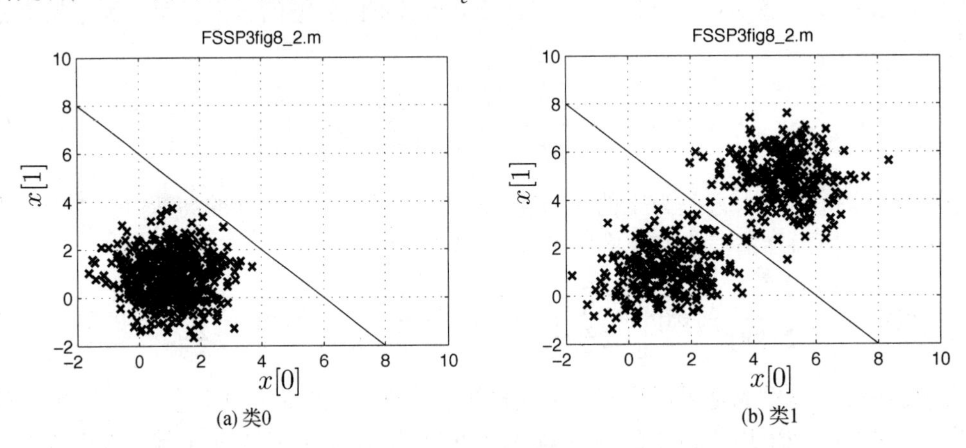

(a) 类0　　(b) 类1

图 8.2　两类 $(x[0],x[1])$ 的 500 次分类结果，直线为判决边界

8.5　实用最佳方法

我们讨论了提供信号处理算法的设计方法的相关理论。遗憾的是，实际中，应用它们所需的假定可能不会满足。例如在参数估计中不存在 MVU 估计器，这样就不知道怎么去寻求好的估计器。相似的情况也会出现在检测和分类中，如所需的概率密度函数并不完全已知。例如，我们希望在高斯白噪声中检测一个正弦信号 $\cos(2\pi f_0 n)$，但频率 f_0 可能未知。这样，$\mathcal{H}_1$ 时的概率密度函数就不是精确已知的，因而不能采用 NP 理论。接下来介绍一些在实际中处理这些问题的通用方法，尽管可能存在其他能得到更好性能算法的方法。然而，在很多学者和实际工作人员的经验中，下面描述的方法是实际最佳的，而且还有一个需要考虑的理由，就是

这些方法是渐近最优的(当 $N \to \infty$ 和/或 SNR 变大)。当然，渐近最优并不能保证算法在有限数据或低信噪比时性能良好。

8.5.1　参数估计：最大似然估计

考虑一个单确定参量(即常数)估计问题，在 8.2.1 节中证明了当达到 CRLB 的 MVU 估计器存在时，其值由最大 $p(\mathbf{x};\theta)$ 的位置给出。由于观测数据 $\mathbf{x}$ 为已知的，$p(\mathbf{x};\theta)$ 可以看成是 θ 的函数，而这个函数称为似然函数。因此，如同前面所得，通过最大化似然函数得到的估计称为最大似然估计(MLE)。可以很容易扩展到多参量情况，如果希望估计 $\boldsymbol{\theta}=[\theta_1\theta_2\cdots\theta_p]^{\mathrm{T}}$，则仅需要寻求最大化 $p(\mathbf{x};\boldsymbol{\theta})$ 的 $\boldsymbol{\theta}$。MLE 称为“摇动曲柄”方法，其仅需要考虑如何得到最大值。

可以证明对于大多数感兴趣的实际问题，MLE 可以渐近达到 CRLB。渐近的意思是大数据或高 SNR 或两者皆满足。因此，MLE 是实际最佳的。下述例子描述高 SNR 性能。

例 8.8　正弦频率估计

考虑正弦信号 $s[n]=\cos(2\pi f_0 n)$，$n=0,1,\cdots,N-1$，其中 $N=20$，嵌入到方差为 σ^2 的高斯白噪声中。希望估计频率 f_0，其中 $0<f_0<1/2$。可以证明 $\hat{f}_0$ 的 CRLB 为[Kay 1993, pg. 57]

$$\operatorname{var}(\hat{f}_0) \geqslant \frac{\sigma^2}{4\pi^2 \sum_{n=0}^{N-1} n^2 \sin^2(2\pi f_0 n)} \tag{8.33}$$

f_0 的最大似然估计通过在 $0<f_0<1/2$ 上最大化似然函数得到，

$$p(\mathbf{x};f_0)=\frac{1}{(2\pi\sigma^2)^{\frac{N}{2}}}\exp\left[-\frac{1}{2\sigma^2}\sum_{n=0}^{N-1}(x[n]-\cos(2\pi f_0 n))^2\right]$$

可等效为

$$J(f_0)=\sum_{n=0}^{N-1}(x[n]-\cos(2\pi f_0 n))^2$$

为 f_0 的非线性函数。注意，求不出最大值处的解析式。为此，我们采用在频率上对 $J(f_0)$ 密集的取值，从而得到最大值对应的频点(见 5.4 节)。应用计算机模拟得到 10 000 个数据集，对每个数据集进行频率估计，求解估计器的方差。对于不同的 SNR 重复上述过程，得到 SNR 与估计方差的关系曲线。将此关系绘成 SNR 与 $10\log_{10}\operatorname{var}(\hat{f}_0)$ 的 dB 形式更加方便。因为根据式(8.33)给出的形式，即 $\mathrm{SNR}=1/(2\sigma^2)$，将 CRLB 也绘成这种形式，其与 SNR 是线性关系，此结果在图 8.3 中显示。可见，在足够大的 SNR 时，可以达到 CRLB。在 SNR 大于 5 dB 时，MLE 可以说是最佳的(在此 SNR 门限处，MLE 也是无偏的)。对于足够多的数据也可以得到相似的结论。◇

⚠　通过网格搜索计算 MLE

上述例子在确定 $J(f_0)$ 的最小值时，必须计算频率点 $f_0=0.001,0.002,\cdots,0.499$ 的函数值。如果间隔太大，会出现频率“量化错误”，从而在高 SNR 时 MLE 达不到 CRLB。考虑当频率间隔取 0.01，而真实频率在此间隔的中间时会发生什么情况。即使没有噪声，最大绝对错误频率也将是 0.01/2。因此，在计算误差平方即方差时为 $10\log_{10}0.005^2=-46\,\mathrm{dB}$。这个误差将比在 SNR 为 6 dB 时由噪声带来的–56 dB 误差还要大，将不会达到 CRLB。选择频率间隔为 0.001 产生的量化误差为 $10\log_{10}0.0005^2=-66\,\text{dB}$，与噪声引起的误差相比将可以忽略。因为在图 8.3 中，在 SNR 为 10 dB 时噪声引起的最小方差为–60 dB。当 SNR 增加时，为获得 CRLB 必须取更加小的频率间隔，应该取频率间隔Δf满足$(\Delta f/2)^2<\text{CRLB}$。注意，采用计算机模拟时，可能会出现估计器方差小于 CRLB 的现象，这发生在频率间隔比较大而真实频率正好在这些频率点上的情况下。因此，当 SNR 足够大时，似然函数峰值位置变化较小，经常会选择同一个频率点。假定选择的频率点就是真实频率(虽然这并不是似然函数的最大值，其最大值应在两个频率点之间)，那么通过选择相同的频率点，我们幸运地(或遗憾地)获得了无误差的频率！这就是谚语说的“如果太美好而不真实，那它就不是真实的”。 ⚠

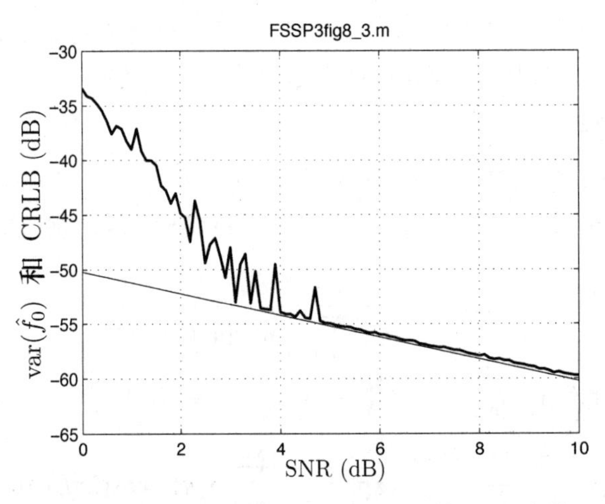

图 8.3 正弦频率和 CRLB(直线表示)的 MLE 方差

8.5.2 检测

当$\mathcal{H}_0$或/和$\mathcal{H}_1$假设下有未知参数时，NP 方法无法实现。一个可选的方法就是将未知参数以它们的 MLE 代入，然后求解似然比。这种方法称为广义似然比检验(GLRT)。为描述这种方法，假定在$\mathcal{H}_1$假设下未知参数为$\boldsymbol{\theta}_1$，在$\mathcal{H}_0$假设下未知参数为$\boldsymbol{\theta}_0$，则 GLRT 判决$\mathcal{H}_1$成立的判决式为

$$L_{GLRT}(\mathbf{x})=\frac{p(\mathbf{x};\hat{\boldsymbol{\theta}}_1,\mathcal{H}_1)}{p(\mathbf{x};\hat{\boldsymbol{\theta}}_0,\mathcal{H}_0)}>\gamma_{GLRT} \tag{8.34}$$

注意，MLE 是不同的，每个都是在不同假设下计算，即$\boldsymbol{\theta}_1$的最大似然估计$\hat{\boldsymbol{\theta}}_1$是最大化$p(\mathbf{x};\boldsymbol{\theta}_1,\mathcal{H}_1)$得到的，$\boldsymbol{\theta}_0$的最大似然估计$\hat{\boldsymbol{\theta}}_0$是最大化$p(\mathbf{x};\boldsymbol{\theta}_0,\mathcal{H}_0)$得到的，门限$\gamma_{GLRT}$是约束$P_{FA}$计算下式得到的，

$$P_{FA}=P[L_{GLRT}(\mathbf{x})>\gamma_{GLRT};\mathcal{H}_0]=\alpha$$

这并不是一个很容易解决的问题。在线性模型下，可以得到门限确定和检测性能的解析式这样一些通用的结论。此时，$\mathcal{H}_0$假设下的概率密度函数假定已知，$\mathcal{H}_1$假设下的概率密度函数除经典线性模型参数(比如说$\mathbf{H}\boldsymbol{\theta}$中的$\boldsymbol{\theta}$)外都是已知的。对于这个重要的定理，读者可参考[Kay 1993, pg. 274]。更进一步的拓展是线性模型下σ^2也是未知的情形[Kay 1998, pg. 345]。GLRT

的检测性能通常比 NP 检测器的性能差，这是由于 NP 检测器对 $\boldsymbol{\theta}_0$ 和 $\boldsymbol{\theta}_1$ 是精确已知的，但在实际中并不如此。性能下降通常在 1～2 dB，意味着 GLRT 检测器需要额外 1～2 dB 的信号功率来达到 NP 检测器的相同性能。

8.5.3 分类

采用带有未知参数的概率密度函数进行分类，这比检测更困难。实际上，在此领域没有一个明显的领先者，不少书籍研究此问题，同时这也是一个活跃的研究领域。因此，我们在此不对此问题进行介绍，但是推荐读者参考一些介绍不同方法的好书[Duda et al. 2001, Webb 2002]。

8.6 小结

- 对解析的信号和噪声模型应用大定理可获得最佳性能算法。
- 概率密度函数完全已知对应用大定理是必要的。
- 当评估一个非最佳估计器时，通常计算出 CRLB 来确定还有多少性能提升空间。
- 当有参数精确的先验知识时，采用贝叶斯 MMSE 估计器，否则采用 MLE 估计。
- 不要比较贝叶斯 MMSE 估计器和 MLE 的性能，它们的前提不同。
- 当推导似然比检测器时，将不等式尽可能化简。
- 检测评价标准为：检测概率；分类评价标准为：假设的不同先验概率条件下的错误概率。因此，它们也不能比较。
- 为了易于建模和实现，通常首先考虑线性模型，不管是经典还是贝叶斯情况。
- 对于线性模型而言，最小均方二乘估计器是最佳估计器，但对于其他而言则不是。
- 如果可能，总是采用“首要原则”来解决问题。意味着首先以精确但数学上易于处理的模型开始，然后以某种大定理来推导算法，这种算法比任何“猜想”的解决方案的性能更好。
- 在实际中，MLE 是参数估计中最重要的估计器。对于检测，GLRT 是最重要的方法，两者都是渐近最优的(对大数据量和/或高 SNR)。
- 通过对似然函数进行网格搜索来计算 MLE 时，需要选择网格空间来确保网格量化误差小于噪声引起的估计误差。

参考文献

Duda, R.O., P.E. Hart, D.G. Stark, *Pattern Classification*, *Second Ed.*, J. Wiley, NY, 2001.

Efron, B., “Why Isn’t Everyone a Bayesian?” and subsequent comment papers, *American Statistician*, p. 1-5, 1986.

Graybill, F., *Theory and Application of the Linear Model*, Duxbury, MA, 1976.

Kay, S., *Fundamentals of Statistical Signal Processing: Estimation Theory*, *Vol. I*, Prentice-Hall, Englewood Cliffs, NJ, 1993.

Kay, S., *Fundamentals of Statistical Signal Processing*: *Detection Theory*, *Vol. II*, Prentice-Hall, Englewood Cliffs, NJ, 1998.

Kay, S., *Intuitive Probability and Random Processes Using MATLAB*, Springer, NY, 2006.

O'Hagan, A., J. Forster, *Kendall's Advanced Theory of Statistics, Vol. 2B, Bayesian Inference*, Oxford Univ. Press, NY, 2004.

Webb, A. *Statistical Pattern Recognition, Second Ed.*, J. Wiley, NY, 2002.

附录 8A 参数估计的一些分析

8A.1 经典方法

考虑基于单个观测 x 中估计高斯随机变量 A 的均值问题，可以写成形式为 $x = A + w$ 的实现。其中 w 是方差为 σ^2 的零均值高斯随机变量的实现，这是由于 $x = A + w$ 是高斯随机变量的实现，均值为 $E[x] = E[A+w] = A$，方差为 $\mathrm{var}(x) = \mathrm{var}(A+w) = \mathrm{var}(w) = \sigma^2$。因此，等效的问题就是基于一个样本估计高斯白噪声中的直流电平，概率密度函数为

$$p(x;A) = \frac{1}{\sqrt{2\pi\sigma^2}}\exp\left[-\frac{1}{2\sigma^2}(x-A)^2\right] \tag{8A.1}$$

概率密度函数 $p(x;A)$ 中的 A 提醒我们，概率密度函数与 A 有关(这也影响到实现，并提供了从观测值 x 中推测 A 的信息)。图 8A.1 给出了式(8A.1)的一些概率密度函数，其中 $A = 5, 6, \cdots, 10$，$\sigma^2 = 1$。对于给定的观测数据样值 $x = x_0$，可以绘出 $p(x_0;A)$ 与 A 的曲线，从而理解概率密度函数或观测到 x_0 的概率与 A 的依赖关系。图 8A.2(a)绘出了函数 $p(x_0;A)$ 与 A 在 $x_0 = 10$ 和 $\sigma^2 = 1$ 情况下的曲线。这个函数称为似然函数，它表明了当 x_0 给定的情况下，它与 A 的取值的关系。由于式(8A.1)的形式，曲线与 $p(x;A=10)$ 是相同的(通常不是这样)。

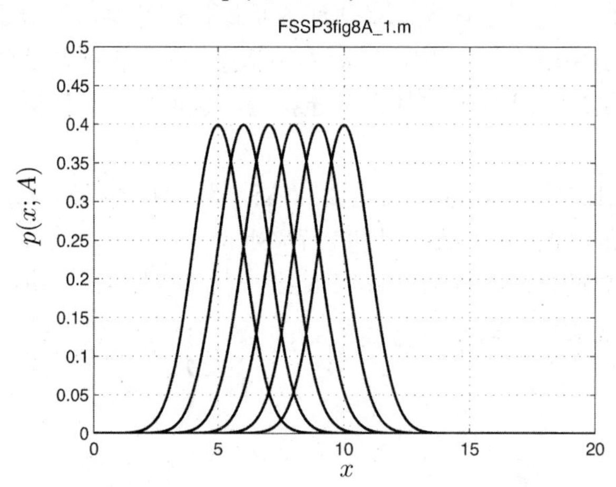

图 8A.1 概率密度函数 $p(x;A)$，$A = 5, 6, \cdots, 10$

注意，显示区外的值不太可能是 A 的真值。因为对于 A 值来说，有 $p(10;A) \approx 0$。增加方差到 $\sigma^2 = 9$ 后，得到图 8A.2(b)，可以看到 A 的取值范围大大地扩展了。这样估计 A 变得更加困难，因为 $x_0 = 10$ 时的非零概率区间加大了。这表示 A 的估计方差严重依赖于 σ^2。

由图 8A.2，如果实际观测值 $x_0 = 10$，则 A 的估值为最有可能的取值，此时有 $\hat{A} = x_0 = 10$，即为似然函数最大时的 A 值，这称为最大似然估计器(MLE)。注意到 $\hat{A} = x$ 的 MLE 为无偏估计，有 $E[\hat{A}] = E[x] = A$，其方差为

$$\mathrm{var}(\hat{A}) = \mathrm{var}(x) = \sigma^2$$

与图 8A.2 的似然函数宽度有关。实际上，图中似然函数最大值处和曲线转折处的距离由σ决定。与这个宽度有关的测量是函数曲线最大值位置的曲率，这个曲率是函数的对数形式，是式(8A.1)的二阶微分的负值，通过对下式进行微分计算得到，

$$\frac{\partial \ln p(x;A)}{\partial A} = \frac{1}{\sigma^2}(x-A) \tag{8A.2}$$

得到

$$\frac{\partial^2 \ln p(x;A)}{\partial A^2} = -\frac{1}{\sigma^2}$$

即有

$$-\frac{\partial^2 \ln p(x;A)}{\partial A^2} = \frac{1}{\sigma^2}$$

这是由于二阶微分为负值。由于 MLE $\hat{A}=x$ 的方差为 σ^2，可得

$$\mathrm{var}(\hat{A}) = \frac{1}{-\dfrac{\partial^2 \ln p(x;A)}{\partial A^2}}$$

通常，似然函数的曲率与 x 有关。但在上述情形中是无关的，这是由于对于所有的 x 来说，$p(x;A)$ 的形式是一致的，仅仅只是对于中心值 x 进行平移。对于一般情况而言，有

$$\mathrm{var}(\hat{A}) = \frac{1}{-E\left[\dfrac{\partial^2 \ln p(x;A)}{\partial A^2}\right]} \tag{8A.3}$$

注意，方差也能写成

$$\mathrm{var}(\hat{A}) = \frac{1}{E\left[\left(\dfrac{\partial \ln p(x;A)}{\partial A}\right)^2\right]} \tag{8A.4}$$

这可由式(8A.2)证实。

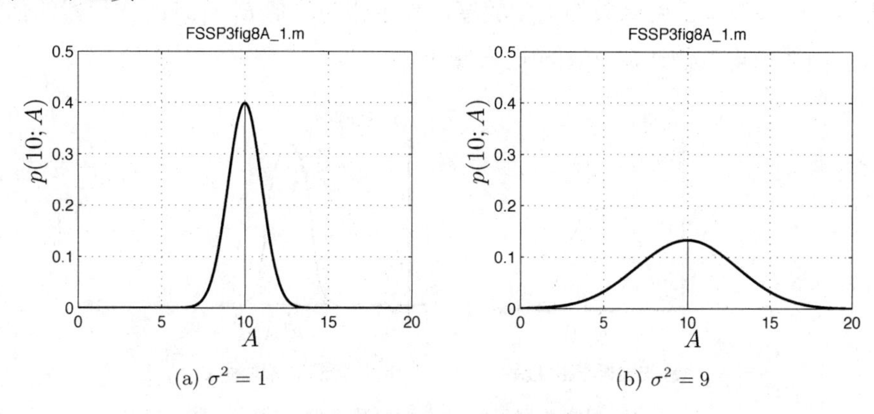

(a) $\sigma^2 = 1$ (b) $\sigma^2 = 9$

图 8A.2 两个不同σ^2下的似然函数

为什么式(8A.3)是无偏估计方差的下界，即克拉美-罗下界。这是一个不等式带来的结果，若$\hat{\theta}$是θ的无偏估计量，有

$$E\left[\frac{\partial \ln p(x;\theta)}{\partial \theta}(\hat{\theta}-\theta)\right]=1 \tag{8A.5}$$

在式(8A.2)中代入$x=\hat{\theta}$和$A=\theta$，即满足上式。CRLB 由式(8A.4)的右边给出，是式(8A.5)应用柯西-施瓦茨不等式得出的，即$E^2[uv]\leqslant E[u^2]E[v^2]$，将$u=\partial \ln p(x;\theta)/\partial\theta$，$v=\hat{\theta}-\theta$代入式(8A.5)可得$E[uv]$=1。

8A.2 贝叶斯方法

考虑基于单个实现的随机变量A的贝叶斯MMSE估计器。MMSE估计器得到一个常数值c，使得MSE $E[(A-c)^2]$最小化，常数值即为A的均值$E[A]$。例如，考虑A的概率密度函数如图8A.3所示，当$A=2$，$A=6$时，若取$c=5$，则MSE为$(2-5)^2+(6-5)^2=10$，若取中心值$c=4$，则有$(2-4)^2+(6-4)^2=8$。中心值即为均值，因此应该选择$\hat{A}=c=E[A]$使得MSE最小。将MSE写成$E[(x-c)^2]=E[x^2]-2cE[x]+c^2$，对$c$微分并令结果为零，很容易验证结论。同时注意到，若估计器为均值，则最小MSE为$E[(A-\hat{A})^2]=E[(A-c)^2]=E[(A-E[A])^2]=\text{var}(A)$。

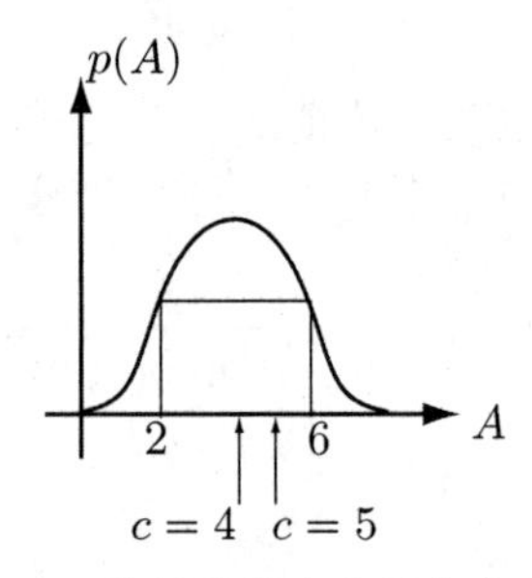

图 8A.3 MMSE估计器为先验概率密度函数的均值

下面讨论类似问题，当观测数据得到时应用贝叶斯准则，但概率密度函数为后验概率密度$p(A|x)$。与前面一样，估计器为均值，得到最小MSE，因而$\hat{A}=E[A|x]$，可见最小MSE为后验概率密度函数的方差的平均值。典型的先验概率密度函数和后验概率密度函数如图8A.4所示。后验概率密度函数的宽度较窄，显示作为均值$E[A|x]$的估计器的估计误差与先验概率密度函数的均值估计器$E[A]$相比会减小。

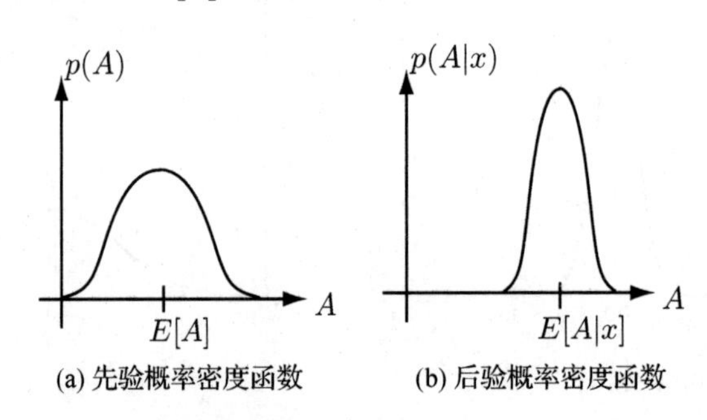

(a) 先验概率密度函数 (b) 后验概率密度函数

图 8A.4 观测数据已知时未知参数的概率密度函数

附录 8B　练习解答

为得到下面的结果，在所有代码前用 `rand('state',0)` 和 `randn('state',0)` 初始化随机数发生器，这两个命令分别应用于均匀分布和高斯分布随机数发生器。

8.1　根据式(8.4)，

$$\frac{\partial \ln p(\mathbf{x};A)}{\partial A}=\frac{1}{\sigma^2}\sum_{n=0}^{N-1}(x[n]-A)$$

再次微分可得

$$\frac{\partial^2 \ln p(\mathbf{x};A)}{\partial A^2}=\frac{1}{\sigma^2}\sum_{n=0}^{N-1}(-1)=-\frac{N}{\sigma^2}$$

从而有

$$-\frac{\partial^2 \ln p(\mathbf{x};A)}{\partial A^2}=\frac{N}{\sigma^2}$$

既然上式与 $\mathbf{x}$ 无关(通常有关)，而常数的期望值为常数，因此有

$$\frac{1}{E\left[-\dfrac{\partial^2 \ln p(\mathbf{x};A)}{\partial A^2}\right]}=\frac{\sigma^2}{N}$$

因而，CRLB 为 σ^2/N，与 $\mathrm{var}(\hat{A})=\sigma^2/N$ 一致。

8.2　根据

$$p(\mathbf{x};A)=\frac{1}{(2\pi\sigma^2)^{\frac{N}{2}}}\exp\left[-\frac{1}{2\sigma^2}\sum_{n=0}^{N-1}(x[n]-As[n])^2\right]$$

取自然对数可得

$$\ln p(\mathbf{x};A)=\ln\frac{1}{(2\pi\sigma^2)^{\frac{N}{2}}}-\frac{1}{2\sigma^2}\sum_{n=0}^{N-1}(x[n]-As[n])^2$$

微分后得

$$\begin{aligned}\frac{\partial \ln p(\mathbf{x};A)}{\partial A}&=\frac{1}{\sigma^2}\sum_{n=0}^{N-1}(x[n]-As[n])s[n]\\&=\frac{1}{\sigma^2}\left(\sum_{n=0}^{N-1}x[n]s[n]-A\sum_{n=0}^{N-1}s^2[n]\right)\\&=\frac{\sum_{n=0}^{N-1}s^2[n]}{\sigma^2}\left(\frac{\sum_{n=0}^{N-1}x[n]s[n]}{\sum_{n=0}^{N-1}s^2[n]}-A\right)\end{aligned}\tag{8B.1}$$

应用式(8.3)得 MVU 估计器

$$\hat{A} = \frac{\sum_{n=0}^{N-1} x[n]s[n]}{\sum_{n=0}^{N-1} s^2[n]}$$

其方差为

$$\text{var}(\hat{A}) = \frac{\sigma^2}{\sum_{n=0}^{N-1} s^2[n]}$$

下面可见其是无偏的

$$\begin{aligned} E[\hat{A}] &= E\left[\frac{\sum_{n=0}^{N-1} x[n]s[n]}{\sum_{n=0}^{N-1} s^2[n]}\right] \\ &= \frac{\sum_{n=0}^{N-1} E[x[n]]s[n]}{\sum_{n=0}^{N-1} s^2[n]} \\ &= \frac{\sum_{n=0}^{N-1} As[n]s[n]}{\sum_{n=0}^{N-1} s^2[n]} = A \end{aligned}$$

8.3 我们有 $\text{var}(\hat{A}) = \text{var}(x[0]) = \text{var}(s[0] + w[0]) = \text{var}(w[0]) = \sigma^2$，根据练习 8.2，CRLB 由下式给出，

$$\begin{aligned} \text{CRLB} &= \text{var}(\hat{A}) \\ &= \frac{\sigma^2}{\sum_{n=0}^{N-1} s^2[n]} \\ &= \frac{\sigma^2}{s^2[0] + s^2[1] + s^2[2]} \\ &= \frac{\sigma^2}{1 + (1/2)^2 + (1/4)^2} = \frac{16}{21}\sigma^2 \end{aligned}$$

性能提高系数为 21/16。

8.4 若 $\sigma_A^2 = 0$，当 $\alpha = 0$ 时有 $\hat{A} = \mu_A$。此时说明先验知识是完全正确的，因此忽略数据。若 $\sigma_A^2 \to \infty$，则与前面正好相反，说明没有先验知识，因而估计器为样本均值，不受 A 的先验概率密度函数的影响。最后，若 $N \to \infty$，数据提供的知识“淹没了”先验知识，得到了样本均值估计器。

8.5 $\ln(x)$ 的标准图显示其在横坐标 $x = 1$ 处是上升的，因为当 $x > 1$ 有 $\ln(x) > 0 = \ln(1)$。这个单调性只对某些运算有效，一个反例是当 $x > 1$ 时，两边乘以-1 得到 $-x > -1$。满足这个不等式的区域是 $x < 1$，显然是不同的。

8.6 当 $\sigma^2 = 1$ 及 $\gamma_{NP} = e$ 时，表达式 $\frac{A}{\sigma^2}x[0] - \frac{A^2}{2\sigma^2} > \ln\gamma_{NP}$ 的解为 $Ax[0] - A^2/2 > 1$。当 $A = 1$ 时为 $x[0] > 3/2$，当 $A= -1$ 时为 $x[0] < -3/2$。由于两个判决式不同，因此不可能在没有 A 的知识的情况下实现检测(实际上需要知道 A 的符号)。

8.7　我们有

$$\frac{1}{\sqrt{2\pi\sigma^2}}\exp\left[-\frac{1}{2\sigma^2}(x[0]-1)^2\right] > \frac{1}{\sqrt{2\pi\sigma^2}}\exp\left[-\frac{1}{2\sigma^2}(x[0]+1)^2\right]$$

两边取自然对数得

$$-\frac{1}{2\sigma^2}(x[0]-1)^2 > -\frac{1}{2\sigma^2}(x[0]+1)^2$$

同乘 $2\sigma^2$ 并展开得

$$-(x^2[0]-2x[0]+1) > -(x^2[0]+2x[0]+1)$$

即得 $4x[0]>0$ 或 $x[0]>0$。

8.8　最大似然准则选取较大的概率密度函数的假设成立。因而根据式(8.22)，我们判决 $\mathcal{H}_1$ 成立，如果满足

$$(x[0]+1)^2+(x[1]+1)^2 > (x[0]-1)^2+(x[1]-1)^2$$

可简化为 $2(x[0]+x[1]) > -2(x[0]+x[1])$ 或 $x[0]+x[1]>0$。在 xy 平面的判决域为 $y>-x$。因此判决域的边界为 $y=-x$。通过计算机模拟可知，除很少的错误外，这条直线正确地区分了两类结果，读者可以运行随书光盘上的程序 `FSSP3exer8_8.m` 获得结论。

8.9　MMSE 估计器为

$$\hat{\boldsymbol{\theta}} = E[\boldsymbol{\theta}\mid\mathbf{x}] = \boldsymbol{\mu}_\theta + \left(\mathbf{C}_\theta^{-1}+\frac{1}{\sigma^2}\mathbf{H}^{\mathrm{T}}\mathbf{H}\right)^{-1}\frac{\mathbf{H}^{\mathrm{T}}}{\sigma^2}(\mathbf{x}-\mathbf{H}\boldsymbol{\mu}_\theta)$$

令 $\mathbf{C}_\theta^{-1}=\mathbf{0}$，则有

$$\begin{aligned}
E[\boldsymbol{\theta}\mid\mathbf{x}] &= \boldsymbol{\mu}_\theta + \left(\frac{1}{\sigma^2}\mathbf{H}^{\mathrm{T}}\mathbf{H}\right)^{-1}\frac{\mathbf{H}^{\mathrm{T}}}{\sigma^2}(\mathbf{x}-\mathbf{H}\mu_\theta)\\
&= \boldsymbol{\mu}_\theta + \sigma^2(\mathbf{H}^{\mathrm{T}}\mathbf{H})^{-1}\frac{\mathbf{H}^{\mathrm{T}}}{\sigma^2}(\mathbf{x}-\mathbf{H}\boldsymbol{\mu}_\theta)\\
&= \boldsymbol{\mu}_\theta + (\mathbf{H}^{\mathrm{T}}\mathbf{H})^{-1}\mathbf{H}^{\mathrm{T}}\mathbf{x} - (\mathbf{H}^{\mathrm{T}}\mathbf{H})^{-1}\mathbf{H}^{\mathrm{T}}\mathbf{H}\boldsymbol{\mu}_\theta\\
&= (\mathbf{H}^{\mathrm{T}}\mathbf{H})^{-1}\mathbf{H}^{\mathrm{T}}\mathbf{x}
\end{aligned}$$

这与经典线性模型估计器的形式相同(因为对 $\boldsymbol{\theta}$ 的假定不同且标准不同，因而性能不同)。

第二部分　特 定 算 法

第9章 估计算法

9.1 引言

前面章节介绍了开发实际统计信号处理算法的一些通用理论方法，下面我们将注意力转向感兴趣的问题的描述及解决它们的算法。要介绍的大多数算法在第 8 章的最佳/准最佳方法中已经推导得到，其信号/噪声模型在第 3 章和第 4 章给出。很多算法是从[Kay 1993, 1998]中提取的，读者可参考它们。本章的目的是总结“经过考验”的通用算法，从而可以在很多信号处理问题中提供解决方案。它们的应用范围极广，包括雷达、声呐、通信、语音、生物医学信号处理、模式识别及数据分析等，这些应用领域本章也有适当地提及。

本章我们介绍估计算法，第 10 章介绍检测算法，第 11 章介绍谱估计算法。为了按照常规模式组织估计算法，我们将它们分类为在噪声和/或干扰中提取信号信息及增强信号两类，这两类问题都包含了噪声中的信号估计过程。我们应用参数估计提取信号信息，应用滤波从噪声和/或干扰中增强信号。与参数估计相比，这可看成是信号估计。注意这种分类是为了方便，在某一类中的算法也经常应用于另一类。

注意，算法与信号假定为确定性的还是随机过程的现实有密切关系。在此问题上，读者可以从第 3 章中回顾不同的信号模型。在实际中，不同的模型必然得到不同的算法。

在算法阐述中我们使用的是实际数据，实际上，特别在雷达和声呐方面，算法多用的是复数。算法在复数的一些扩展将在第 12 章中给出。表 9.1 是对本章的算法的总结。

表 9.1 估计算法总结

算法	描述	算法	描述
9.1	确定信号幅度估计	9.8	随机信号中心频率估计
9.2	正弦幅度和相位估计	9.9	高斯白噪声中的多正弦信号——最佳方案
9.3	正弦幅度、相位和频率估计	9.10	高斯白噪声中的多正弦信号——准最佳方案
9.4	时延估计	9.11	噪声中周期随机信号的提取
9.5	方位估计	9.12	噪声中随机信号的提取
9.6	高斯白噪声的功率估计	9.13	噪声和干扰中信号的提取
9.7	随机信号功率估计		

9.2 信号信息的提取

算法 9.1 确定信号幅度估计

1. 问题

在高斯白噪声(WGN)中确定信号的幅度估计。

2. 应用领域举例

在数字通信系统中，先导信号 $s[n]$先于数据发射，用于确定信道的衰减[Haykin 1994]。接收信号的幅度需要估计出来，用以确定补偿信道衰减所需的增益。

3. 数据模型/假定

$$x[n]=As[n]+w[n] \qquad n=0,1,\cdots,N-1$$

其中 A 为待估计的幅度$(-\infty<A<\infty)$，$s[n]$为已知信号，$w[n]$是方差为 σ^2 的高斯白噪声(对于估计器不必是已知的，但在确定性能时必须已知)。

4. 估计器

$$\hat{A}=\frac{\sum_{n=0}^{N-1}x[n]s[n]}{\sum_{n=0}^{N-1}s^2[n]} \tag{9.1}$$

随书光盘中的 MATLAB 程序 `FSSP3alg9_1_sub.m` 为估计器的实现。

5. 性能

估计器是达到克拉美-罗下限(CRLB)的最佳估计器。$\hat{A}$ 的概率密度函数(PDF)为高斯形式

$$\hat{A}\sim\mathcal{N}\left(A,\frac{\sigma^2}{\sum_{n=0}^{N-1}s^2[n]}\right)$$

6. 举例

考虑阻尼指数信号 $s[n]=r^n$，$A=1$，$r=0.9$，$N=20$。图 9.1(a)为实际信号，图 9.1(b)为含噪信号，高斯白噪声的方差为 $\sigma^2=1/16$。此数据集的 A 的估计为 $\hat{A}=0.9893$。

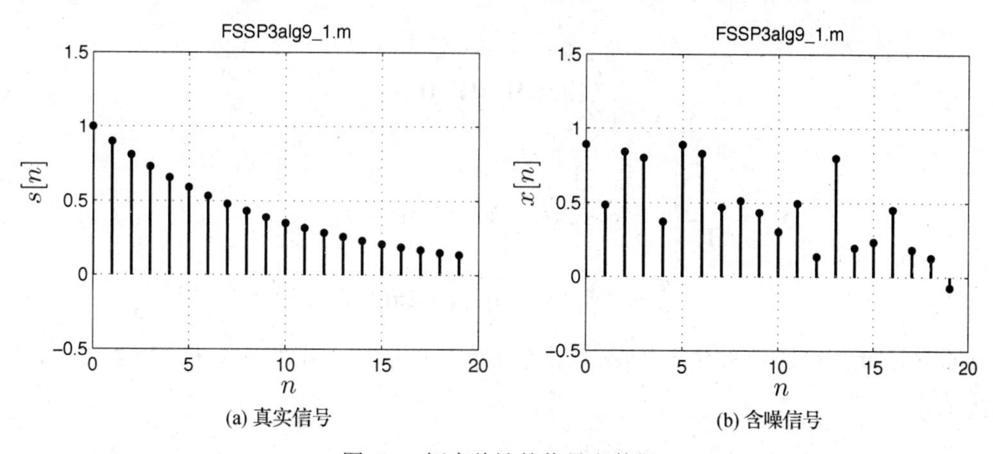

(a) 真实信号　　(b) 含噪信号

图 9.1　幅度估计的信号和数据

7. 说明

当没有噪声时，易得 $\hat{A}=A$ [在式(9.1)中令 $x[n]=As[n]$]。当存在噪声时，分子中对 $s[n]$加权求和可以降低噪声的影响。

8. 注释

对于未知幅度的多信号问题，在 3.5 节的线性模型下可以获得最大似然估计。也可参考练习 8.2 和[Kay 1998, pg. 254]。■

练习 9.1　更大衰减的指数信号

重复图 9.1 的例子，令 $r = 0.6$ 来估计幅度，比较你的结论和例题中的结论并解释。在同一噪声实现时，需要确保应用 `randn('state',0)` 来初始化随机数发生器。与例题相比，由于只是改变了信号，因此这提供了有价值的比较。 •

算法 9.2　正弦幅度和相位估计

1. 问题

高斯白噪声中正弦信号的幅度和相位估计。

2. 应用领域举例

元音语音可以由相关正弦成分合成得到，为此需要从实际语音中估计得到各成分的幅度和相位[McAulay and Quartieri, 1986]。

3. 数据模型/假定

$$x[n] = A\cos(2\pi f_0 n + \phi) + w[n] \qquad n = 0, 1, \cdots, N-1$$

其中 A（为可辨识设 $A > 0$）和 $\phi(-\pi \leqslant \phi < \pi)$ 分别为待估计的幅度和相位参量，频率 $f_0(0 < f_0 < 1/2)$ 假定为已知，$w[n]$是方差为 σ^2 的高斯白噪声（对于估计器不必是已知的，但在确定性能时必须已知）。

4. 估计器

$$\begin{aligned} \hat{A} &= \sqrt{\hat{\alpha}_1^2 + \hat{\alpha}_2^2} \\ \hat{\phi} &= \arctan\left(\frac{-\hat{\alpha}_2}{\hat{\alpha}_1}\right) \end{aligned} \tag{9.2}$$

其中

$$\begin{bmatrix} \hat{\alpha}_1 \\ \hat{\alpha}_2 \end{bmatrix} = (\mathbf{H}^{\mathrm{T}}\mathbf{H})^{-1}\mathbf{H}^{\mathrm{T}}\mathbf{x} \tag{9.3}$$

$$\mathbf{H} = \begin{bmatrix} 1 & 0 \\ \cos 2\pi f_0 & \sin 2\pi f_0 \\ \vdots & \vdots \\ \cos[2\pi f_0(N-1)] & \sin[2\pi f_0(N-1)] \end{bmatrix}$$

反正切函数输出选择角度 $\hat{\phi}$ 与 $(\hat{\alpha}_1, -\hat{\alpha}_2)$ 位于同一象限。若 $2/N < f_0 < 1/2 - 2/N$，则估计器近似为

$$\begin{aligned} \hat{A} &= \frac{2}{N}\left|\sum_{n=0}^{N-1} x[n]\exp(-\mathrm{j}2\pi f_0 n)\right| \\ \hat{\phi} &= \arctan\left(\frac{-\sum_{n=0}^{N-1} x[n]\sin(2\pi f_0 n)}{\sum_{n=0}^{N-1} x[n]\cos(2\pi f_0 n)}\right) \end{aligned} \tag{9.4}$$

其中 arctan 函数为四个象限的逆函数，理解为根据

$$\sum_{n=0}^{N-1} x[n]\cos(2\pi f_0 n), -\sum_{n=0}^{N-1} x[n]\sin(2\pi f_0 n)$$

的取值在对应的象限计算出角度。随书光盘中的 MATLAB 程序 `FSSP3alg9_2_sub.m` 为估计器的实现。

5. 性能

由式(9.2)给出的形式是最大似然估计，其性能近似达到 CRLB，其近似概率密度函数(当 $N\to\infty$ 和/或高信噪比)为

$$\hat{A}\sim\mathcal{N}\left(A,\frac{2\sigma^2}{N}\right)$$

$$\hat{\phi}\sim\mathcal{N}\left(\phi,\frac{1}{N\eta}\right)$$

其中 $\eta=A^2/(2\sigma^2)$ 为信噪比(SNR)，$\hat{A}$ 与 $\hat{\phi}$ 相互独立。

6. 举例

考虑方差为 $\sigma^2=1/16$ 高斯白噪声中的正弦信号，$A=1$，$f_0=0.1$，$\phi=\pi/4=0.7854$，$N=20$。图 9.2(a)为实际信号，图 9.2(b)为含噪信号，估计幅度为 $\hat{A}=0.9295$，相位为 $\hat{\phi}=0.8887$。

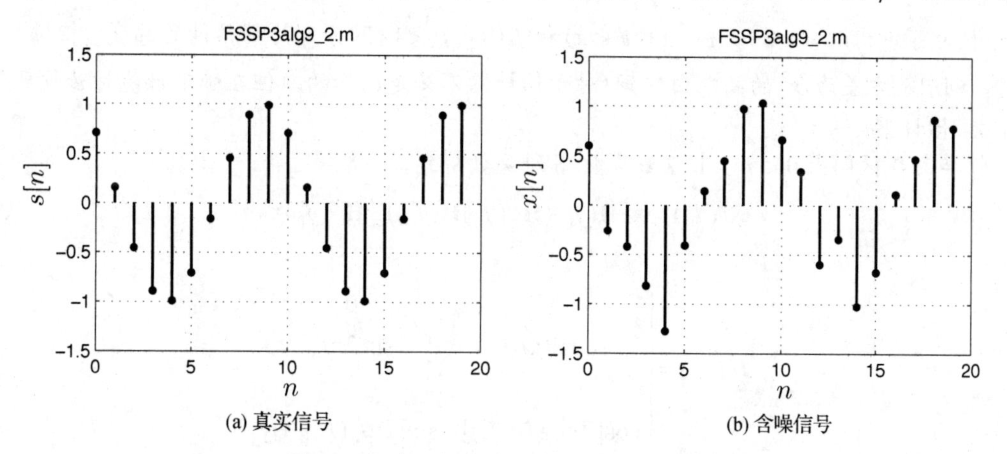

(a) 真实信号 (b) 含噪信号

图 9.2 幅度、相位估计的正弦信号和数据

7. 说明

首先转换为估计等价的线性信号模型(见 1.3 节)

$$s[n]=\alpha_1\cos(2\pi f_0 n)+\alpha_2\sin(2\pi f_0 n)$$

中的 α_1 和 α_2，然后转换回幅度和相位。利用最小化下式得到式(9.3)的参数 α_1 和 α_2 估计，

$$\sum_{n=0}^{N-1}(x[n]-\alpha_1\cos(2\pi f_0 n)-\alpha_2\sin(2\pi f_0 n))^2$$

注意，对于式(9.4)的近似估计，若转换为复幅度，则估计器为

$$\hat{A}\exp(\mathrm{j}\hat{\phi})=\frac{2}{N}\sum_{n=0}^{N-1}x[n]\exp(-\mathrm{j}2\pi f_0 n)$$

上式可看成数据在真实频率 f_0 处的傅里叶变换(乘以 $2/N$)。

8. 注释

参考 1.3 节和[Kay 1993, pp. 56-57, 193-195]。

练习 9.2　低信噪比正弦信号

重复图 9.2 的例子，令噪声方差 $\sigma^2 = 10/16$ (信噪比下降 10 dB)，估计幅度和相位，比较例题与你的结果。 •

算法 9.3　正弦幅度、相位和频率估计

1. 问题

高斯白噪声中正弦信号的幅度、相位和频率估计。

2. 应用领域示例

在雷达和声呐中发射正弦脉冲信号，由于传播及散射效应，接收信号的幅度和相位发生改变，目标的移动会使频率也发生变化，这就是多普勒效应[Skolnik 1980, Burdic 1984]，这些参数都需要估计。同时需要一些修正来适应第 12 章描述的复信号，参见 2.3 节的超声波例子。

3. 数据模型/假定

$$x[n] = A\cos(2\pi f_0 n + \phi) + w[n] \quad n = 0,1,\cdots,N-1 \tag{9.5}$$

其中 A(为可辨识设 $A > 0$)，$\phi(-\pi \leqslant \phi < \pi)$和 $f_0(0 < f_0 < 1/2)$分别为带估计的幅度、相位和频率参量，$w[n]$是方差为 σ^2 的高斯白噪声(对于估计器不必是已知的，但在确定性能时必须已知)。

4. 估计器

频率由在区间上 $0 < f_0 < 1/2$ 最大化下列函数得到，

$$J(f_0) = \mathbf{x}^{\mathrm{T}}\mathbf{H}(f_0)(\mathbf{H}^{\mathrm{T}}(f_0)\mathbf{H}(f_0))^{-1}\mathbf{H}^{\mathrm{T}}(f_0)\mathbf{x} \tag{9.6}$$

其中

$$\boldsymbol{H}(f_0) = \begin{bmatrix} 1 & 0 \\ \cos 2\pi f_0 & \sin 2\pi f_0 \\ \vdots & \vdots \\ \cos[2\pi f_0(N-1)] & \sin[2\pi f_0(N-1)] \end{bmatrix}$$

若已知频率区间为 $2/N < f_0 < 1/2 - 2/N$，则最大化函数可近似为

$$J'(f_0) = \frac{1}{N}\left|\sum_{n=0}^{N-1} x[n]\exp(-\mathrm{j}2\pi f_0 n)\right|^2$$

即为周期图。若估计出频率为 $\hat{f}_0$，则用 $\mathbf{H}(\hat{f}_0)$ 代替 $\mathbf{H}$ 后，可用式(9.2)和式(9.3)来估计幅度和相位。若已知 $2/N < f_0 < 1/2 - 2/N$，则可近似用式(9.4)估计幅度和相位。随书光盘中的 MATLAB 程序 `FSSP3alg9_3_sub.m` 为估计器的实现。

5. 性能

利用式(9.6)的确切形式和式(9.2)的最大似然估计，其性能近似达到 CRLB。其近似性能为(当 $N \to \infty$ 和/或高信噪比)

$$\hat{A} \sim \mathcal{N}\left(A, \frac{2\sigma^2}{N}\right)$$

$$\hat{\phi} \sim \mathcal{N}\left(\phi, \frac{2(2N-1)}{\eta N(N+1)}\right)$$

$$\hat{f}_0 \sim \mathcal{N}\left(f_0, \frac{12}{(2\pi)^2 \eta N(N^2-1)}\right)$$

其中$\eta = A^2/(2\sigma^2)$为信噪比(SNR)，$\hat{A}$与$\hat{\phi}$、$\hat{f}_0$相互独立。

6. 举例

考虑图 9.2(a)所示信号和图 9.2(b)所示数据集，假定频率已知，采用式(9.6)和式(9.2)及式(9.3)估计得到$\hat{A} = 0.9353$（真实值$A = 1$），$\hat{\phi} = 0.9943$（真实值$\phi = 0.7854$），$\hat{f}_0 = 0.0980$（真实值$f_0 = 0.1$）。注意，由于方差近似为$1/N^3$，频率估计值是非常准确的。

7. 说明

与频率已知的估计器相比，唯一的差别是需要先估计频率，这是通过最大化周期图(功率谱密度的估计)得到的。式(9.6)的矩阵运算需要避免实正弦信号在 0 或 1/2 频率附近的复数部分“干扰”（见图 1A.1）。

8. 注释

参考 3.5.4 节和[Kay 1993, pp. 56-57, 193-195]。 ■

练习 9.3　无噪正弦信号

重复图 9.2(b)的数据示例，令噪声方差为零，会估计得到无误差的正弦参数吗？ •

算法 9.4　时延估计

1. 问题

估计高斯白噪声中已知确定信号的时延。

2. 应用领域举例

激光测距器称为光检测与测距(LIDAR)，用于确定目标距离，通过发射信号并测量其传播到目标及反射回接收机的时间来实现测距。距离为$R = c\tau_0/2$，其中τ_0为传播时间，即时延，c为传播速度[Adams 2000]。

3. 数据模型/假定

$$x[n] = s[n-n_0] + w[n] \qquad n = 0, 1, \cdots, N-1$$

其中$s[n]$为已知信号，n_0为待估计时延，$w[n]$是方差为σ^2的高斯白噪声(对于估计器不必是已知的)。假定$s[n]$的采样长度为M，对于$n = 0, 1, \cdots, M-1$为非零值。对于n_0的任意可能取值，在观测区间$0 \leqslant n \leqslant N-1$总是包含延迟信号$s[n-n_0]$。

4. 估计器

估计器为“流动相关器”，对每一接收信号与数据进行如下相关计算，

$$J(n_0) = \sum_{n=n_0}^{n_0+M-1} x[n]s[n-n_0] \qquad 0 \leqslant n_0 \leqslant N-M \tag{9.7}$$

选择n_0使得上式最大，即为估计$\hat{n}_0$。注意到延时估计应为$\hat{\tau}_0 = \hat{n}_0\Delta$，其中$\Delta$为采样时间间隔。随书光盘中的 MATLAB 程序 `FSSP3alg9_4_sub.m` 为估计器的实现。

5. 性能

最大化式(9.7)求得的n_0即最大似然估计，其性能近似达到 CRLB。考虑到延迟时间为$\hat{\tau}_0$，其近似性能为(当$N \to \infty$和/或高信噪比)

$$\hat{\tau}_0 \sim \mathcal{N}\left(\tau_0, \frac{1}{\frac{\varepsilon}{N_0/2}\overline{F}^2}\right)$$

其中估计器方差由连续时间信号 $s(t)$ 的特性确定。观测到采样为 $s(n\Delta)=s[n]$，$\frac{\varepsilon}{N_0/2}$ 即为能噪比，其中能量为

$$\varepsilon = \int_0^{T_s} s^2(t)\mathrm{d}t$$

即信号时间长度($T_s = M\Delta$)。同时，$N_0/2$ 为连续时间高斯白噪声的功率谱密度。假定 $s(t)$ 为带宽为 W Hz 的低通信号，经 $2W$/每秒进行采样，高斯白噪声方差 $w[n]$ 为 $\sigma^2 = N_0 W$ [Kay 2006, pp. 583-586]。$\overline{F}^2$ 为连续时间信号的均方带宽，定义为

$$\overline{F}^2 = \frac{\int_{-\infty}^{\infty}(2\pi F)^2 |S(F)|^2 \mathrm{d}F}{\int_{-\infty}^{\infty}|S(F)|^2 \mathrm{d}F}$$

其中 F 为频率，单位为赫兹(Hz)，$S(F)$ 为 $s(t)$ 的连续时间傅里叶变换。

6. 举例

考虑时延 $n_0 = 50$ 的图 9.3(a)所示的高斯脉冲信号，该信号加上方差为 $\sigma^2 = 0.25$ 的图 9.3(b)所示的高斯白噪声。实施“流动相关器”后，需最大化的函数 $J(n_0)$ 如图 9.4 所示，纵轴显示的是时延。此例中最大值在 $n_0 = 50$ 的正确时延位置。

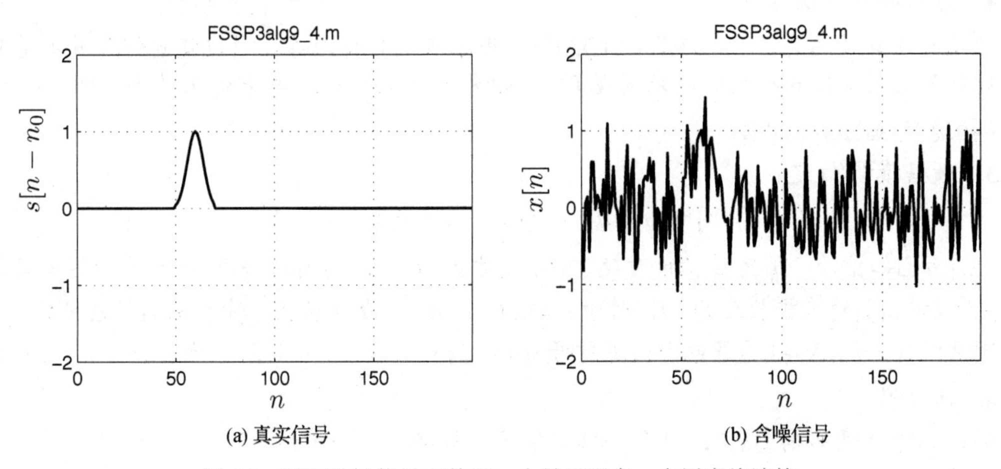

(a) 真实信号　　(b) 含噪信号

图 9.3　时延估计信号和数据，为易于观察，点用直线连接

7. 说明

由于 $x[n] = s[n - n_{0_{\text{true}}}] + w[n]$，函数式(9.7)变为

$$J(n_0) = \sum_{n=n_0}^{n_0+M-1}(s[n-n_{0_{\text{true}}}]s[n-n_0]) + \sum_{n=n_0}^{n_0+M-1} w[n]s[n-n_0]$$

当 $n_0 = n_{0_{\text{true}}}$ 时，第一项即为信号自相关，

$$\sum_{n=n_{0_{\text{true}}}}^{n_{0_{\text{true}}}+M-1} s^2[n-n_{0_{\text{true}}}]=\varepsilon$$

即为信号能量。自相关序列在零时延(即两个信号对齐)时最大，在其他位置变小。注意峰值“平均意义上”为能量，这也说明 CRLB 与信号能量的相关性。

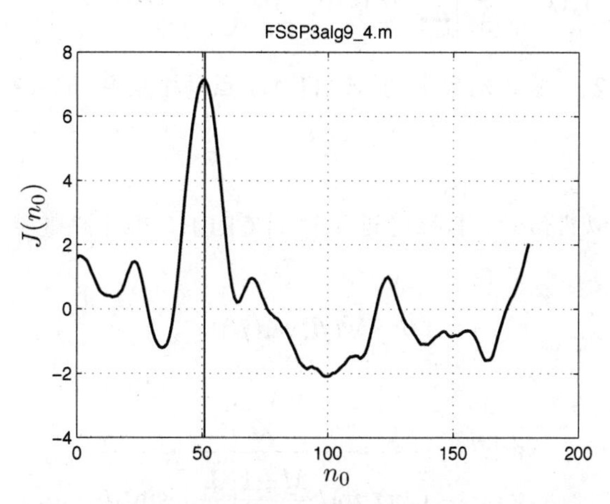

图 9.4 最大化函数以获得样本时延的最大似然估计

8. 注释

由于采样量化原因，采用此方法得到的时延估计精度不会好于一个采样，否则需要更高速率的采样或某种形式的内插。典型方法参考[Lai and Torp 1999]，也可参考[Kay 1993, pp. 53-56, pg. 192]。 ■

练习 9.4 不同的脉冲形状

重复图 9.3 的例子，令脉冲为方波，高度为 1，宽度 $M=20$，并令 $N=200$，$n_0=50$ 及 $\sigma^2=0.25$，估计结果如何？ •

算法 9.5 方位估计

1. 问题

应用均匀分布直线传感器阵列确定到达信号的方位。

2. 应用领域举例

水下被动声音监测系统通常采用长直线阵列传感器[Urick 1975]。一旦目标被检测到，其方位也可估计得到。

3. 数据模型/假定

假定直线阵列的 M 个传感器在二维空间中沿 x 轴分布。传感器位置为 $x=0,d,2d,\cdots,(M-1)d$。目标信号从 x 轴测量的到达角，即“方位”为 β，其中 $0<\beta<\pi/2$。若目标发射正弦信号，传感器 n 接收的信号为

$$x[n]=A\cos[2\pi(F_0(d/c)\cos\beta)n+\phi]+w[n] \qquad n=0,1,\cdots,M-1 \tag{9.8}$$

其中 F_0 是发射信号的频率，单位为赫兹，c 为波前(若信号满足“远场”条件，波前可假定为平面)传播速度，$w[n]$ 为方差 σ^2 的高斯白噪声(对于估计器不必是已知的，但在确定性能时必须已知)，同时假定 A, β 和 ϕ 均未知，我们需要估计 β。

4. 估计器

估计器与式(9.5)给出的正弦信号模型的频率估计器相似，其中 f_0 被归一化空间频率 $F_0(d/c)\cos\beta$ 替代，通过最大化下述空域周期图，计算得到β值($0<\beta<\pi/2$)。

$$I_s(\beta)=\frac{1}{M}\left|\sum_{n=0}^{M-1}x[n]\exp\left[-\mathrm{j}2\pi\left(F_0\frac{d}{c}\cos\beta\right)n\right]\right|^2 \tag{9.9}$$

假定β不是靠近 0 或$\pi/2$。随书光盘中的 MATLAB 程序 `FSSP3alg9_5_sub.m` 为估计器的实现。

5. 性能

估计器为近似最大似然估计，其性能近似达到 CRLB，其近似概率密度函数为(当 $M\to\infty$ 和/或高信噪比)

$$\hat{\beta}\sim\mathcal{N}(\beta,\mathrm{var}(\hat{\beta})) \tag{9.10}$$

其中

$$\mathrm{var}(\hat{\beta})=\frac{12}{(2\pi)^2\eta M\frac{M+1}{M-1}\left(\frac{L}{\lambda}\right)^2\sin^2\beta} \tag{9.11}$$

$\eta=A^2/(2\sigma^2)$ 为信噪比，L 为阵列长度，$\lambda=c/F_0$ 为波长。

6. 举例

考虑 M=20 的等距离直线传感器阵列，参数 $A=1, F_0=10\,000$ Hz, $d=\lambda/2$ m, $c=1500$ m/s (水下声音传播)及$\phi=\pi/8$，高斯白噪声方差为$\sigma^2=1/16$，到达角 $\beta=\pi/4$ 的数据 $x[n]$的空域周期图如图 9.5 所示。到达角的估计值$\hat{\beta}=0.7823$，真实值为$\pi/4=0.7854$，图 9.5 中的真实值为垂直线。

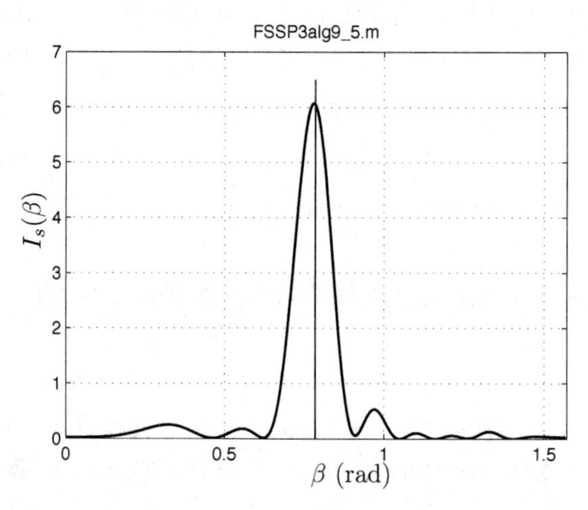

图 9.5 最大化函数以获得到达角的近似最大似然估计

7. 说明

方位估计与噪声中的正弦信号频率估计类似。此时相似频率如下式给出，

$$f_s=F_0\frac{d}{c}\cos(\beta) \tag{9.12}$$

这称为空间频率。注意，为了可鉴别，它必须在区间(0，1/2)内。因此，对于$d=\lambda/2$，$f_s=(1/2)\cos(\beta)$，到达角必须满足$0<\beta<\pi/2$。在这个角度范围(但不靠近0或$\pi/2$)，“空间正弦”频率f_s可从幅度平方傅里叶变换求得。找到峰值位置$\hat{f}_s$，由式(9.12)转换成角度。

8. 注释

式(9.8)的模型描述了传感器在单一时间的输出(或称为“快拍”)。实际上，估计器通常需要处理多个快拍，最简单的方法是对每一快拍的周期图求平均。当β不靠近0或$\pi/2$时，估计器为近似最大似然估计。对于$d=\lambda/2$ (λ为波长)这种典型设定，空间频率这个别名就不需要了。最后，实际中的数据为复数，允许估计$0<\beta<\pi$区间的β，参见[Kay 1993, pp. 57-59, 195-196]及[Johnson and Dudgeon 1993]。 ■

练习 9.5 方位角的空域周期图

绘出$\beta=\pi/8$和$\beta=\pi/16$的空域周期图。特别注意最大化函数的宽度，它比$\beta=\pi/4$时的更宽还是更窄呢？这会影响精度吗？读者可以应用`[betahat beta Is]=FSSP3alg9_5_sup (x,F0,c,d)`后再用`plot(beta,Is)`在区间$0<\beta<\pi/2$上绘出空域周期图。设定$F_0=10\,000$，$c=1500$，$d=\lambda/2=c/(2F_0)$。对于输入x，假定$w[n]=0$后应用式(9.8)。 •

算法 9.6 高斯白噪声的功率估计

1. 问题

高斯白噪声的功率估计。

2. 应用领域举例

在口吃问题诊断中需要测量发音的信噪比[Yingyong et al. 1999]。这需要估计噪声的功率(除信号功率外)。

3. 数据模型/假定

数据模型假定为$x[n]=w[n]$，$n=0,1,\cdots,N-1$，其中$w[n]$是方差为σ^2(也就是功率)的高斯白噪声。

4. 估计器

噪声功率估计可应用公式

$$\hat{\sigma}^2=\frac{1}{N}\sum_{n=0}^{N-1}x^2[n] \tag{9.13}$$

随书光盘中的MATLAB程序`FSSP3alg9_6_sub.m`为估计器的实现。

5. 性能

估计器为最大似然估计，其性能达到CRLB。其均值和方差为

$$E[\widehat{\sigma^2}]=\sigma^2$$

$$\mathrm{var}(\widehat{\sigma^2})=\frac{2(\sigma^2)^2}{N}$$

其概率密度函数为N个自由度chi-平方分布的函数(乘以$a=\sigma^2/N$)

$$p(\widehat{\sigma^2})=\frac{1}{a2^{N/2}\Gamma(N/2)}\left(\frac{\widehat{\sigma^2}}{a}\right)^{N/2-1}\exp\left[-\frac{1}{2}\left(\frac{\widehat{\sigma^2}}{a}\right)\right]\qquad \widehat{\sigma^2}>0$$

6. 举例

考虑方差$\sigma^2=1$的高斯白噪声中$N=20$的数据记录。此时估计得到$\widehat{\sigma^2}=0.7447$，与真实值差别较大。但这并不意外，因为估计器的方差$2(\sigma^2)^2/N=2/20=0.1$。标准差为$\sqrt{0.1}=0.316$，即估计值与均值相差一个标准差。

7. 说明

估计器为时域平方的均值，而各平方项为σ^2的无偏估计量。平均运算降低了方差估计器的估计方差。

8. 注释

参考练习4.2和6.4.2节，对于更一般的噪声估计参见第11章的功率谱密度(PSD)估计。■

练习 9.6 长数据记录

选择$N=2000$，重做上述例题，估计器的方差为0.001，比较例题与你的结果。 •

算法 9.7 随机信号功率估计

1. 问题

对于零均值高斯随机信号，即一个已知功率谱密度的随机过程，估计其功率。

2. 应用领域举例

此种类型的功率估计器可应用于确定天气回波幅度[Zrnic 1979]。

3. 数据模型/假定

假定零均值随机信号$s[n]$（$n=0,1,\cdots,N-1$）的功率谱密度为

$$P_s(f)=P_0Q(f) \qquad -1/2\leqslant f\leqslant 1/2$$

其中$P_0>0$，$Q(-f)=Q(f)$，$Q(f)>0$，且$\int_{-\frac{1}{2}}^{\frac{1}{2}}Q(f)\mathrm{d}f=1$，因此$P_0$为信号过程的总功率。

4. 估计器

估计器为

$$\hat{P}_0=\int_{-\frac{1}{2}}^{\frac{1}{2}}\frac{I(f)}{Q(f)}\mathrm{d}f \tag{9.14}$$

其中

$$I(f)=\frac{1}{N}\left|\sum_{n=0}^{N-1}s[n]\exp(-\mathrm{j}2\pi fn)\right|^2$$

为信号过程的周期图。随书光盘中的MATLAB程序`FSSP3alg9_7_sub.m`为估计器的实现。

5. 性能

估计器为近似最大似然估计(假定N很大)，因此大数据记录时其性能达到CRLB。其概率密度函数为

$$\hat{P}_0\sim\mathcal{N}\left(P_0,\frac{2P_0^2}{N}\right)$$

6. 举例

考虑有两个参数 $a[1]=-2r\cos(2\pi f_0)=0$，$a[2]=r^2=0.9^2$ 且 $\sigma_u^2=1$ 的自回归(AR)随机信号，其真实功率谱密度及一个典型实现如图 4.7 所示。总功率为[Kay 1988, pg. 119]

$$P_0=\frac{\sigma_u^2}{1-r^4}=2.9078$$

对于图 4.7 所示的数据集，估计得到 $\hat{P}_0=3.4205$，注意到若应用式(9.13)，估计得到 $(1/N)\sum_{n=0}^{N-1}s^2[n]=1.9353$，这个结果相当差。

7. 说明

周期图为功率谱密度的估计(见第 11 章)，因此若 $I(f)\approx P_s(f)=P_0Q(f)$，估计器即得到 P_0 [在式(9.14)中令 $I(f)=P_0Q(f)$]。

8. 注释

功率谱密度未知的随机信号功率，可根据式(9.13)估计得到。由于应用了功率谱密度先验信息，式(9.14)的估计器性能应该更好些。参见 4.4 节和[Kay 1993, Problems 3.16, 7.23]。 ■

练习 9.7　宽带功率谱密度

重复做上述的例题，令极半径 $r=0.7$，$\sigma_u^2=0.76$，因此 $P_0=1$。采用式(9.14)和式(9.13)估计总功率。可以应用程序 `ARgendata.m` 产生数据，令 `L=4096` 并应用程序 `ARpsd.m` 计算功率谱密度值 $P_s(f)=Q(f)$。比较两种不同估计器的结果。 •

算法 9.8　随机信号中心频率估计

1. 问题

估计零均值高斯随机信号，即高斯白噪声中的随机过程的中心频率。

2. 应用领域举例

雷达大气回波的多普勒偏移的估计通常用于预报天气条件[Narayanan and Dawood 2000]。

3. 数据模型/假定

假定零均值随机过程 $x[n]$ ($n=0,1,\cdots,N-1$)的功率谱密度为

$$P_x(f)=\begin{cases}P_s(f-f_0)+\sigma^2 & 0\leqslant f\leqslant 1/2\\ P_x(-f) & -1/2\leqslant f<0\end{cases}$$

其中 $P_s(f)$ 为低通信号，功率谱密度以 $f=0$ 为中心，峰值位于 $f=0$ 处，且有 $P_s(-f)=P_s(f)$，$P_s(f)$ 的带宽为 $B/2$。另外，中心频率 f_0 假定满足 $B/2<f_0<1/2-B/2$，因而整个带通信号的功率谱密度 $P_s(f-f_0)$ 在区间 $0<f<1/2$ 内。低通信号功率谱密度 $P_s(f)$ 及高斯噪声方差 σ^2 假定已知。

4. 估计器

估计器为满足在中心频率 $B/2<f_0<1/2-B$ 最小化下式的 f_0 的值，

$$J'(f_0)=\int_0^{\frac{1}{2}}\frac{I(f)}{P_sf(f-f_0)+\sigma^2}\mathrm{d}f \tag{9.15}$$

其中 $I(f)$ 为周期图。若总的信号功率大于噪声功率，作为近似，函数 $J'(f_0)$ 可以最大化得到估计，其中

$$J'(f_0)=\int_0^{\frac{1}{2}} I(f)P_s(f-f_0)\mathrm{d}f \tag{9.16}$$

这不需要知道σ^2。对于 AR 信号功率谱密度，随书光盘中的 MATLAB 程序 `FSSP3alg9_8_sub.m` 为估计器式(9.15)的实现。

5. 性能

估计器为近似最大似然估计(假定 N 很大)，因此对于大数据记录其性能达到 CRLB。其概率密度函数为

$$\hat{f}_0 \sim \mathcal{N}\left(f_0, \mathrm{var}(\hat{f}_0)\right)$$

其中

$$\mathrm{var}(\hat{f}_0)=\frac{N}{2}\int_{-\frac{1}{2}}^{\frac{1}{2}}\left(\frac{d\ln P_x(f)}{\mathrm{d}f}\right)^2\mathrm{d}f$$

6. 举例

考虑有两个参数$a[1]=-2r\cos(2\pi f_0)$，$a[2]=r^2$的自回归(AR)随机信号，其中$r=0.98$，$f_0=0.15$且$\sigma_u^2=1$。功率谱密度中心频率$f_0=0.15$。令$\sigma^2=0$，$N=50$的数据集如图 9.6(a)所示，周期图及真实功率谱密度如图 9.6(b)所示，采用 dB 坐标。从真实功率谱密度的虚线可以看出，其带宽为$B=0.1$。这是从功率谱密度在$f=f_0$的峰值下降约 20 dB 得到的。根据$f=f_0+B/2=0.2$可得频率$B=2(0.2-0.15)=0.1$。应用B的这个值在频率区间$B/2=0.05<f_0<0.45=1/2-B/2$最小化$J(f_0)$，可以得到此数据集的中心频率估计值$\hat{f}_0=0.1501$。此结果是根据采用频率间隔 1/4096 对式(9.15)进行网格搜索而得到的。

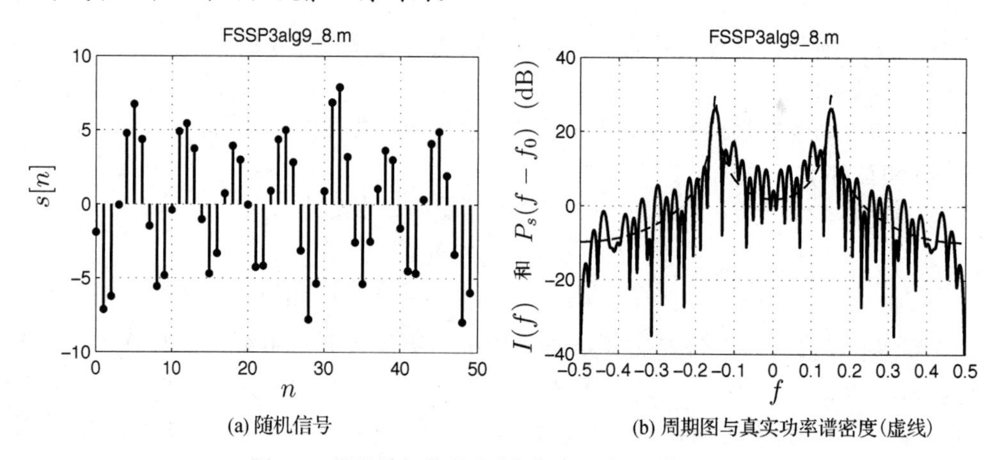

(a) 随机信号

(b) 周期图与真实功率谱密度(虚线)

图 9.6 带通随机信号(无高斯白噪声)及其周期图

7. 说明

近似最大似然估计在f_0的所有可能取值上将周期图估计与理论功率谱密度相比较。当两个谱近似重叠时，即式(9.15)的分母中假定的f_0接近真实值，则此时会得到$J(f_0)$的极小值。否则，对于不正确的f_0取值，关于一些频带，$P_s(f-f_0)$会比$I(f)$小得多，因此会增大$J(f_0)$的取值。另外，若采用式(9.16)的近似函数，会看到估计值是通过当频率移动时，最大化周期图信号功率谱密度“谱相关”得到的。

8. 注释

更详细内容请参见[Levin 1965]及[Kay 1993, pp. 51-53]。■

练习 9.8　噪声污染的带通随机信号

重用图 9.6(a)的数据例子，并在随机信号中加入高斯白噪声。可以通过令 $a[1]=-2r\cos(2\pi f_0)$，$a[2]=r^2$ 及 $\sigma_u^2=1$ 来生成带通信号。与前面一样，令 $f_0=0.15$，$r=0.98$，采用 $B=0.1$ 的带宽。最后，令高斯白噪声方差 $\sigma^2=100$。完成下列练习：

1. 应用 `s=ARgendata(a,sig2u,N)`（不要忘记应用 `randn('state',0)`）生成 $N=50$ 的带通信号样本，然后生成 $\sigma^2=100$ 的高斯白噪声并加入信号得到 $x[n]$。
2. 令 $a_{LP}[1]=-2r$，$a_{LP}[2]=r^2$ 来设定 $P_s(f)$，因此 $P_s(f)$ 为 $f=0$ 的低通功率谱密度，峰值在 $f=0$ 处。
3. 运行 `f0hat=FSSP3alg9_8_sub(x,alp,sig2u,B,sig2)`，其中 `x` 为已经生成的噪声污染信号，`alp` 为低通 AR 参数，`sig2u` 为 $\sigma_u^2=1$，`B` 为带宽，选取为 0.1，`sig2` 为 $\sigma^2=100$。

比较例题与你的结果。•

算法 9.9　高斯白噪声中的多正弦信号——最佳方案

1. 问题

估计多个正弦信号的幅度、相位及频率。可以实现高斯白噪声中多达 5 个正弦信号的情形。

2. 应用领域举例

在机械振动分析中，由于可能带来灾难性机械问题，因此确定主要的共振十分重要。

3. 数据模型/假定

$$x[n]=\sum_{i=1}^{p}A_i\cos(2\pi f_i n+\phi_i)+w[n]\qquad n=0,1,\cdots,N-1 \tag{9.17}$$

4. 估计器

频率通过最大化下述函数首先估计得到，

$$J(\mathbf{f})=\mathbf{x}^{\mathrm{T}}\mathbf{H}(\mathbf{f})(\mathbf{H}^{\mathrm{T}}(\mathbf{f})\mathbf{H}(\mathbf{f}))^{-1}\mathbf{H}^{\mathrm{T}}(\mathbf{f})\mathbf{x} \tag{9.18}$$

其中 $\mathbf{f}=[f_1\ f_2\cdots f_p]^{\mathrm{T}}$，满足 $0<f_1<f_2<\cdots<f_p<1/2$。$N\times 2p$ 维矩阵 $\mathbf{H}(\mathbf{f})$ 定义为

$$\mathbf{H}(\mathbf{f})=[\mathbf{c}_1\quad \mathbf{s}_1\quad \mathbf{c}_2\quad \mathbf{s}_2\quad \cdots\quad \mathbf{c}_p\quad \mathbf{s}_p]$$

其中

$$\mathbf{c}_i=\begin{bmatrix}1\\ \cos(2\pi f_i)\\ \vdots\\ \cos[2\pi f_i(N-1)]\end{bmatrix}\quad \mathbf{s}_i=\begin{bmatrix}0\\ \sin(2\pi f_i)\\ \vdots\\ \sin[2\pi f_i(N-1)]\end{bmatrix}$$

$i=1,2,\cdots,p$。一旦得到频率估计量 $\hat{\mathbf{f}}$，幅度和相位的估计首先通过计算下式

$$\hat{\boldsymbol{\alpha}}=\left(\mathbf{H}^{\mathrm{T}}(\hat{\mathbf{f}})\mathbf{H}(\hat{\mathbf{f}})\right)^{-1}\mathbf{H}^{\mathrm{T}}(\hat{\mathbf{f}})\mathbf{x}$$

其中 $\hat{\mathbf{f}}$ 为 $p\times 1$ 维向量且

$$\hat{\boldsymbol{\alpha}} = \begin{bmatrix} \hat{\alpha}_{1_1} \\ \hat{\alpha}_{2_1} \\ \vdots \\ \hat{\alpha}_{1_p} \\ \hat{\alpha}_{2_p} \end{bmatrix}$$

得到估计量

$$\hat{A}_i = \sqrt{\hat{\alpha}_{1_i}^2 + \hat{\alpha}_{2_i}^2}$$

$$\hat{\phi}_i = \arctan\left(\frac{-\hat{\alpha}_{2_i}}{\hat{\alpha}_{1_i}}\right)$$

其中 arctan 函数理解为是在点$(\hat{\alpha}_{1i}, -\hat{\alpha}_{2i})$所在的象限内计算角度。随书光盘中的 MATLAB 程序 FSSP3alg9_9_sub.m 可用来实现两个正弦信号的估计。

5. 性能

估计器为最大似然估计，其性能达到 CRLB。估计器渐近性能(当 $N \to \infty$ 和/或高信噪比)为多元高斯概率密度函数且无偏，方差为多个参数的复杂函数。复正弦信号的 CRLB 参见[Kay 1988, pg. 414]。

6. 举例

考虑参数为 $A_1 = 1$，$f_1 = 0.11$，$\phi_1 = 0$，以及 $A_2 = 1$，$f_2 = 0.13$，$\phi_2 = \pi/4$ 的两个正弦信号，数据长度 $N = 25$。正弦参量采用周期图是不可分辨的(分辨率的详细描述参见第 11 章)。高斯白噪声方差 $\sigma^2 = 0.01$，数据集如图 9.7 所示。最大化的函数如图 9.8 和图 9.9 所示。其中 $J(f_1, f_2)$ 是在间隔 0.01 的频率栅格计算的，这个间隔对于精确频率估计太大了，仅用于图形示意。采用更细的 0.0001 频率间隔来计算最大似然估计，得到频率估计 $\hat{f}_1 = 0.1091$ (真实值 $f_1 = 0.11$) 和 $\hat{f}_2 = 0.1295$ (真实值 $f_2 = 0.13$)，幅度估计 $\hat{A}_1 = 0.9550$ (真实值 $A_1 = 1$) 和 $\hat{A}_2 = 0.9946$ (真实值 $A_2 = 1$)。相位估计 $\hat{\phi}_1 = 0.0753$ (真实值 $\phi_1 = 0$) 和 $\hat{\phi}_2 = 0.7963$ (真实值 $\phi_2 = 0.7854$)。注意，采用大的频率间隔得到的图 9.8 和图 9.9，由于间隔点位置(…，0.10,0.11,0.12,0.13，…)及正弦频率(0.11 及 0.13)的关系，其频率估计是完全准确的。关于这种可能的详细讨论见 8.5 节。

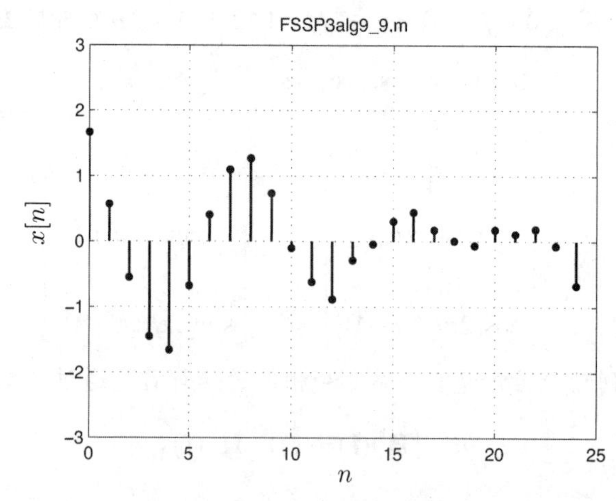

图 9.7 用于估计高斯白噪声中两个正弦信号参数的数据

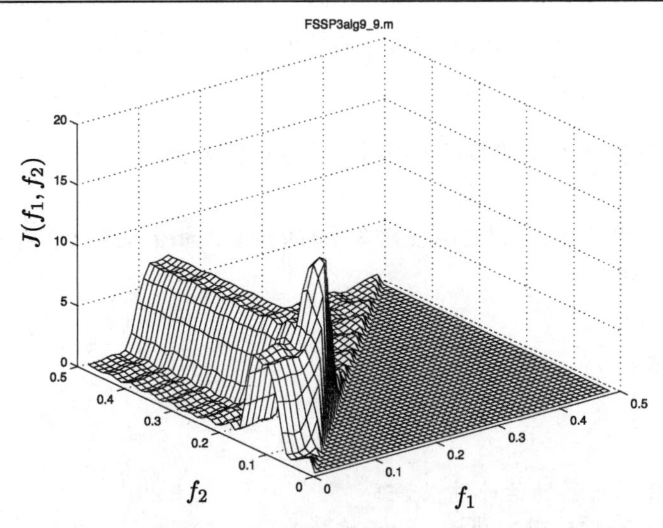

图 9.8 在 (f_1, f_2) 上且 $f_1 < f_2$ 时用于计算正弦频率的最大似然估计的最大化函数的三维图形。为易于显示，网格间隔选择为 0.01

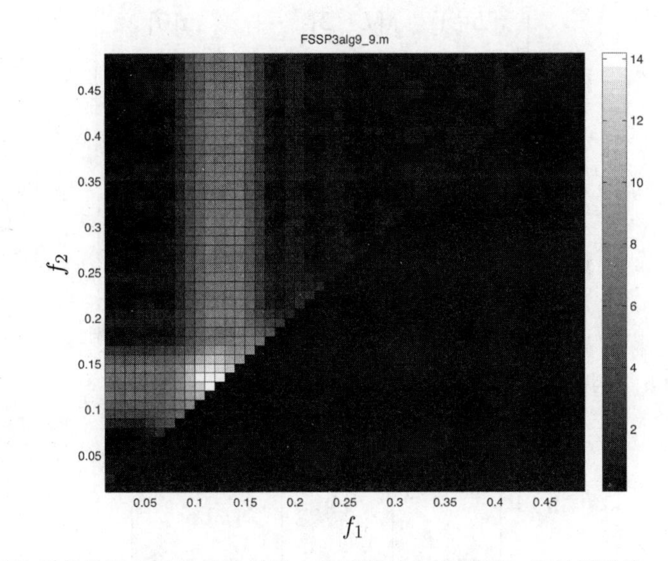

图 9.9 用于计算正弦频率的最大似然估计的最大化函数的灰度图形。为易于显示，网格间隔选择为 0.01

7. 说明

最大似然估计采用最小均方过程来匹配正弦信号成分和数据(见算法 9.2 的说明)，在 5.4 节中描述的相似过程是约束为非线性频率参数时的最大化。

8. 注释

对于超过 5 个正弦信号的情况，最大化 $J(\mathbf{f})$ 是相当困难的，这需要进行网格搜索(见 5.4 节的两个阻尼正弦信号参数估计)。有多项没有计算压力的技术可获得最大似然估计类似的性能[Kay 1988, Chapter 13]，其中一项将在后面给出。另外，降低最大似然估计计算量的一种方法可参见[Kay and Saha 2000]。 ■

练习 9.9 更低的信噪比

重用图 9.7 的数据例子，并将噪声方差设为 $\sigma^2 = 0.25$。网格间隔设为 0.0001，并确认先使

用代码 `randn('state',0)`，比较例题与你的频率估计的结果。MATLAB 程序 `FSSP3alg9_9_sub.m` 为估计器的实现。 •

算法 9.10　高斯白噪声中的多正弦信号——准最佳方案

1. 问题

估计高斯白噪声中多个正弦信号(任意多个)的幅度、相位及频率。

2. 应用领域举例

见算法 9.9。

3. 数据模型/假定

见算法 9.9。

4. 估计器

称为主分量 AR 估计器的估计过程如下:

计算前向 $\mathbf{H}_f$ 和后向 $\mathbf{H}_b$ 观测矩阵，两者维数为 $(N-L)\times L$，其中 L 为小于等于 $(3/4)N$ 的最大整数，且

$$\mathbf{H}_f=\begin{bmatrix} x[L-1] & x[L-2] & \cdots & x[0] \\ x[L] & x[L-1] & \cdots & x[1] \\ \vdots & \vdots & \vdots & \vdots \\ x[N-2] & x[N-3] & \cdots & x[N-L-1] \end{bmatrix}$$

$$\mathbf{H}_b=\begin{bmatrix} x[1] & x[2] & \cdots & x[L] \\ x[2] & x[3] & \cdots & x[L+1] \\ \vdots & \vdots & \vdots & \vdots \\ x[N-L] & x[N-L+1] & \cdots & x[N-1] \end{bmatrix}$$

前向 $\mathbf{h}_f$ 和后向 $\mathbf{h}_b$ 数据向量维数为 $(N-L)\times 1$，

$$\mathbf{h}_f=\begin{bmatrix} x[L] \\ x[L+1] \\ \vdots \\ x[N-1] \end{bmatrix} \qquad \mathbf{h}_b=\begin{bmatrix} x[0] \\ x[1] \\ \vdots \\ x[N-L-1] \end{bmatrix}$$

下面的形式

$$\mathbf{H}=\begin{bmatrix} \mathbf{H}_f \\ \mathbf{H}_b \end{bmatrix}$$

其维数为 $2(N-L)\times L$。计算 $L\times L$ 维矩阵 $\mathbf{H}^{\mathrm{T}}\mathbf{H}$ 的特征向量和特征值，将特征值按降序排列为 $\lambda_1>\lambda_2>\cdots>\lambda_{2p}>\lambda_{2p+1}>\cdots>\lambda_L$。取 $\lambda_1,\cdots,\lambda_{2p}$ 特征值对应的 $2p$ 个特征向量，即假定秩为 $2p$ 矩阵 $\mathbf{H}$ 的伪逆，称为 $\mathbf{H}^{\#}$。则长度 $L\times 1$ 的主分量 AR 滤波参数解为

$$\hat{\mathbf{a}}=-\mathbf{H}^{\#}\mathbf{h}$$

其中 $\hat{\mathbf{a}}=[\hat{a}[1]\hat{a}[2]\cdots\hat{a}[L]]^{\mathrm{T}}$。最后，求解下述多项式的根，

$$\hat{\mathcal{A}}(z)=1+\hat{a}[1]z^{-1}+\hat{a}[2]z^{-2}+\cdots+\hat{a}[L]z^{-L}$$

并选择在 z 平面上半部最接近单位圆的 p 个根，即幅度最接近 1 的根，称其为 $z_1, z_2, \cdots, z_p$，最后频率估计为

$$\hat{f}_i = \frac{1}{2\pi} \angle z_i$$

其中 $i = 1, 2, \cdots, p$。可见当得到频率估计后，幅度和相位估计如同算法 9.9。随书光盘中的 MATLAB 程序 `FSSP3alg9_10_sub.m` 为估计器的实现。

5. 性能

估计器是根据经验得到一个好的估计，估计性能没有解析结果，在足够大的信噪比时可达到 CRLB。

6. 举例

考虑 $N = 100$ 及 $\sigma^2 = 0.01$ 的 5 个正弦信号情况，真实参数和估计结果如表 9.2 所示，估计按照频率升序排列。注意，频率估计除最后一个正弦外都比较好，最后一个估计值为 0.3081，并不接近任一真实频率，其幅度仅为 0.0367，这令人怀疑是噪声。另外，由于频率估计为 0.1304 的幅度值为 2.0132，真实频率为 0.1300 和 0.1305 的正弦信号并没有"真正区分"。显然，频率 0.1300 和 0.1305 的正弦参数估计合并到了 0.1304 频率处，这也解释了为什么会在 0.3081 处有虚假频率，因为估计器只"发现"了 4 个频率，而我们要找 5 个频率参量。

表 9.2　采用主分量估计器的真实和估计的正弦参数

真实 A	$\hat{A}$	真实 ϕ	$\hat{\phi}$	真实 f	$\hat{f}$
1	0.9038	0	0.1190	0.1000	0.0996
1	0.9290	0	–0.2120	0.1100	0.1108
1	2.0132	0	–0.0415	0.1300	0.1304
1	1.0346	0	–0.0325	0.1305	0.1401
1	0.0367	0	0.1413	0.1400	0.3081

7. 说明

描述的方法提高了 AR 谱估计器的精度特性(见第 11 章)。对于高斯白噪声中的 p 个正弦信号，阶数为 $2p$ 的 AR 功率谱模型可以在正弦频率处得到尖峰。当噪声加入时，精度受到严重影响。主分量方案试图通过将模型阶数增加到 $L \gg 2p$ 来消除噪声影响(在此例中，$L = 75 \gg 10 = 2p$)，其在捕获谱线同时通过保留重要分量来降低可疑噪声峰值。

8. 注释

参见[Tufts and Kumaresan 1982, Kay 1988, pp. 426-428]。 ■

练习 9.10　与最大似然估计的比较

重做练习 9.9，在低信噪比时估计两个正弦信号参数，估计器采用本方案是否一样好？确认先使用代码 `randn('state',0)`。MATLAB 程序 `FSSP3alg9_10_sub.m` 为估计器的实现。 •

9.3　噪声/干扰时的信号增强

下面我们总结能够在有噪声或干扰的情况下增强(或提取)信号的算法。这些方法的主要区别取决于信号是确定性的还是随机的，噪声或干扰是否有一个可利用的"副本"，此处可利

用的“副本”意味着噪声或干扰(不包括信号)与包含信号的数据集中的噪声或干扰高度相关。另外，我们也区分噪声和干扰的影响，如高斯白噪声或 60 Hz 的干扰。

算法 9.11　噪声中周期随机信号的提取

1. 问题

从高斯白噪声中提取周期高斯随机信号。

2. 应用领域举例

周期语音信号可以采用可变的梳状滤波器来增强[Wen et al. 2010]。

3. 数据模型/假定

数据模型为

$$x[n]=s[n]+w[n] \qquad n=0,1,\cdots,N-1$$

其中，$s[n]$为需要增强的周期高斯随机信号，$w[n]$是已知方差为σ^2的高斯白噪声。信号周期为未知的M个采样，约束$M_{\min}\leqslant M\leqslant M_{\max}$。信号假定没有其他先验知识(如方差)。参见 3.5.3 节对确定性周期信号的讨论。

4. 估计器

首先估计周期 M 并将估计值表示为$\hat{M}$。然后，假定在基本周期上信号为$s[n]=g[n]$，$n=0,1,\cdots,\hat{M}-1$，在此周期的估计器为

$$\hat{s}[n]=\hat{g}[n]=\frac{1}{K}\sum_{r=0}^{K-1}x[n+r\hat{M}] \qquad n=0,1,\cdots,\hat{M}-1 \tag{9.19}$$

其中K为$\leqslant N/\hat{M}$的最大整数。(若$N/\hat{M}$不是整数，可以通过平均所有数据样本而稍微提高估计。)通过$\hat{s}[\hat{M}]=\hat{g}[0]$，$\hat{s}[\hat{M}+1]=\hat{g}[1]$的方式来复制$\hat{g}[n]$。通过在$M_{\min}\leqslant M\leqslant M_{\max}$上最大化下述函数来得到周期的估计，

$$J(M)=\sum_{\substack{i=1\\ I(i/M)/\sigma^2>1}}^{M/2-1}\left(\frac{I(i/M)}{\sigma^2}-\ln\frac{I(i/M)}{\sigma^2}-1\right)-\frac{M/2-1}{2}\ln N \tag{9.20}$$

其中$I(f)$为周期图，$I(f)=(1/N)\left|\sum_{n=0}^{N-1}x[n]\exp(-\mathrm{j}2\pi fn)\right|^2$。随书光盘中的 MATLAB 程序 `FSSP3-alg9_ 11_sub.m` 为估计器的实现。

5. 性能

估计器为最大似然估计，因此为渐近最佳达到 CRLB(当 $N\to\infty$ 时)。

6. 举例

考虑方差$\sigma^2=1$的高斯白噪声中包含4个相关谐波正弦信号(周期为$1/f_0$的周期信号的傅里叶扩展)数据。噪声中周期随机信号的一个实现为

$$x[n]=\cos(2\pi f_0 n)+\frac{1}{\sqrt{2}}\cos[2\pi(2f_0)n+\pi/3]+\frac{1}{2}\cos[2\pi(3f_0)n+\pi/7]$$

$$+\frac{1}{2}\cos[2\pi(4f_0)n+\pi/9]+w[n] \qquad n=0,1,\cdots,N-1$$

图 9.10 显示了$f_0=1/M=0.1$和$N=130$的情况。采用$M_{\min}=5$和$M_{\max}=50$计算$J(M)$，得到最大值位于$\hat{M}=10$，因此得到完美的周期估计。重建信号如图 9.11 所示，可见近似等于真实信号。

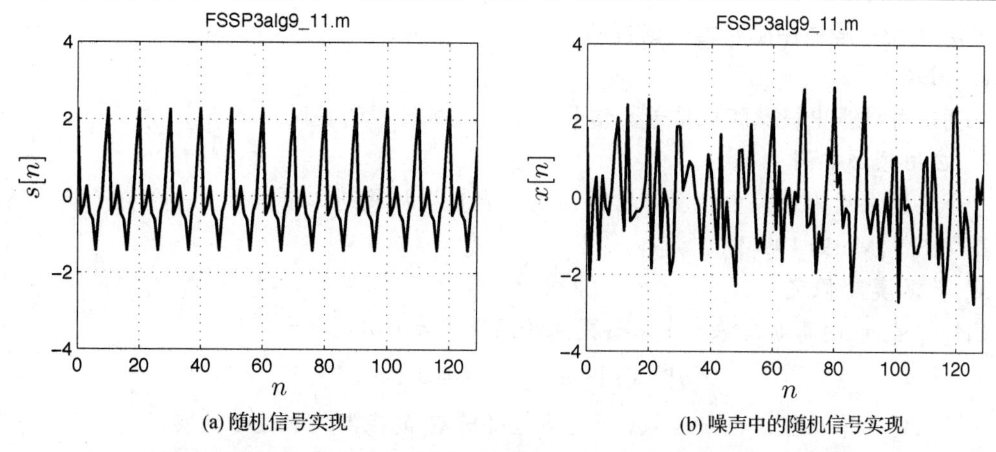

(a) 随机信号实现　　(b) 噪声中的随机信号实现

图 9.10 随机周期信号和观测噪声数据。为便于观察，点用直线连接

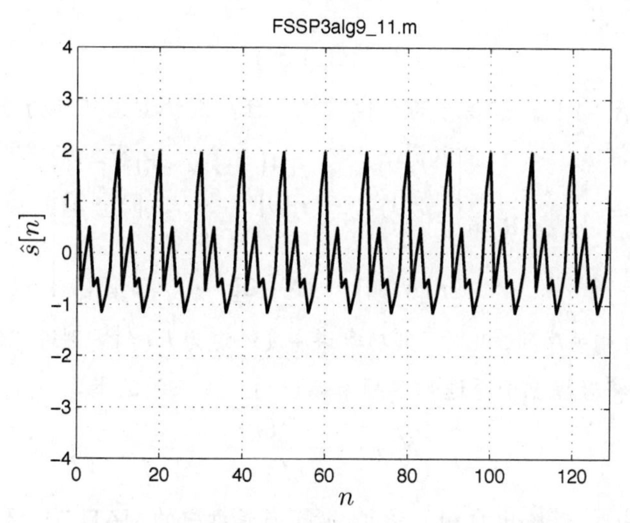

图 9.11 估计信号。为便于观察，点用直线连接

7. 说明

估计器可以看成是梳状滤波器，当 M 为偶数时，其频率响应为中心频率为 $f=0,1/M, 2/M,\cdots,M/2-1$ 的窄带通滤波器组。这是由于信号为周期性的，只在这些谐波频率处有能量。白噪声在所有频率上都有能量，带通滤波器可以在信号通过的同时滤除白噪声。信号的周期数目越大，即 $x[n]$ 的 K 值越大，将被滤除的噪声越多。

8. 注释

参见 3.5.3 节已知周期的周期确定性信号的最大似然估计。估计器的更多细节参见[Kay 1998, pp. 316-327]。若噪声功率谱密度不是白的，则估计器依然可用，但其性能会轻微下降。 ■

练习 9.11 另一个周期信号

假定 $s[n]=1,1,1,1,1,-1,-1,-1,-1,-1,1,1,1,1,1,\cdots,-1,-1,-1,-1$，周期脉冲序列的周期 $M=10$。对于方差 $\sigma^2=1$ 的高斯白噪声中 $s[n]$ 的 $N=130$ 个样本，利用 FSSP3alg9_11_sub.m 从噪声中提取信号。计算时令 $M_{\min}=5$ 和 $M_{\max}=50$，绘出真实信号和估计信号。 •

算法 9.12 噪声中随机信号的提取

1. 问题

从高斯白噪声中提取随机信号，信号假定为随机过程的实现。

2. 应用领域举例

一个典型应用为噪声中的图像增强，这需要直接扩展到二维信号。一个例子就是高精度电子显微图像[Marks 1996]。

3. 数据模型/假定

已知方差 σ^2 的高斯白噪声中需要提取的高斯信号 $s[n]$观测为

$$x[n]=s[n]+w[n] \qquad n=0,1,\cdots,N-1$$

信号假定为零均值，已知 $N\times N$ 维协方差矩阵 $\mathbf{C}_s$ 的高斯随机过程的实现。

4. 估计器

估计器为

$$\hat{\mathbf{s}}=\mathbf{C}_s(\mathbf{C}_s+\sigma^2\mathbf{I})^{-1}\mathbf{x} \tag{9.21}$$

其中 $\hat{\mathbf{s}}=[\hat{s}[0]\hat{s}[1]\cdots\hat{s}[N-1]]^{\mathrm{T}}$。若信号为平稳随机过程，则协方差矩阵为自相关矩阵 $\mathbf{R}_s$，即

$$\mathbf{C}_s=\mathbf{R}_s=\begin{bmatrix} r_s[0] & r_s[1] & \cdots & r_s[N-1] \\ r_s[1] & r_s[0] & \cdots & r_s[N-2] \\ \vdots & \vdots & \ddots & \vdots \\ r_s[N-1] & r_s[N-2] & \cdots & r_s[0] \end{bmatrix} \tag{9.22}$$

其中 $r_s[k]$ 为 $s[n]$ 的自相关序列。此时，若功率谱密度给定为 $P_s(f)$，则近似估计(避免了 $N\times N$ 维自相关矩阵求逆)为将数据 $x[n]$通过如下频率响应的非因果滤波器，

$$H(f)=\frac{P_s(f)}{P_s(f)+\sigma^2} \tag{9.23}$$

这称为维纳平滑滤波器。若给出自相关序列，则随书光盘中的MATLAB程序 `FSSP3alg9_12_sub.m` 为估计器式(9.21)和式(9.22)的实现。

5. 性能

式(9.21)给出的估计器称为矩阵维纳平滑器。在信号和噪声均为高斯时，其为最小化贝叶斯均方误差的最佳估计器(标量参数情况请参见定理 8.2.2)。估计器 $\hat{s}[n]$ ($n=0,1,\cdots,N-1$)的最小均方误差为 $N\times N$ 维如下均方误差矩阵位于 $[n,n]$ 的元素。

$$\mathbf{M}_{\hat{s}}=\mathbf{C}_s-\mathbf{C}_s(\mathbf{C}_s+\sigma^2\mathbf{I})^{-1}\mathbf{C}_s$$

6. 举例

考虑一个随机信号，其为一阶高斯 AR 随机过程(见 4.4 节)的实现，AR 过程参数为 $a[1]=-0.9$，$\sigma_u^2=1$，高斯白噪声方差 $\sigma^2=5$。信号和噪声如图 9.12 所示，信号为平稳随机过程的实现。可以应用式(9.21)来估计，将协方差矩阵用自相关矩阵代替，自相关序列为

$$r_s[k]=\frac{\sigma_u^2}{1-a^2[1]}(-a[1])^{|k|} \tag{9.24}$$

维纳平滑信号和真实信号如图 9.13 所示。注意其比噪声干扰的信号更接近真实信号，但展现出平滑性。

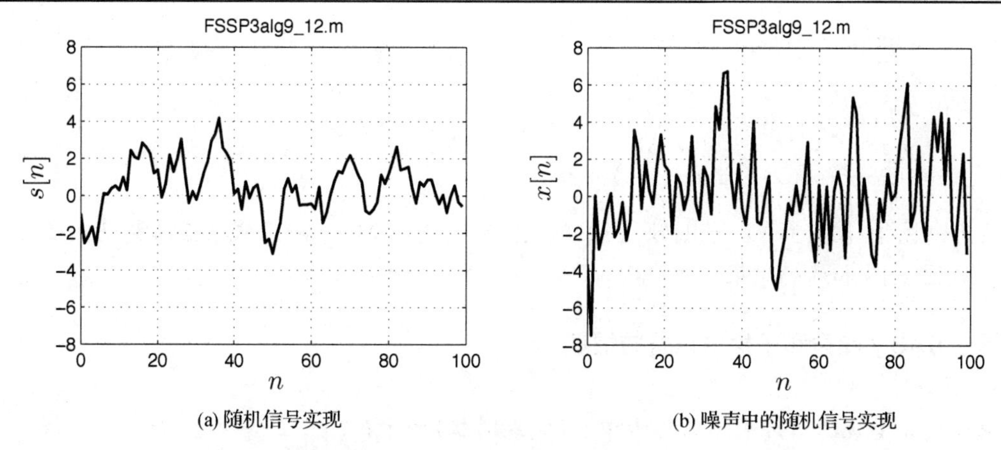

(a) 随机信号实现　　(b) 噪声中的随机信号实现

图 9.12　随机周期信号和观测噪声数据，为便于观察，点用直线连接

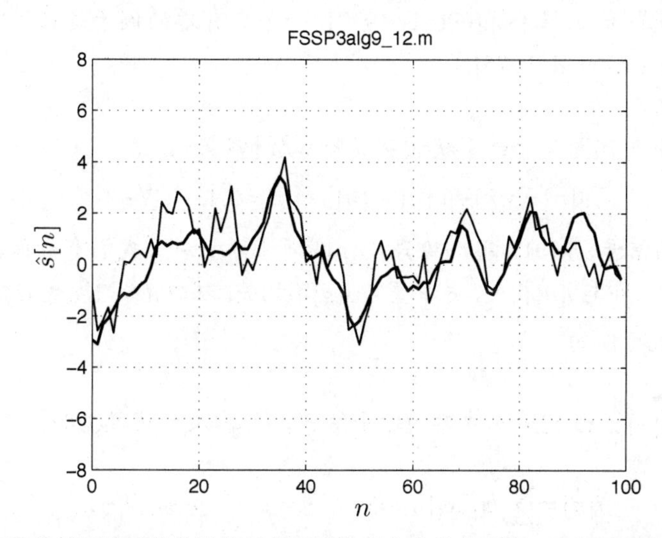

图 9.13　采用矩阵维纳平滑器的估计信号(粗线)和真实信号(细线)。为便于观察，点用直线连接

7. 说明

由于功率谱密度在频率上重叠，维纳平滑器并不能完美区分信号和噪声。它试图在降低贝叶斯均方误差的同时尽可能减弱高斯白噪声，这导致降低了某些高频频带的信号，即展现为平滑估计。

8. 注释

式(9.22)的自相关矩阵可以采用 Levinson 算法求逆[Kay1988, pp. 176-177]。维纳平滑器的更多细节请参见[Kay 1993, pp. 400-406]。注意，维纳平滑器在信号或噪声为非高斯时也能应用，这时它仅为最佳线性估计器。■

练习 9.12　高信噪比

重用图 9.12(a)的数据例子，噪声方差改为$\sigma^2=1$，这将导致更高的信噪比。可以通过下列语句生成随机信号数据，

```
randn('seed',0);
a=-0.9;
```

```
sig2u=1;
sig2=1;
N=100;
s=ARgendata(a,sig2u,N);
x=s+sqrt(sig2)*randn(N,1);
```

应用 `FSSP3aLg3_12_sub(x,rs,sig2)`实现式(9.21)，应用式(9.24)实现自相关序列 `rs`，比较图 9.13 和你的结果。 •

算法 9.13 噪声和干扰中信号的提取

1. 问题

通过减去干扰的估计来降低信号中(确定或随机)的干扰。

2. 应用领域举例

一个明显例子是降低正弦干扰[Glover 1977]，一个更有趣的例子是在提取胎儿心脏跳动时消除母亲的心跳[Widrow et al. 1975]。

3. 数据模型/假定

算法假定有一个与试图消除的干扰相关的附加数据源，数据为

$$x[n]=s[n]+w[n]+i[n] \qquad n=0,1,\cdots,N-1$$

其中 $s[n]$为感兴趣的信号，$w[n]$为观测噪声，$i[n]$为干扰。另外，我们有数据 $x_R[n]$，$n=0,1,\cdots,N-1$，称为相关数据，即与 $i[n]$相关，并希望与 $s[n]$不相关。理想情况下，我们希望有 $x_R[n]=i[n]$，但这在实际中是不太可能的。

4. 估计器

干扰的估计为 $\hat{i}[n]$，由 FIR 滤波器的输出给出，其输入干扰数据为

$$\hat{i}[n]=\sum_{l=0}^{p-1}h[l]x_R[n-l] \qquad n=p-1,p,\cdots,N-1$$

FIR 滤波器系数 $\mathbf{h}=[h[0]h[1]\cdots h[p-1]]^{\mathrm{T}}$ 由下式给出，

$$\mathbf{h}=(\mathbf{H}^{\mathrm{T}}\mathbf{H})^{-1}\mathbf{H}^{\mathrm{T}}\mathbf{x}$$

其中 $\mathbf{x}=[x[p-1]x[p]\cdots x[N-1]]^{\mathrm{T}}$，$\mathbf{H}$ 为 $(N-p+1)\times p$ 维矩阵，

$$\mathbf{H}=\begin{bmatrix} x_R[p-1] & x_R[p-2] & \cdots & x_R[0] \\ x_R[p] & x_R[p-1] & \cdots & x_R[1] \\ \vdots & \vdots & \ddots & \vdots \\ x_R[N-1] & x_R[N-2] & \cdots & x_R[N-p] \end{bmatrix}$$

信号的估计为 $\hat{s}[n]=x[n]-\hat{i}[n]$，$n=p-1,p,\cdots,N-1$，估计的干扰序列即为

$$\begin{bmatrix} \hat{i}[p-1] \\ \vdots \\ \hat{i}[N-1] \end{bmatrix}=\mathbf{Hh}$$

随书光盘中的 MATLAB 程序 `FSSP3alg9_13_sub.m` 为估计器的实现。

5. 性能

没有最佳特性。

6. 举例

考虑如图 9.12(a)所示的信号，高斯白噪声方差 $\sigma^2=0.01$，正弦干扰信号为

$$i[n]=2\cos(2\pi(0.1)n)+3\cos(2\pi(0.2)n) \qquad n=0,1,\cdots,N-1$$

噪声和干扰中的信号如图 9.14(a)所示，我们有参考数据

$$x_R[n]=\cos(2\pi(0.1)n+\pi/4)+\cos(2\pi(0.2)n+\pi/8) \qquad n=0,1,\cdots,N-1 \tag{9.25}$$

其与干扰频率匹配，但与幅度和相位不匹配。FIR 滤波器的目的是修正 $x_R[n]$ 使其幅度和相位与干扰相匹配。那么，估计 $\hat{i}[n]$ 可以从 $x[n]$ 提取出来以“消除”干扰。由于干扰由两个正弦信号组成，FIR 滤波器有频率响应 $|H(0.1)|=2$，$\angle H(0.1)=-\pi/4$，以及 $|H(0.2)|=3$，$\angle H(0.2)=-\pi/8$。这需要频率响应与两个频率敏感，因此应该选 $p=4$。结果如图 9.14(b)所示，除了初始的 3 点外，近似等于原始信号［见图 9.12(a)］(其原因见说明)。

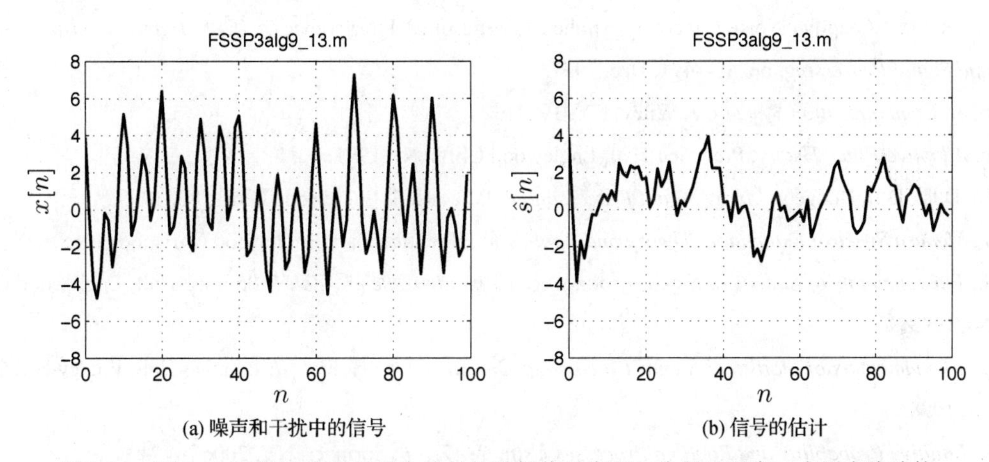

(a) 噪声和干扰中的信号　　(b) 信号的估计

图 9.14　图 9.12(a)的噪声和干扰中信号的随机信号实现。为便于观察，点用直线连接

7. 说明

FIR 滤波器系数由最小化下述最小均方误差获得，

$$J=\sum_{n=p-1}^{N-1}\left(x[n]-\sum_{l=0}^{p-1}h[l]x_R[n-l]\right)^2$$

这意味着试图“对消” $x[n]$。当 $x[n]$ 有大的频率分量时，这可通过接近于零的频率响应来实现，这时频率分量即假定为干扰。因此，对此操作信号需要有宽的功率谱密度而没有窄分量；否则，滤波器不能区分信号和干扰，从而将信号同时“清除”。因此，信号和干扰需要“不相关”。

8. 注释

这个信号提取方法通常称为自适应噪声对消器。注意到由于缺乏 FIR 滤波器 $n=0$ 以前的数据样本，干扰的初始 p 个样本没有估计。干扰对消器通常在非平稳环境下实时序贯地实现，参见[Haykin 1991]和[Kay 1993, pp. 268-273]。相似的问题已在练习 6.1 和练习 6.2 中讨论。■

练习 9.13　自适应滤波器的频率响应

在此练习中，我们确定用于得到图 9.14(b)估计的自适应滤波器的频率响应。应用 `load FSSP3exer9_13` 获取 $x[n]$数据。然后，调用`[shat hhat]=FSSP3alg9_13_sub(x,xR,p)`运行 `FSSP3alg9_13_sub.m`，其中 $x_R[n]$ 由式(9.25)给出，$p=4$。输出 `hhat` 为 FIR 滤波器系数 $[h[0]h[1]h[2]h[3]]^T$ 的向量形式。计算此滤波器的频率响应并解释在干扰频率$f=0.1$ 和$f=0.2$ 时发生了什么情况。为此计算 $H(f)=\sum_{k=0}^{3}h[k]\exp(-j2\pi fk)$ 并绘出$|H(f)|$和 $\angle H(f)$ 与 f（$0\leqslant f\leqslant 1/2$）的关系图。 ●

参考文献

Adams, M.D., "Lidar Design, Use, and Calibration Concepts for Correct Environmental Detection", *IEEE Trans. on Robotics and Automation*, pp. 753-761, Dec. 2000.

Burdic W.W., *Underwater Acoustic System Analysis*, Prentice-Hall, Englewood Cliffs, NJ, 1984.

Glover, J.R., Jr, "Adaptive Noise Canceling Applied to Sinusoidal Interferences", *IEEE Trans. Acoustics, Speech and Signal Processing*, pp. 484-491, Dec. 1977.

Haykin, S., *Communication Systems*, J. Wiley, NY, 1994.

Haykin, *Adaptive Filter Theory*, Prenctice-Hall, Englewood Cliffs, NJ, 1991.

Johnson, D.H., D.E. Dudgeon, *Array Signal Processing*, Prentice-Hall, Englewood Cliffs, NJ, 1993.

Kay, S., *Modern Spectral Estimation: Theory and Application*, Prentice-Hall, Englewood Cliffs, NJ, 1988.

Kay, S., *Fundamentals of Statistical Signal Processing: Estimation Theory, Vol. I*, Prentice-Hall, Englewood Cliffs, NJ, 1993.

Kay, S., *Fundamentals of Statistical Signal Processing: Detection Theory, Vol. II*, Prentice-Hall, Englewood Cliffs, NJ, 1998.

Kay, S., *Intuitive Probability and Random Processes Using MATLAB*, Springer, NY, 2006.

Kay, S., S. Saha, "Mean Likelihood Frequency Estimation", *IEEE Trans. on Signal Processing*, July 2000.

Lai, X., H. Torp, "Interpolation Methods for Time-delay Estimation Using Crosscorrelation Method for Blood Velocity Measurement", *IEEE Trans. on Ultrasonics, Ferroelectrics, and Frequency Control*, pp. 277-289, March 1999.

Levin, M.J., "Power Spectrum Parameter Estimation", *IEEE Trans. on Information Theory*, pp. 100-107, Jan. 1965.

Marks, L.D., "Wiener-filter Enhancement of Noisy HREMImages", *Ultramicroscopy*, pp. 43-52, January 1996.

McAulay, R., T. Quartieri, "Speech Analysis/Synthesis Based on a Sinusoidal Representation", *IEEE Trans. Acoustics, Speech and Signal Processing*, pp. 744-754, Aug. 1986.

Narayanan, R.M., M. Dawood, "Doppler Estimation Using a Coherent Ultrawideband Random Noise Radar", *IEEE Trans. Antennas and Propagation*, pp. 868-878, June 2000.

Santamarida, I., C. Pantaleod, J.S. Ibanez, "A Comparative Study of High-Accuracy Frequency Estimation Methods", *Mechanical Systems and Signal Processing*, pp. 1-17, 2000.

Skolnik, M., *Introduction to Radar Systems*, McGraw-Hill, NY, 1980.

Tufts, D., R. Kumaresan, "Estimation of Frequencies of Multiple Sinusoids: Making Linear Prediction Perform Like

Maximum Likelihood", *Proc. IEEE*, pp. 975-982, 1982.

Urick, R.J., *Principles of Underwater Sound*, McGraw-Hill, NY, 1975.

Yingyong Q., R.E. Hillman, C. Milstein, "The Estimation of Signal-to-Noise Ratio in Continuous Speech for Disordered Voices", *Journal of Acoustical Society of America*, pp. 2532-2535, 1999.

Wen, J., X. Liu, M.S. Scordilis, L. Han, "Speech Enhancement Using Harmonic Emphasis and Adaptive Comb Filtering", *IEEE Trans. Audio, Speech, and Language Processing*, pp. 356-368, Feb. 2010.

Widrow, B., J.R. Glover, Jr., J.M. McCool, J. Kaunitz, C.S.Williams, R.H. Hearn, J.R. Zeidler, E. Dong, Jr., R.C. Goodlin, "Adaptive Noise Cancelling: Principles and Applications", *IEEE Proceedings*, pp. 1692-1716, Dec. 1975.

Zrnic, D.S., "Estimation of Spectral Moments for Weather Echos", *IEEE Trans. on Geoscience and Remote Sensing*, pp. 113-128, 1979.

附录 9A 练习解答

为获得下述结论，需要在所有代码前将随机数发生器用 `rand('state',0)` 及 `randn('state',0)` 初始化，这些指令分别应用于均匀及高斯随机数发生器。

9.1 当 $r=0.6$ 时，估计为 $\hat{A}=0.7895$，误差为−0.2105。当 $r=0.9$ 时，$\hat{A}=0.9893$，误差仅为−0.0107，因此通常 r 值越小，误差越大。这是由于当 r 减小时，信号能量减小，因此信噪比降低。可以运行随书光盘中的程序 `FSSP3exer9_1.m` 获得结果。

9.2 当增加噪声方差时，估计变为 $\hat{A}=0.8195$ 及 $\hat{\phi}=1.1643$。这比例题中差很多，基本无用，可以运行随书光盘中的程序 `FSSP3exer9_2.m` 获得结果。

9.3 当噪声方差为零时，参量估计的结果非常好。可以运行随书光盘中的程序 `FSSP3exer9_3.m` 获得结果。注意当真实频率不在 $J(f_0)$ 的计算范围内时，上述结论不成立。

9.4 若脉冲变成方波，则时延估计为 $\hat{n}_0=50$，没有误差。可以运行随书光盘中的程序 `FSSP3exer9_4.m` 获得结果。

9.5 当 $\beta=\pi/8$ 时，空间谱宽度变大，当 $\beta=\pi/16$ 时，扩展导致峰值偏移到 $\beta=0$。这个结论类似于图 1A.1 观测到的，正负谱峰在 $f=0$ 处相融。CRLB 在 $\beta=0$ 处变得无限大［见式(9.11)］。可以运行随书光盘中的程序 `FSSP3exer9_5.m` 获得结果。

9.6 当 $N=2000$ 时，估计方差为 0.001，因而标准差为 $\sqrt{0.001}=0.0316$，此数据长度时的估计 $\hat{\sigma}^2=0.9778$，这在真实值 $\sigma^2=1$ 的一个标准差范围内。可以运行随书光盘中的程序 `FSSP3exer9_6.m` 获得结果。

9.7 利用功率谱密度信息［即式(9.14)］的 P_0 的估计值为 $\hat{P}_0=0.9827$。利用式(9.13)时的估计值为 $\hat{P}_0=0.8248$，明显差很多。可以运行随书光盘中的程序 `FSSP3exer9_7.m` 获得结果。

9.8 中心频率估计为 $\hat{f}_0=0.1499$，与真实值 0.15 非常接近，这是由于如图 9.6(b)所示的真实功率谱密度峰值约为 30 dB，噪声功率谱密度为 $P_w(f)=\sigma^2=100$，即 20 dB，峰值相比要低很多，因此噪声影响很小。可以运行随书光盘中的程序 `FSSP3exer9_8.m` 获得结果。

9.9 对于低信噪比情况，即 $10\log_{10}A^2/(2\sigma^2)=3\text{ dB}$，频率估计为 $f_1=0.1056$ 和 $f_2=0.1276$。低于此信噪比时，频率估计将很差。可以运行随书光盘中的程序 FSSP3exer9_9.m 获得结果。

9.10 对于低信噪比情况，频率估计为 $f_1=0.1023$ 和 $f_2=0.1287$，这与最大似然估计性能可比较。可以运行随书光盘中的程序 FSSP3exer9_10.m 获得结果。

9.11 可以获得周期信号的与真实值非常接近的估计。可以运行随书光盘中的程序 FSSP3exer9_11.m 获得结果。

9.12 可以获得 AR 信号的估计，与图 9.13 相比，平滑效果要差一些。增加观测噪声方差 σ^2，会使得所有频率分量通过维纳平滑器时衰减。可以运行随书光盘中的程序 FSSP3exer9_12.m 获得结果。

9.13 滤波系数为 $h[0]=-1.2772$，$h[1]=6.1242$，$h[2]=-5.1523$，$h[3]=2.6033$，滤波器频率响应为

$$|H(0.1)|=1.7385 \quad |H(0.2)|=2.9616$$
$$\angle H(0.1)=-0.2364\pi \quad \angle H(0.2)=-0.1406\pi$$

理论值分别为 2，3，-0.25π 及 -0.125π。可以应用 MATLAB 数据光标按钮在屏幕绘图得到估计值。

第10章 检测算法

10.1 引言

第 9 章介绍了常规的参数估计算法。本章我们关注信号检测问题，这些检测算法在很多领域都有应用，包括雷达、声呐、通信、脑电图、心电图等生物医学信号处理及图像处理等。本章和第 9 章描述算法的分类方法一致，并为读者提供了 MATLAB 子程序来实现。表 10.1 是检测算法的列表。

表 10.1 检测算法总结

算法	描述	信号形式	噪声形式
10.1	仿形相关器(匹配滤波器)	已知信号	高斯白噪声
10.2	限幅仿形相关器	已知信号	独立同分布噪声
10.3	广义匹配滤波器	已知信号	相关高斯噪声
10.4	估计器-相关器	随机信号	高斯白噪声
10.5	能量检测器	未知信号	高斯白噪声
10.6	GLRT-未知幅度	部分已知信号	高斯白噪声
10.7	GLRT-未知 A,ϕ	部分已知正弦波	高斯白噪声
10.8	GLRT-未知 A,ϕ,f_0	部分已知正弦波	高斯白噪声
10.9	GLRT-未知到达时间	部分已知信号	高斯白噪声

为使检测算法更易于专业人员理解，我们将其按照检测信号的特性进行分类。这些特性表现为信号先验知识的形式，这也是算法实现及达到最佳性能的关键。因而，我们将按照下述不同检测类型对信号进行分类。

模型 1 已知信号形式。举例来说，我们希望检测如下正弦信号

$$s[n]=A\cos(2\pi f_0 n+\phi) \qquad n=0,1,\cdots,N-1 \tag{10.1}$$

其中 $s[n]$的所有值都完全已知。这将产生仿形相关器(也即匹配滤波器)、限幅仿形相关器及广义匹配滤波器。

模型 2 未知信号形式。信号的形式未知，则通常将其建模为随机过程的实现(参见第 4 章，其中描述“噪声”的模型亦能用于未知信号形式中)。建模将产生估计器-相关器及能量检测器。

模型 3 已知信号形式但部分参数未知。部分参数未知的已知信号如式(10.1)所示，其中 $\{A, f_0, \phi\}$ 的任意参量可能未知，这将产生广义似然比(GLRT)检测器。

既然信号先验知识对于选择合适的检测器非常关键，因此读者应该复习第 3 章描述的模型 1 和模型 3，以及第 4 章描述的模型 2。对于要描述的大部分检测算法，信号都是在高斯噪声、高斯白噪声或高斯色噪声(相关的高斯噪声为一般化的非平稳噪声)中，这些噪声模型列在表 4.1 中。一个例外是检测独立同分布(IID)非高斯噪声中的已知信号，这将是相当明确的

算法。读者需要注意的是，所有算法都假定噪声的概率密度函数是完全已知的，实际上这很少发生，因此需要利用第 6 章～第 11 章的方法来估计噪声特性。当噪声概率密度函数不能确定时(也可能它是变化的)，最好的方法就是在线估计它，这意味着检测算法是自适应的(参见图 2.1 的信息获取描述)。一些达到此目标的更加先进的算法在[Kay 1998]的第 9 章中描述，读者可以参考。可以说噪声自适应算法是相当复杂的。

如同前面章节假定数据是实值的。而对于声呐和雷达应用需要处理复值数据，将在第 12 章进行扩展。

10.2 已知信号形式(已知信号)

算法 10.1 仿形相关器(匹配滤波器)

1. 问题

高斯白噪声中已知信号的检测。

2. 应用领域举例

匹配滤波器的典型应用是在图像中自动检测已知目标[Pratt 1978]，这需要二维匹配滤波器。

3. 数据模型/假定

$$x[n] = s[n] + w[n] \qquad n = 0, 1, \cdots, N-1$$

其中 $s[n]$为已知信号，$w[n]$为已知方差σ^2的高斯白噪声。

4. 检测器

若满足下式则判信号存在，

$$T(\mathbf{x}) = \sum_{n=0}^{N-1} x[n]s[n] > \gamma = \sqrt{\sigma^2 \mathcal{E}} Q^{-1}(P_{FA}) \tag{10.2}$$

其中 $\mathcal{E} = \sum_{n=0}^{N-1} s^2[n]$ 为信号能量，P_{FA} 为给定的虚警概率，$Q^{-1}(\cdot)$ 为逆 Q 函数(见 4.3 节)。检测器将信号 $s[n]$与数据 $x[n]$进行相关，因此称为仿形相关器。随书光盘中的 MATLAB 程序 `FSSP3alg10_1_sub.m` 为检测器的实现。

5. 性能

检测器是最佳的，对于给定的 P_{FA} 使得检测 P_D 达到最大(Neyman-Pearson 最佳，见 8.2.2 节)。检测性能为

$$P_D = Q\left(Q^{-1}(P_{FA}) - \sqrt{\frac{\mathcal{E}}{\sigma^2}}\right) \tag{10.3}$$

其中 $Q(\cdot)$ 为 Q 函数(见 4.3 节)。

6. 举例

考虑阻尼指数信号 $s[n] = r^n$，$r = 0.9$，$N = 20$，高斯白噪声的方差 $\sigma^2 = 1$，图 9.1(a)为真实信号。若设 $P_{FA} = 0.01$，则由式(10.2)得到门限为 $\gamma = 5.2974$。由式(10.2)给出的检验统计量 $T(\mathbf{x})$ 的 100 次实验结果如下所示。图 10.1(a)为仅有噪声的情况，图 10.1(b)为信号加噪声的情况，同时绘出门限。

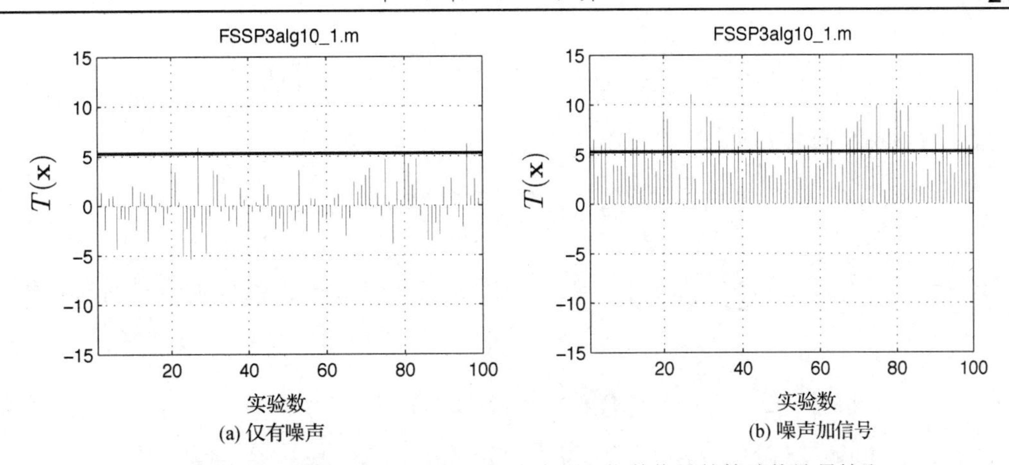

(a) 仅有噪声　(b) 噪声加信号

图 10.1　仿形相关检测器的高斯白噪声中阻尼指数信号的检验统计量输出

7. 说明

检验统计量的值当只有信号时为 $T(\mathbf{s}) = \mathcal{E}$。噪声的影响为附加项 $\sum_{n=0}^{N-1} w[n]s[n]$，与信号能量相比，希望它小一些。

8. 注释

术语“匹配滤波器”的使用是由于早期 $T(\mathbf{x})$ 是通过模拟滤波器实现的，其冲激响应与信号匹配。见例 8.3 的 $s[n] = A$ 的特定情况，另参考[Kay 1998, Section 4.3]。 ■

练习 10.1　低 P_{FA}

例中令 $P_{FA} = 0.0001$，根据式(10.2)确定门限γ。根据门限值并观察图 10.1，当仅有噪声时检验统计量能超过门限吗？当有信号的情况下呢？应用子程序 `[T,gamma]=FSSP3alg10_1_sub(s,x,sig2,Pfa)` 来确定门限。由于仅关心门限γ，可以任意设定数据集 `x`，比如 `x=ones(20,1)`。同时，利用式(10.3)计算真实 P_D，并将其与通过计算图 10.1(b)(可仅通过视觉观察得到粗略值)超过门限的数目除以 100 相比较。 •

算法 10.2　限幅仿形相关器

1. 问题

独立同分布非高斯噪声中已知信号的检测。

2. 应用领域举例

为研究全球变暖效应，测量海面冰层厚度非常重要。为此采用了上视声呐[Wadhams 1988]，需要处理冰层断裂带来的非高斯噪声。

3. 数据模型/假定

$$x[n] = s[n] + w[n] \qquad n = 0,1,\cdots,N-1$$

其中 $s[n]$为已知信号，$s^2[n] \ll \mathrm{var}(w[n])$(假定为微弱信号)，$w[n]$是已知概率密度函数(PDF)为 $p(w)$ 的独立同分布非高斯噪声。

4. 检测器

若满足下式则判信号存在，

$$T(\mathbf{x})=\sum_{n=0}^{N-1}g(x[n])s[n]>\gamma=\sqrt{i(A)\mathcal{E}}Q^{-1}(P_{FA}) \tag{10.4}$$

其中函数 $g(x)$ 为限幅器

$$g(w)=-\frac{d\ln p(w)}{dw} \tag{10.5}$$

门限依赖于信号能量 $\mathcal{E}=\sum_{n=0}^{N-1}s^2[n]$、$P_{FA}$ 及 $i(A)$，其中 $i(A)$ 是描述噪声的非高斯特性，定义为

$$i(A)=\int_{-\infty}^{\infty}g^2(w)p(w)\mathrm{d}w \tag{10.6}$$

随书光盘中的 MATLAB 程序 `FSSP3alg10_2_sub.m` 为检测器的实现，假定 $s[n]=A$，$A>0$，噪声为独立同分布拉普拉斯分布(见 4.6 节)。

5. 性能

检测器对于“微弱信号”是最佳的，其在给定的 P_{FA} 下使得检测 P_D 达到最大［Neyman-Pearson (NP) 最佳］。微弱信号基于假定数据长度较大且 $s[n]$很小，检测性能为

$$P_D=Q\left(Q^{-1}(P_{FA})-\sqrt{i(A)\mathcal{E}}\right) \tag{10.7}$$

其中 $Q(\cdot)$ 为 Q 函数，$Q^{-1}(\cdot)$ 为逆 Q 函数。

6. 举例

考虑方差为 σ^2 的独立同分布拉普拉斯噪声中直流电平信号 $s[n]=A$（$A>0$）的检测(见 4.6 节)，由式(10.4)，若满足下式，则微弱信号 NP 检测器判决信号存在，

$$T(\mathbf{x})=\sum_{n=0}^{N-1}g(x[n])A>\gamma=\sqrt{i(A)\mathcal{E}}Q^{-1}(P_{FA}) \tag{10.8}$$

可以证明有

$$g(w)=\sqrt{\frac{2}{\sigma^2}}\operatorname{sgn}(w)$$

其中当 $w>0$ 时 $\operatorname{sgn}(w)=+1$，当 $w<0$ 时 $\operatorname{sgn}(w)=-1$，即为符号函数。另外有 $i(A)=2/\sigma^2$。因此，若满足下式，则检测器判决信号存在，

$$T(\mathbf{x})=A\sqrt{\frac{2}{\sigma^2}}\sum_{n=0}^{N-1}\operatorname{sgn}(x[n])>\gamma=\sqrt{\frac{2NA^2}{\sigma^2}}Q^{-1}(P_{FA}) \tag{10.9}$$

假定 $N=20$，$A=0.5$，$\sigma^2=1$ 及 $P_{FA}=0.01$，我们有 $\gamma=7.3566$。由式(10.9)给出的检验统计量的 100 次实验结果如下所示，图 10.2(a)为仅有噪声情况，图 10.2(b)为信号加噪声情况，门限同时绘出。

7. 说明

除了经过限幅处理，也就是符号非线性处理外，检测器与仿形相关器类似。限幅器消除了拉普拉斯噪声［见图 4.15(b)］的尖峰。若没有限幅器，大量的尖峰将导致很多虚警。

8. 注释

式(10.9)的独立同分布拉普拉斯噪声的检测器称为符号检测，经常应用于鲁棒检测，也就

是当已知噪声概率密度为具有重尾的独立同分布非高斯分布时，其概率密度函数的确切形式可能未知(见练习 10.2)。更多细节参见[Kay 1998, pp. 391-392]。

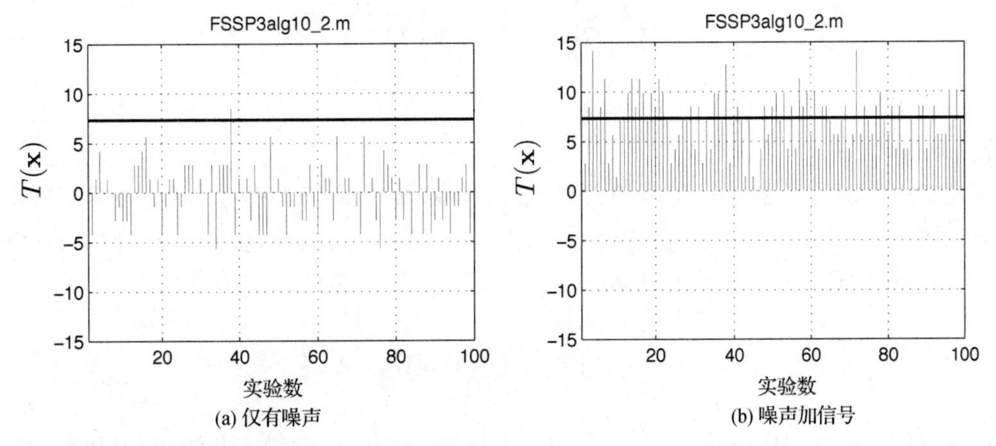

(a) 仅有噪声 (b) 噪声加信号

图 10.2 限幅仿形相关检测器的独立同分布拉普拉斯噪声中直流电平信号的检验统计量输出 ■

练习 10.2 限幅器的必要性

本练习中我们将阐述符号检测中限幅器的作用。假定在$\mathcal{H}_0$假设下$x[n]=w[n]$。产生 10 000 批实验参数为$\sigma_1^2=1/2$、$\sigma_2^2=50$、$\varepsilon=0.01$的高斯混合噪声的$N=50$的样本数据，其例如图 4.17(a)所示。各实验可以应用 `w=Gaussmix_gendata(sig21,sig22,epsilon,N)`来实现。然后绘出检验统计量$T_1(\mathbf{x})=\sum_{n=0}^{N-1}w[n]/\sqrt{N((1-\varepsilon)\sigma_1^2+\varepsilon\sigma_2^2)}$及$T_2(\mathbf{x})=\sum_{n=0}^{N-1}\operatorname{sgn}(w[n])/\sqrt{N}$并对比尖峰数目。注意，我们将检验统计量通过除以标准差进行了归一化，因此有$\operatorname{var}(T_1)=\operatorname{var}(T_2)=1$，使得可以对输出进行视觉比较。最后，需要意识到此处限幅器并非最佳，更好的检测器是应用式(10.5)的限幅器，高斯混合噪声概率密度函数$p(w)$需要是已知的。 •

算法 10.3 广义匹配滤波器

1. 问题

相关高斯噪声中已知信号的检测。

2. 应用领域举例

广义匹配滤波器的典型应用是在图像中自动检测已知目标[Kay and Salisbury 1990]，这需要二维匹配滤波器[Klemm 2002]。

3. 数据模型/假定

$$x[n]=s[n]+w[n] \qquad n=0,1,\cdots,N-1$$

其中$s[n]$为已知信号，$w[n]$为零均值、已知协方差矩阵$\mathbf{C}$的相关高斯噪声。

4. 检测器

若满足下式则判信号存在，

$$T(\mathbf{x})=\mathbf{x}^{\mathrm{T}}\mathbf{C}^{-1}\mathbf{s}>\gamma=\sqrt{\mathbf{s}^{\mathrm{T}}\mathbf{C}^{-1}\mathbf{s}}\,Q^{-1}(P_{FA}) \tag{10.10}$$

其中$\mathbf{s}=[s[0]s[1]\cdots s[N-1]]^{\mathrm{T}}$，$\mathbf{C}$为噪声样本$\mathbf{w}=[w[0]w[1]\cdots w[N-1]]^{\mathrm{T}}$的$N\times N$协方差矩阵。随书光盘中的 MATLAB 程序 `FSSP3alg10_3_sub.m` 为检测器的实现。

5. 性能

检测器是最佳的，给定 P_{FA} 使得检测 P_D 达到最大(Neyman-Pearson 最佳)。检测性能为

$$P_D = Q\left(Q^{-1}(P_{FA}) - \sqrt{\mathbf{s}^{\mathrm{T}}\mathbf{C}^{-1}\mathbf{s}}\right) \tag{10.11}$$

其中 $Q(\cdot)$ 为 Q 函数，$Q^{-1}(\cdot)$ 为逆 Q 函数。

6. 举例

考虑阻尼指数信号 $s[n]=r^n, r=0.9, N=20$，如同在算法 10.1 中的信号。与其不同之处是高斯白噪声，现在假定噪声是一阶自回归(AR)随机过程的实现，功率谱密度如图 4.4(b)所示。其协方差矩阵为 $[\mathbf{C}]_{ij}=r_w[i-j], i=1,2,\cdots,N; j=1,2,\cdots,N$，其中 $r_w[k]$ 为自相关

$$r_w[k]=\frac{\sigma_u^2}{1-a^2[1]}(-a[1])^{|k|}$$

AR(1)过程的参数为 $a[1]=-0.9$，$\sigma_u^2=0.19$，可得噪声方差为 1。式(10.10)的 100 次检测实验的统计结果如下所示，图 10.3(a)为仅有噪声情况，图 10.3(b)为信号加噪声情况，$P_{FA}=0.01$ 对应的门限 $\gamma=2.3263$ 同时绘出。

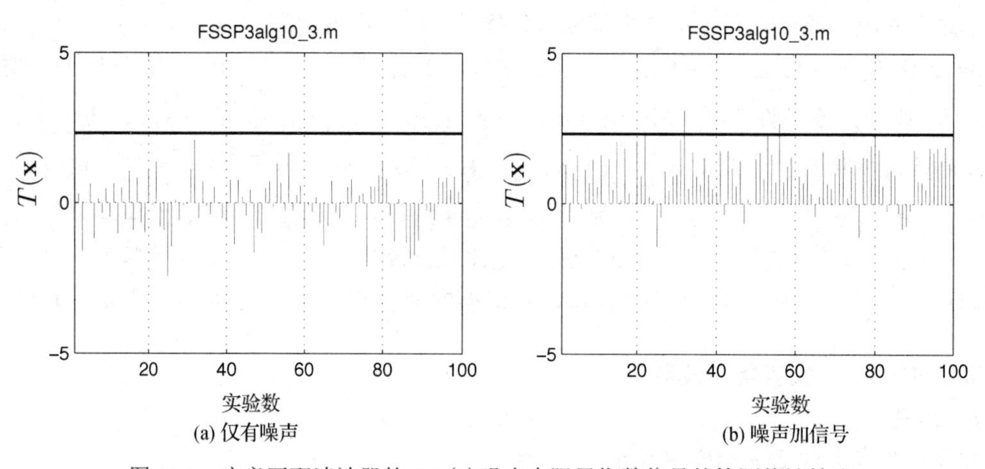

(a) 仅有噪声　(b) 噪声加信号

图 10.3　广义匹配滤波器的 AR(1)噪声中阻尼指数信号的检测统计输出

7. 说明

检验统计量中 $\mathbf{C}^{-1}$ 的应用，是检测器与仿形相关器的区别所在，也是白化噪声所必需的。通过此运算，数据样本“被补偿”，大的噪声样本赋予小的权值，严重相关数据不会被两次平均。这增强了检验统计量的信噪比。

8. 注释

若高斯噪声是功率谱密度为 $P_w(f)$ 的平稳过程，那么如果满足下式，则近似 NP 检测器判决信号存在，

$$T(\mathbf{x})=\int_{-\frac{1}{2}}^{\frac{1}{2}}\frac{X^*(f)S(f)}{P_w(f)}\mathrm{d}f>\gamma=\sqrt{\int_{-\frac{1}{2}}^{\frac{1}{2}}\frac{|S(f)|^2}{P_w(f)}\mathrm{d}f}\,Q^{-1}(P_{FA})$$

其中 $X(f)$ 及 $S(f)$ 分别为 $x[n]$和 $s[n]$的傅里叶变换。检测性能为

$$P_D = Q\left(Q^{-1}(P_{FA}) - \sqrt{\int_{-\frac{1}{2}}^{\frac{1}{2}} \frac{|S(f)|^2}{P_w(f)} \mathrm{d}f}\right)$$

更详细内容参见[Kay 1998, pp. 105-109]。■

练习 10.3　例子的 P_D 是多少？

对于例中给出的信号和噪声参数，令 $[\mathbf{C}]_{ij} = 0.9^{|i-j|}$，计算 $\mathbf{s}^{\mathrm{T}}\mathbf{C}^{-1}\mathbf{s}$。然后，令 $P_{FA} = 0.01$，根据式(10.11)确定理论 P_D 值，这与图 10.3(b)中超过门限的数目是否近似？•

10.3　未知信号形式(随机信号)

算法 10.4　估计器-相关器

1. 问题

高斯白噪声中高斯随机信号的检测。

2. 应用领域举例

对于精神物理学确定人类是否能够观察到物体的实验中，随机信号作为模型得到了应用[Park et al. 2005]。

3. 数据模型/假定

$$x[n] = s[n] + w[n] \qquad n = 0, 1, \cdots, N-1$$

其中 $s[n]$为零均值、已知 $N \times N$ 维协方差矩阵 $\mathbf{C}_s$ 的高斯随机信号，$w[n]$为已知方差 σ^2 的高斯白噪声。

4. 检测器

若满足下式则判信号存在，

$$T(\mathbf{x}) = \mathbf{x}^{\mathrm{T}}\mathbf{C}_s(\mathbf{C}_s + \sigma^2\mathbf{I})^{-1}\mathbf{x} > \gamma \tag{10.12}$$

其中 $\mathbf{x} = [x[0]x[1]\cdots x[N-1]]^{\mathrm{T}}$。上式也可写成

$$T(\mathbf{x}) = \mathbf{x}^{\mathrm{T}}\hat{\mathbf{s}} > \gamma$$

其中

$$\hat{\mathbf{s}} = \mathbf{C}_s(\mathbf{C}_s + \sigma^2\mathbf{I})^{-1}\mathbf{x}$$

为信号的最小均方误差估计(见算法 9.12)，因此称为估计器-相关器。随书光盘中的 MATLAB 程序 `FSSP3alg10_4_sub.m` 为检测器的实现，其中平稳信号的自相关阵已知(取代了更一般的协方差矩阵)。

5. 性能

检测器是最佳的，给定 P_{FA} 使得检测 P_D 达到最大(Neyman-Pearson 最佳)。相比前面的算法，门限及检测性能表示要困难不少。对于一些特定情况的分析方法可参见[Kay 1998, pp. 149-153]。

6. 举例

考虑一阶 AR 随机过程输出的随机信号(见 4.4 节)，AR 过程的参数为 $a[1] = -0.9$，$\sigma_u^2 = 1$，混合的高斯白噪声的方差 $\sigma^2 = 5$，典型信号及混合噪声的信号输出如图 9.12 所示，其中

$N=100$。由于信号为平稳随机过程，可以将其协方差矩阵用自相关矩阵代替，即 $[\mathbf{C}]_{i,j}=r_s[i-j]$。自相关序列为 $r_s[k]=(\sigma_u^2/(1-a^2[1]))(-a[1])^{|k|}$（见算法 9.12）。图 9.1(a)为真实信号。由式(10.12)给出的检验统计量的 100 次实验结果如下所示。图 10.4(a)为仅有噪声的情况，图 10.4(b)为信号加噪声的情况。若设 $P_{FA}=0.01$，由蒙特卡罗计算机模拟得到的门限(如何获得详见 7.3.2 节)为 $\gamma=179.3756$，同时绘出门限。

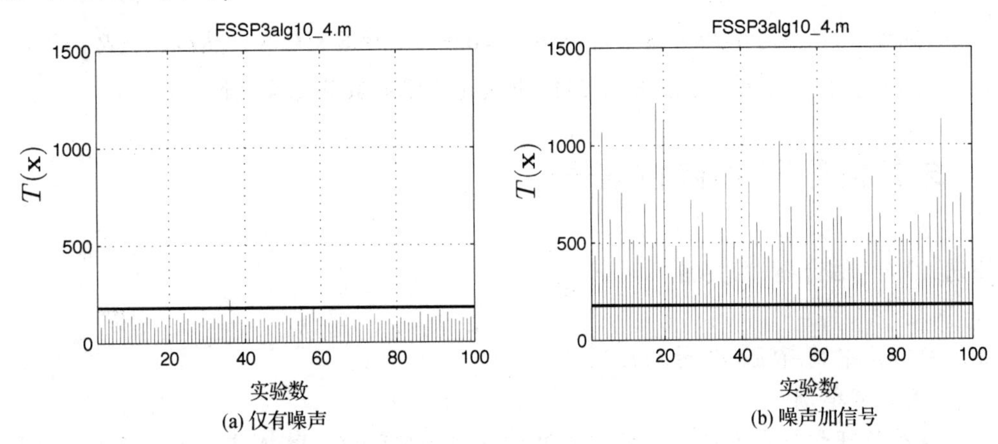

(a) 仅有噪声　　(b) 噪声加信号

图 10.4　估计器-相关器的高斯白噪声中 AR(1)随机信号的检验统计量输出

7. 说明

本方法试图采用矩阵维纳平滑器来估计随机信号的输出，然后将此估计信号与数据进行相关。

8. 注释

若高斯信号是功率谱密度为 $P_s(f)$ 的平稳过程，如果满足下式，则近似 NP 检测器判决信号存在，

$$T(\mathbf{x})=\int_{-\frac{1}{2}}^{\frac{1}{2}}\left(\frac{P_s(s)}{P_s(f)+\sigma^2}X(f)\right)^* X(f)\mathrm{d}f>\gamma$$

其中括号内的部分为维纳平滑器对信号的频域估计(见算法 9.12)，更详细内容参见[Kay 1998, pp. 144-146]。■

练习 10.4　门限确定

根据例中相同的信号和噪声参数得到式(10.12)的检验统计量，但数据只需用高斯白噪声模拟。令 $P_{FA}=0.01$，确定门限。如同 7.3.2 节说明的一样，可以使用蒙特卡罗模拟进行 1000 次实验。可以应用子程序 `FSSP3alg10_4_sub.m` 来计算只有噪声时的检验统计量。这与图 10.4(a)中的门限 $\gamma=179.3756$ 是否一致？•

算法 10.5　能量检测器

1. 问题

高斯白噪声中完全未知信号的检测。

2. 应用领域举例

在移动汽车等不利环境下进行移动电话的通信，必须检测是否存在某个人的语音。这种

语音活动检测就是该类应用[Chang et al. 2006]。

3. 数据模型/假定

$$x[n]=s[n]+w[n] \qquad n=0,1,\cdots,N-1$$

其中 $s[n]$为完全未知信号，$w[n]$为已知方差σ^2的高斯白噪声。

4. 检测器

若满足下式则判信号存在，

$$T(\mathbf{x})=\sum_{n=0}^{N-1}x^2[n]>\gamma=\sigma^2 Q_{\chi_N^2}^{-1}(P_{FA}) \tag{10.13}$$

其中 $Q_{\chi_N^2}^{-1}(\cdot)$为逆 chi-平方累积分布函数(见[Kay 1998, pp. 24-26])。随书光盘中的 MATLAB 程序 `FSSP3alg10_5_sub.m` 为检测器的实现。

5. 性能

没有最佳性能。虚警概率为

$$P_{FA}=Q_{\chi_N^2}\left(\frac{\gamma}{\sigma^2}\right)$$

其中 $Q_{\chi_N^2}(\cdot)$为 N 自由度的 chi-平方分布随机变量的右尾概率。在没有被检测信号的假定条件下，P_D无法确定，得到P_D的解析式也很困难。

6. 举例

在算法 10.4 中，我们假定对高斯 AR(1)随机过程的信号是未知的，因此必须采用能量检测器。由式(10.13)给出的检验统计量的 100 次实验结果如下所示，图 10.5(a)为仅有噪声的情况，图 10.5(b)为信号加噪声的情况，给定的门限$\gamma=678.71$ 同时绘出(MATLAB 子程序 `ED_threshold.m` 可以用来获得门限)。

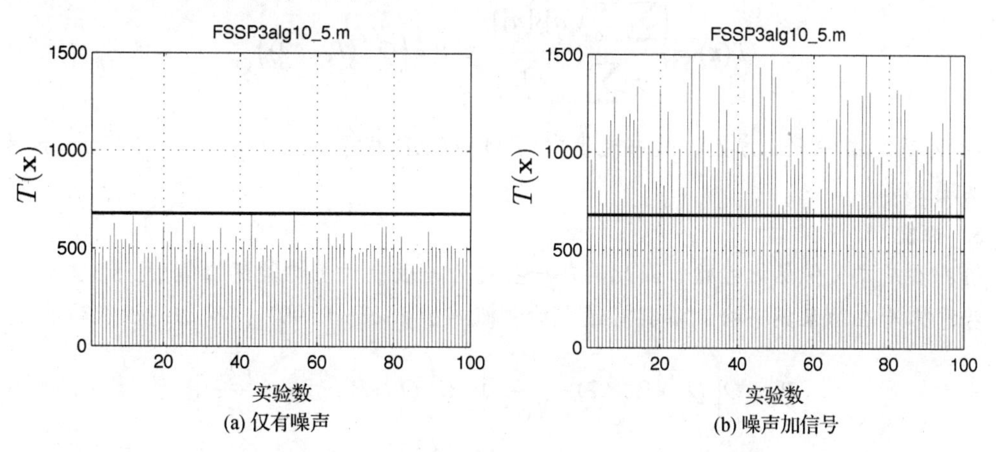

(a) 仅有噪声　　(b) 噪声加信号

图 10.5　能量检测器的高斯白噪声中 AR(1)随机信号的检验统计量输出

7. 说明

如果数据的总能量超过单独噪声时的期望，那么能量检测器判决信号存在。由于没有信号的更多信息，因而能量就是判决信号是否存在的仅有途径。这是基于功率(方差)的增加，注意，仅有噪声时有 $E[x^2[n]]=\sigma^2$，假定信号为确定性的，则信号加噪声时有 $E[x^2[n]]=s^2[n]+\sigma^2$。

8. 注释

若完全未知信号建模成已知方差σ_s^2的白高斯信号，则式(10.13)给出的检测器是最佳的，此时可以得到P_{FA}和P_D，参见[Kay 1998, pp. 142-144]。这是由于此时是高斯白噪声中的特定高斯随机信号。注意，如估计器-相关器的算法 10.4 中已知自相关序列高斯信号的能量检测器，则其性能要好于下面练习 10.5 的能量检测器。 ■

练习 10.5 能量检测器性能不佳

根据图 10.4(b)和图 10.5(b)，计算超过门限的数目来估计P_D，哪个检测器更好？ •

10.4 未知信号参数(部分已知信号)

算法 10.6 未知幅度信号

1. 问题

高斯白噪声中未知幅度信号的检测。

2. 应用领域举例

平方律检测器用于射电天文学中检测信号，如搜寻地球外的文明(SETI) [www.seti.org]。

3. 数据模型/假定

$$x[n] = As[n] + w[n] \qquad n = 0, 1, \cdots, N-1$$

其中$As[n]$的$s[n]$已知，A未知($-\infty < A < \infty$)，$w[n]$为已知方差σ^2的高斯白噪声。

4. 检测器

若满足下式则判信号存在，

$$T(\mathbf{x}) = \frac{\left(\sum_{n=0}^{N-1} x[n]s[n]\right)^2}{\sigma^2 \sum_{n=0}^{N-1} s^2[n]} > \gamma = \left(Q^{-1}(P_{FA}/2)\right)^2 \tag{10.14}$$

其中σ^2为高斯白噪声的方差。随书光盘中的 MATLAB 程序 `FSSP3alg10_6_sub.m` 为检测器的实现。

5. 性能

检测器是广义似然比检验，因此具备一些称为一致最大势检验的性能(见 8.5.2 节)。一致最大势意味着在约束集下检测器具有最大检测概率P_D[Scharf 1991]。确切的性能为

$$P_D = Q\left(Q^{-1}(P_{FA}/2) - \sqrt{\frac{\mathcal{E}}{\sigma^2}}\right) + Q\left(Q^{-1}(P_{FA}/2) + \sqrt{\frac{\mathcal{E}}{\sigma^2}}\right) \tag{10.15}$$

其中$\mathcal{E} = \sum_{n=0}^{N-1}(As[n])^2$为信号能量，$Q(\cdot)$及$Q^{-1}(\cdot)$分别为$Q$及逆$Q$函数(见 4.3 节)。

6. 举例

考虑阻尼指数信号$s[n] = r^n$，$r = 0.9$，$N = 20$，$n = 0, 1, \cdots, N-1$，高斯白噪声的方差$\sigma^2 = 1$。根据式(10.14)可得，若满足下式则判信号存在，

$$T(\mathbf{x})=\frac{\left(\sum_{n=0}^{N-1}x[n]r^n\right)^2}{\sigma^2\sum_{n=0}^{N-1}r^{2n}}>\gamma=\left(Q^{-1}(P_{FA}/2)\right)^2$$

检验统计量的100次实验结果如下图所示，图10.6(a)为仅有噪声的情况，图10.6(b)为信号加噪声的情况，给出$P_{FA}=0.01$对应的门限$\gamma=6.6349$。

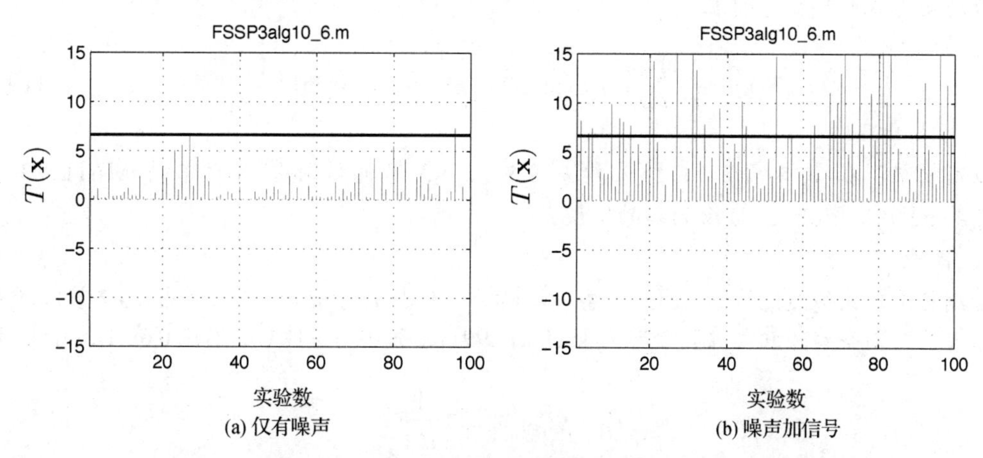

(a) 仅有噪声 (b) 噪声加信号

图10.6 高斯白噪声中未知幅度阻尼指数信号的检验统计量输出

7. 说明

仿形相关器在高幅值信号且$A>0$时会得到很大的正值，$A<0$时会得到很大的负值。因此，在A的符号未知时，不能做出单一门限的选择。检测器会取仿形相关器检验统计量的平方形式来确保覆盖这两种情况。分母使得当只有噪声存在时得到检验统计量为简单的概率密度函数，因而可以得到门限的简单表示。

8. 注释

检测器的检测概率P_D与已知A值的NP检测器相比只有轻微下降。注意，若已知幅度为正值，则可应用仿形相关器且是最佳的(类似地，若已知幅度为负值也可以)[Kay 1998, pp. 253-254]。检测器为$\boldsymbol{\theta}=A$时线性模型的特定形式[Kay 1998, pg. 273]。若检测信号时需要，则A的值可用算法9.1估计出来。 ■

练习10.6 平方的影响

考虑高斯白噪声中未知直流电平的检测问题。当信号存在时有$x[n]=A+w[n]$，仅有噪声时为$x[n]=w[n]$，$n=0,1,\cdots,N-1$，A值假定未知。在评估检测性能时假定$A=1$，$\sigma^2=1$，$N=20$，$P_{FA}=0.01$。平方的影响可通过评估式(10.3)的仿形相关器和式(10.15)的广义似然比检验的检测概率P_D。在缺乏幅度知识时，检测概率P_D会下降多少？提示：应用计算机来评估检测概率P_D。 •

算法10.7 未知幅度和相位的正弦信号

1. 问题

高斯白噪声中未知幅度和相位的正弦信号的检测。

2. 应用领域举例

在电子侦察系统中，目标是检测发射的已知频率窄带无线电信号[Tsui 1995]。

3. 数据模型/假定

$$x[n]=A\cos(2\pi f_0 n+\phi)+w[n] \qquad n=0,1,\cdots,N-1$$

其中 $A(A>0)$ 及 $\phi(-\pi\leqslant\phi<\pi)$ 均未知，f_0 已知，$w[n]$为已知方差 σ^2 的高斯白噪声。

4. 检测器

若满足下式则判信号存在，

$$T(\mathbf{x})=\frac{1}{N}\left|\sum_{n=0}^{N-1}x[n]\exp(-\mathrm{j}2\pi f_0 n)\right|^2>\gamma=\sigma^2\ln\left(\frac{1}{P_{FA}}\right) \tag{10.16}$$

其中假定频率不在 0 或 1/2 附近(见算法 9.3 及 1.3 节的讨论)。光盘中的 MATLAB 程序 FSSP3alg10_7_sub.m 为检测器的实现。

5. 性能

检测器是广义似然比检验，因此具备一些称为一致最大势检验的性能(见 8.5.2 节)，意味着在约束集下检测器具有最大检测概率 P_D[Scharf 1991]。确切的性能(f_0 不在 0 或 1/2 附近)为

$$P_D=Q_{\chi_2'^2(\lambda)}\left(2\ln\frac{1}{P_{FA}}\right)$$

其中 $Q_{\chi_2'^2(\lambda)}$ 为非中心 2 自由度的 chi-平方概率密度函数的右尾概率，非中心参量为λ[Kay 1998, pp. 26-28]，其值为 $\lambda=NA^2/(2\sigma^2)$。随书光盘中的 MATLAB 程序 Qchipr2.m 为此函数的实现。

6. 举例

考虑方差为 $\sigma^2=1$ 高斯白噪声中的正弦信号，$A=1$，$f_0=0.1$，$\phi=\pi/2$ 及 $N=20$。则由式(10.16)给出的检验统计量的 100 次实验的结果如下图所示，图 10.7(a)为仅有噪声的情况，图 10.7(b)为信号加噪声的情况，$P_{FA}=0.01$对应的$\gamma=4.6052$同时绘出。

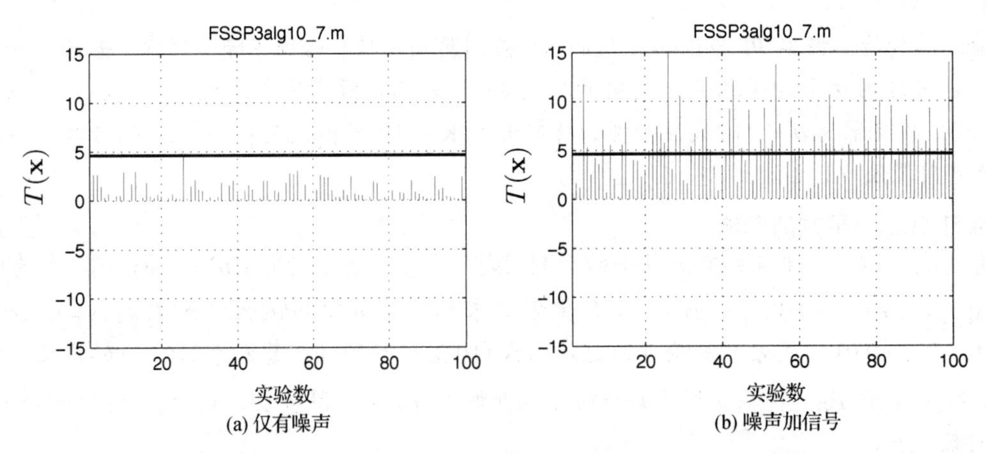

图 10.7 高斯白噪声中未知幅度和相位正弦信号的检验统计量输出

7. 说明

检验统计量是通过估计给定正弦频率处的傅里叶变换，计算能量并除以 N 得到的。很明显，若数据长度 N 非常大，由于在正弦频率处的傅里叶变换为狄拉克冲激函数，则统计量的值也会很大。噪声的功率谱密度则为常值 σ^2。

8. 注释

参见[Kay 1998, pp. 262-268]，也可参见 1.4 节来理解频率不在 0 或 1/2 附近的约束。若需估计检测信号的幅度和相位，则可用算法 9.2 获得。■

练习 10.7　数据长度的影响

应用 `FSSP3alg10_7_sub.m` 程序，输入正弦信号 $s[n]=\cos(2\pi(0.1)n)$，$n=0,1,\cdots,N-1$，绘出 $10\leqslant N\leqslant 100$ 时检验统计量与 N 的关系图。可在 MATLAB 程序中令 $\sigma^2=1$ 且 $P_{FA}=0.01$，这不会影响检验统计量的值。可以看到检验统计量为在频率 f_0 处的功率谱密度的估计值。这些值与噪声功率谱密度 $\sigma^2=1$ 相比较如何？•

算法 10.8　未知幅度、相位和频率的正弦信号

1. 问题

高斯白噪声中未知幅度、相位和频率的正弦信号的检测。

2. 应用领域举例

典型应用为雷达[Skolnik 1980]和声呐[Burdic 1984]。

3. 数据模型/假定

$$x[n]=A\cos(2\pi f_0 n+\phi)+w[n] \qquad n=0,1,\cdots,N-1$$

其中 $A(A>0)$，$\phi(-\pi\leqslant\phi<\pi)$ 及 $f_0(0<f_0<1/2)$ 均未知，$w[n]$ 为已知方差 σ^2 的高斯白噪声。

4. 检测器

若满足下式则判信号存在，

$$T(\mathbf{x})=\max_{0<f_0<1/2}\frac{1}{N}\left|\sum_{n=0}^{N-1}x[n]\exp(-\mathrm{j}2\pi f_0 n)\right|^2>\gamma=\sigma^2\ln\left(\frac{N/2-1}{P_{FA}}\right) \tag{10.17}$$

其中假定频率不在 0 或 1/2 附近（见 1.3 节的讨论），另外，门限应用了某些合理的近似。随书光盘中的 MATLAB 程序 `FSSP3alg10_8_sub.m` 为检测器的实现。

5. 性能

检测器是广义似然比检验，但不具备最佳性能，然而实际中检测器性能良好。近似的性能表达式为

$$P_D=Q_{\chi_2'^2(\lambda)}\left(2\ln\frac{N/2-1}{P_{FA}}\right)$$

其中 $Q_{\chi_2'^2(\lambda)}$ 为非中心 2 自由度的 chi-平方概率密度函数的右尾概率，非中心参量为 λ[Kay 1998, pp. 26-28]，其值为 $\lambda=NA^2/(2\sigma^2)$。随书光盘中的 MATLAB 程序 `Qchipr2.m` 为此函数的实现，注意上述近似 P_{FA} 需要取小值。

6. 举例

考虑方差为 $\sigma^2=1$ 高斯白噪声中的正弦信号，$A=1$，$f_0=0.1$，$\phi=\pi/2$ 及 $N=20$。则由式(10.17)给出的检验统计量的 100 次实验的结果如下图所示，图 10.8(a)为仅有噪声的情况，图 10.8(b)为信号加噪声的情况，$P_{FA}=0.01$ 对应的 $\gamma=6.8024$ 同时绘出。注意，当在多个频率上搜索最大值时，由于虚警概率增加，因此门限增大［比较图 10.8(a)和图 10.7(a)］。

7. 说明

检验统计量是数据的周期图，也是功率谱密度估计器(见第 11 章和 1.3 节)。在前面频率已知的情况下，计算的是傅里叶变换，但并不是在所有可能频率上。由于正弦信号在大 N 时得到狄拉克冲激函数，因此检测器选择傅里叶变换模值平方除以 N 来得到检验统计量。

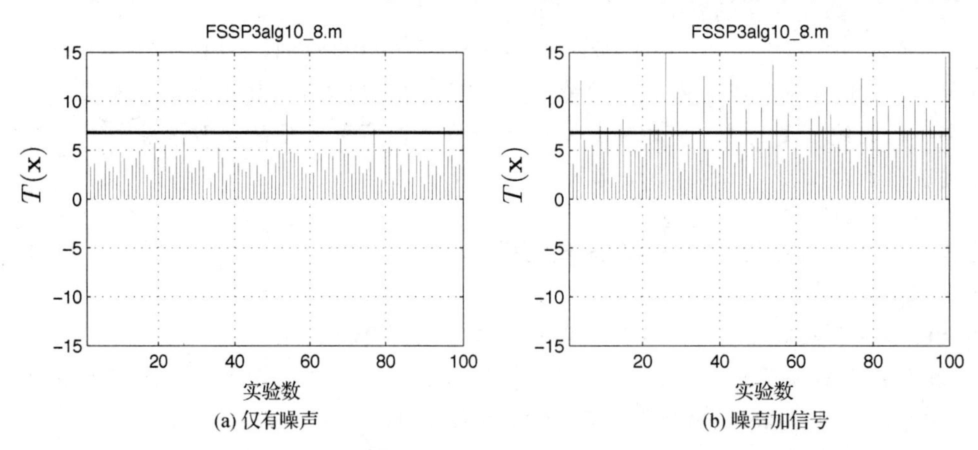

图 10.8　高斯白噪声中未知幅度、相位和频率正弦信号的检验统计量输出

8. 注释

检验统计量通常采用 FFT 来计算(见 MATLAB 程序 `FSSP3alg10_8_sub.m`)以降低搜索频率所需要的计算量。若需估计检测信号的幅度、相位和频率，则可用算法 9.3 获得估计，详见[Kay 1998, pp. 268-269]。■

练习 10.8　P_{FA} 的增加

对于例中的信号参数，即 $A=1$，$\phi=\pi/2$，$f_0=0.1$，$N=20$ 且 $\sigma^2=1$，对于频率已知情形运行程序 `FSSP3alg10_7_sub.m`，对于频率未知情形运行程序 `FSSP3alg10_8_sub.m`。两种情形的门限均取已知频率情形时 $P_{FA}=0.01$ 得到的门限，运行 10 000 次统计虚警概率。将已知频率情形的门限应用到未知频率，会因为搜索未知频率而增加虚警概率，它的增加系数是 $N/2-1$ 吗？为此可以运行 `[T,gamma]=FSSP3alg10_7_sub(f0,x,sig2,Pfa)` 及 `[T,gamma]=FSSP3alg10_8_sub(x,sig2,Pfa,Nfft)` 10 000 次。可以应用 `x=randn(20,1)` 来生成噪声数据，应用 `Nfft=N` 来计算频率位于 0 到 1/2 之间的未知频率检验统计量(参见解答，回答为什么 `Nfft` 应用这个数值)。•

算法 10.9　未知到达时间

1. 问题

高斯白噪声中未知到达时间的已知信号的检测。

2. 应用领域举例

为检测机器人前面的障碍，传感器发送超声信号来检测机器人前面的物体[Urena et al. 1999]。

3. 数据模型/假定

$$x[n]=s[n-n_0]+w[n] \qquad n=0,1,\cdots,N-1$$

其中 $s[n]$ 为已知信号，在间隔 $0 \leqslant n \leqslant M-1$ 上有采样，$w[n]$ 为已知方差 σ^2 的高斯白噪声。未知到达时间 n_0 假定在 $0 \leqslant n_0 \leqslant N-M$ 上取值。

4. 检测器

若满足下式则判信号存在，

$$T(\mathbf{x}) = \max_{0 \leqslant n_0 \leqslant N-M} \sum_{n=n_0}^{n_0+M-1} x[n]s[n-n_0] > \gamma \tag{10.18}$$

不能得到闭合形式的门限。随书光盘中的 MATLAB 程序 `FSSP3alg10_9_sub.m` 可以用于计算检验统计量。

5. 性能

检测器是广义似然比检验，但不具备最佳性能，然而实际中检测器性能良好。其性能的解析评价难以获得。

6. 举例

考虑阻尼指数信号 $s[n]=r^n$，$r=0.9$，$M=20$，$n_0=100$。数据长度，即用于计算相关统计量的整个数据采样，为 $N=200$。高斯白噪声的方差 $\sigma^2=0.1$，图 9.1(a)为真实信号。则由式(10.18)给出的检验统计量的 100 次实验的结果如下图所示，图 10.9(a)为仅有噪声的情况，图 10.9(b)为信号加噪声的情况。

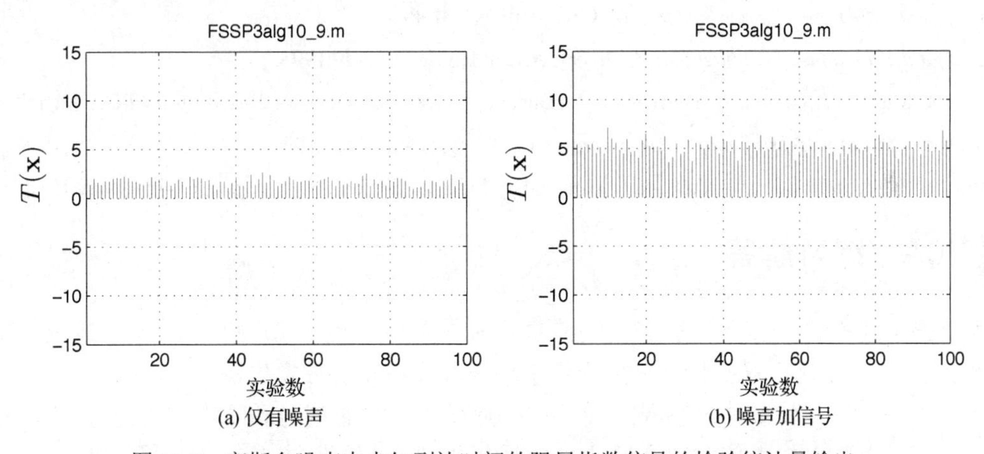

(a) 仅有噪声　(b) 噪声加信号

图 10.9　高斯白噪声中未知到达时间的阻尼指数信号的检验统计量输出

7. 说明

检测器的运行类似于仿形-相关器。由于信号到达的确切位置未知，检测器会试图匹配所有可能信号，即它与所有可能的副本进行相关计算。这是通过对所有可能的到达时间 n_0 计算 $\sum_{n=n_0}^{n_0+M-1} x[n]s[n-n_0]$ 来实现的。

8. 注释

若信号被检测，则根据式(10.18)得到的最大值可估计到达时间。当检测器扩展到未知幅度、相位和频率的正弦信号时，就获得了标准的雷达和主动声呐接收机[Kay 1998, pp. 269-272]。■

练习 10.9 信号存在时检验统计量的值

对于例中的信号，确定信号能量值，然后将此值与图 10.9(b)的统计量输出进行比较，它们类似吗？提示：应用计算机实现。 •

参考文献

Burdic W.W., *Underwater Acoustic System Analysis*, Prentice-Hall, Englewood Cliffs, NJ, 1984.

Chang, J., N.S. Kim, S.K. Mitra, "Voice Activity Detection Based on Multiple Statistical Models", *IEEE Trans. on Signal Processing*, pp. 1965-1976, June 2006.

Kay, S., *Fundamentals of Statistical Signal Processing: Detection Theory, Vol. II*, Prentice-Hall, Englewood Cliffs, NJ, 1998.

Kay, S., J. Salisbury, "Improved Active Sonar Detection Using Autoregressive Prewhiteners", *Journal of Acoustical Society of America*, April 1990.

Klemm, R., *Principles of Space-Time Adaptive Processing*, Institution of Electrical Engineers, London, 2002.

Park, S., E. Clarkson, M.A. Kupinski, H.H. Barrett, "Efficiency of the Human Observer Detecting Random Signals in Random Backgrounds", *Journal of Optical Society of America*, pp. 3-16, 2005.

Pratt, W.K., *Digital Image Processing*, J. Wiley, NY, 1978.

Scharf, L., *Statistical Signal Processing*, Addison-Wesley, NY, 1991.

Skolnik, M., *Introduction to Radar Systems*, McGraw-Hill, NY, 1980.

Tsui, J., *Digital Techniques for Wideband Receivers*, Artech House, Boston, 1995.

Urena, J., M. Mazo, J.J. Garcia, A. Hernandez, E. Bueno, "Correlation Detector Based on a FPGA for Ultrasonic Sensors", *Microprocessors and Microsystems*, Vol. 23, pp. 25-33, June 1999.

Wadhams, P., "The Underside of Arctic Sea Ice Imaged by Sidescan Sonar", *Nature*, pp. 161-164, May 1988.

附录 10A 练习解答

为获得下述结论，需要在所有代码前将随机数发生器用 `rand('state',0)`及 `randn('state',0)`初始化，这些指令分别应用于均匀及高斯随机数发生器。

10.1 门限为$\gamma = 8.4687$，仅有噪声时没有与门限相交，有信号和噪声时大约有 10 次相交，即检测概率 P_D 估计为 0.1。对于这个低 P_{FA} 时理论 P_D 为 $P_D = 0.0747$ 。可以运行随书光盘上的程序 `FSSP3exer10_1.m` 得到这个结果。

10.2 可以观察到$T_1(\mathbf{x})$ 给出的“求和”检测器的检验统计量幅度值超过 4，同时包含限幅器形式的$T_2(\mathbf{x})$就很少发生。可以运行随书光盘上的程序 `FSSP3exer10_2.m` 得到这个结果。

10.3 P_D的理论值为 $P_D = 0.0924$，表示在 100 次实验中大约有 9 次超过门限，图 10.3(b)显示大约为 5 次，可以运行随书光盘上的程序 `FSSP3exer10_3.m` 得到这个结果。

10.4 门限取为$\gamma = 178.5104$，接近图 10.4 中的$\gamma = 179.3756$。为得到更准确的估计，可以增大实验次数。可以运行随书光盘上的程序 `FSSP3exer10_4.m` 得到这个结果。

10.5 图 10.4(b)中的所有检验统计量均超过门限，而在图 10.5(b)的 100 次中仅有 96 次超过门限，估计器-相关器更好一些。

10.6 通过评估仿形相关器的式(10.3)和广义似然比检验的式(10.15)，得到仿形相关器的 $P_D = 0.9841$，广义似然比检验的 $P_D = 0.9710$，可见性能下降是非常小的。可以运行随书光盘上的程序 `FSSP3exer10_6.m` 得到这个结果。

10.7 检验统计量近似为 $N/4$，当 $N > 40$ 时，其值超过噪声功率谱密度 $\sigma^2 = 1$ 的概率很大，参见练习 1.2。可以运行随书光盘上的程序 `FSSP3exer10_7.m` 得到这个结果。

10.8 在频率已知时，检验统计量将得到 116 次虚警，而在频率未知时，检验统计量将得到 1098 次虚警。因此，P_{FA} 提高了 $1098/116 = 9.46$ 倍，而 $N/2-1=9$，应用 `Nfft=N` 的原因就是这很容易得到 P_{FA}。在频率点很多时，比如 1024，通常计算周期图，然而这会使得计算 P_{FA} 时简单增加倍数 $N/2-1$ 无效。因为周期图高度相关，而我们是假定其独立的。可以运行随书光盘上的程序 `FSSP3exer10_8.m` 得到这个结果。

10.9 阻尼指数信号能量为 $\mathcal{E} = 5.1854$，这与图 10.9(b)中的检验统计量十分接近。可以运行随书光盘上的程序 `FSSP3exer10_9.m` 得到这个结果。

第11章 谱 估 计

11.1 引言

随机过程的功率谱密度(PSD)是描述频率与功率分布的函数，这个函数的估计通常称为谱估计，本章的主题就是谱估计的实现。与估计或检测问题存在通用的最佳方法理论不同，谱估计没有这种能引导得到实际方法的理论。这是由于其本质上是病态问题，需要根据有限数据样本估计通用曲线，其主要的用途和目的就是作为数据预处理工具。根据谱分析提供的功率随频率的分布，可以得到数据分析的更多特定方法。

本章的一些内容前面已经描述过，4.2～4.4 节从功率谱密度角度描述了噪声的统计模型及生成，6.4.7 节中讨论了基于傅里叶定义的功率谱密度估计方法，特别是给出了平均周期图方法的定义及例子。在继续学习之前，读者可以重温这些章节，本章将增加更多细节，并提供通用方法的算法及其 MATLAB 实现。谱估计问题已经被广泛研究，一些有用的参考资料是[Jenkins and Watts 1968]，[Priestley 1981]及[Kay 1988]。

谱估计问题就是估计功率谱密度函数，其定义为

$$P_x(f)=\sum_{k=-\infty}^{\infty} r_x[k]\exp(-\mathrm{j}2\pi fk) \qquad -1/2\leqslant f\leqslant 1/2 \tag{11.1}$$

基于观测数据集 $x[n]$（$n=0,1,\cdots,N-1$），其中 $r_x[k]$ 为自相关序列(ACS)。定义说明功率谱密度为 ACS 的离散傅里叶变换，可以等效写为

$$P_x(f)=\lim_{M\to\infty}\frac{1}{2M+1}E\left[\left|\sum_{n=-M}^{M} x[n]\exp(-\mathrm{j}2\pi fn)\right|^2\right] \qquad -1/2\leqslant f\leqslant 1/2 \tag{11.2}$$

可以表示噪声或随机信号过程(见 3.6 节的信号模型及第 4 章的噪声模型)。观测数据集假定为零均值宽平稳(WSS)(见附录 4A 及[Kay 2006])随机过程实现的一段。若数据为非零均值，则通常利用样本均值 $\bar{x}=(1/N)\sum_{n=0}^{N-1}x[n]$ 来估计均值，然后从每个数据样本中减去 $\bar{x}$。类似地，若数据包含正弦成分，则也需要估计并移除，其方法在算法 9.9 及算法 9.10 中已有描述。注意，在第 9 章的参数估计中非常重要的正弦成分参数确定在谱估计中却不重要。

我们约束讨论为基于实数据集的功率谱密度估计，在复数据、多通道数据集多维数据情况下的拓展可参考之前提到的文献。另一个密切相关的慢时变谱的谱估计问题会简要讨论(见 4.4 节)。

两种主要的谱估计方法是：非参量方法或傅里叶方法，以及参量法或基于模型法。一个非参量法谱估计器的例子是 6.4.7 节描述的平均周期图，一个通用的参量谱估计器是 4.4 节的基于自回归(AR)模型的估计器。非参量方法更加鲁棒，适用于任何平稳随机过程，而参量法会约束特定功率谱密度模型。若用于估计器的模型假定准确，则基于模型的谱估计器会更加

精确。因此，为数据选择好模型的重要性也将被分析，我们通过将算法分成两类来描述谱估计的两种方法。

最后，注意谱估计并不需要数据为高斯的，主要分析其二阶矩，即相关特性。而在评估估计器性能时，高斯假定是有用的。

11.2　非参量(傅里叶)方法

在分析非参量算法以前，需要给出其性能的一些基本评价。好的谱估计的特点是高精度和低可变性。前者意味着估计显示了很好的细节，如存在窄峰值时，后者意味着方差要小。遗憾的是，对于固定数目的数据样本，这个目标通常不可实现。图 11.1 和图 11.2 是两个例子，利用 6.4.7 节的平均周期图得到的谱估计，数据是应用阶数 $p=2$ 及 $a[1]=0$、$a[2]=0.9025$，$\sigma_u^2=1$ 的 AR 随机过程生成的，数据记录长度为 $N=500$，估计是用 $I=5$ 无重叠的各数据样本长度 $L=100$ 计算得到的。图中显示的是基于 30 个不同实现的结果，图 11.1(a)中虚线显示的是真实功率谱密度，30 个估计的均值(用 $\overline{\hat{P}_x(f)}$ 表示)用实线表示。可见谱估计器的均值接近真实功率谱密度，也就是表现出高精度。然而，若 30 个估计以重叠形式显示［见图 11.1(b)］，则在单个频点值的变化超过 10 dB 或更多。纵轴采用对数坐标(dB 为单位)，可以使得在谱估计中观察到微小取值的细节。为降低变化，必须在平均周期图估计器中取更多的平均，例如增加块数目到 $I=25$，得到如图 11.2(b)所示的重叠绘图。这明确地降低了各频点的方差，然而这导致每块数据长度变成了 $L=500/25=20$ 个采样，得到的 30 个均值估计如图 11.2(a)所示。功率谱密度由于变形而产生较大误差，导致谱估计精度降低。可见对于 N 点固定长度数据而言，不能同时满足降低方差和提高精度的要求。我们能做的就是平衡，这称为偏差-方差均衡(偏差为估计器均值与真实的差值)，参见练习 11.2 提供的平衡策略。图 11.2(a)中的功率谱密度峰值被低估而其他部分被高估，看起来像是峰值处的功率泄漏到其他频带上，这有时称为泄漏问题。在非峰值频带上有一些小的共振现象，这是估计器带来的附属特性，可以用下个练习所描述的方法来减轻。

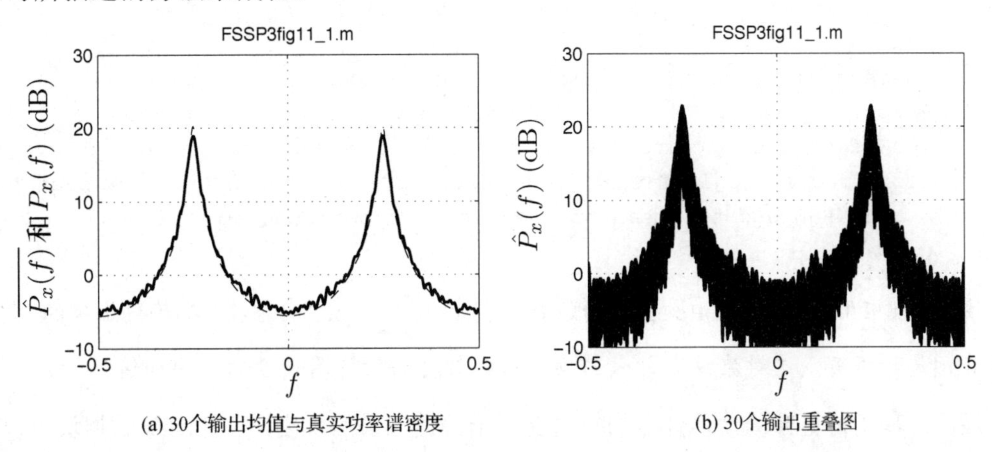

(a) 30个输出均值与真实功率谱密度　　(b) 30个输出重叠图

图 11.1　利用 5 个长度 $L=100$ 的非重叠块的平均周期图谱估计，图 11.1(a)中的虚线为真实功率谱密度

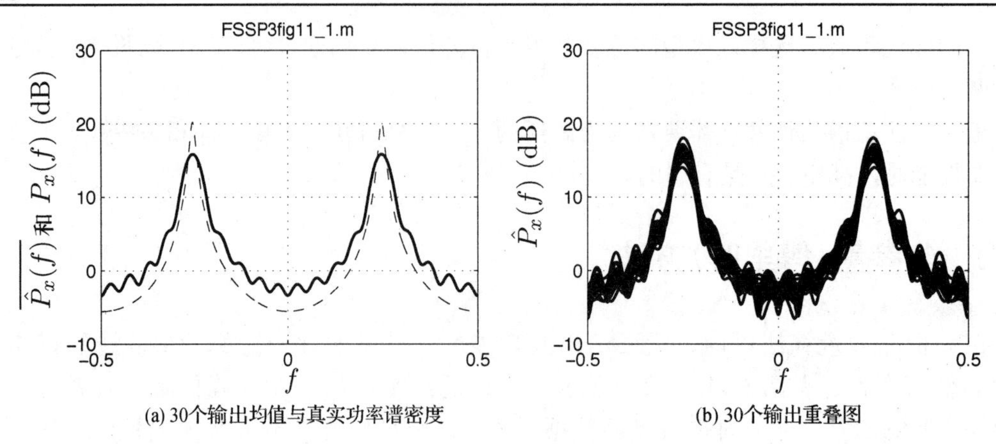

(a) 30个输出均值与真实功率谱密度　　(b) 30个输出重叠图

图 11.2　利用 25 个长度 $L=20$ 的非重叠块的平均周期图谱估计，图 11.2(a)中的虚线为真实功率谱密度

练习 11.1　降低窗波纹

图 11.2(a)中的波纹是由于对随机过程实现的一段数据的傅里叶变换所带来的窗效应现象。而应用数据段的实际约束就是有限的、有时候甚至是相当短的数据长度。对数据段的应用可视为对完整随机过程的实现在时域上乘以矩形窗后的傅里叶变换，这导致在频域上(平均意义下)为理想傅里叶变换卷积矩形窗的傅里叶变换，即辛格函数形式。为降低影响，作为例子，也可以在傅里叶变换前将各数据块乘以汉明窗。运行下述代码，可以观察数据窗的影响:

```
N=500;
L=20; % length of data for each block
a=[0 0.9025]'; % AR filter parameters
sig2u=1; % AR excitation noise variance
for i=1:30
x=ARgendata(a,sig2u,N); % generate N points of data for each outcome
% In the PSD_est_avper.m subprogram replace
% Pper=(1/L)*abs(fftshift(fft(y,1024))) .^2; by
% Pper=(1/(hamming(L)'*hamming(L)))...
% *abs(fftshift(fft(y.*hamming(L),Nfft))) .^2;
[freq,Pavper(:,i)]=PSD_est_avper(x,L,1024,0,0);
end
Pm=mean(Pavper'); % find mean of the outcomes
Pavper_mean=Pm'; % convert to column vector for plotting
[powsd_true,freq]=arpsd(a,sig2u,1024); % compute the true PSD
plot(freq,10*log10(Pavper_mean),freq,10*log10(powsd_true)) % plot the
% true PSD and the mean of the averaged periodogram
grid
```

注意，当应用数据窗时，Pper 中的除数 L 需要用 $\sum_{n=0}^{L-1} w^2[n]$ 替换，以获得正确的总功率，其中 $w[n]$是数据窗。这对波纹有什么影响？窗函数对谱估计器精度的影响如何？ •

最后，基于傅里叶的谱估计器的精度受限于数据记录的长度，应用单一数据块可以获得最大的精度。遗憾的是，也得到了最大的方差。周期图显示功率谱密度的细节能力取决于块长度 L。一个经验法则是，若在频域上频率间隔至少为 $1/L$ 周期/样本，则两个窄带成分能被

观测到。然而，应该选择 L 保证有足够的精度，因此块数目 I 要有足够的可变性，总的数据长度为 $N=IL$。

算法 11.1 平均周期图

1. 问题

估计平稳随机过程的功率谱密度。

2. 应用领域举例

非参量谱分析广泛应用于振动分析[Bendat and Piersol 1971]。

3. 数据模型/假定

数据 $x[n]$ ($n=0,1,\cdots,N-1$)假定为零均值平稳的(实际上为宽平稳随机过程)，但不必是高斯的。

4. 估计器

将数据分为 I 块连续的不重叠部分，每块长度为 L，即假定数据长度 $N=IL$，数据块为

$$y_i[n]=x[n+iL] \quad n=0,1,\cdots,L-1; i=0,1,\cdots,I-1$$

然后，对于每块计算周期图如下：

$$\hat{P}_x^{(i)}(f)=\frac{1}{L}\left|\sum_{n=0}^{L-1} y_i[n]\exp(-\mathrm{j}2\pi fn)\right|^2 \tag{11.3}$$

然后，计算平均周期图得到谱估计如下：

$$\hat{P}_x(f)=\frac{1}{I}\sum_{i=0}^{I-1}\hat{P}_x^{(i)}(f) \tag{11.4}$$

MATLAB 子程序 `PSD_est_avper.m` 可用于实现平均周期图。

5. 性能

没有最佳性质，其 95%置信区间为

$$10\log_{10}\hat{P}_x(f)\begin{cases}+10\log_{10}\dfrac{2I}{F_{\chi_{2I}^2}^{(-1)}(0.025)} \\ -10\log_{10}\dfrac{F_{\chi_{2I}^2}^{(-1)}(0.975)}{2I}\end{cases} \text{dB} \tag{11.5}$$

其中 $F_{\chi_\nu^2}^{(-1)}(x)$ 为 ν 自由度的 chi-平方分布随机变量 χ_ν^2 的逆累积分布函数(CDF)。MATLAB 程序 `chipr2.m` 用于计算累积分布函数的值，进而可以得到逆累积分布函数的值。见 6.4.7 节的例子。

6. 举例

见图 11.1 和图 11.2。

7. 说明

平均周期图谱估计器将数据通过一组窄带滤波器，得到在频域上接近各滤波器中心频率的输出序列。各滤波器输出的功率是由平方和均值计算得到的(更多细节见附录 11A)。

8. 注释

平均周期图利用快速傅里叶变换(FFT)算法提供快速计算。数据记录在实施 FFT 前通常

需要“零填充”，这意味着数据记录会增加足够的零值，因此 FFT 长度会远大于 N。这在 MATLAB 的 FFT 子程序中会自动完成。由于此过程及其相关联的谱精度经常引起混乱，因此其更进一步的细节列在附录 11B 中。

通过采用重叠块方式可以降低方差[Welch 1967]。其他可能的数据窗及其平衡结果参见[Harris 1978]，更多细节参见[Kay 1988, Chapter 4]。 ■

练习 11.2　窗关闭方法选择块长度

通常建议初始选择较小的 L 值，这样谱估计器的变化会小，可得到确实可信的光滑的估计。然后，通过增大 L 值可以更好地观察到细节，可能是谱估计中出现更多尖峰值。这个技巧避免因 L 足够大而引起谱估计变化大，从而引入了“噪声峰”，即实际不存在而由于特定随机过程实现带来的现象。应用参数为 $L=10$，$L=20$，$L=50$ 和 $L=100$ 的图 11.1 和图 11.2 的数据样本实现此策略，可以应用下述代码:

```
randn('state',0) % initialize Gaussian random number generator
N=500;
a=[0 0.9025]'; % set AR filter parameters
sig2u=1; % set AR excitation noise variance
[powsd_true,freq]=ARpsd(a,sig2u,1024); % compute the true PSD
x=ARgendata(a,sig2u,N); % generate N samples of data
% put a loop here and plot each spectral estimate as L is increased
%-----------------------------------------------------------------
L=??; % length of data block
[freq,Pavper]=PSD_est_avper(x,L,1024,0,0); % call to subprogram
%-----------------------------------------------------------------
```

绘出各 L 值的对数形式谱估计。注意术语“窗关闭”的应用参考了窗的频率，即当窗频率宽度下降时，L 增加[Jenkins and Watts 1968]。 •

第二个常用且有效的非参量谱估计方法是最小方差谱估计器(MVSE)，它很容易推广到多通道和多维谱估计，因此广泛应用在阵列处理中[Johnson and Dudgeon 1993]。只有一个参量确定偏方差平衡，即需要估计协方差矩阵的大小。通过经验学习可知，由于模糊性更少，MVSE 对具有尖峰谱的估计比平均周期图要好，总结如下。

算法 11.2　最小方差谱估计器

1. 问题

估计平稳随机过程的功率谱密度。

2. 应用领域举例

MVSE 已经应用于多种问题中，最近的应用是利用其直接多维扩展来实现声呐数据归一化[Carbone and Kay 2012]。

3. 数据模型/假定

数据 $x[n]$ ($n=0,1,\cdots,N-1$)假定为零均值平稳的(实际上为宽平稳随机过程)，但不必是高斯的。

4. 估计器

$$\hat{P}_x(f)=\frac{p}{\mathbf{e}^{\mathrm{H}}\hat{\mathbf{R}}_x^{-1}\mathbf{e}} \tag{11.6}$$

其中 $\mathbf{e}=[1\ \exp(\mathrm{j}2\pi f)\cdots\exp[\mathrm{j}2\pi f(p-1)]]^{\mathrm{T}}$，H表示共轭转置，且

$$[\hat{\mathbf{R}}_x]_{ij}=\frac{1}{2(N-p)}\left[\sum_{n=p}^{N-1}x[n-i]x[n-j]+\sum_{n=0}^{N-1-p}x[n+i]x[n+j]\right]$$

其中 $i=1,2,\cdots,p;\ j=1,2,\cdots,p$。$p\times p$ 的矩阵 $\hat{\mathbf{R}}_x$ 为自相关矩阵的估计(见算法9.12的定义)。尽管 $\mathbf{e}^{\mathrm{H}}\hat{\mathbf{R}}_x^{-1}\mathbf{e}$ 理论上是实数，但数值错误有时会导致其为复数，因此需要取其实部。随书光盘中的MATLAB程序 `PSD_est_mvse.m` 为谱估计器的实现。

5. 性能

没有最佳性质。由经验观察可知，MVSE 的精度优于平均周期图(对于相同方差)。由于谱估计器的非线性特性，置信区间分析并不适用。

6. 举例

考虑平均周期图的相同例子，结果如图11.1和图11.2所示。$p=10$ 的MVSE结果如图11.3所示，$p=50$ 的结果如图11.4所示。注意，当 p 增加时，在稍稍增加方差的情况下提高了精度。图11.4和图11.2的对比，说明MVSE谱估计器在低方差时得到更高精度，比平均周期图法的性能要好。

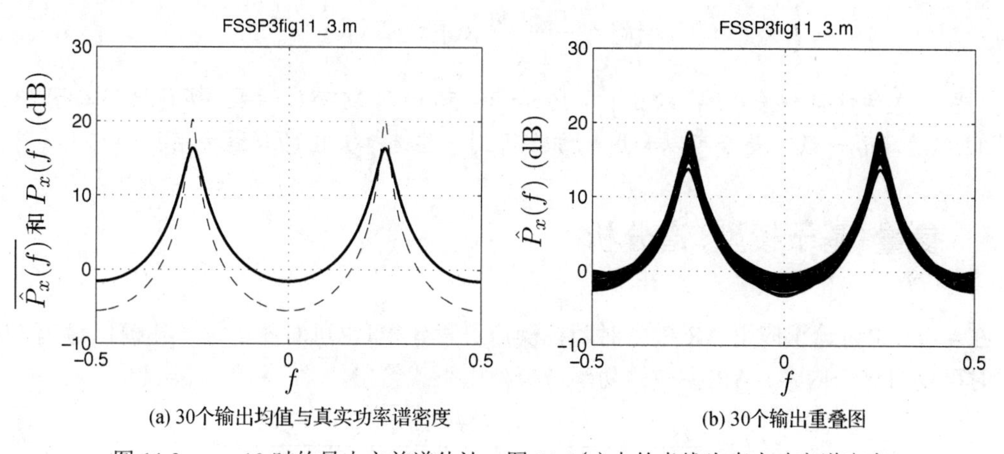

(a) 30个输出均值与真实功率谱密度 (b) 30个输出重叠图

图11.3 $p=10$ 时的最小方差谱估计，图11.3(a)中的虚线为真实功率谱密度

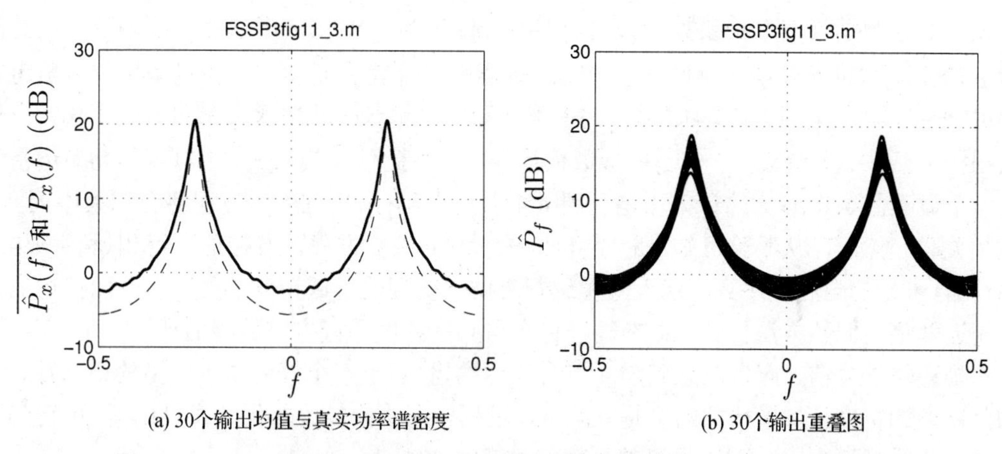

(a) 30个输出均值与真实功率谱密度 (b) 30个输出重叠图

图11.4 $p=50$ 时的最小方差谱估计，图11.4(a)中的虚线为真实功率谱密度

7. 说明

可以证明 MVSE 等效为一组将数据分成不同频率单元的带通滤波器，估计各滤波器的功率输出，再除以带宽，这类似于平均周期图。MVSE 的不同特点即滤波器频率响应是功率谱估计中待估频率的函数。若在感兴趣频率带附近有大的频率成分，而其他位置没有，则滤波器将会对其“零陷”以防止其泄漏到感兴趣频带内。通过这种方法可以提高精度，也就是更少泄漏到邻近频率带内。

8. 注释

偏方差平衡是由 p 的选择控制的，大的 p 值会在提高精度的同时增加方差。可以证明若 $\hat{\mathbf{R}}_x$ 是真实自相关矩阵且 $p \to \infty$，则可获得真实功率谱密度[Kay and Pakula 2010]，这在下个练习中有阐述，更多细节参见[Kay 1988, Chapter 11]。 ■

练习 11.3 p 值选择的影响

为获得一些对于给定类型功率谱密度的 p 值选择的建议，可以参见下述求解过程。假定自相关序列 $r_x[k]$（$k=0,1,\cdots,p-1$）已知，则 $[\hat{\mathbf{R}}_x]_{ij}=r_x[i-j]$。对于本章例题中的 AR 随机过程，$a[1]=0$，$a[2]=r^2=0.9025$，$\sigma_u^2=1$，真实自相关序列为

$$r_x[k]=\frac{\sigma_u^2}{1-r^4}r^{|k|}\cos[(\pi/2)k]$$

利用上式估计自相关矩阵，绘出 $p=10$ 和 $p=50$ 时的 MVSE 结果，所得结果与图 11.3(a) 和图 11.4(a) 是否一致？是否可以利用此方法得到一些选择 p 值的合适方法？ •

11.3 参量(基于模型)谱分析

在 4.4 节中讨论了应用 AR 模型对随机噪声过程建模(也可对随机信号建模)，读者在往下进行时可复习这个内容。AR 模型的功率谱模型由下式给出，

$$P_x(f)=\frac{\sigma_u^2}{\left|1+a[1]\exp(-\mathrm{j}2\pi f)+\cdots+a[p]\exp(-\mathrm{j}2\pi fp)\right|^2} \tag{11.7}$$

其中 $\sigma_u^2>0$ 为激励噪声方差参数，$\{a[1],a[2],\cdots,a[p]\}$ 为 AR 滤波器参数。模型阶数由滤波器参数 p 给出，这可对任意功率谱密度建模，只要模型阶数 p 足够大。讨论中提到参数可从数据 $x[n]$（$n=0,1,\cdots,N-1$）中估计得到，4.4 节中是以自相关序列形式出现的，现在我们直接根据数据样本估计 AR 参数。一旦 AR 参数估计得到，将此估计代入式(11.7)可得功率谱密度估计。一个显然的 AR 参数估计方法是利用 4.4 节的尤利-沃克方程，方程将自相关序列与 AR 参数相关联。然而，从经验可知，利用 4.4 节的尤利-沃克方程，直接估计得到(利用 6.4.4 节的估计器)未知的自相关序列，代入方程进行求解，得到的是低精度谱估计。下面描述的算法是采用近似最大似然方法估计 AR 参数，将会得到高精度和低方差的谱估计。

在描述算法之前，应当注意到(4.4 节有详尽描述)对于一个好的基于模型的谱估计，最重要的是模型的精度。如果数据的确是 p 阶 AR 过程，则估计参数并代入式(11.7)，可得到很好的估计；若模型不准确，则结果很差，精度很低。

举例来说，考虑本章应用的例子，它是 $p = 2$ 阶的 AR 过程。利用近似最大似然估计器(MLE)，称为协方差方法，估计 AR 参数 $\{a[1], a[2], \sigma_u^2\}$，得到结果如图 11.5 所示。注意均值估计近似等于真值且变化较小。然而，若二阶 AR 随机过程的原始数据混入方差 $\sigma^2 = 1$ 高斯白噪声(WGN)过程的输出数据，则结果就差很多。如图 11.6 所示，有明显的偏差并且如期望中的，由于高斯白噪声的加入，方差有所增加。关键的结论是：高精度 AR 谱估计器只有当模型准确时才能实现，而由 p 阶 AR 过程加上高斯白噪声得到的随机过程不再是 p 阶 AR 过程，这说明了模型准确性的重要。为提高精度，需要增加式(11.7)的模型阶数以重新获得高精度。图 11.7 是应用 $p = 50$ 的例子，的确提高了精度。然而，注意通过对 N 点数据增加模型阶数到较大值(此处 $p = 50$，$N = 500$)会导致大的变化。这是由于更多的参数需要估计。p 的选择最好是一个“平衡行为”，即在获得高精度的大 p 值和低方差的小 p 值之间选择，也就是偏方差平衡。AR 谱估计器需要好的模型阶数估计方法，这将在 11.3.1 节中讨论。

有很多估计 AR 参数的算法，它们只有轻微的性能差别。下面选取其中两个来描述。

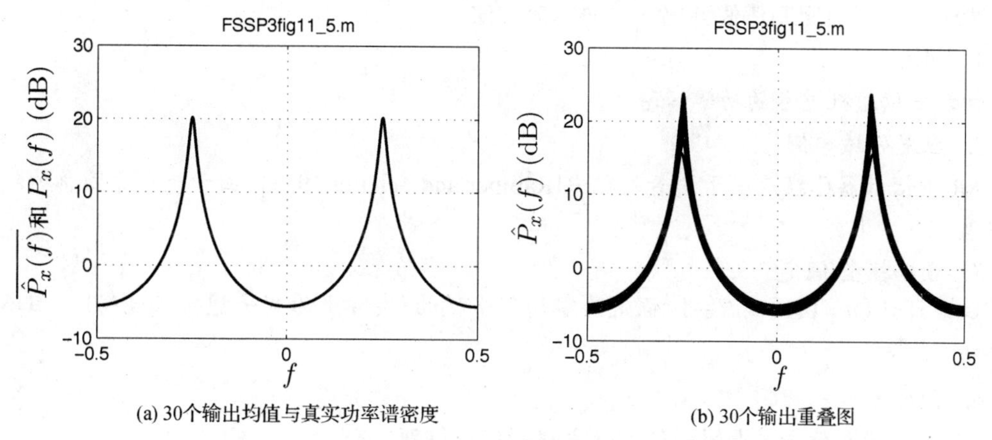

(a) 30个输出均值与真实功率谱密度　　(b) 30个输出重叠图

图 11.5　AR 随机过程的功率谱密度估计，利用 $p = 2$ 时的真实模型的谱估计，图 11.5(a)中虚线为真实功率谱密度，由于其被均值覆盖而不能看到

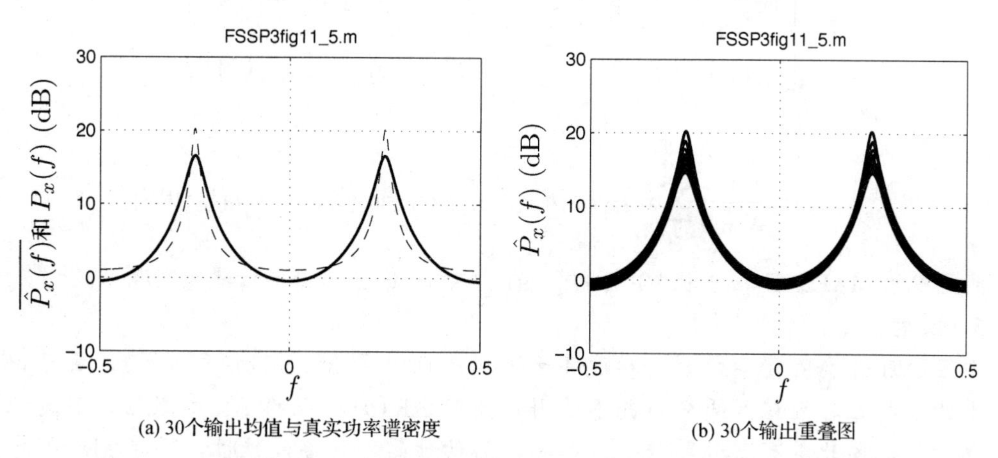

(a) 30个输出均值与真实功率谱密度　　(b) 30个输出重叠图

图 11.6　噪声污染的 AR 随机过程的功率谱密度估计，利用 $p = 2$ 时的真实模型的谱估计，图 11.6(a)中的虚线为 AR 过程加上白噪声的真实功率谱密度

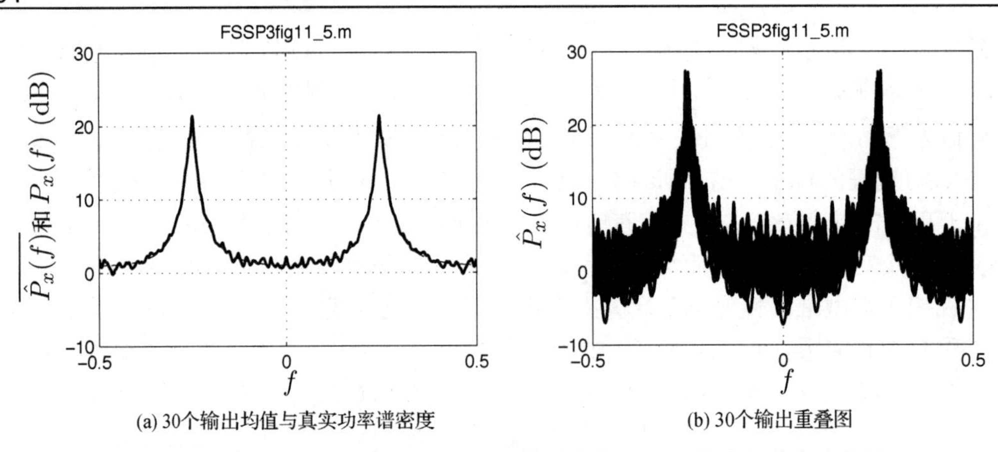

(a) 30个输出均值与真实功率谱密度 (b) 30个输出重叠图

图 11.7 噪声污染的 AR 随机过程用 AR 模型阶数 $p = 50$ 的功率谱密度估计，图 11.7(a) 中的虚线为真实功率谱密度，由于其被均值覆盖而不能看到

算法 11.3 自回归谱估计器——协方差方法

1. 问题

估计平稳随机过程的功率谱密度。

2. 应用领域举例

AR 谱估计器已经应用于语音处理中[Rabiner and Schafer 1978]，由于历史原因称为线性预测编码。

3. 数据模型/假定

数据 $x[n]$ ($n=0,1,\cdots,N-1$) 假定为零均值平稳的(实际上为宽平稳随机过程)，但不必是高斯的。

4. 估计器

AR 滤波器参数通过求解一组线性方程的估计得到，

$$\begin{bmatrix} c_x[1,1] & c_x[1,2] & \cdots & c_x[1,p] \\ c_x[2,1] & c_x[2,2] & \cdots & c_x[2,p] \\ \vdots & \vdots & \ddots & \vdots \\ c_x[p,1] & c_x[p,2] & \cdots & c_x[p,p] \end{bmatrix} \begin{bmatrix} \hat{a}[1] \\ \hat{a}[2] \\ \vdots \\ \hat{a}[p] \end{bmatrix} = -\begin{bmatrix} c_x[1,0] \\ c_x[2,0] \\ \vdots \\ c_x[p,0] \end{bmatrix} \tag{11.8}$$

其中

$$c_x[i,j] = \frac{1}{N-p}\sum_{n=p}^{N-1} x[n-i]x[n-j], \qquad \widehat{\sigma_u^2} = c_x[0,0] + \sum_{i=1}^{p} \hat{a}[i]c_x[0,i]$$

随书光盘中的 MATLAB 程序 `FSSP3PSD_est_AR_cov.m` 为谱估计器的实现。

5. 性能

由经验可得 AR 谱估计器的精度高于平均周期图及 MVSE(相同方差)，由于谱估计器的非线性特性，置信区间分析并不适用。高斯 AR(p)过程的 AR 参数估计器近似为最大似然估计，因此具有渐近最佳性。然而，谱估计器不具备最佳性，除非 $x[n]$就是 p 阶 AR 过程。AR(p)过程的 AR 参数近似克拉美-罗下界，参见[Kay 1988, pg. 191]，这有时是有用的。

6. 举例

当数据可精确表示 AR 模型且 $p \ll N$ 时，AR 的功率谱密度估计器展现出良好的性能。图 11.5 是 $p=2$ 的 AR 过程，应用真实模型阶数并加上相对长的数据记录 $N=500$。图 11.8 重复此例，但是数据样本仅有 $N=50$。对比图 11.5，可见仅有峰值有轻微错误，方差略微增加，证明 AR 谱估计器对于短数据记录具有良好性能。

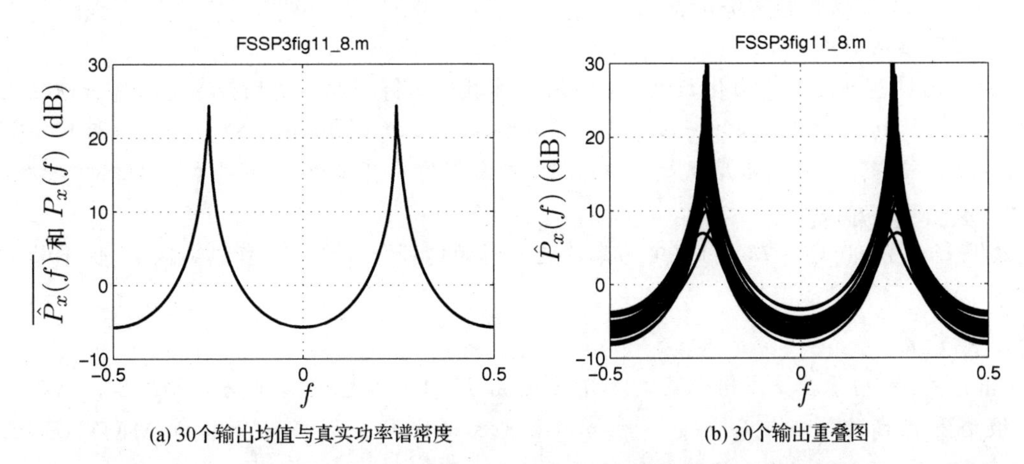

(a) 30个输出均值与真实功率谱密度　　(b) 30个输出重叠图

图 11.8　用协方差方法对纯 AR 随机过程进行的 AR 功率谱密度估计，真实模型阶数 $p=2$，仅有 $N=50$ 个数据点。图 11.8(a) 中的虚线为真实功率谱密度，由于其被均值覆盖而不能看到

7. 说明

AR 滤波器参数的估计是通过最小化最小均方误差得到的，

$$J(\mathbf{a})=\sum_{n=p}^{N-1}\left(x[n]+\sum_{i=1}^{p}a[i]x[n-i]\right)^2$$

当得到 AR 滤波器参数估计后，激励白噪声方差的估计由下式得到，

$$\widehat{\sigma_u^2}=\frac{1}{N-p}J(\hat{\mathbf{a}})$$

随书光盘中的程序 `AR_par_est_cov.m` 为谱估计器的实现。

8. 注释

AR 滤波器参数估计不能保证得到稳定的滤波器，也就是说，估计极点可能落入单位圆外。这在谱估计器中通常不受关注，但有时会希望通过估计参数的 AR 模型来生成附加的数据。此时，可以通过将 z 平面单位圆外的极点“反射”到单位圆内[Oppenheim and Schafer, pg. 349]，或应用下面描述的 Burg 算法。更多细节可参见[Kay 1988, pp. 185-188]。 ■

练习 11.4　增强精度的 AR 谱估计器

假定数据为 $x[n]=\cos(2\pi(0.1)n)+0.5\cos(2\pi(0.13)n)$，$n=0,1,\cdots,N-1=15$。应用此数据集仅为阐述增强精度的潜在影响。若有$x[n]$是由正弦波组成的知识或更实际的高斯白噪声中的正弦波，则可以应用最大似然估计，即算法 9.9。对此数据集可运行 `PSD_est_AR_cov(x,p,plotit,Nf,plotdB)`，设定 `p=4`，`plotit=1`，`Nf=1024` 及 `plotdB=1` 来生成 AR 功率谱对数形式的估计并绘图。将结果与图 11B.2(b) 的傅里叶变换幅度相比较，都是基于 $N=16$ 点的数据记录。由于此练习的目的是能否确定两个正弦波的峰值，则可以忽略比例的差别。下一步增加方差 $\sigma^2 = 0.0001$ 的高斯白噪声到正弦波中并重复分析，依然能确定正弦波吗？ •

算法 11.4　自回归谱估计器——Burg 方法

1. 问题

估计平稳随机过程的功率谱密度。

2. 应用领域举例

AR 谱估计器可应用于白化数据。当滤波器参数估计得到后，由 FIR 滤波器给出预白化器的系统函数为 $\mathcal{A}(z) = 1 + a[1]\exp(-j2\pi f) + \cdots + a[p]\exp(-j2\pi fp)$ [Birch 1988]。由于其对初始滤波器 $1/\mathcal{A}(z)$ 逆向操作，而初始滤波是对 AR 模型白激励噪声非白化(见 4.4 节)，这称为逆滤波。

3. 数据模型/假定

数据 $x[n]$（$n = 0, 1, \cdots, N-1$）假定为零均值平稳的(实际上为宽平稳随机过程)，但不必是高斯的。

4. 估计器

Burg 方法相当复杂，依赖于莱文森(Levinson)递归求解尤利-沃克方程的知识，以及部分不是很熟悉的线性预测概念。更多细节请参见参考文献。随书光盘中的 MATLAB 程序 `PSD_est_AR_Burg.m` 为谱估计器的实现。

5. 性能

由经验可得 AR 谱估计器的精度高于平均周期图及 MVSE(相同方差)，由于谱估计器的非线性特性，置信区间分析并不适用。高斯 AR(p)过程的 AR 参数估计器近似为最大似然估计，因此具有渐近最佳性。然而，谱估计器不具备最佳性，除非 $x[n]$就是 p 阶 AR 过程。AR(p)过程的 AR 参数近似克拉美-罗下界，参见[Kay 1988, pg. 191]，这有时是有用的。

6. 举例

对于图 11.8 所示的同一例子，采用 Burg 方法实现谱估计的结果如图 11.9 所示，结果与协方差方法非常相似。此例中，Burg 方法的性能略微超过协方差方法［注意图 11.9(a)和图 11.8(a)的峰值］。

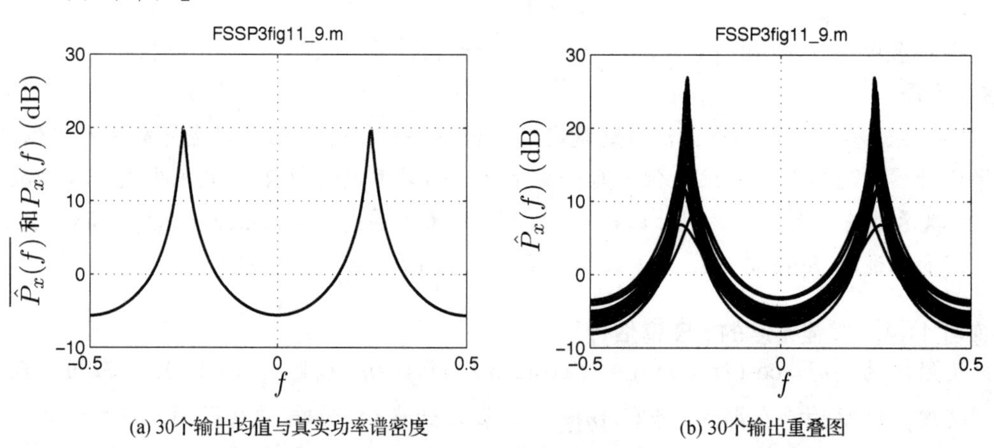

(a) 30个输出均值与真实功率谱密度　　(b) 30个输出重叠图

图 11.9　用 Burg 方法对纯 AR 随机过程的 AR 功率谱密度的估计，真实模型阶数 $p = 2$，仅有 $N = 50$ 个数据点。图 11.3 中的虚线为真实功率谱密度，由于其被均值覆盖而不能看到

7. 说明

此方法依赖于反射系数的知识，也成为部分相关系数，这不在我们的讨论范围内。更多细节可参考相关文献。

8. 注释

对于中等数据记录长度，结果同协方差方法非常相近。其优点是估计极点总是落在单位圆内，使得滤波器总是稳定的。这个性能也解释了为何协方差方法总是显示“非常尖锐”的峰值，如同图 11.8(b)和图 11.9(b)比较所示。由于协方差方法没有稳定极点的约束，即极点位于 z 平面单位圆内，估计极点有更多自由在单位圆附近“游动”，从而在功率谱密度估计中产生尖锐峰值。参见另一个示例练习 15.3，更多细节参见[Kay 1988, pp. 228-231]。■

练习 11.5　超过实际值的大模型阶数的影响

对于在算法 11.3 和算法 11.4 中的 AR 过程有 $a[1]=0$，$a[2]=0.9025$，$\sigma_u^2=1$，对用 `ARgendata.m` 生成的 30 个数据点运行 Burg 算法。运行 MATLAB 程序 `PSD_est_AR_Burg(x, p,plotit, Nf,plotdB)`，其中 `plotit=1`，`Nf=1024`，`plotdB=1`，应用 $p=2$，$p=6$，$p=10$。调用 `PSD_est_AR_Burg.m` 得到如图 11.9 所示相同的垂直坐标后，应用 MATLAB 命令 `axis([-0.5 0.5 -10 30])`。分析谱估计。•

11.3.1　AR 模型阶数的估计

从练习 11.5 可以观测到过于大的模型阶数会导致虚假谱峰，因此要完成基于模型的谱分析，必须有良好的模型阶数估计器。特别地，对于 AR 谱分析，可以采用指数嵌入集(EEF)方法的模型阶数估计(见 5.5 节)，它选择 AR 模型阶数 p 为 k 值使得下式最大，

$$\mathrm{EEF}(k)=\begin{cases}\xi_k-k\left[\ln\left(\dfrac{\xi_k}{k}\right)+1\right] & \dfrac{\xi_k}{k}\geqslant 1\\ 0 & \dfrac{\xi_k}{k}<1\end{cases}\qquad k=1,2,\cdots,p_{\max} \tag{11.9}$$

其中

$$\xi_k=(N-k)\ln\left(\frac{\mathbf{x}_k^{\mathrm{T}}\mathbf{x}_k}{\mathbf{x}_k^{\mathrm{T}}\mathbf{x}_k-\mathbf{x}_k^{\mathrm{T}}\mathbf{H}_k(\mathbf{H}_k^{\mathrm{T}}\mathbf{H}_k)^{-1}\mathbf{H}_k^{\mathrm{T}}\mathbf{x}_k}\right)$$

$\mathbf{x}_k=[x[k]x[k+1]\cdots x[N-1]]^{\mathrm{T}}$，$\mathbf{H}_k$ 是 $(N-k)\times k$ 矩阵，

$$\mathbf{H}_k=\begin{bmatrix}x[k-1] & x[k-2] & \cdots & x[0]\\ x[k] & x[k-1] & \cdots & x[1]\\ \vdots & \vdots & \vdots & \vdots\\ x[N-2] & x[N-3] & \cdots & x[N-1-k]\end{bmatrix}$$

举例来说，对于所有图使用的 $p=2$ 的 AR 随机过程，若应用 $N=50$ 和 $p_{\max}=10$，EEF 会得到正确阶数。随书光盘中的 MATLAB 程序 `AR_est_order.m` 为模型阶数估计算法的实现。

练习 11.6　短数据记录的模型阶数估计

对练习 11.5 的相同数据运行模型阶数估计算法，应用 $N=30$ 和 $p_{\max}=10$，会得到正确阶数吗？注意，建议设定最大模型阶数不超过 $N/3$。•

11.4 时变功率谱密度

在4.5节讨论了时变功率谱密度，由于功率谱密度需要平稳性假定，因此这时的功率谱密度理论上不存在。然而实际上，若随机过程的谱缓慢变化，此时定义其为$P_x(f,n)$是可能获得有用信息的。假定此时随n的变化速率与L相比是较慢的，其中$1/L$为期望精度。为最大化精度，可以对每一个短数据块周期图进行计算，这时可假定是局部平稳的。然后按时间对结果进行堆积。这就是动态频谱图，即一种非参量谱估计器。另外，基于模型的估计器可应用于每一个数据块，特别是当其精度的提高(若模型准确)可以允许短数据块时更具吸引力，因而能更好地跟上谱功率的变化。这在4.5节中应用AR谱估计器时已阐述。不同的修正包括块重叠在实际中经常应用。

参考文献

Bendat, J.S., A.G. Piersol, *Random Data: Analysis and Measurement Procedures*, J. Wiley, NY, 1971.

Birch, G.E., "Application of Prewhitening to AR Spectral Estimation of EEG", *IEEE Trans. on Biomedical Engineering*, Vol. 35, pp. 640-645, August 1988.

Carbone, C.P., S. Kay, "A Novel Normalization Algorithm Based on the Three-Dimensional Minimum Variance Spectral Estimation", *IEEE Trans. on Aerospace and Electronic Systems*, Vol. 48, pp. 430-448, Jan. 2012.

Harris, F.J., "On the Use of Windows for Harmonic Analysis with the Discrete Fourier Transform", *Proceedings of the IEEE*, Vol. 66, pp. 51-83, Jan. 1978.

Jenkins, G.M., D.G. Watts, *Spectral Analysis and Its Applications*, Holden-Day, San Francisco, 1968.

Johnson, D.H., D.E. Dudgeon, *Array Signal Processing*, Prentice-Hall, Englewood Cliffs, NJ, 1993.

Kay, S., *Modern Spectral Estimation: Theory and Application*, Prentice-Hall, Englewood Cliffs, NJ, 1988.

Kay, S., *Intuitive Probability and Random Processes Using MATLAB*, Springer, NY, 2006.

Kay, S., L. Pakula, "Convergence of the Multidimensional Minimum Variance Spectral Estimator for Continuous and Mixed Spectra", *IEEE Signal Processing Letters*, Vol. 17, pp. 28-31, Jan. 2010.

Oppenheim, A.W., R.W. Schafer, *Digital Signal Processing*, Prentice-Hall, Englewood Cliffs, NJ, 1975.

Priestley, M.B., *Spectral Analysis and Time Series*, Academic Press, NY, 1981.

Rabiner, L.R., R.W. Schafer, *Digital Processing of Speech Signals*, Prentice-Hall, Englewood Cliffs, NJ, 1978.

Welch, P.D., "The Use of the Fast Fourier Transform for Estimation of Power Spectra: A Method Based on Time Averaging over Short, Modified Periodograms", *IEEE Trans. on Audio and Electroacoustics*, Vol. AU15, pp. 70-73, June 1967.

附录11A 傅里叶谱分析及滤波

傅里叶谱分析是基于对数据滤波，在窄带范围内提取频率成分，确定频率成分的平均功率，然后除以滤波器带宽得到功率谱密度。举例来说，考虑通带中心频率为$f=f_0$、带宽很窄的滤波器，复数形式冲激响应为

$$h[n]=\begin{cases}\dfrac{1}{L}\exp(\mathrm{j}2\pi f_0 n) & n=0,1,\cdots,L-1\\ 0 & \text{其他}\end{cases}$$

当 $f_0=0.25$，$L=10$ 及 $L=20$ 时，定义为 $H(f)=\sum_{n=0}^{L-1}h[n]\exp(-\mathrm{j}2\pi fn)$ 的频率幅度响应如图 11A.1 所示，解析式为

$$|H(f)|=\left|\frac{\sin\pi(f-f_0)L}{L\sin\pi(f-f_0)}\right|$$

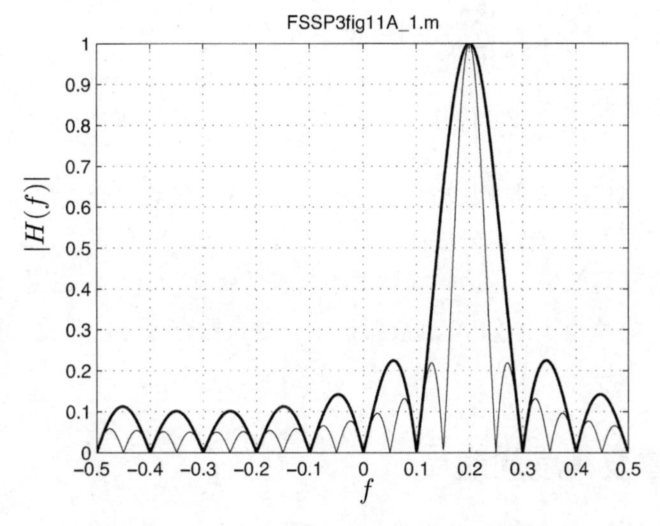

图 11A.1 中心频率 $f_0=0.2$ 的窄带滤波器的幅度响应，实线 $L=10$，细线 $L=20$

滤波器中心频率在 $f=f_0=0.2$，其 3 dB 带宽近似为 $1/L$（意味着 $|H(f_0+1/(2L))|=|H(f_0-1/(2L))|\approx 1/\sqrt{2}$）。因而滤波器可以将大于滤波器带宽的频率成分区分出来，即近似 $1/L$，这称为瑞利精度。在平均周期图中我们对各块计算傅里叶变换，将第 i 块表示为 $y_i[n]$，$n=0,1,\cdots,L-1$，特别地，考虑 $f=f_0$ 的功率谱估计，则 $f=f_0$ 处的第 i 块的傅里叶变换为

$$\begin{aligned}\sum_{k=0}^{L-1}y_i[k]\exp(-\mathrm{j}2\pi f_0 k)&=\sum_{k=0}^{L-1}y_i[k]\exp[\mathrm{j}2\pi f_0(n-k)]\Big|_{n=0}\\&=L\sum_{k=0}^{L-1}y_i[k]\frac{1}{L}\exp[\mathrm{j}2\pi f_0(n-k)]\Big|_{n=0}\\&=L\sum_{k=0}^{L-1}y_i[k]h[n-k]\Big|_{n=0}\\&=Lz_i(f_0)\end{aligned}$$

窄带滤波器在时刻 $n=0$ 的复数输出样值为

$$z_i(f_0)=\frac{1}{L}\sum_{k=0}^{L-1}y_i[k]\exp(-\mathrm{j}2\pi f_0 k) \tag{11A.1}$$

因此，中心频率为 $f=f_0$ 的窄带滤波器的输出为傅里叶变换乘以 $1/L$，而滤波器的窄度依赖于 L，因其带宽为 $1/L$。为估计功率谱密度，需要一组窄带滤波器或等效的，并在许多频率处而不仅仅在 $f=f_0$ 处计算傅里叶变换。功率谱密度估计为滤波器输出的平均功率，也就是 $|z_i(f_0)|^2$ 值除以窄带滤波器的带宽 $1/L$。实际上，可以证明对于大的 L 值，$E[|z_i(f_0)|^2/(1/L)]\approx P_x(f_0)$。因而，应用式(11A.1)，功率谱密度估计为

$$
\begin{aligned}
\hat{P}_x(f_0) &= \frac{1}{I}\sum_{i=1}^{I}\frac{|z_i(f_0)|^2}{1/L} = \frac{1}{I}\sum_{i=1}^{I}\frac{1}{1/L}\left|\frac{1}{L}\sum_{k=0}^{L-1}y_i[k]\exp(-\mathrm{j}2\pi f_0 k)\right|^2 \\
&= \frac{1}{I}\sum_{i=1}^{I}\frac{1}{L}\left|\sum_{k=0}^{L-1}y_i[k]\exp(-\mathrm{j}2\pi f_0 k)\right|^2 \\
&= \frac{1}{I}\sum_{i=1}^{I}\hat{P}_x^{(i)}(f_0)
\end{aligned}
$$

即为频率 f_0 的平均周期图。要特别注意以下问题，若没有将数据分成块，则仅有单一的滤波器输出可用，也就是只有 $z_1(f_0)$ 用来估计功率。因此，不管 N 有多大，若使用所有数据进行滤波，则周期图没有平均效果。因而，周期图不会收敛到 $P_x(f_0)$，这在图 6.10 中可以观察到。通过将数据分成块，每块小于原始 N 点数据记录，滤波器有更宽的带宽，如图 11A.1 所示。此时精度受损，但方差降低。

附录 11B　补零及精度问题

在傅里叶谱分析中，使用 FFT 计算傅里叶变换的一个困惑问题是补零的应用。由于计算机计算函数时只能提供有限数据点的函数值，为精确反映函数，提供足够多的数据值非常重要。有限长度序列 $s[n]$的离散时间傅里叶变换定义为

$$
S(f)=\sum_{n=0}^{N-1}s[n]\exp(-\mathrm{j}2\pi fn) \qquad -1/2\leqslant f\leqslant 1/2
$$

需要注意到其为频率的连续函数。我们无法计算在区间 $-1/2\leqslant f\leqslant 1/2$ 上所有频率点的值，而只能计算有限个频率点。例如在图 11B.1 及图 11B.2 中，显示了 $s[n]=\cos(2\pi(0.11)n)+0.5\cos(2\pi(0.13)n)$（$n=0,1,\cdots,N-1=15$）在频率点 $f_k=0,1/N_{fft},\cdots,(N_{fft}-1)/N_{fft}$ 的 $|S(f)|$，其中 $N_{fft}=16$，$N_{fft}=32$，$N_{fft}=64$ 及 $N_{fft}=128$。当然，这些频率点位于[0,1]之间，因此如果希望计算通常的间隔 $[-1/2,1/2]$，则需要对上频率点“掉头”。由于离散傅里叶变换的周期性，这是可以实现的(见 MATLAB 命令 `fftshift`)。可见由于频率间隔为 0.02，两个正弦波是不可分的，这需要至少 $1/0.02=50$ 个数据点。增加 FFT 的大小只能得到真实 $|S(f)|$ 的更好的刻画，而不是增加谱精度。“补零”方法除了在数据后加零外并无其他效果。因此当增大的数据集输入 FFT 算法时，算法的输出会得到更多的频率点。通常，为了得到最大的计算速度，设定 $N_{fft}=2^{\nu}$，ν为整数。

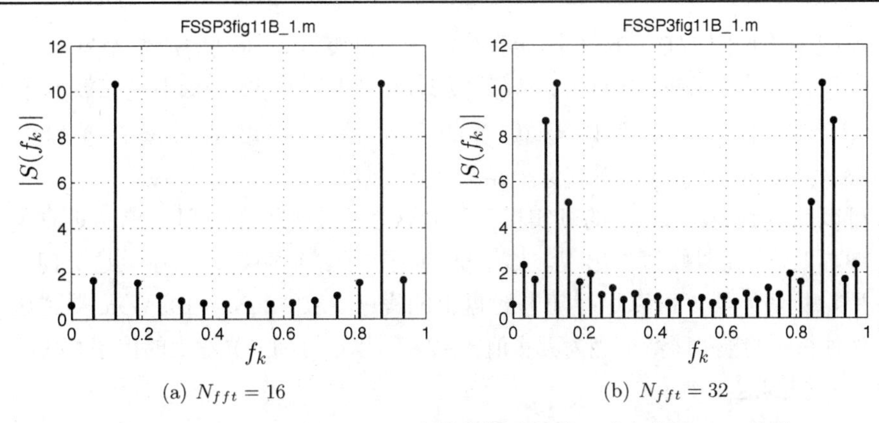

(a) $N_{fft}=16$ (b) $N_{fft}=32$

图 11B.1 $N_{fft}=16$ 和 $N_{fft}=32$ 点的离散时间傅里叶变换的 FFT 结果

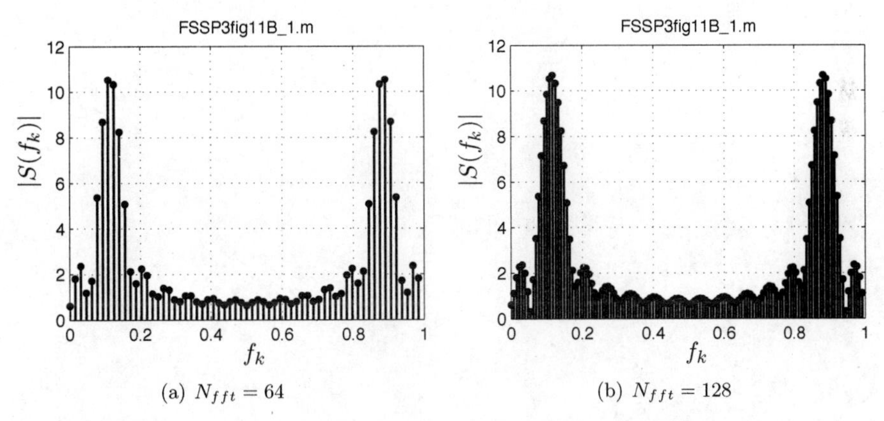

(a) $N_{fft}=64$ (b) $N_{fft}=128$

图 11B.2 $N_{fft}=64$ 和 $N_{fft}=128$ 点的离散时间傅里叶变换的 FFT 结果

附录 11C 练习解答

为获得下述结论，需在所有代码前将随机数发生器用 `rand('state',0)` 及 `randn('state',0)` 初始化，这些指令分别应用于均匀及高斯随机数发生器。

11.1 应该观察不到波纹。但是，由于数据加窗的原因，主峰宽度会增加。可以运行随书光盘上的程序 FSSP3exer11_1.m 得到这个结果。

11.2 对于最小的 L 值，可以观察到平滑的谱估计，其主瓣很宽。当 L 增大时，主瓣宽度逐渐接近真值，但变化(会有小摆动)增加。对于特定的功率谱密度 $L=100$，足够获得很好的精度，这表明主瓣 3 dB 带宽近似为 $1/L=0.01$ 周期/样本。可以运行随书光盘上的程序 FSSP3exer11_2.m 得到这个结果。

11.3 MVSE 应用已知 50×50 维的自相关矩阵，得到非常接近真值的功率谱密度。仅在峰值处的值会小很多。将结果与图 11.3(a)和图 11.4(a)进行比较，可见有些过度乐观了。然而，这会在我们对功率谱密度的形式有所了解时，指导我们选择合适的阶数。可以运行随书光盘上的程序 FSSP3exer11_3.m 得到这个结果。

11.4 应用给定参数，可以很好地解决两个正弦波的情况。相比应用两个峰值混在一起而在图中［见图 11B.2(b)］不能区分的傅里叶变换，通过增加方差为$\sigma^2 = 0.0001$的高斯白噪声［$\mathrm{SNR} = 10\log_{10}((1/2)^2/2)/0.0001 = 31\,\mathrm{dB}$的低电平弦波］，精度显著下降而不能区分，原因是模型的不准确。可以运行随书光盘上的程序 `FSSP3exer11_4.m` 得到这个结果。

11.5 可以观察到对于$p = 2$的真实模型阶数，功率谱密度的估计非常接近真值。当阶数增加时，“疑似峰值”出现，谱估计便无效了。很明显，为避免这类问题，需要模型阶数估计器。可以运行随书光盘上的程序 `FSSP3exer11_5.m` 得到这个结果。

11.6 估计得到的模型阶数应当为真实值$p = 2$。可以运行随书光盘上的程序 `FSSP3exer11_6.m` 得到这个结果。

第三部分　实 例 扩 展

第 12 章　复数据扩展

12.1　引言

在前面的统计信号处理的讨论中，都假定数据是由 N 个实数数据样本组成的单一记录。数据通常假定为实模拟时域波形的采样结果，并且在时间上等间隔。本章的目的是处理复数据，主要应用在雷达、声呐及通信领域。当对处理给定频带信号且其中心频率相对信号带宽在高频处时，复数据自然呈现，这称为带通信号，其连续时间傅里叶变换集中在中心频率附近。此类信号的傅里叶变换的例子如图 12.1 所示，注意到频率是模拟频率，用 Hz(周期/秒)表示。我们使用符号 F 表示模拟频率，区别于用周期/样本表示的数字频率 f。

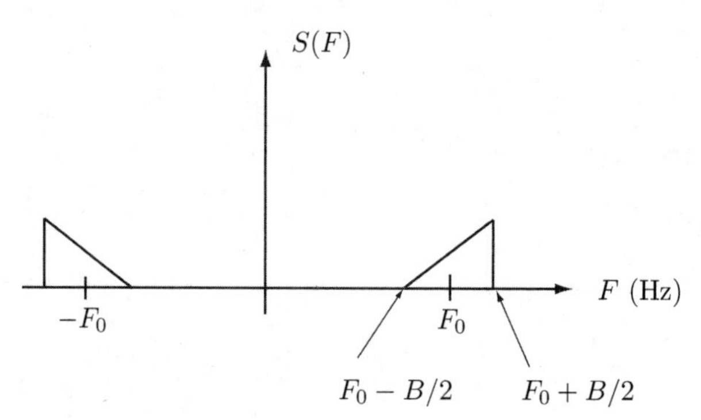

图 12.1　实带通信号 $s(t)$ 的傅里叶变换

从硬件角度来看，将信号变换到傅里叶变换中心频率为 $F=0$ 的基带会更经济。因此，可以对最高频率比较低的低通信号进行奈奎斯特采样，其解调过程可由图 12.2 的操作完成。低通模拟信号 $s_R(t)$ 和 $s_I(t)$ 由奈奎斯特速率采样，每秒 $F_s=1/B$ 个样本。注意，两个解调通道是必需的，即信号同时由余弦振荡器和正弦振荡器解调。否则，低通信号不会保留带通信号的所有信息。例如，考虑带通信号

$$s(t)=\cos(2\pi F_2 t)-\cos(2\pi F_1 t) \tag{12.1}$$

其中 $F_1<F_2$。中心频率可以认为是频率的中点 $F_0=(F_1+F_2)/2$，图 12.3 给出了描述。1000 Hz 的中心频率表明正弦波频率每 0.01 秒有 10 个周期(对于每 0.001 秒为一个基本周期)。“包络”即频率为 $F_2-F_0=10$ Hz 的弦波，利用公式 $\exp(\mathrm{j}\theta)=\cos\theta+\mathrm{j}\sin\theta$，信号可写为

$$s(t)=\cos(2\pi(1010)t)-\cos(2\pi(990)t)=2\,\mathrm{Re}[\mathrm{j}\sin(2\pi(10)t)\exp(\mathrm{j}2\pi(1000)t)]$$

其中 Re 表示实部。图 12.3 中的实线为 $2\sin(2\pi(10)t)$，显然就是带通信号的包络。就是这个低通信号(即包络)保持了带通信号的信息。

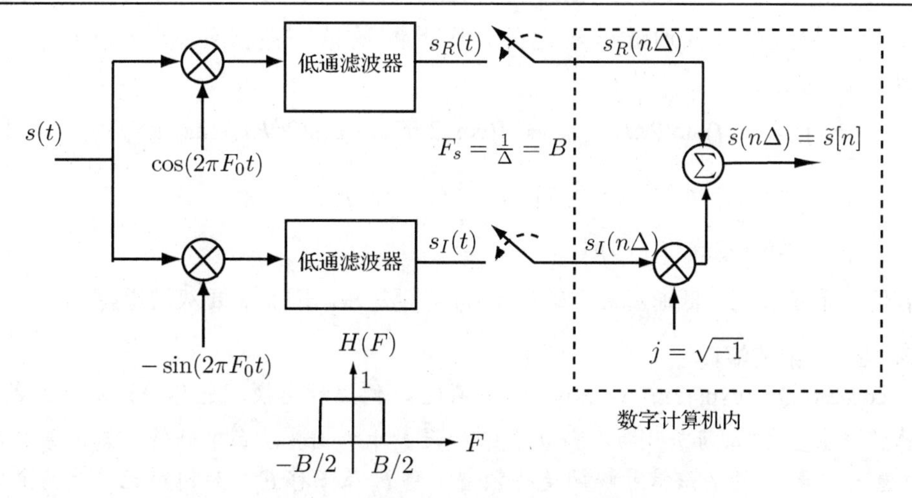

图 12.2　实带通信号到基带信号的解调

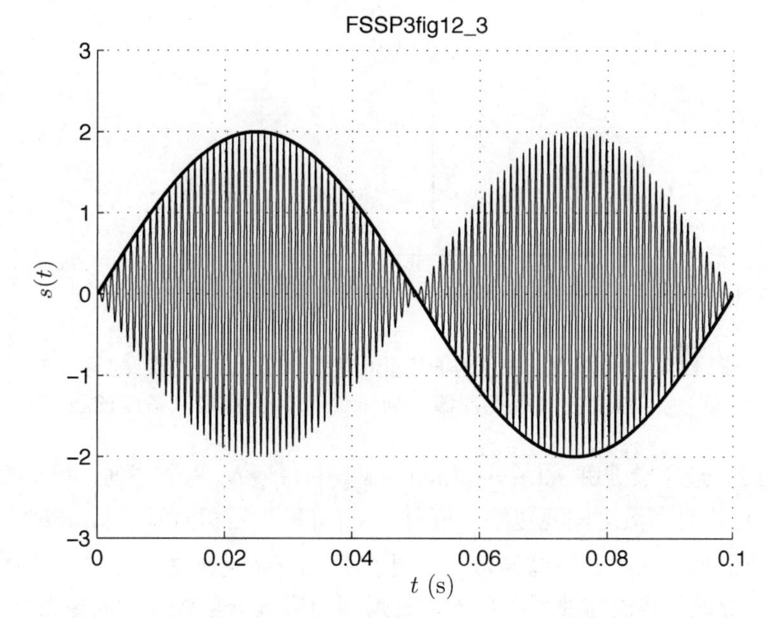

图 12.3　中心频率为 $F_0 = 1000$ Hz 的带通信号，$F_1 = 990$ Hz 和 $F_2 = 1010$ Hz

练习 12.1　计算复包络

实带通信号 $s(t)$ 的模拟复包络 $\tilde{s}(t)$ 定义如下，

$$s(t) = 2\,\mathrm{Re}[\tilde{s}(t)\exp(\mathrm{j}2\pi F_0 t)]$$

计算式(12.1)给出的带通信号的复包络。 •

对于式(12.1)给出的带通信号，我们计算图 12.2 的低通滤波器的输出。乘以 $\cos(2\pi F_0 t)$ 及 $-\sin(2\pi F_0 t)$ 后，根据 $\cos(A)\cos(B) = (\cos(A+B) + \cos(A-B))/2$，低通滤波器输出

$$\begin{aligned} s_R(t) &= [s(t)\cos(2\pi F_0 t)]_{LPF} = [(\cos(2\pi F_2 t) - \cos(2\pi F_1 t))\cos(2\pi F_0 t)]_{LPF} \\ &= \frac{1}{2}[\cos[2\pi(F_2 - F_0)t] - \cos[2\pi(F_1 - F_0)t]] = 0 \end{aligned}$$

其中频率和部分在低通滤波器之外，因此被滤掉。根据 $\sin(A)\cos(B)=(\sin(A+B)+\sin(A-B))/2$，有

$$
\begin{aligned}
s_I(t) &= -[s(t)\sin(2\pi F_0 t)]_{LPF} = -[(\cos(2\pi F_2 t)-\cos(2\pi F_1 t))\sin(2\pi F_0 t)]_{LPF} \\
&= -\frac{1}{2}[\sin[2\pi(F_0-F_2)t]-\sin[2\pi(F_0-F_1)t]] \\
&= \sin[2\pi(F_2-F_0)t]
\end{aligned}
$$

注意，若仅有余弦解调，低通滤波器输出 $s_R(t)$ 将会是零，因而需要双通道解调。

练习 12.2　余弦解调

由于 $\cos(2\pi Ft)=(\exp(\mathrm{j}2\pi Ft)+\exp(-\mathrm{j}2\pi Ft))/2$，傅里叶变换，也称为谱，即由式(12.1)给出的 $s(t)$ 的谱如图 12.4 所示。每个箭头表示狄拉克冲激函数，向下的箭头表示复正弦波的负幅度。注意用频率 F_0 的余弦信号解调是将频谱上移 F_0 及下移 F_0，为何对此信号的余弦解调的输出为零？提示：不要忘记移动频谱后，信号经过低通滤波。

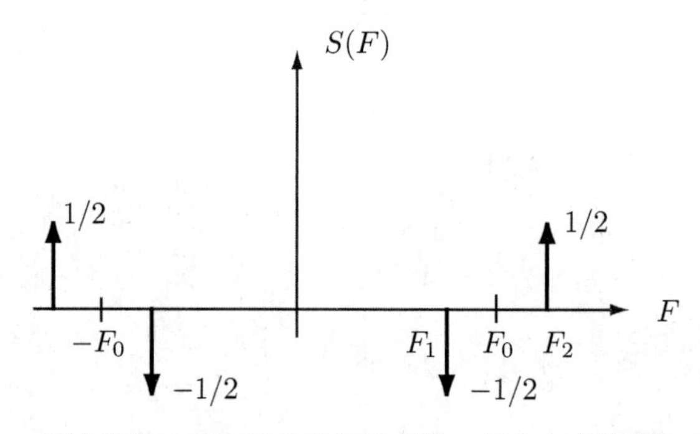

图 12.4　两个实数正弦信号的傅里叶变换。每个向上的箭头表示 1/2 强度的狄拉克冲激，向下的箭头表示复值幅度的正弦

参阅图 12.2，通常会合并 $s_R[n]=s_R(n\Delta)$ 及 $s_I[n]=s_I(n\Delta)$ 两个序列，得到复值序列 $\tilde{s}[n]=s_R[n]+\mathrm{j}s_I[n]$，这称为离散时间复包络。同时，$s_R[n]$ 称为同相分量，$s_I[n]$ 称为正交分量，这是参考解调正弦信号为余弦和正弦函数。正是合并两个通道数据为复信号的过程，导致必须要分析复数据，否则，我们需要考虑每一时刻瞬间由实数分量组成的向量数据 $[s_R[n]s_I[n]]^{\mathrm{T}}$。复数据表示的使用，证明在类似于电路中的向量及替代实数的复傅里叶级数的应用中带来方便。最终，在处理复数据后，最终的结果是实的，例如幅度或角度的实值部分。

本章我们考虑表示为 $\tilde{x}[n]$（$n=0,1,\cdots,N-1$）的复数据。为避免混淆，采用上波浪来表示复数特性。同时，观测数据集为 N 个由实部和虚部组成的复样本，等价为 $2N$ 个实数据样本。

⚠　注意定义

经常用傅里叶变换来处理复值信号和噪声。工程上定义连续时间信号的傅里叶变换为 $S(F)=\int_{-\infty}^{\infty}s(t)\exp(-\mathrm{j}2\pi Ft)\mathrm{d}t$，指数定义中采用−j。当然，对于傅里叶逆变换则应用+j。而在一些领域则正好相反，傅里叶变换应用+j，如果不注意，则会导致错误结果及造成混乱。同样，对于复包络的定义也类似。⚠

下一节总结了实信号和复信号的重要区别。同时，由于分析的复信号是通过解调获得的，

因而成为复数，实噪声到复噪声也是同样过程。12.3 节将总结实噪声和复噪声的主要区别。在此基础上就能对某些检测、估计和谱估计算法进行扩展。

12.2　复信号

复包络信号在练习 12.1 中给出了定义，对其时域采样得到复数据。有一些关键的细节应当重视。

1. 由于实带通信号下移到 $F = 0$，因此复包络傅里叶变换的幅度不再需要关于 $F = 0$ 对称，傅里叶变换的相位也不需要反对称。将图 12.1 的谱向左移 F_0 并通过低通后，就很容易看出来。因而，谱的图形必须在完整区间 $-1/2 \leqslant f \leqslant 1/2$ 上绘制，其中 $f = F/F_s$ 为离散时间频率。下一节描述的复噪声功率谱密度也一样。
2. 复信号平均功率定义如下，

$$P_{\tilde{s}} = \frac{1}{N}\sum_{n=0}^{N-1}\left|\tilde{s}[n]\right|^2 \tag{12.2}$$

例如，给定复正弦信号 $\tilde{s}[n] = \tilde{A}\exp(\mathrm{j}2\pi f_0 n)$，则平均功率为 $|\tilde{A}|^2$。这与实正弦信号功率的 $A^2/2$ 不同。这个因子 2 将会带来一些问题。
3. 通常，实信号不会由设定虚部为零来恢复。信号的实部和虚部都承载了重要的信息。

12.3　复噪声

图 12.3 所示的模拟带通信号 $s(t)$ 经常被噪声 $w(t)$ 污染。因而在解调器输入端，更实际的模型是 $x(t) = s(t) + w(t)$。这导致在数字计算机中复数据为 $\tilde{x}[n] = \tilde{s}[n] + \tilde{w}[n]$。下面分析复噪声采样 $\tilde{w}[n] = u[n] + \mathrm{j}v[n]$ 的模型及其性质，其中 $u[n]$ 及 $v[n]$ 分别为实部和虚部。为此首先分析复随机变量，然后扩展到复随机向量相关的过程。大部分复噪声的扩展是直观的，但如果不仔细，也有一些容易出错的地方。

12.3.1　复随机变量

定义复随机变量 $\tilde{X} = U + \mathrm{j}V$，其中 U 和 V 为实随机变量且相互独立，我们用大写表示随机变量，后面在不引起混淆时会用到小写。均值或期望定义为复数 $E[\tilde{X}] = E[U] + \mathrm{j}E[V]$，可以将实随机变量的计算公式分别应用到 $\tilde{X}$ 的实部和虚部。二阶矩定义为复数 $E[|\tilde{X}|^2] = E[U^2] + E[V^2]$，其中 $|\tilde{X}|$ 为 $\tilde{X}$ 的幅度，这个定义为 $\tilde{X}$ 的平均功率，类似于复信号的平均功率的式(12.2)。$\tilde{X}$ 的方差定义为

$$\mathrm{var}(\tilde{X}) = E[|\tilde{X} - E[\tilde{X}]|^2] \tag{12.3}$$

等价为

$$\mathrm{var}(\tilde{X}) = E[|\tilde{X}|^2] - |E[\tilde{X}]|^2 \tag{12.4}$$

类似于实随机变量的情形，可从 $\tilde{X}$ 的实部和虚部的期望值表达式得到证明。

练习 12.3　复随机变量分析

将式(12.3)代入 U 和 V 的方差表达式并转换到 $|\tilde{X}|^2$ 和 $\tilde{X}$ 的期望值，推导式(12.4)给定的复随机变量方差的等效表达式。将复随机变量表示为实随机变量在代数上是更常见的方式，这会减少误差或在复共轭时放错位置的可能，而这在处理复随机向量时会相当麻烦。 •

通常假定 $\tilde{X}$ 的实部和虚部为高斯概率密度分布，且 U 和 V 的概率密度函数相同(注意 U 和 V 是独立的)。因此，实随机变量 U 和 V 的概率密度函数实际为二维概率密度函数，即

$$\begin{aligned} p_{U,V}(u,v) = & \frac{1}{\sqrt{2\pi(\sigma^2/2)}}\exp\left[-\frac{1}{2(\sigma^2/2)}(u-\mu_u)^2\right] \\ & \cdot\frac{1}{\sqrt{2\pi(\sigma^2/2)}}\exp\left[-\frac{1}{2(\sigma^2/2)}(v-\mu_v)^2\right] \end{aligned} \tag{12.5}$$

其中假定 U 和 V 的方差均为 $\sigma^2/2$。此方差假定的原因是 $\tilde{X}$ 的方差会是 σ^2，与实高斯随机变量的符号一致。注意式(12.5)的联合概率密度函数可写成复数形式为

$$p_{\tilde{X}}(\tilde{x}) = \frac{1}{\pi\sigma^2}\exp\left[-\frac{1}{\sigma^2}|\tilde{x}-\tilde{\mu}|^2\right] \tag{12.6}$$

其中 $\tilde{x}=u+\mathrm{j}v$，$\tilde{\mu}=\mu_u+\mathrm{j}\mu_v$。这是复均值为 $\tilde{\mu}$、方差为 σ^2 的复高斯随机变量的复高斯概率密度函数，可用简化符号 $\mathcal{CN}(\tilde{\mu},\sigma^2)$ 表示。注意，$p_{\tilde{X}}(\tilde{x})$ 依然为两个实随机变量的二维概率密度函数，保留了所有常规性质。在计算机模拟中，可以通过下述语句得到复高斯随机变量 $\tilde{X}$，

```
u=sqrt(sig2/2)*randn(1,1)+mu_u;
v=sqrt(sig2/2)*randn(1,1)+mu_v;
x=u+j*v;
```

其中 j 为 $\sqrt{-1}$。

12.3.2　复随机向量

考虑 2×1 复随机向量 $[\tilde{X}\tilde{Y}]^{\mathrm{T}}$，复随机变量之间的协方差定义为

$$\operatorname{cov}(\tilde{X},\tilde{Y}) = E_{\tilde{X},\tilde{Y}}[(\tilde{X}-E[\tilde{X}])^*(\tilde{Y}-E[\tilde{Y}])]$$

最左边的期望值下标提醒我们，期望值是取自两个复随机变量或四个实随机变量的。要特别注意第一个随机变量的复卷积位置。这并没有统一约定，有些作者将它放在第二个随机变量上，但不一致则会引起错误，我们选择与[Kay 1993, 1998]一致。协方差也是复数，但 $\operatorname{cov}(\tilde{X},\tilde{X})=\operatorname{var}(\tilde{X})$ 为实数的，同时有 $\operatorname{cov}(\tilde{Y},\tilde{X})=\cos^*(\tilde{X},\tilde{Y})$。这个性质导致复协方差矩阵为埃尔米特的，即矩阵的共轭转置即为矩阵本身(性质的扩展即实随机向量的协方差矩阵是对称的)。共轭转置表示为 H，即有 $\mathbf{C}^{\mathrm{H}}=\mathbf{C}$。协方差矩阵的定义类似于实数情形(见 6.4.5 节)。令 $\tilde{\mathbf{Z}}=[\tilde{X}\tilde{Y}]^{\mathrm{T}}$，有

$$\begin{aligned} \mathbf{C}_{\tilde{z}} &= E[(\tilde{\mathbf{Z}}-E[\tilde{\mathbf{Z}}])(\tilde{\mathbf{Z}}-E[\tilde{\mathbf{Z}}])^H] \\ &= E\left\{\begin{bmatrix}\tilde{X}-E[\tilde{X}] \\ \tilde{Y}-E[\tilde{Y}]\end{bmatrix}[(\tilde{X}-E[\tilde{X}])^*(\tilde{Y}-E[\tilde{Y}])^*]\right\} \\ &= \begin{bmatrix}\operatorname{var}(\tilde{X}) & \operatorname{cov}(\tilde{X},\tilde{Y}) \\ \operatorname{cov}(\tilde{Y},\tilde{X}) & \operatorname{var}(\tilde{Y})\end{bmatrix}^* \end{aligned}$$

显然令 $\mathbf{Z}$ 为 $L\times1$ 随机向量，即可扩展到 L 复随机变量的情形。令 $L\times1$ 复随机向量表示为

$\tilde{\mathbf{X}}=[\tilde{X}_1\tilde{X}_2\cdots\tilde{X}_L]^{\mathrm{T}}$，则类似于实高斯随机向量的概率密度函数(见 6.4.5 节)。复高斯随机向量的概率密度函数定义为

$$p_{\tilde{\mathbf{X}}}(\tilde{\mathbf{x}})=\frac{1}{\pi^L\det(\mathbf{C}_{\tilde{x}})}\exp[-(\tilde{\mathbf{x}}-\tilde{\boldsymbol{\mu}})^H\mathbf{C}_{\tilde{x}}^{-1}(\tilde{\mathbf{x}}-\tilde{\boldsymbol{\mu}})] \tag{12.7}$$

当 $L=1$ 时即为式(12.6)。由于复矩阵 $\tilde{\mathbf{A}}$ 为埃尔米特的，则 $\tilde{\mathbf{x}}^H\tilde{\mathbf{A}}\tilde{\mathbf{x}}$ 为实埃尔米特的，因此指数是实数。另外，由于协方差矩阵假定是正定的，因此它的逆也是正定的，式(12.7)的埃尔米特形式也是正定的。更进一步的复高斯随机向量协方差矩阵的必要约束参见[Kay 1993]。

12.3.3　复随机过程

对于大多数实际算法推导及其计算机模拟，通常假定随机变量为高斯的，我们也将如此假定。另外，我们的讨论包括噪声模型，所有复随机变量均假定为零均值。将随机过程表示为 $\tilde{x}[n]$，$-\infty<n<\infty$，回归到小写形式。在复数情形下，并且噪声假定是平稳，可以定义自相关序列(ACS)和功率谱密度(PSD)，ACS 定义为

$$r_{\tilde{x}}[k]=E[\tilde{x}^*[n]\tilde{x}[n+k]]$$

其中应再次注意复共轭的替换。PSD 对应如下 ACS 的傅里叶变换，

$$P_{\tilde{x}}(f)=\sum_{k=-\infty}^{\infty}r_{\tilde{x}}[k]\exp(-\mathrm{j}2\pi fk) \qquad -1/2\leqslant f\leqslant 1/2$$

由于复 ACS 不再是对称的但具有埃尔米特性质 $r_{\tilde{x}}[-k]=r_{\tilde{x}}^*[k]$，因此 PSD 也不再关于 $f=0$ 对称，当然它需要是实的。

两个复高斯噪声的常规模型是复高斯白噪声(CWGN)和复高斯有色噪声，前者有平的 PSD，后者 PSD 可以是任意形状。复高斯白噪声定义为

$$\tilde{x}[n]=u[n]+\mathrm{j}v[n]$$

其中 $u[n]$ 和 $v[n]$ 均为实高斯白噪声过程，彼此独立，方差均为 $\sigma^2/2$。由于 $E[u^2[n]]=E[v^2[n]]=\sigma^2/2$，总平均功率 $E[|\tilde{x}[n]|^2]$ 为 σ^2。MATLAB 程序 `cwgn.m` 可以用于生成 CWGN。

练习 12.4　估计 ACS

由于 CWGN 的 PSD 为 $P_{\tilde{x}}(f)=\sigma^2$，由傅里叶逆变换得到的 ACS 为 $r_{\tilde{x}}[k]=\sigma^2$ ($k=0$)，$r_{\tilde{x}}[k]=0$ ($k\neq 0$)，这就是“冲激”序列。生成 $\tilde{x}[n]$ ($n=0,1,\cdots,N-1$)的实现，其中 $N=1000$，$\sigma^2=1$，然后用估计器(见 6.4.4 节的实随机过程 ACS 估计器)估计 ACS，

$$\hat{r}_{\tilde{x}}[k]=\frac{1}{N}\sum_{n=0}^{N-1-k}\tilde{x}^*[n]\tilde{x}[n+k]$$

其中 $k=0,1,\cdots,9$。估计是否近似冲激？$\hat{r}_{\tilde{x}}[0]$ 的估计值与理论值 $\sigma^2=1$ 是否相近？ •

复高斯有色噪声 $\tilde{x}[n]$ 的一个灵活的模型是自回归(AR)模型，类似于在 4.4 节描述的实高斯有色噪声模型。最简单的情形是 $p=1$，定义为

$$\tilde{x}[n]=-a[1]\tilde{x}[n-1]+\tilde{u}[n]$$

其中 AR 滤波器参数 $a[1]$可以为复数，激励噪声 $\tilde{u}[n]$ 是方差为 $\sigma_{\tilde{u}}^2$ 的 CWGN，则 ACS 和 PSD 分别为

$$r_{\tilde{x}}[k]=\begin{cases}\dfrac{\sigma_{\tilde{u}}^2}{1-|a[1]|^2}(-a[1])^k & k\geqslant 0\\ r_{\tilde{x}}^*[-k] & k<0\end{cases}\tag{12.8}$$

$$P_{\tilde{x}}(f)=\frac{\sigma_{\tilde{u}}^2}{|1+a[1]\exp(-\mathrm{j}2\pi f)|^2}\tag{12.9}$$

练习 12.5　PSD 的非对称性

当 $a[1]=-r\exp(\mathrm{j}2\pi f_0)$ 并假定 $\sigma_{\tilde{u}}^2=1$ 时，绘出 $f_0=0.2$，$r=0.8$ 以及 $f_0=-0.2$，$r=0.8$ 的 AR 模型 PSD。确保在频率间隔 $-1/2\leqslant f\leqslant 1/2$ 上绘制。提示: 需要用到计算机。 •

$p=1$ 时的复 AR 模型很容易扩展到更一般的情形，有任意多的复滤波器参数的 AR 模型。注意，对于实 AR 模型需要 $p=2$ 来表示带通响应，而复 AR 模型仅需要 $p=1$。这是由于复 AR 滤波器参数中 AR 过程的极点无须存在复共轭对。MATLAB 程序 `ARgendata_complex.m` 可以用来生成 AR 的实现。

练习 12.6　计算信噪比(SNR)

考虑噪声污染的复正弦信号 $\tilde{x}[n]=\tilde{A}\exp(\mathrm{j}2\pi(0.1)n)+\tilde{w}[n]$，其中 $\tilde{w}[n]$ 为阶数 $p=1$ 的复 AR 过程的实现。SNR 定义为

$$\mathrm{SNR}=10\log_{10}\frac{|\tilde{A}|^2}{r_{\tilde{w}}[0]}\quad \mathrm{dB}$$

当 $\tilde{A}=2\exp(\mathrm{j}\pi/8)$，$a[1]=-0.9\exp(\mathrm{j}2\pi(0.3))$，$\sigma_{\tilde{u}}^2=1$ 时计算 SNR。然后，生成 $N=1000$ 时的 $\tilde{s}=\tilde{A}\exp(\mathrm{j}2\pi(0.1)n)$ 及 $\tilde{w}[n]$ 的实现，后者应用 MATLAB 程序 `ARgendata_complex.m`。最后，根据生成数据，利用 $(1/N)\sum_{n=0}^{N-1}|\tilde{s}[n]|^2$ 计算信号平均功率，利用 $(1/N)\sum_{n=0}^{N-1}|\tilde{w}[n]|^2$ 计算噪声平均功率。估计得到的 SNR 是多少？与理论值相比如何？ •

实数据模型及复数据模型的区别总结在表 12.1 中。

表 12.1　实数及复数随机变量/向量/过程定义的总结

概念	实数——符号及定义	复数——符号及定义
随机变量	X	$\tilde{X}=U+\mathrm{j}V$ (U 和 V 独立)
均值	$E[X]=\int xp_X(x)\mathrm{d}x$	$E[\tilde{X}]=\int up_U(u)\mathrm{d}u+\mathrm{j}\int vp_V(v)\mathrm{d}v$
方差	$\mathrm{var}(X)=E[(X-E[X])^2]$ $=\int(x-E[X])^2p_X(x)\mathrm{d}x$	$\mathrm{var}(\tilde{X})=E[\lvert\tilde{X}-E[\tilde{X}]\rvert^2]$ $=\int\lvert\tilde{x}-E[\tilde{X}]\rvert^2p_{U,V}(u,v)\mathrm{d}u\mathrm{d}v$
标量高斯 PDF	$p_X(x)=\frac{1}{\sqrt{2\pi\sigma^2}}\exp\left[-\frac{1}{2\sigma^2}(x-\mu)^2\right]$	$p_{\tilde{X}}(\tilde{x})=\frac{1}{\pi\sigma^2}\exp\left[-\frac{1}{\sigma^2}\lvert\tilde{x}-\tilde{\mu}\rvert^2\right]$
协方差	$\mathrm{cov}(X,Y)=E[(X-E[X])(Y-E[Y])]$	$\mathrm{cov}(X,Y)=E[(\tilde{X}-E[\tilde{X}])^*(\tilde{Y}-E[\tilde{Y}])]$
随机向量	$\mathbf{X}=[X_1X_2\cdots X_L]^{\mathrm{T}}$	$\tilde{\mathbf{X}}=[\tilde{X}_1\tilde{X}_2\cdots\tilde{X}_L]^{\mathrm{T}}$
均值向量	$E[\mathbf{X}]=[E[X_1]E[X_2]\cdots E[X_L]]^{\mathrm{T}}$	$E[\tilde{\mathbf{X}}]=[E[\tilde{X}_1]E[\tilde{X}_2\cdots E[\tilde{X}_L]]^{\mathrm{T}}$
协方差矩阵	$\mathbf{C}_x=E[(\mathbf{X}-E[\mathbf{X}])(\mathbf{X}-E[\mathbf{X}])^{\mathrm{T}}]$ $(\mathbf{C}_x^{\mathrm{T}}=\mathbf{C}_x)$	$\mathbf{C}_{\tilde{x}}=E[(\mathbf{X}-E[\mathbf{X}])(\mathbf{X}-E[\mathbf{X}])^{\mathrm{H}}]$ $(\mathbf{C}_{\tilde{x}}^{\mathrm{H}}=\mathbf{C}_{\tilde{x}})$

续表

概念	实数——符号及定义	复数——符号及定义
多元高斯 PDF	$p_{\mathbf{X}}(\mathbf{x})=\frac{1}{(2\pi)^{L/2}\det^{1/2}(\mathbf{C}_x)}\cdot\exp\left[-\frac{1}{2}(\mathbf{x}-\boldsymbol{\mu})^{\mathrm{T}}\mathbf{C}_x^{-1}(\mathbf{x}-\boldsymbol{\mu})\right]$	$p_{\tilde{\mathbf{X}}}(\tilde{\mathbf{x}})=\frac{1}{\pi^L\det(\mathbf{C}_{\tilde{x}})}\cdot\exp[-(\tilde{\mathbf{x}}-\tilde{\boldsymbol{\mu}})^H\mathbf{C}_{\tilde{x}}^{-1}(\tilde{\mathbf{x}}-\tilde{\boldsymbol{\mu}})]$
自相关	$r_x[k]=E[x[n]x[n+k]]$	$r_{\tilde{x}}[k]=E[x^*[n]x[n+k]]$
功率谱密度	$P_x(f)=\sum_{k=-\infty}^{\infty}r_x[k]\exp(-\mathrm{j}2\pi fk)$ $(P_x(-f)=P_x(f))$	$P_{\tilde{x}}(f)=\sum_{k=-\infty}^{\infty}r_{\tilde{x}}[k]\exp(-\mathrm{j}2\pi fk)$
高斯白噪声	$w[n]$	$\tilde{w}[n]=u[n]+\mathrm{j}v[n]$（$u[n]$和 $v[n]$均为实 WGN 过程且相互独立）
自回归过程	$x[n]=-\sum_{k=1}^{p}a[k]x[n-k]+u[n]$（$u[n]$为 WGN）	$\tilde{x}[n]=-\sum_{k=1}^{p}a[k]\tilde{x}[n-k]+\tilde{u}[n]$（$a[k]$为复数，$\tilde{u}[n]$ 为 CWGN）

12.4　复最小均方及线性模型

3.5 节仔细讨论了实信号模型，并定义与说明了最小均方及线性模型的概念。回顾对于简洁表示为向量 $\mathbf{s}$ 的 $N\times1$ 实信号，其线性信号模型表示为 $\mathbf{s}=\mathbf{H}\boldsymbol{\theta}$，其中 $\mathbf{H}$ 为实的 $N\times p$ 维矩阵，$\boldsymbol{\theta}$ 为实的 $p\times1$ 维参数向量。典型情况下，参数是未知的并希望估计它们，最小均方估计器为 $\hat{\boldsymbol{\theta}}=(\mathbf{H}^{\mathrm{T}}\mathbf{H})^{-1}\mathbf{H}^{\mathrm{T}}\mathbf{x}$，是通过对 $\boldsymbol{\theta}$ 最小化下述最小均方误差准则得到的，

$$J(\boldsymbol{\theta})=(\mathbf{x}-\mathbf{H}\boldsymbol{\theta})^{\mathrm{T}}(\mathbf{x}-\mathbf{H}\boldsymbol{\theta})$$

$J(\boldsymbol{\theta})$ 的最小值为

$$J(\hat{\boldsymbol{\theta}})=\mathbf{x}^{\mathrm{T}}\mathbf{x}-\mathbf{x}^{\mathrm{T}}\mathbf{H}(\mathbf{H}^{\mathrm{T}}\mathbf{H})^{-1}\mathbf{H}^{\mathrm{T}}\mathbf{x}$$

当实数据 $\mathbf{x}$ 假定由高斯白噪声 $\mathbf{w}$ 中的线性信号模型 $\mathbf{s}$ 组成时，则实线性数据模型为

$$\mathbf{x}=\mathbf{H}\boldsymbol{\theta}+\mathbf{w}$$

$\boldsymbol{\theta}$ 的最小均方估计器变成优化估计器。最终，我们得出如果 $\mathbf{H}$ 也包含未知参数 $\boldsymbol{\beta}$，那么这些额外参数的最大似然估计（MLE）可通过最大化（见 5.4 节）下式获得，

$$L(\boldsymbol{\beta})=\mathbf{x}^{\mathrm{T}}\mathbf{H}(\boldsymbol{\beta})(\mathbf{H}(\boldsymbol{\beta})^{\mathrm{T}}\mathbf{H}(\boldsymbol{\beta}))^{-1}\mathbf{H}^{\mathrm{T}}(\boldsymbol{\beta})\mathbf{x}$$

复数据的结论类似。假定线性信号模型为 $\tilde{\mathbf{s}}=\mathbf{H}\boldsymbol{\theta}$，其中 $\mathbf{H}$ 和 $\boldsymbol{\theta}$ 为复数，类似的 $\boldsymbol{\theta}$ 的最小均方估计器通过最小化下式获得，

$$J(\boldsymbol{\theta})=(\tilde{\mathbf{x}}-\mathbf{H}\boldsymbol{\theta})^{\mathrm{H}}(\tilde{\mathbf{x}}-\mathbf{H}\boldsymbol{\theta})$$

可以得到

$$\hat{\boldsymbol{\theta}}=(\mathbf{H}^{\mathrm{H}}\mathbf{H})^{-1}\mathbf{H}^{\mathrm{H}}\tilde{\mathbf{x}}$$

代入 $J(\boldsymbol{\theta})$ 得到最小均方误差为

$$J(\hat{\boldsymbol{\theta}})=\tilde{\mathbf{x}}^{\mathrm{H}}\tilde{\mathbf{x}}-\tilde{\mathbf{x}}^{\mathrm{H}}\mathbf{H}(\mathbf{H}^{\mathrm{H}}\mathbf{H})^{-1}\mathbf{H}^{\mathrm{H}}\tilde{\mathbf{x}}$$

可见公式中仅有的区别是将矩阵转置（“T”）用矩阵复共轭转置（“H”）替代。对于未知 $\mathbf{H}$ 是实数或复数的情况，通过最大化下式估计它们，

$$L(\beta)=\tilde{\mathbf{x}}^{\mathrm{H}}\mathbf{H}(\beta)(\mathbf{H}(\beta)^{\mathrm{H}}\mathbf{H}(\beta))^{-1}\mathbf{H}^{\mathrm{H}}(\beta)\tilde{\mathbf{x}}$$

当复线性信号被加性 CWGN 污染时，有复线性模型 $\tilde{\mathbf{x}}=\mathbf{H}\boldsymbol{\theta}+\tilde{\mathbf{w}}$。此时可以证明，估计器

是最佳的。很容易扩展到加性噪声是表 12.1 的相关复多元高斯概率密度函数的情形[Kay 1993, pp. 529-531]。

练习 12.7 复信号估计的一些练习

考虑被复噪声污染的信号的复幅度的最小均方估计器。信号为 $\tilde{s}[n]=\tilde{A}\exp(\mathrm{j}2\pi f_0 n)$，$n=0,1,\cdots,N-1$。为应用 $\mathbf{H}$，首先将 $\tilde{s}$ 表示成 $\mathbf{H}\boldsymbol{\theta}$，然后计算 $\tilde{A}$ 的最小均方估计器。这看起来有点眼熟吗? •

12.5 复数据的算法扩展

下面将第 9～11 章的实数据算法扩展到复数据。为减轻读者过度考虑细节的负担，仅做必要的描述，包括数据假定和算法。很多性能在[Kay 1988, 1993, 1998]、[Van Trees 2002]及许多研究论文中有总结，如[Picinbono 1995]、[Adali and Roy 2009]。实际上，由于解析性能估计的复杂性，经常应用蒙特卡罗计算机仿真，读者可以通过完成练习来实践。

下面的讨论被划分为估计、检测和谱估计，如同第 9～11 章的顺序。相应的实数据算法在括号中给出了每个算法标题，更多细节可以参考它。与实算法的主要区别在注释中给出，大部分算法很容易用 MATLAB 从已有的实数据代码扩展得到。

12.5.1 复数据的估计

算法 12.1 确定信号幅度估计(算法 9.1)

1. 数据模型/假定

$$\tilde{x}[n]=\tilde{A}\tilde{s}[n]+\tilde{w}[n] \qquad n=0,1,\cdots,N-1$$

其中 $\tilde{A}$ 为待估计的复幅度，$\tilde{s}[n]$ 为已知信号，$\tilde{w}[n]$ 是方差为 σ^2 的 CWGN。

2. 估计器

$$\hat{\tilde{A}}=\frac{\sum_{n=0}^{N-1}\tilde{x}[n]\tilde{s}^*[n]}{\sum_{n=0}^{N-1}|\tilde{s}[n]|^2} \tag{12.10}$$

3. 注释

这是复线性模型的特例。 ■

练习 12.8 如何正确地得到共轭

令 $\tilde{x}[n]=\tilde{A}\tilde{s}[n]$，验证式(12.10)中的复共轭是在正确的地方，是否得到了 $\tilde{A}$？若式(12.10)中将共轭放在 $\tilde{x}[n]$ 处而不是 $\tilde{s}[n]$ 处，结果又会怎样? •

算法 12.2 正弦幅度及相位估计(算法 9.2)

1. 数据模型/假定

$$\tilde{x}[n]=\tilde{A}\exp(\mathrm{j}2\pi f_0 n)+\tilde{w}[n] \qquad n=0,1,\cdots,N-1$$

其中 $\tilde{A}$ 为待估计的复振幅。复振幅估计的复值即为振幅估计，其相位值即为相位估计，频率 f_0 $(-1/2<f_0<1/2)$ 假定为已知，$\tilde{w}[n]$ 是方差为 σ^2 的 CWGN。

2. 估计器

$$\hat{\tilde{A}} = \frac{1}{N}\sum_{n=0}^{N-1}\tilde{x}[n]\exp(-\mathrm{j}2\pi f_0 n) \tag{12.11}$$

3. 注释

这与 $\tilde{s}[n]=\exp(\mathrm{j}2\pi f_0 n)$ 时的算法 12.1 是同一问题且解答相同。注意，频率上如实数情况一样是没有约束的(在实数情况下需要满足 $2/N < f_0 < 1/2 - 2/N$)。 ■

算法 12.3　正弦幅度、相位及相位估计(算法 9.3)

1. 数据模型/假定

$$\tilde{x}[n] = \tilde{A}\exp(\mathrm{j}2\pi f_0 n) + \tilde{w}[n] \qquad n = 0,1,\cdots,N-1$$

其中 $\tilde{A}$ 和 f_0 待估计。振幅估计得到复振幅 $\hat{\tilde{A}}$，相位估计得到其相位，频率假定未知且 $-1/2 < f_0 < 1/2$，$\tilde{w}[n]$是方差为 σ^2 的 CWGN。

2. 估计器

频率由在区间 $-1/2 < f_0 < 1/2$ 上最大化周期图估计得到，

$$I(f_0) = \frac{1}{N}\left|\sum_{n=0}^{N-1}\tilde{x}[n]\exp(-\mathrm{j}2\pi f_0 n)\right|^2 \tag{12.12}$$

若估计出频率为 $\hat{f}_0$，则复振幅估计为

$$\hat{\tilde{A}} = \frac{1}{N}\sum_{n=0}^{N-1}\tilde{x}[n]\exp(-\mathrm{j}2\pi \hat{f}_0 n) \tag{12.13}$$

3. 注释

在实数情况下实现最大似然估计需要的矩阵求逆[见式(9.6)]在此处不需要。 ■

练习 12.9　正弦估计

考虑被方差为 σ^2 的 CWGN 污染的复正弦信号 $\tilde{s}[n] = \tilde{A}\exp(\mathrm{j}2\pi f_0 n)$，$n = 0,1,\cdots,N-1$。若正弦参数 $\tilde{A} = -1 + j$，$f_0 = -0.2$，噪声方差 $\sigma^2 = 2$，生成 $N = 100$ 个数据点。然后估计正弦信号的幅度、相位及频率。提示：应用 MATLAB 子程序 `atan2` 计算四象限相位。 •

算法 12.4　时延估计(算法 9.4)

1. 数据模型/假定

$$\tilde{x}[n] = \tilde{s}[n-n_0] + \tilde{w}[n] \qquad n = 0,1,\cdots,N-1$$

其中 $\tilde{s}[n]$ 为已知信号，n_0 为待估计时延，$\tilde{w}[n]$是方差为 σ^2 的 CWGN。假定 $\tilde{s}[n]$ 的采样长度为 M，$n = 0,1,\cdots,M-1$。对于任意可能的取值 n_0，在观测区间 $0 \leqslant n \leqslant N-1$ 总是包含延迟信号 $\tilde{s}[n-n_0]$。

2. 估计器

n_0 值的估计器为使下式最大，

$$J(n_0) = \mathrm{Re}\left(\sum_{n=n_0}^{n_0+M-1}\tilde{x}[n]\tilde{s}^*[n-n_0]\right) \qquad 0 \leqslant n_0 \leqslant N-M \tag{12.14}$$

3. 注释

当式(12.14)中的 n_0 值为真值时，则由信号得到的值即为能量 $\mathcal{E}=\sum_{n=0}^{M-1}|\tilde{s}[n]|^2$ 。$J(n_0)$ 的虚部仅由噪声得到，因此被消除。 ■

算法 12.5 方位估计(算法 9.5)

1. 数据模型/假定

如同实数情形，假定为均匀线阵(参考算法 9.5 的问题描述及符号定义)。仅有的区别是待估计的到达角，即β分布在$0<\beta<\pi$。数据模型为

$$\tilde{x}[n]=\tilde{A}\exp[\mathrm{j}2\pi(F_0(d/c)\cos\beta)]+\tilde{w}[n] \qquad n=0,1,\cdots,M-1$$

其中复振幅 $\tilde{A}$ 未知，$\tilde{w}[n]$是方差为 σ^2 的 CWGN，参数 F_0，d 及 c 假定已知。

2. 估计器

到达角的估计是在区间$0<\beta<\pi$最大化下式的β值，

$$I_s(\beta)=\frac{1}{M}\left|\sum_{n=0}^{M-1}\tilde{x}[n]\exp\left[-\mathrm{j}2\pi\left(F_0\frac{d}{c}\cos\beta\right)n\right]\right|^2 \tag{12.15}$$

3. 注释

在实数时假定β是不接近 0 或$\pi/2$ 的。对于复数情况，对β接近于区间端点没有约束。 ■

算法 12.6 高斯白噪声功率估计(算法 9.6)

1. 数据模型/假定

数据模型假定为 $\tilde{x}[n]=\tilde{w}[n]$，$n=0,1,\cdots,N-1$，其中 $\tilde{w}[n]$是方差为 σ^2 (即功率)的 CWGN。

2. 估计器

噪声功率估计应用公式

$$\hat{\sigma}^2=\frac{1}{N}\sum_{n=0}^{N-1}|\tilde{x}[n]|^2 \tag{12.16}$$

3. 注释

在复数情况下估计器对 $2N$ 个实数样本取平均，而在实数时是 N 个。因而，在对比实参数估计器和复参数估计器性能时需要小心。 ■

练习 12.10 估计器的期望值

计算由式(12.16)给出的估计器的期望值，估计器是无偏的吗？提示：回顾复随机变量方差的定义。 •

算法 12.7 随机信号功率估计(算法 9.7)

1. 数据模型/假定

假定零均值随机信号 $\tilde{s}[n]$ 为零均值高斯随机过程，其功率谱密度为

$$P_{\tilde{s}}(f)=P_0Q(f) \qquad -1/2\leqslant f\leqslant 1/2$$

其中 P_0 为实数且 $P_0>0$，$Q(f)$ 为实正定函数(不需要关于 $f=0$ 对称)且 $\int_{-\frac{1}{2}}^{\frac{1}{2}}Q(f)\mathrm{d}f=1$，因此 P_0 为信号过程的总功率。

2. 估计器

估计器为

$$\hat{P}_0=\int_{-\frac{1}{2}}^{\frac{1}{2}}\frac{I(f)}{Q(f)}\mathrm{d}f \tag{12.17}$$

其中

$$I(f)=\frac{1}{N}\left|\sum_{n=0}^{N-1}\tilde{s}[n]\exp(-\mathrm{j}2\pi fn)\right|^2$$

为信号过程的周期图。

3. 注释

无。■

算法 12.8　随机信号中心频率估计(算法 9.8)

1. 数据模型/假定

假定零均值随机过程 $\tilde{x}[n]$ 的功率谱密度为

$$P_{\tilde{x}}(f)=P_{\tilde{s}}(f-f_0)+\sigma^2 \qquad -1/2\leqslant f\leqslant 1/2$$

其中 $P_{\tilde{s}}(f)$ 为低通信号功率谱密度，并不需要关于 $f=0$ 对称。低通功率谱密度及 CWGN 的方差 σ^2 均已知。待估计的中心频率是针对处于频带 $[-1/2,1/2]$ 范围内全部的 $P_{\tilde{s}}(f-f_0)$ 而言。

2. 估计器

f_0 的估计器是最小化下式的值，

$$J(f_0)=\int_{-\frac{1}{2}}^{\frac{1}{2}}\frac{I(f)}{P_{\tilde{s}}(f-f_0)+\sigma^2}\mathrm{d}f \tag{12.18}$$

其中 $I(f)$ 为如下给定的周期图，

$$I(f)=\frac{1}{N}\left|\sum_{n=0}^{N-1}\tilde{x}[n]\exp(-\mathrm{j}2\pi fn)\right|^2$$

3. 注释

无。■

算法 12.9　高斯白噪声中的多个正弦信号——最佳方案(算法 9.9)

1. 数据模型/假定

$$\tilde{x}[n]=\sum_{i=1}^{p}\tilde{A}_i\exp(\mathrm{j}2\pi f_i n)+\tilde{w}[n] \qquad n=0,1,\cdots,N-1$$

其中复振幅 $\tilde{A}_i$、频率 f_i 待估计，$\tilde{w}[n]$ 是方差为 σ^2 (即功率)的 CWGN。

2. 估计器

频率通过最大化下述函数首先估计得到，

$$J(\mathbf{f}) = \tilde{\mathbf{x}}^{\mathrm{H}} \mathbf{H}(\mathbf{f})(\mathbf{H}^{\mathrm{H}}(\mathbf{f})\mathbf{H}(\mathbf{f}))^{-1}\mathbf{H}^{\mathrm{H}}(\mathbf{f})\tilde{\mathbf{x}} \tag{12.19}$$

其中 $\mathbf{f} = [f_1\ f_2 \cdots f_p]^{\mathrm{T}}$，满足 $-1/2 < f_1 < f_2 < \cdots < f_p < 1/2$。$N \times p$ 维矩阵 $\mathbf{H}(\mathbf{f})$ 定义为

$$\mathbf{H}(\mathbf{f}) = [\mathbf{e}_1 \quad \mathbf{e}_2 \quad \cdots \quad \mathbf{e}_p]$$

其中

$$\mathbf{e}_i = \begin{bmatrix} 1 \\ \exp(\mathrm{j}2\pi f_i) \\ \vdots \\ \exp[\mathrm{j}2\pi f_i(N-1)] \end{bmatrix}$$

$i = 1, 2, \cdots, p$。一旦得到频率估计量 $\hat{\mathbf{f}}$，则复振幅由下式估计，

$$\hat{\tilde{\mathbf{A}}} = \left(\mathbf{H}^H(\hat{\mathbf{f}})\mathbf{H}(\hat{\mathbf{f}})\right)^{-1}\mathbf{H}^H(\hat{\mathbf{f}})\tilde{\mathbf{x}}$$

振幅估计通过取 $\hat{\tilde{\mathbf{A}}}$ 的复幅度值而得到，相位估计由取 $\hat{\tilde{\mathbf{A}}}$ 的相位值得到。

3. 注释

当 $p = 1$ 时，就是算法 12.3 的相同问题和估计器。式(12.19)给出的目标函数是实数且非负，这是由于矩阵 $\mathbf{H}(\mathbf{f})(\mathbf{H}^{\mathrm{H}}(\mathbf{f})\mathbf{H}(\mathbf{f}))^{-1}\mathbf{H}^{\mathrm{H}}(\mathbf{f})$ 是埃尔米特且是正定的(实际上是投影矩阵)。 ■

算法 12.10　高斯白噪声中的多个正弦信号——准最佳方案(算法 9.10)

1. 数据模型/假定

同算法 12.9。

2. 估计器

计算前向 $\mathbf{H}_f$ 和后向 $\mathbf{H}_b$ 观测矩阵，两者维数为 $(N-L)\times L$，其中 L 为小于等于 $(3/4)N$ 的最大整数，

$$\mathbf{H}_f = \begin{bmatrix} \tilde{x}[L-1] & \tilde{x}[L-2] & \cdots & \tilde{x}[0] \\ \tilde{x}[L] & \tilde{x}[L-1] & \cdots & \tilde{x}[1] \\ \vdots & \vdots & \vdots & \vdots \\ \tilde{x}[N-2] & \tilde{x}[N-3] & \cdots & \tilde{x}[N-L-1] \end{bmatrix}$$

$$\mathbf{H}_b = \begin{bmatrix} \tilde{x}[1] & \tilde{x}[2] & \cdots & \tilde{x}[L] \\ \tilde{x}[2] & \tilde{x}[3] & \cdots & \tilde{x}[L+1] \\ \vdots & \vdots & \vdots & \vdots \\ \tilde{x}[N-L] & \tilde{x}[N-L+1] & \cdots & \tilde{x}[N-1] \end{bmatrix}^*$$

前向 $\mathbf{h}_f$ 和后向 $\mathbf{h}_b$ 数据向量的维数为 $(N-L)\times 1$，

$$\mathbf{h}_f = \begin{bmatrix} \tilde{x}[L] \\ \tilde{x}[L+1] \\ \vdots \\ \tilde{x}[N-1] \end{bmatrix} \qquad \mathbf{h}_b = \begin{bmatrix} \tilde{x}[0] \\ \tilde{x}[1] \\ \vdots \\ \tilde{x}[N-L-1] \end{bmatrix}^*$$

可得形式

$$\mathbf{H}=\begin{bmatrix}\mathbf{H}_f\\ \mathbf{H}_b\end{bmatrix}$$

维数为 $2(N-L)\times L$。计算矩阵 $\mathbf{H}^{\mathrm{H}}\mathbf{H}$ 的特征向量和特征值。将特征值(实数且为正)按降序排列为 $\lambda_1>\lambda_2>\cdots>\lambda_p>\lambda_{p+1}>\cdots>\lambda_L$。取 $\lambda_1,\cdots,\lambda_p$ 特征值对应的 p 个特征向量，等效为秩为 p 的矩阵 $\mathbf{H}$ 的伪逆，称为 $\mathbf{H}^{\#}$。则长度 $L\times 1$ 的主分量 AR 滤波参数解为

$$\hat{\mathbf{a}}=-\mathbf{H}^{\#}\mathbf{h}$$

其中 $\hat{\mathbf{a}}=[\hat{a}[1]\hat{a}[2]\cdots\hat{a}[L]]^{\mathrm{T}}$。最后，求解下述多项式的根，

$$\hat{\mathcal{A}}(z)=1+\hat{a}[1]z^{-1}+\hat{a}[2]z^{-2}+\cdots+\hat{a}[L]z^{-L}$$

并选择在 z 平面上半部最接近单位圆的 p 个根，即幅度最接近 1 的根，称其为 $z_1,z_2,\cdots,z_p$。最后，频率估计为

$$\hat{f}_i=\frac{1}{2\pi}\angle z_i$$

其中 $i=1,2,\cdots,p$。可见当得到频率估计后，幅度和相位估计如同算法 12.9。

3. 注释

若加上复共轭及用埃尔米特矩阵替换矩阵转置，则 MATLAB 程序 `FSSP3alg9_10_sub.m` 为算法的实现。另外，仅保留 p 个主特征向量，而实数据情况则保留了 $2p$ 个主特征向量。■

算法 12.11　估计噪声中的周期随机信号(算法 9.11)

此算法没有扩展到复数据情形。如同实数情形一样，估计器是所有周期上的平均。然而，周期估计需要精确。■

算法 12.12　估计噪声中的随机信号(算法 9.12)

1. 数据模型/假定

随机信号 $\tilde{s}[n]$ 在已知方差 σ^2 的 CWGN 中，观测到

$$\tilde{x}[n]=\tilde{s}[n]+\tilde{w}[n]\qquad n=0,1,\cdots,N-1$$

信号假定为零均值，已知 $N\times N$ 维协方差矩阵 $\mathbf{C}_{\tilde{s}}$ 的复随机过程的实现。

2. 估计器

估计器为

$$\hat{\tilde{\mathbf{s}}}=\mathbf{C}_{\tilde{s}}(\mathbf{C}_{\tilde{s}}+\sigma^2\mathbf{I})^{-1}\tilde{\mathbf{x}}\tag{12.20}$$

其中 $\hat{\tilde{\mathbf{s}}}=[\hat{\tilde{s}}[0]\hat{\tilde{s}}[1]\cdots\hat{\tilde{s}}[N-1]]^{\mathrm{T}}$。若信号为平稳随机过程，则协方差矩阵为自相关阵 $\mathbf{R}_{\tilde{s}}$，即

$$\mathbf{C}_{\tilde{s}}=\mathbf{R}_{\tilde{s}}=\begin{bmatrix}r_{\tilde{s}}[0] & r_{\tilde{s}}^*[0] & \cdots & r_{\tilde{s}}^*[N-1]\\ r_{\tilde{s}}[1] & r_{\tilde{s}}[0] & \cdots & r_{\tilde{s}}^*[N-2]\\ \vdots & \vdots & \ddots & \vdots\\ r_{\tilde{s}}[N-1] & r_{\tilde{s}}[N-2] & \cdots & r_{\tilde{s}}[0]\end{bmatrix}\tag{12.21}$$

其中$r_{\tilde{s}}[k]$为$\tilde{s}[n]$的自相关序列。此时，若$\tilde{s}[n]$平稳且功率谱密度给定为$P_{\tilde{s}}(f)$，则近似估计(避免了$N\times N$维自相关矩阵的求逆)为将数据$\tilde{x}[n]$通过如下频率响应的非因果滤波器，

$$H(f)=\frac{P_{\tilde{s}}(f)}{P_{\tilde{s}}(f)+\sigma^2} \tag{12.22}$$

3. 注释

式(12.21)的自相关矩阵利用了性质$r_{\tilde{s}}[-k]=r_{\tilde{s}}^*[k]$，得到实自相关矩阵中$r_s[-k]=r_s[k]$的埃尔米特等效。将实自相关矩阵用复数版本替换，则 MATLAB 程序 `FSSP3alg9_12_sub.m` 为算法的实现。 ■

算法 12.13 估计噪声和干扰中的信号(算法 9.13)

1. 数据模型/假定

算法假定有一个与试图消除的干扰相关的附加数据源，数据为

$$\tilde{x}[n]=\tilde{s}[n]+\tilde{w}[n]+\tilde{i}[n] \qquad n=0,1,\cdots,N-1$$

其中$\tilde{s}[n]$为感兴趣的信号，$\tilde{w}[n]$为观测噪声，$\tilde{i}[n]$为干扰。另外，我们有数据$\tilde{x}_R[n]$，$n=0,1,\cdots,N-1$，称为相关数据，即与$\tilde{i}[n]$相关，并且希望与$\tilde{s}[n]$不相关。

2. 估计器

干扰的估计为$\hat{\tilde{i}}[n]$，由复 FIR 滤波器的输出给出，其输入干扰数据为

$$\hat{\tilde{i}}[n]=\sum_{l=0}^{p-1}h[l]\tilde{x}_R[n-l] \qquad n=p-1,p,\cdots,N-1$$

复 FIR 滤波系数$\mathbf{h}=[h[0]h[1]\cdots h[p-1]]^{\mathrm{T}}$由下式给出，

$$\mathbf{h}=(\mathbf{H}^{\mathrm{H}}\mathbf{H})^{-1}\mathbf{H}^{\mathrm{H}}\tilde{\mathbf{x}}$$

其中$\tilde{\mathbf{x}}=[\tilde{x}[p-1]\tilde{x}[p]\cdots\tilde{x}[N-1]]^{\mathrm{T}}$，$\mathbf{H}$为$(N-p+1)\times p$维矩阵，

$$\mathbf{H}=\begin{bmatrix}\tilde{x}_R[p-1] & \tilde{x}_R[p-2] & \cdots & \tilde{x}_R[0]\\ \tilde{x}_R[p] & \tilde{x}_R[p-1] & \cdots & \tilde{x}_R[1]\\ \vdots & \vdots & \ddots & \vdots\\ \tilde{x}_R[N-1] & \tilde{x}_R[N-2] & \cdots & \tilde{x}_R[N-p]\end{bmatrix}$$

信号的估计为$\hat{\tilde{s}}[n]=\tilde{x}[n]-\hat{\tilde{i}}[n], n=p-1,p,\cdots,N-1$。

3. 注释

若加上复共轭及用埃尔米特矩阵替换矩阵转置，则 MATLAB 程序 `FSSP3alg9_13_sub.m` 为算法的实现。 ■

12.5.2 复数据的检测

算法 12.14 仿形相关器(匹配滤波器)(算法 10.1)

1. 数据模型/假定

$$\tilde{x}[n]=\tilde{s}[n]+\tilde{w}[n] \qquad n=0,1,\cdots,N-1$$

其中$\tilde{s}[n]$为已知信号，$\tilde{w}[n]$是方差为σ^2的 CWGN。

2. 检测器

若满足下式则判信号存在，

$$T(\mathbf{x}) = \mathrm{Re}\left(\sum_{n=0}^{N-1} \tilde{x}[n]\tilde{s}^*[n]\right) > \gamma = \sqrt{(\sigma^2/2)\mathcal{E}}Q^{-1}(P_{FA}) \tag{12.23}$$

其中 $\mathcal{E} = \sum_{n=0}^{N-1} |\tilde{s}[n]|^2$ 为信号能量，P_{FA} 为给定虚警概率，$Q^{-1}(\cdot)$ 为逆 Q 函数(见 4.3 节)。

3. 注释

当做出适当调整后，MATLAB 程序 `FSSP3alg10_1_sub.m` 为算法的实现，注意门限稍有不同。■

算法 12.15　限幅仿形相关器(算法 10.2)

此算法没有扩展到复数据情形。注意，需要 $\tilde{x}[n]$ 的实部及虚部的限幅器。■

算法 12.16　广义匹配滤波器(算法 10.3)

1. 数据模型/假定

$$\tilde{x}[n] = \tilde{s}[n] + \tilde{w}[n] \qquad n = 0, 1, \cdots, N-1$$

其中 $\tilde{s}[n]$ 为已知信号，$\tilde{w}[n]$ 为零均值、已知协方差矩阵 $\mathbf{C}$ 的相关高斯噪声。

2. 检测器

若满足下式则判信号存在，

$$T(\tilde{\mathbf{x}}) = \mathrm{Re}(\tilde{s}^{\mathrm{H}}\mathbf{C}^{-1}\tilde{\mathbf{x}}) > \gamma = \sqrt{\tilde{\mathbf{s}}^{\mathrm{H}}\mathbf{C}^{-1}\tilde{\mathbf{s}}/2}Q^{-1}(P_{FA}) \tag{12.24}$$

其中 $\mathbf{s} = [\tilde{s}[0]\tilde{s}[1]\cdots\tilde{s}[N-1]]^{\mathrm{T}}$，$\mathbf{C}$ 为噪声样本 $\tilde{\mathbf{w}} = [\tilde{w}[0]\tilde{w}[1]\cdots\tilde{w}[N-1]]^{\mathrm{T}}$ 的 $N \times N$ 协方差矩阵。

3. 注释

若 $\mathbf{C} = \sigma^2\mathbf{I}$，即为算法 12.14。当做出适当调整后，MATLAB 程序 `FSSP3alg10_3_sub.m` 为算法的实现，注意门限稍有不同。■

算法 12.17　估计器-相关器(算法 10.4)

1. 数据模型/假定

$$\tilde{x}[n] = \tilde{s}[n] + \tilde{w}[n] \qquad n = 0, 1, \cdots, N-1$$

其中 $\tilde{s}[n]$ 为零均值、已知 $N \times N$ 维协方差矩阵 $\mathbf{C}_{\tilde{s}}$ 的复高斯随机信号，$\tilde{w}[n]$ 为方差 σ^2 已知的 CWGN。

2. 检测器

若满足下式则判信号存在，

$$T(\tilde{\mathbf{x}}) = \tilde{\mathbf{x}}^{\mathrm{H}}\mathbf{C}_{\tilde{s}}(\mathbf{C}_{\tilde{s}} + \sigma^2\mathbf{I})^{-1}\tilde{\mathbf{x}} > \gamma \tag{12.25}$$

其中 $\tilde{\mathbf{x}} = [\tilde{x}[0]\tilde{x}[1]\cdots\tilde{x}[N-1]]^{\mathrm{T}}$。

3. 注释

注意，矩阵 $\mathbf{C}_{\tilde{s}}(\mathbf{C}_{\tilde{s}} + \sigma^2\mathbf{I})^{-1}$ 为埃尔米特的且为正定。因而，埃尔米特形式 $T(\tilde{\mathbf{x}})$ 理论上是实的且是正的。若实自相关矩阵用复数形式替代，则 MATLAB 程序 `FSSP3alg10_4_sub.m` 为算法的实现。■

算法 12.18 能量检测器(算法 10.5)

1. 数据模型/假定

$$\tilde{x}[n]=\tilde{s}[n]+\tilde{w}[n] \qquad n=0,1,\cdots,N-1$$

其中 $\tilde{s}[n]$ 为完全未知复信号，$\tilde{w}[n]$ 为已知方差 σ^2 的 CWGN。

2. 检测器

若满足下式则判信号存在，

$$T(\tilde{\mathbf{x}})=\sum_{n=0}^{N-1}\left|\tilde{x}[n]\right|^2>\gamma=(\sigma^2/2)Q_{\chi_{2N}^2}^{-1}(P_{FA}) \tag{12.26}$$

其中 $Q_{\chi_{2N}^2}^{-1}(\cdot)$ 为 $2N$ 个自由度的逆 chi-平方累积分布函数。

3. 注释

注意，自由度 $2N$ 与实数情况不同，这是由于求和了 $2N$ 个实随机变量的平方，每个实随机变量的方差为 $\sigma^2/2$。 ■

算法 12.19 未知复振幅(算法 10.6)

1. 数据模型/假定

$$\tilde{x}[n]=\tilde{A}\tilde{s}[n]+\tilde{w}[n] \qquad n=0,1,\cdots,N-1$$

其中 $\tilde{A}\tilde{s}[n]$ 中的 $\tilde{s}[n]$ 已知，$\tilde{A}$ 为未知复振幅，$\tilde{w}[n]$ 为方差 σ^2 已知的 CWGN。

2. 检测器

若满足下式则判信号存在，

$$T(\tilde{\mathbf{x}})=\frac{\left|\sum_{n=0}^{N-1}\tilde{x}[n]\tilde{s}^*[n]\right|^2}{(\sigma^2/2)\sum_{n=0}^{N-1}\left|\tilde{s}[n]\right|^2}>\gamma=2\ln\left(\frac{1}{P_{FA}}\right) \tag{12.27}$$

3. 注释

当做出适当调整后，MATLAB 程序 `FSSP3alg10_6_sub.m` 为算法的实现，注意门限稍有不同。 ■

算法 12.20 未知复振幅的正弦信号(算法 10.7)

1. 数据模型/假定

$$\tilde{x}[n]=\tilde{A}\exp(\mathrm{j}2\pi f_0 n)+\tilde{w}[n] \qquad n=0,1,\cdots,N-1$$

其中 $\tilde{A}$ 为未知复振幅，频率 f_0 已知，$\tilde{w}[n]$ 为方差 σ^2 已知的 CWGN。

2. 检测器

若满足下式则判信号存在，

$$T(\tilde{\mathbf{x}})=\frac{\frac{1}{N}\left|\sum_{n=0}^{N-1}\tilde{x}[n]\exp(-\mathrm{j}2\pi f_0 n)\right|^2}{(\sigma^2/2)}>\gamma=2\ln\left(\frac{1}{P_{FA}}\right) \tag{12.28}$$

3. 注释

本算法为算法 12.19 中 $\tilde{s}[n]=\exp(\mathrm{j}2\pi f_0 n)$ 的特例。当做出适当调整后，MATLAB 程序 `FSSP3-alg10_7_sub.m` 为算法的实现，注意门限稍有不同。 ■

练习 12.11　可信检测所需的幅度

考虑长度 $N=50$ 的复数据记录满足 $P_{FA}=0.01$ 及 $P_D \geqslant 0.95$ 的需求。若 $f_0=0.1$，$\sigma^2=1$，通过计算机模拟来确定，$\tilde{A}$ 值需达到多少才能满足上述条件。提示：可以利用 MATLAB 程序 `cwgn.m` 生成噪声，同时，性能不依赖于 $\tilde{A}$ 的相位。 •

算法 12.21　未知复振幅幅度和频率（算法 10.8）

1. 数据模型/假定

$$\tilde{x}[n]=\tilde{A}\exp(\mathrm{j}2\pi f_0 n)+\tilde{w}[n] \qquad n=0,1,\cdots,N-1$$

其中 $\tilde{A}$ 为未知复振幅，f_0 为未知频率，$\tilde{w}[n]$ 为方差 σ^2 已知的 CWGN。

2. 检测器

信号存在若满足

$$T(\tilde{\mathbf{x}})=\frac{\max_{-1/2<f_0<1/2}\dfrac{1}{N}\left|\sum_{n=0}^{N-1}\tilde{x}[n]\exp(-\mathrm{j}2\pi f_0 n)\right|^2}{(\sigma^2/2)}>\gamma$$

$$=\ln\left(\frac{N-1}{P_{FA}}\right) \tag{12.29}$$

3. 注释

如同实数情况，门限为近似的。 ■

算法 12.22　未知到达时间（算法 10.9）

1. 数据模型/假定

$$\tilde{x}[n]=\tilde{s}[n-n_0]+\tilde{w}[n] \qquad n=0,1,\cdots,N-1$$

其中 $\tilde{s}[n]$ 为已知信号，在间隔 $0\leqslant n\leqslant M-1$ 上有采样，$\tilde{w}[n]$ 为方差 σ^2 已知的 CWGN，未知到达时间 n_0 假定在 $0\leqslant n_0\leqslant N-M$ 上取值。

2. 检测器

若满足下式则判信号存在，

$$T(\tilde{\mathbf{x}})=\max_{0\leqslant n_0\leqslant N-M}\mathrm{Re}\left(\sum_{n=n_0}^{n_0+M-1}\tilde{x}[n]\tilde{s}^*[n-n_0]\right)>\gamma \tag{12.30}$$

不能得到闭合形式的门限。

3. 注释

当做出适当调整后，MATLAB 程序 `FSSP3alg10_9_sub.m` 为算法的实现。 ■

12.5.3　复数据的谱估计

算法 12.23　平均周期图（算法 11.1）

1. 数据模型/假定

数据 $\tilde{x}[n]$（$n=0,1,\cdots,N-1$）假定为零均值平稳的［实际上为宽平稳随机过程（WSS）］，但不必是高斯的。

2. 谱估计器

将数据分为I块连续的不重叠部分，每块长度为L，即数据假定长度$N=IL$，数据块为

$$\tilde{y}_i[n]=\tilde{x}[n+iL] \qquad n=0,1,\cdots,L-1; i=0,1,\cdots,I-1$$

然后，对于每块计算周期图如下，

$$\hat{P}_{\tilde{x}}^{(i)}(f)=\frac{1}{L}\left|\sum_{n=0}^{L-1}\tilde{y}_i[n]\exp(-\mathrm{j}2\pi fn)\right|^2 \tag{12.31}$$

然后，计算平均周期图得到谱估计如下，

$$\hat{P}_{\tilde{x}}(f)=\frac{1}{I}\sum_{i=0}^{I-1}\hat{P}_{\tilde{x}}^{(i)}(f) \tag{12.32}$$

3. 注释

当做出适当调整后，MATLAB程序 `PSD_est_avper.m` 为算法的实现。■

练习 12.12　估计 CWGN 的功率谱密度

对 `PSD_est_avper.m` 做适当调整，使其能实现复数据的平均周期图谱估计。然后，利用 `cwgn.m` 生成方差$\sigma^2=1$的 CWGN 的$N=1000$个数据点。利用你的程序估计并绘出在频率区间$-1/2\leqslant f\leqslant 1/2$以 dB 为单位的谱估计，选择$I=100$个数据块。真实功率谱密度是怎样的？估计是否足够精确？提示：使用坐标轴缩放语句 `axis([-0.5 0.5 -10 10])`，使得纵轴为–10 dB 到+10 dB。●

算法 12.24　最小方差谱估计器(算法 11.2)

1. 数据模型/假定

数据$\tilde{x}[n]$ ($n=0,1,\cdots,N-1$)假定为零均值平稳的(实际上为 WSS)，但不必是高斯的。

2. 谱估计器

$$\hat{P}_{\tilde{x}}(f)=\frac{p}{\mathbf{e}^{\mathrm{H}}\hat{\mathbf{R}}_{\tilde{x}}^{-1}\mathbf{e}} \tag{12.33}$$

其中$\mathbf{e}=[1\exp(\mathrm{j}2\pi f)\cdots\exp[\mathrm{j}2\pi f(p-1)]]^{\mathrm{T}}$，且

$$[\hat{\mathbf{R}}_{\tilde{x}}]_{ij}=\frac{1}{2(N-p)}\left[\sum_{n=p}^{N-1}\tilde{x}^*[n-i]\tilde{x}[n-j]+\sum_{n=0}^{N-1-p}\tilde{x}[n+i]\tilde{x}^*[n+j]\right]$$

$i=1,2,\cdots,p; j=1,2,\cdots,p$。

3. 注释

虽然$\mathbf{e}^{\mathrm{H}}\hat{\mathbf{R}}_{\tilde{x}}^{-1}\mathbf{e}$理论上是实的正数，但是数值误差会导致其为复数，因而需要取其实部。当做出适当调整后，MATLAB程序 `FSSP3alg11_2_sub.m` 为算法的实现。■

算法 12.25　自回归谱估计器——协方差方法(算法 11.3)

1. 数据模型/假定

数据$\tilde{x}[n]$ ($n=0,1,\cdots,N-1$)假定为零均值平稳的(实际上为 WSS)，但不必是高斯的。

2. 估计器

AR 滤波器参数通过求解一组线性方程估计而得到，

$$\begin{bmatrix} c_{\tilde{x}}[1,1] & c_{\tilde{x}}[1,2] & \cdots & c_{\tilde{x}}[1,p] \\ c_{\tilde{x}}[2,1] & c_{\tilde{x}}[2,2] & \cdots & c_{\tilde{x}}[2,p] \\ \vdots & \vdots & \ddots & \vdots \\ c_{\tilde{x}}[p,1] & c_{\tilde{x}}[p,2] & \cdots & c_{\tilde{x}}[p,p] \end{bmatrix} \begin{bmatrix} \hat{a}[1] \\ \hat{a}[2] \\ \vdots \\ \hat{a}[p] \end{bmatrix} = - \begin{bmatrix} c_{\tilde{x}}[1,0] \\ c_{\tilde{x}}[2,0] \\ \vdots \\ c_{\tilde{x}}[p,0] \end{bmatrix} \tag{12.34}$$

其中

$$c_{\tilde{x}}[i,j] = \frac{1}{N-p}\sum_{n=p}^{N-1} \tilde{x}^*[n-i]\tilde{x}[n-j], \quad \widehat{\sigma_{\tilde{u}}^2} = c_{\tilde{x}}[0,0] + \sum_{i=1}^{p} \hat{a}[i] c_{\tilde{x}}[0,i]$$

谱估计器为

$$\hat{P}_{\tilde{x}}(f) = \frac{\widehat{\sigma_{\tilde{u}}^2}}{\left|1 + \hat{a}[1]\exp(-\mathrm{j}2\pi f) + \cdots + \hat{a}[p]\exp(-\mathrm{j}2\pi fp)\right|^2}$$

3. 注释

当做出适当调整后，MATLAB 程序 `FSSP3alg11_3_sub.m` 为算法的实现。 ■

算法 12.26　自回归谱估计器——Burg 方法(算法 11.4)

1. 数据模型/假定

数据 $\tilde{x}[n]$ ($n = 0, 1, \cdots, N-1$)假定为零均值平稳的(实际上为 WSS)，但不必是高斯的。

2. 估计器

更多细节参见[Kay 1988, pp. 228-231]。

3. 注释

无。 ■

12.6 其他扩展

实际上，在信息系统中有很多不同的方式可以获取数据。例如，雷达中通常对 M 个传感器的输出在域进行采样，得到多个时域波形，每个数据集对应一个采样的传感器。如果在时刻 t 上观测所有传感器的输出，则时刻 t 的“数据点”写成向量为 $\mathbf{x}(t) = [x_1(t)x_2(t)\cdots x_M(t)]^{\mathrm{T}}$。有时称数据点为“快拍”，就像相机抓拍一样。此时，可以将数据看成一串向量，每一时刻采样一个。这种数据称为多通道数据，其处理需要将单个时域数据集的算法进行概念扩展。幸运的是，扩展并不复杂，只需要在描述及实现时谨慎一点，熟悉一些高级的矩阵代数知识也非常关键。实际中重要的第二类数据是在图像处理问题中遇到的，数据由模拟图像的二维空间采样组成，得到像素值的集合，这些像素值通常组成数组。为了有效利用图像提供的信息，像素值在其平面内的排列非常关键，此时，数据由二维模拟信号的采样组成。此类数据称为多维的，主要应用的是二维数据。对于多通道(在统计领域也称为多元)或多维数据，大多数已在第 9～11 章进行了扩展，但并不是所有的。然而，其描述并不在本书的讨论范围内，对多通道检测感兴趣的读者可以参见[Kay 1998, Chapter 13]，多通道谱估计可以参见[Kay 1988, Chapter 14]，二维谱估计可以参见[Kay 1988, Chapter 15]。对于多通道信号处理，或称为阵列处理的综述，可参考优秀的文献[Johnson and Dudgeon 1993]和[Van Trees 2002]。对于多维信号处理，有价值的优秀文献是[Dudgeon and Mersereau 1984]。

12.7 小结

- 为保留带通信号的信息，解调时必须利用余弦和正弦解调器。
- 信号平均功率可以有多种定义方式，但为防止 SNR 测量的误解需保持一致性。
- 为防止处理复随机变量时出现误差，建议先将其表示为实部和虚部，从而可以应用实随机变量的代数学方法。
- 复随机变量的联合矩函数定义在文献中并不统一，因此需要特别重视复卷积的位置。
- 复随机过程的功率谱密度并不需要对称，因此，可以用阶数 $p = 1$ 的复 AR 功率谱密度模型来得到带通功率谱密度。

参考文献

Adali, T., A. Roy, "Circularity and Gaussianity Detection Using the Complex Generalized Gaussian Distribution", *IEEE Signal Processing Letters*, pp. 993-996, Nov. 2009.

Dudgeon, D.E., R.M. Mersereau, *Multidimensional Digital Signal Processing*, Prentice-Hall, Englewood Cliffs, NJ, 1984.

Johnson, D.H., D.E. Dudgeon, *Array Signal Processing*, Prentice-Hall, Englewood Cliffs, NJ, 1993.

Kay, S., *Fundamentals of Statistical Signal Processing*: *Estimation Theory*, *Vol. I*, Prentice-Hall, Englewood Cliffs, NJ, 1993.

Kay, S., *Fundamentals of Statistical Signal Processing*: *Detection Theory*, *Vol. II*, Prentice-Hall, Englewood Cliffs, NJ, 1998.

Kay, S., *Modern Spectral Estimation*: *Theory and Application*, Prentice-Hall, Englewood Cliffs, NJ, 1988.

Picinbono, B., "Widely Linear Estimation with Complex Data", *IEEE Trans. on Signal Processing*, pp. 2030-2033, Aug. 1995.

Van Trees, H.L., *Optimum Array Processing*, J.Wiley, NY, 2002.

附录 12A 练习解答

为了获得下述结论，需要在所有代码前将随机数发生器用 `rand('state',0)`及 `randn('state',0)`初始化，这些指令分别应用于均匀及高斯随机数发生器。

12.1

$$
\begin{aligned}
s(t) &= \cos(2\pi F_2 t) - \cos(2\pi F_1 t) = \mathrm{Re}[\exp(\mathrm{j}2\pi F_2 t) - \exp(\mathrm{j}2\pi F_1 t)] \\
&= 2\,\mathrm{Re}\left[\underbrace{\frac{1}{2}(\exp[\mathrm{j}2\pi(F_2 - F_0)t)] - \exp[\mathrm{j}2\pi(F_1 - F_0)t])}_{\tilde{s}(t)}\exp(\mathrm{j}2\pi F_0 t)\right]
\end{aligned}
$$

应用 $F_2 - F_0 = -(F_1 - F_0)$ 有

$$\tilde{s}(t) = \frac{1}{2}(\exp[\mathrm{j}2\pi(F_2 - F_0)t] - \exp[-\mathrm{j}2\pi(F_2 - F_0)t]) = \mathrm{j}\sin[2\pi(F_2 - F_0)t]$$

12.2　若向左移动并通过低通，得到如图 12A.1 所示最左边的谱，而向右移动并通过低通则得到另一谱，将两谱图相加得到零值。

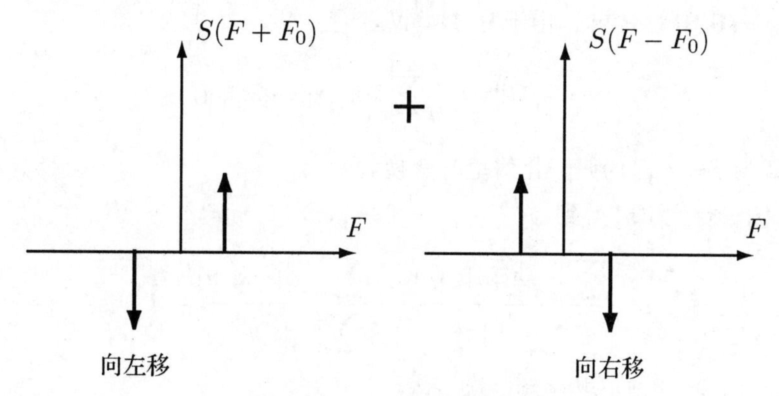

图 12A.1　余弦解调例题

12.3　推导式(12.4)

$$\begin{aligned}
E[|\tilde{X} - E[\tilde{X}]|^2] &= E[|U + \mathrm{j}V - E[U + \mathrm{j}V]|^2] \\
&= E[|(U - E[U]) + \mathrm{j}(V - E[V])|^2] \\
&= E[(U - E[U])^2 + (V - E[V])^2] \\
&= E[(U - E[U])^2] + E[(V - E[V])^2] \\
&= \mathrm{var}(U) + \mathrm{var}(V) = E[U^2] - E^2[U] + E[V^2] - E^2[V] \\
&= E[U^2 + V^2] - (E^2[U] + E^2[V]) \\
&= E[|U + \mathrm{j}V|^2] - |E[U] + \mathrm{j}E[V]|^2 = E[|\tilde{X}|^2] - |E[\tilde{X}]|^2
\end{aligned}$$

注意，已将复随机变量转换为实随机变量，应用实随机变量方差的性质，并用复随机变量的结果重新表述。

12.4　理论自相关序列由 $P_{\tilde{x}}(f) = 1$ 的傅里叶逆变换给出，即为 $r_{\tilde{x}}[k] = 1$，$k = 0$ 和 $r_{\tilde{x}}[k] = 0$，$k \geqslant 1$。可以观测到自相关序列估计当 $k = 1, 2, \cdots, 9$ 时十分接近零值，当 $k = 0$ 时接近理论值 1。可以运行随书光盘上的程序 `FSSP3exer12_4.m` 得到这个结果。

12.5　可以观测到 $f_0 = 0.2$ 的功率谱密度有峰值，但并不关于 $f = 0$ 对称。在 $f_0 = -0.2$ 时峰值位于负频率处，因而带通过程功率谱密度的 AR 模型仅需要单个复 AR 滤波器系数，而实数情形则需要阶数 $p = 2$。可以运行随书光盘上的程序 `FSSP3exer12_5.m` 得到这个结果。

12.6　估计的 SNR 为 SNR = –1.0119 dB，而真实值为–1.1919，为得到后者应用式(12.8)给出的 $r_{\tilde{w}}[0]$ 表达式。可以运行随书光盘上的程序 `FSSP3exer12_6.m` 得到这个结果。

12.7　信号模型表示为

$$\tilde{\mathbf{s}} = \underbrace{\begin{bmatrix} 1 \\ \exp(\mathrm{j}2\pi f_0) \\ \vdots \\ \exp[\mathrm{j}2\pi f_0(N-1)] \end{bmatrix}}_{\mathbf{H}} \underbrace{\tilde{A}}_{\theta}$$

则 $\hat{\tilde{A}} = (\mathbf{H}^{\mathrm{H}}\mathbf{H})^{-1}\mathbf{H}^{\mathrm{H}}\tilde{\mathbf{x}}$，由于 $\mathbf{H}^{\mathrm{H}}\mathbf{H} = N$，有

$$\hat{\tilde{A}} = \frac{1}{N}\mathbf{H}^{\mathrm{H}}\tilde{\mathbf{x}} = \frac{1}{N}\sum_{n=0}^{N-1}\tilde{x}[n]\exp(-\mathrm{j}2\pi f_0 n)$$

这即为 $f = f_0$ 时的归一化傅里叶变换。

12.8 用 $\tilde{A}\tilde{s}[n]$ 替代 $\tilde{x}[n]$ 得到

$$\hat{\tilde{A}} = \frac{\sum_{n=0}^{N-1}\tilde{A}\tilde{s}[n]\tilde{s}^*[n]}{\sum_{n=0}^{N-1}|\tilde{s}[n]|^2} = \frac{\tilde{A}\sum_{n=0}^{N-1}\tilde{s}[n]\tilde{s}^*[n]}{\sum_{n=0}^{N-1}|\tilde{s}[n]|^2} = \tilde{A}$$

若反之，使用 $\tilde{x}[n]$ 共轭项，则

$$\hat{\tilde{A}} = \frac{\sum_{n=0}^{N-1}\tilde{x}^*[n]\tilde{s}[n]}{\sum_{n=0}^{N-1}|\tilde{s}[n]|^2} = \frac{\sum_{n=0}^{N-1}(\tilde{A}\tilde{s}[n])^*\tilde{s}[n]}{\sum_{n=0}^{N-1}|\tilde{s}[n]|^2} = \tilde{A}^*$$

明显是错误的结论。

12.9 频率估计应得到 $\hat{f}_0 = -0.2000$，复振幅估计为 $\hat{\tilde{A}} = -0.9692 + \mathrm{j}0.9898$，即得到 1.3853 的幅度估计（$\hat{\tilde{A}}$ 的大小），以及 2.3457 弧度的相位估计（$\hat{\tilde{A}}$ 的角度）。幅度和相位的真实值为 $\sqrt{2} = 1.4142$ 和 $\left(\frac{-1}{1}\right) = 2.3562$。可以运行随书光盘上的程序 `FSSP3exer12_9.m` 得到这个结果。

12.10 由于 $\tilde{x}[n]$ 为 CWGN，有 $\tilde{x}[n] = u[n] + \mathrm{j}v[n]$，其中 $u[n]$ 和 $v[n]$ 均为零均值、方差为 $\sigma^2/2$，因此

$$\begin{aligned} E[\hat{\sigma}^2] &= E\left[\frac{1}{N}\sum_{n=0}^{N-1}|\tilde{x}[n]|^2\right] = E\left[\frac{1}{N}\sum_{n=0}^{N-1}(u^2[n] + v^2[n])\right] \\ &= \frac{1}{N}\sum_{n=0}^{N-1}(E[u^2[n]] + E[v^2[n]]) \\ &= \frac{1}{N}\sum_{n=0}^{N-1}(\mathrm{var}(u[n]) + \mathrm{var}(v[n])) = \sigma^2 \end{aligned}$$

估计器是无偏的。

12.11 从计算机模拟实验及误差中可知需要的 $|\tilde{A}|$ 值大约为 0.46，这个值可得 $P_D = 0.9575$。通过公式可得确切值为[Kay 1998, pg. 485]

$$P_D = Q_{\chi_2'^2(\lambda)}\left(2\ln\frac{1}{P_{FA}}\right)$$

其中 Q 函数为 2 自由度、非中心参量λ的非中心 χ_2^2 概率密度函数的右尾概率，此处的非中心参量可知为

$$\lambda = \frac{2N|\tilde{A}|^2}{\sigma^2}$$

$|\tilde{A}| = 0.46$ 时 P_D 的确切值为 $P_D = 0.9491$。通过 MATLAB 程序 chipr2.m 求取右尾概率。可以运行随书光盘上的程序 FSSP3exer12_11.m 得到这个结果。

12.12 真实功率谱密度为 $P_{\tilde{x}}(f) = \sigma^2 = 1$，用 dB 描述即对 $-1/2 \leqslant f \leqslant 1/2$ 为 0 dB。估计值应相当接近真实功率谱密度但注意并不对称。最后，不需要修改 PSD_est_avper.m 程序，它可以处理实数据和复数据。可以运行随书光盘上的程序 FSSP3exer12_12.m 得到这个结果。

第四部分 真 实 应 用

第 13 章　案例研究——统计问题

13.1　引言

本章开始将应用已学知识来解决一些实际问题。通过这些应用案例，对前几章所讲述的概念和技术进行更加深入的探讨与说明。为了完成这一目标，将以图 2.1(算法设计流程)提出的一般算法设计方法作为指导。当然，世界上没有两片完全相同的树叶，每一个实际问题也都具有其异于其他问题的特殊性。因此，实际上并不存在一种可以解决一切问题的万能方法。图 2.1 所提供的算法设计流程，是在处理实际问题时的一般性步骤。而在实际问题的处理过程中，常会因为有限的资源、严苛的时间条件、客观规律的限制，甚至是指标要求不明确(例如，在图像处理问题中要求“图像看起来不错”，而这本身是一个复杂的心理学问题)等原因，不得不对图 2.1 规范流程中的一些步骤做出调整或简化。如何根据面临问题的特殊性，对这些步骤加以适当利用，也是本章的学习内容之一[Winkler 1999]。此外，选择符合实际问题的信号与噪声模型，在算法设计流程中起着关键作用。图 5.1 与图 6.1 分别对信号模型和噪声模型的选择做出了规范，这一部分的相关知识在本章中也将反复用到。

本章及第 14、15 章，将分别讲述了笔者曾经处理过的三个实际工程问题，涵盖估计、检测及谱估计三个理论领域。本章将以“雷达回波信号中的多普勒中心频率估计问题”作为应用案例，说明估计理论在实际工程中如何应用。第 14 章讲述环境噪声和地磁噪声下的磁信号检测问题，第 15 章讲述运动过程中、肌肉噪声条件下的心电图波形信号功率谱密度的检测问题。

13.2　估计问题——雷达多普勒中心频率

接下来，就以一个实例讨论图 2.1 所规范的算法设计流程的各个步骤。

1．问题描述

根据客户需求，在有限资源支持下，设计并实现一个具有实时性的、最优的雷达多普勒频率估计器。

2．目标

总的设计目标是，在不增加计算复杂度的基础上，使设计的估计器的性能超越现有的、基于快速傅里叶变换(FFT)的估计器。基于快速傅里叶变换的估计器的基本原理是，首先利用 FFT 获得信号的幅度谱，其次将信号幅度谱平方，再寻找最大峰值所对应的频率坐标实现估计。其本质上是一种周期图法频率估计器。

3．特别说明

除了要求设计的估计器性能超越基于快速傅里叶变换的估计器之外，无其他特殊说明。

4．信息获取

根据上一章针对复信号讨论的算法 12.3（正弦信号的幅度、频率和相位估计）可知，在高斯白噪声的条件下，基于快速傅里叶变换的估计器所得到的频率估计是最优估计。其原因在于，基于快速傅里叶变换的估计器实现了周期图法频率估计器，而后者可以获得复信号条件下的最大似然估计（MLE）。因此，理论上现有的估计器性能已经达到最优、没有可供改进的空间了［在同一信噪比（SNR）条件下，最大似然估计结果可以达到克拉美-罗下限（CRLB）］。但是，随着对问题进一步的研究、讨论，发现随着观测信号的中心频率的提高，信号的带宽也随之展宽。这一现象并不符合在设计现有估计器时，所做的确定性正弦信号模型假设。确定性正弦信号模型要求信号带宽不随信号中心频率的改变而改变。图 13.1 表示了观测信号带宽随其中心频率提高而展宽的现象［需要注意，由于是复信号，信号的功率谱密度（PSD）不必关于 $f=0$ 对称。］回到所面临的实际问题上来，不妨假设在图 13.1 所示的现象中，观测信号中心频率与其带宽的比值是固定值且已知。令信号的中心频率为 f_0、带宽为 B，$f_0/B=15$。在如上所述的先验知识的基础上，再对现有基于快速傅里叶变换的估计器进行改进，就成为可能。

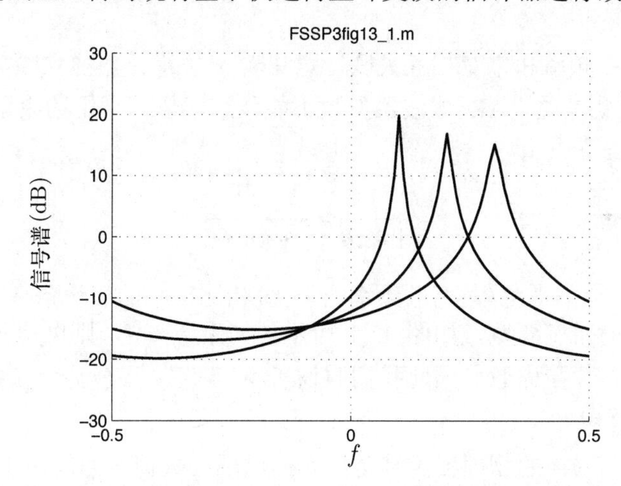

图 13.1　观测信号带宽与中心频率的变化关系。中心频率提高，带宽随之展宽，每一个功率谱的总功率相等

5．数学模型

a．信号模型

如图 12.1 所示，雷达接收机完成下变频后，原始信号由一个模拟的带通信号转换为频率较低的复信号。因此，应该选择第 12 章的针对复信号的信号模型和噪声模型进行建模。据图 5.1 中所提出的信号模型选取流程可知，由于信号的物理机制无法确定，所以现有的模型无法直接应用。同时，也缺少实际数据支撑。因此，使用哪种信号模型应基于“信息获取”步骤中的分析来确定。根据之前的分析，从信号的随机过程模型、瞬态信号模型与周期信号模型中选取。在当前面临的实际问题中，显然随机过程模型更佳。因为平稳随机过程既可以定义窄带信号，又可以定义宽带信号，具有带宽适应能力（可利用物理散射理论证明随机过程模

型的有效性)。例如图 4.4 中两个不同带宽信号的例子，利用自回归(AR)模型对其进行建模、分析，并最终得到其功率谱密度。回顾 12.3.3 节内容，一阶复 AR 随机过程可用于对带通信号建模。AR 模型的极点可通过令其系统函数分母为 0 而求得。例如 $\mathcal{A}(z)=1+a[1]z^{-1}$，令并 $\mathcal{A}(z)=0$ 求解该方程，可以得到一个极点 $z_p=-a[1]$，$\mathcal{A}(z)=0$ 假设它是复数并表示一个带通的功率谱密度，AR 滤波器的参数如下，

$$a[1]=-r\exp(\mathrm{j}2\pi f_0) \tag{13.1}$$

则功率谱密度将在 $f=f_0$ 处有一个峰值，且该峰值的所对应的带宽由极点半径 r 确定(具体参见附录 4C)。当 r 趋近于 1 时，功率谱密度的带宽将减少。最终，从数学上可以假设其为一个零均值的高斯 AR 信号过程。

练习 13.1　极点位置的影响

回顾利用复 AR 随机过程对一个复信号 $\tilde{s}[n]$ 建模，当 $p=1$ 时其 PSD 如下式，

$$P_{\tilde{s}}(f)=\frac{\sigma_{\tilde{u}}^2}{\left|1+a[1]\exp(-\mathrm{j}2\pi f)\right|^2} \tag{13.2}$$

分别令 $r=0.8$，$f_0=0.1$ 或 $r=0.6$，$f_0=0.2$ 时，计算参数 $a[1]$ 并绘出 PSD。令 $\sigma_{\tilde{u}}^2=1$，讨论中心频率和带宽。 •

接下来，由于中心频率和带宽相互关联，意味着 r，f_0 并非独立参数且必须满足约束条件 $Q=f_0/B=15$。也就是说，AR 滤波器参数不能任意取值。利用约束条件能够得到带宽 B 与极半径相关。在附录 13A 中，

$$r=\frac{1}{1+\pi B}=\frac{1}{1+\pi f_0/Q} \tag{13.3}$$

在 $B\ll 1$ 或信号带宽与全部带宽(对离散频率归一化)相比很小的假设条件下，当中心频率提高时，极半径减小，因此带宽变宽，如图 13.1 所示。如果 $f_0=0$，则可得 $r=1$，极点位于单位圆上，滤波器不稳定，模型失效。因此我们假设 $f_0>0$。

b．噪声模型的选择

图 6.1 中并未指出噪声的物理根源甚至没有提供现实数据。当前的 FFT 处理器只在高斯白噪声(WGN)条件下是最优的。因此，应用 FFT 处理器时已经假设噪声满足高斯白噪声的假设，或噪声虽然是有色噪声却不明显。此外，也没有提及任何通常以色噪声或非高斯为模型的雷达杂波。因此，噪声背景最有可能是环境噪声或电子噪声，具有平坦的功率谱密度。为了不过分复杂化这个问题，故而采用高斯白噪声的假设。用户对此也没有保留意见，因而最终采用了这个假设。

⚠　高斯白噪声假设

由于在有色噪声或非高斯噪声的条件下很难设计相应的信号处理算法，所以在可能的时候，我们就顺理成章地做出高斯白噪声的假设。有些情况下，当具有平坦的功率谱密度时也不能进行高斯白噪声的假设，诸如信号带宽内表现出雷达杂波或声呐反射的特性。在以上两种情况中，噪声具有很强的相关性。事实上，其功率谱密度类似于信号的功率谱密度。然而，认识到假设一段功率谱密度为平坦的是一件十分重要的事情，甚至当全部噪声功率谱密度是

有色的时候。因为任何好的信号处理算法只处理信号带宽范围内的部分，重点就是在信号带宽范围内，噪声的功率谱密度是平坦的还是有色的。因此，如果信号的功率谱密度约束在噪声功率谱密度相对平坦的一段频谱上，那么平坦的功率谱假设就有效。同样，非高斯噪声的假设也需要尽可能地避免。第 14 章中的信号检测问题就是这样一个困难的例子。⚠

c．完整数据模型

使用如下数据模型，

$$\tilde{x}[n]=\tilde{s}[n]+\tilde{w}[n] \qquad n=0,1,\cdots,N-1$$

其中 $\tilde{s}[n]$ 是复信号，由复高斯 AR 过程建模，并且满足 $p=1$，且参数 $a[1]=-r\exp(\mathrm{j}2\pi f_0)$ 与 r 的关系由式(13.3)确定。激励噪声是复高斯白噪声，f_0 的方差为 $\sigma_{\tilde{u}}^2$。加性噪声也是复高斯白噪声 $\tilde{w}[n]$，方差为 σ^2。记信号的时域表示为

$$\tilde{s}[n]=-a[1]\tilde{s}[n-1]+\tilde{u}[n]$$

可用于计算机仿真。

6．可行性研究

既然这是一个估计问题，那么对任何无偏估计的方差计算其克拉美-罗下限(CRLB)是很好的做法(见 8.2.1 节)。当我们这么做时，有两个问题无法避免。一是对于观测数据是复数的情况，还没有描述如何获得其 CRLB。二是在 AR 信号过程叠加复高斯白噪声过程的模型下，计算 CRLB 是十分困难的。这是由于 11.3 节中所讨论的产生过程不再是一个 AR 过程，从而使得边界的推导复杂化。作为一种近似处理，在计算 CRLB 的过程中准备忽略复高斯白噪声。当然，如果最终计算的边界出现任何独特或难以解释的特性，那么我们应该意识到这是之前做出的忽略所导致的。

可以得到，基于复观测数据 $\tilde{s}[n]$(其中 $n=0,1,\cdots,N-1$)的估计值 $\hat{f}_0$ 的 CRLB 近似为

$$\mathrm{var}(\hat{f}_0)\geqslant\frac{1-r^2}{2N\left(\dfrac{\pi^2 r^4}{Q^2}+4\pi^2 r^2\right)} \tag{13.4}$$

其中 r 由式(13.3)求得。应该注意的是，对于边界，如果 $r\to 1$，那么边界将趋近于 0。这是由于之前忽略了加性复高斯白噪声。在没有加性噪声的条件下，当 $r\to 1$ 时，信号频谱将会逼近冲激信号，因此将会得到最优的频率估计值。

7．规范修改(如有必要)

没有可适用的。

8．解决方案

再次简化估计器的后续执行过程，假设没有加性噪声。那么面临的就是一个熟悉的问题——估计一个高斯随机过程的中心频率。算法 9.8 讨论了这一问题在实观测数据条件下的解决方法，算法 12.8 则讨论了复观测数据的情况，并称之为“随机信号中心频率估计”。在这样的考虑下，通过假设不存在噪声，令式(12.18)中的 $\sigma^2=0$。在 $0<f_{0_{\min}}<f_0<f_{0_{\max}}<0.5$ 的范围内将下式最小化，从而获得中心频率最大似然估计(MLE)的一个近似值，

$$J(f_0)=\int_{-\frac{1}{2}}^{\frac{1}{2}}\frac{I(f)}{P_{\tilde{s}}(f-f_0)}\mathrm{d}f \tag{13.5}$$

函数$I(f)$即表示周期图，记为

$$I(f)=\frac{1}{N}\left|\sum_{n=0}^{N-1}\tilde{x}[n]\exp(-\mathrm{j}2\pi fn)\right|^2$$

联合式(13.1)与式(13.2)，可化简得到

$$J(f_0)=\frac{1}{\sigma_{\tilde{u}}^2}\int_{-\frac{1}{2}}^{\frac{1}{2}}I(f)\left|1-r\exp(-\mathrm{j}2\pi(f-f_0))\right|^2\mathrm{d}f$$

或者等价于将下式最小化(由于$\sigma_{\tilde{u}}^2>0$)，

$$J'(f_0)=\int_{-\frac{1}{2}}^{\frac{1}{2}}I(f)\left|1-r\exp(-\mathrm{j}2\pi(f-f_0))\right|^2\mathrm{d}f$$

经过一些化简和近似，得到最终的目标函数

$$J''(f_0)=1+r^2-2r\,\mathrm{Re}[\hat{\rho}_s\exp(-\mathrm{j}2\pi f_0)] \tag{13.6}$$

其中 r 由式(13.3)给出，$\hat{\rho}_s$是 $k=1$ 时的归一化自相关序列的估计，该归一化自相关在 $k=1$ 时由下式定义，

$$\rho_{\tilde{s}}=\frac{r_{\tilde{s}}[1]}{r_{\tilde{s}}[0]} \tag{13.7}$$

其估计值为

$$\hat{\rho}_{\tilde{s}}=\frac{(1/N)\sum_{n=0}^{N-2}x^*[n]x[n+1]}{(1/N)\sum_{n=0}^{N-1}|\tilde{x}[n]|^2} \tag{13.8}$$

实随机过程的自相关序列的估计问题可参见6.4.4节。目标函数有一个很直观的解释。

练习 13.2　解释合成估计

确保最终估计的合理性总是有用的，并且可以起到真实性检查的作用。式(13.7)定义的理想归一化自相关参数，在阶数$p=1$的AR过程中等于$\rho_{\tilde{s}}=r\exp(\mathrm{j}2\pi f_0)$。其次，在式(13.6)定义的目标函数中将$\hat{\rho}_{\tilde{s}}$替换为$\rho_{\tilde{s}}$。最后，选择适当的$f_0$使得目标函数最小化，解释估计的运算过程。提示：使用式(12.8)。 ●

9，10．性能分析

为了确定所提出的最大似然估计的性能，我们使用计算机仿真进行分析。通过刻画克拉美-罗下限，作为确保估计结果合理性的手段，同时为估计性能提供基准。如果最大似然估计的性能优于克拉美-罗下限，说明该估计很有可能是有偏的。因此，在使用克拉美-罗下限之前，我们理应对估计结果的均值进行估计，以确保估计是无偏的。计算机仿真表明，最大似然估计和FFT估计都是无偏的。由于原始信号是一个已经解调的带通过程，假设已解调的离散时间低通过程的中心频率在$0.1\leqslant f_0\leqslant 0.45$的范围内。在建模过程中始终保持这一假设，因为如果不是这样，当$f_0=0$时，根据式(13.3)，将有AR极点的半径$r=1$成立。此时极点将

位于单位圆上，并且功率谱密度将出现脉冲扰动。这显然是不现实的。处理现实中的案例时，我们需要寻找模型的易用性和模型的物理准确性之间的平衡点。

我们利用一段长度 N 为 64 的观测数据，判定最大似然估计和 FFT 两种方法对中心频率估计的方差。遗憾的是，性能分析评估无法得到一个确切的解析解，所以使用蒙特卡罗方法，通过 10 000 次的实验来评估以上两种估计的性能。为了确定 FFT 的长度，使用一种递归程序，在该程序运行过程中持续增大 FFT 的长度直到估计结果稳定。最终确定长度为 2048 比较合适。此外，还需要搜索周期图的最大值(更深入的讨论参见算法 9.9)。在 $0.1 \leqslant f_0 \leqslant 0.45$ 的范围内，最小化式(13.6)给出的目标函数，同样也是利用递归程序搜索求得结果，通过实验可知搜索网格大小取 0.001 相对合适。在评估目标函数时，任何量化误差都不超过搜索网格大小的 1/2。在此情况下的 FFT，其最大平方频率误差为 $[1/(2(2048))]^2 = 6\times10^{-8}$，与估计方差相比可以忽略。类似地，在最大似然估计的情况下，根据搜索网格大小可以确定的最大平方误差约为 $1/(0.001)^2 = 10^{-6}$，同样低于估计方差，结果如图 13.2 所示。当中心频率较高时，最大似然估计的性能改善比 FFT 要大。在 $f_0 = 0.45$ 处，最大似然估计的方差为 0.4821×10^{-4}，而 FFT 的方差为 1.908×10^{-4}，方差缩减约为 4。改善的原因是在较高的中心频率上频谱将会展宽，因此将无法达到单音信号周期图法的最佳性能，近似也随带宽增大而逐渐恶化。随书光盘中的 MATLAB 程序 `FSSP3fig13_2_exer.m` 可用来生成图 13.2，用以研究计算机仿真的细节、算法执行及结果的性能。

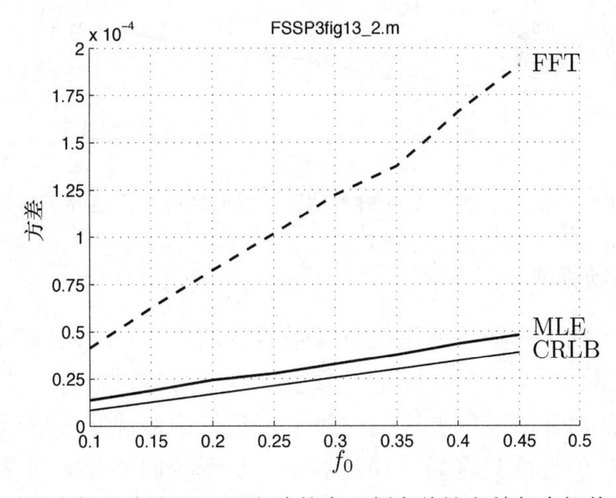

图 13.2　最大似然估计和 FFT 方法的中心频率估计方差与克拉美-罗下限

基于之前的讨论可知，最大似然估计仅在观测数据记录长度足够大时才能接近克拉美-罗下限。本次实验观测数据记录长度为 $N = 64$，过小，无法使结果达到克拉美-罗下限。然而最大似然估计的方差的增长与克拉美-罗下限相比很小。因此，或许并没有可能找到一个更优于最大似然估计的估计了，即使这样的估计存在，也不可能。

练习 13.3　达到克拉美-罗下限

运行 MATLAB 程序 `FSSP3fig13_2_exer.m`，生成图 13.2。将数据记录长度改为 $N = 300$，比较最大似然估计与克拉美-罗下限。提示：运行时间约有几分钟。　•

11，12．灵敏度分析

为了确保计算机仿真能够真实模拟算法在实际中的运行情况，我们需要重新评估算法设计时所做出的假设。其中显然的一点，就是没有加性噪声的假设。这个假设使得问题求解得以简化。加入噪声将会增加计算克拉美-罗下限的复杂度，也要求一个更加复杂的最大似然估计算法。这甚至会导致算法执行无法满足实时性的要求，从而与我们的目标相冲突。然而，不能完全忽略加性噪声。灵敏度分析要求判定加性噪声对估计性能的影响。为了这一目的，我们在原有计算机仿真的基础上加入复高斯白噪声，其方差为$\sigma^2 = 0.01$。AR 信号过程的功率设为$r_{\tilde{s}}[0]=1$，故信噪比(SNR)为 20 dB。结果如图 13.3 所示。对比图 13.3 与图 13.2 可知，在信噪比不太低时，估计值对信噪比变换不敏感。因此，在算法设计之初忽略加性噪声以简化算法的做法是合适的。

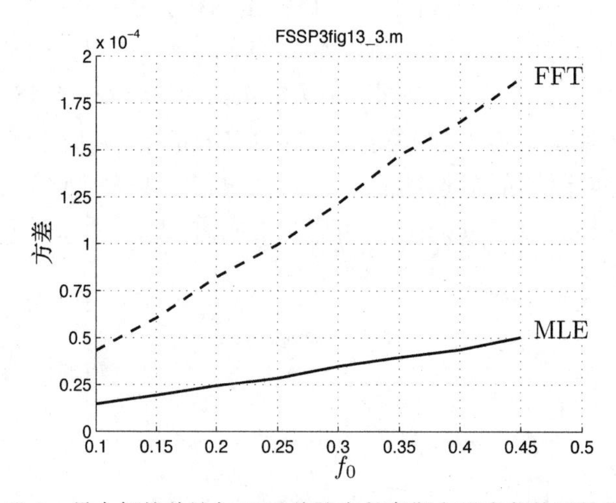

图 13.3　最大似然估计与 FFT 估计在复高斯白噪声条件下的方差

13，14，15．现场测试

本案例研究基础上的工程还没有进展到现场测试的阶段(至少作者不这么认为)。如果进展到现场测试阶段，那么所提出的算法的计算复杂度也将难以执行。明智的选择是使用一个可行的近似，从而降低对计算量的要求。这种近似最好由最优或接近最优的算法化简得到，从而获得更加容易执行但性能只轻微受损的算法。对于我们处理的问题，最大似然估计建议如何去做呢？回顾练习 13.2，最小化目标函数时，我们希望当f_0选定以后，通过实现最小化，获得接近理论值的$\rho_{\tilde{s}}$的估计。其值为$\rho_{\tilde{s}} = r_{\tilde{s}}[1]/r_{\tilde{s}}[0] = \exp(\mathrm{j}2\pi f_0)$。因此，可以利用

$$\hat{f}_0 = \frac{1}{2\pi}\angle\left(\frac{\hat{r}_{\tilde{s}}[1]}{\hat{r}_{\tilde{s}}[0]}\right)$$

其中$\angle$表示复数的幅角，作为我们的估计。于是中心频率的估计即为式(13.8)的幅角除以 2π。这个结果可作为我们的另一个估计

$$\hat{f}_0 = \frac{1}{2\pi}\angle\left(\frac{(1/N)\sum_{n=0}^{N-2}\tilde{x}^*[n]\tilde{x}[n+1]}{(1/N)\sum_{n=0}^{N-1}|\tilde{x}[n]|^2}\right) \tag{13.9}$$

该估计的计算复杂度将大量减少，因为估计过程中只有 $2N$ 次复数乘法/加法。(实际计算量还可以进一步减小，因为除数 N 可以忽略，并且由于分母是正数，对相位没有作用，因此也可以忽略。)为了评估这种自相关估计的性能损失，再次运行计算机仿真，得到图 13.3(含有复高斯白噪声)的类似结果，但将最大似然估计与自相关估计做对比，如图 13.4 所示。从图中可以看出，两种估计并没有差别。实际上，两条曲线相互重叠。尽管初看起来让人惊奇，但性能看起来这么好是有理由的[Kay 1989]。相比最大似然估计更具吸引力的是，我们找到了一种计算量更少、但性能相同的算法。这种看法对很多实际问题是适用的。然而，最大似然估计在现实中更具有鲁棒性，特别是当信号信噪比较低或数据基础长度较短时。运行随书光盘上的 MATLAB 程序 `FSSP3fig13_4.exer.m`，可用来分析算法执行情况和性能结果。

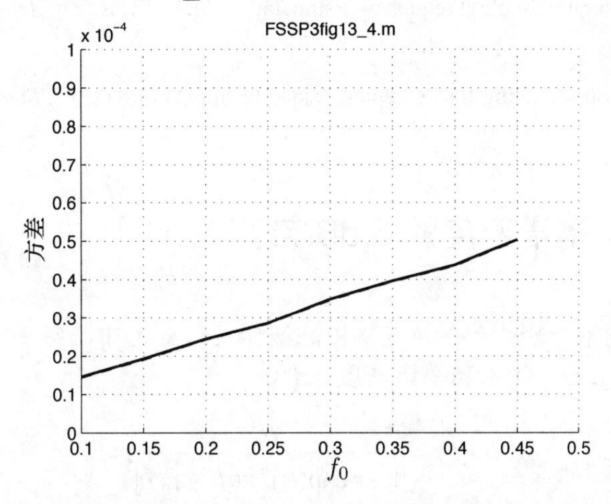

图 13.4　包含复高斯白噪声最大似然估计和自相关估计的方差。两条曲线相互交叠

练习 13.4　更高难度条件下的最大似然估计和自相关估计

再次运行程序 `FSSP3fig13_4_exer.m`。将程序中的噪声方差 $\sigma^2 = 0.01$ 增大为 $\sigma^2 = 0.1$。同时，将数据记录长度从 $N = 64$ 降低到 $N = 32$。确定变化坐标系取值，可利用函数 `axis([0.1 0.45 0 1e-3])` 实现。此时你将会观察到什么？能够解释你看到的现象吗？提示：假设自相关估计的概率密度函数(PDF)是高斯的，满足($\mathcal{N}(\mu,\sigma^2)$)，如果 μ 等于真值 $f_0 = 0.45$ 且标准差 $\sqrt{0.0002} = 0.014$ 时会出现什么？$\mu + 3\sigma$ 是什么意思？提示：程序运行会占用几分钟。 •

13.3　小结

- 对于待估计参数，例如 $a[1]$ 滤波器参数，任何在可能取值集合上的约束都将提高估计的准确度。因为并不允许估计在离真实值过远处取值。
- 尽可能假设噪声是高斯白噪声而不是有色噪声或者非高斯噪声。高斯白噪声会简化问题，而其他噪声假设将会导致问题复杂化。
- 信号的 AR 随机过程模型在处理理论问题和实际问题时非常有用。其他的一些模型，例如自回归滑动平均(ARMA)模型，将导致非常复杂的最优化问题并因此造成实际中难以执行的问题。

- 可行性检测中，从直觉角度出发理解估计的执行过程更好。如在练习 13.2 中，更改数据的数量大小后再估计，之后最小化目标函数，将会生成参数真值。
- 在实际问题中，我们需要找到一个模型的简单易用性与其物理准确性之间的平衡点。
- 将算法设计为具有实时性的是非常明智的，基于所提出算法的“后备”算法也应该可行。在所提出算法的计算量要求对执行而言过于苛刻的条件下，这将有积极作用。

参考文献

Kay, S. “A Fast and Accurate Single Frequency Estimator”, *IEEE Trans. on Acoustics*, *Speech*, *and Signal Processing*, Dec. 1989.

Winkler, S., “Issues in Vision Modeling for Perceptual Video Quality Assessment”, *Signal Processing*, Vol. 78, pp. 231-252, Oct. 1999.

附录 13A AR 功率谱密度的 3 dB 带宽

在此附录中，我们推导极点半径 r 与 AR 滤波器及过程的中心频率 f_0 之间的关系。将复滤波器参数 $a[1]=-r\exp(\mathrm{j}2\pi f_0)$ 代入功率谱密度，有

$$P_{\tilde{s}}(f)=\frac{\sigma_{\tilde{u}}^2}{\left|1-r\exp(-\mathrm{j}2\pi(f-f_0))\right|^2}$$

3 dB 带宽 B 由下式定义，

$$\frac{P_{\tilde{s}}(f_0+B/2)}{P_{\tilde{s}}(f_0)}=\frac{1}{2}$$

或

$$\frac{\sigma_{\tilde{u}}^2}{\left|1-r\exp(-\mathrm{j}\pi B)\right|^2}=\frac{1}{2}\frac{\sigma_{\tilde{u}}^2}{\left|1-r\right|^2}$$

那么

$$(1-r)^2=\frac{1}{2}\left|1-r\exp(-\mathrm{j}\pi B)\right|^2$$

又因为当 $B\ll 1$ 时，有 $\exp(-\mathrm{j}\pi B)\approx 1-\mathrm{j}\pi B$ 成立，将其代入上式，化简得

$$B=\frac{1-r}{\pi r}$$

因此，我们得到

$$r=\frac{1}{1+\pi B}=\frac{1}{1+\pi f_0/Q}$$

这表明极点半径与极点频率相互关联。

附录 13B　练习解答

为了得到下列描述的结果，在任何代码开始之前初始化随机数生成器为 `rand('state',0)` 和 `randn('state',0)`。这些命令分别对应均匀分布和高斯分布的随机数生成器。

13.1　第一组功率谱密度的半径与角度，可由中心频率 $f_0 = 0.1$ 及其带宽确定。第二组半径与角度，其中极点半径更小，其功率密度的带宽更宽，并且中心频率 $f_0 = 0.2$。可以通过运行随书光盘中的程序 `FSSP3exer13.1.m` 来获得相应的结果。

13.2　为了评估当 $k = 1$ 时归一化自相关理论的结果，我们需要一阶复 AR 随机过程的自协方差序列。该序列由式(12.8)给出，

$$r_{\tilde{s}}[k] = \begin{cases} \dfrac{\sigma_{\tilde{u}}^2}{1-|a[1]|^2}(-a[1])^k & k \geqslant 0 \\ r_{\tilde{s}}^*[-k] & k < 0 \end{cases}$$

因此 $r_{\tilde{s}}[1]/r_{\tilde{s}}[0] = -a[1]$，并且 $a[1] = -r\exp(\mathrm{j}2\pi f_0)$。可以得到

$$\rho_{\tilde{s}} = r_{true}\exp(\mathrm{j}2\pi f_{0_{true}})$$

其中 r 与 f_0 的下标 *true* 表示其真值。

将其代入目标函数，可得

$$\begin{aligned} J''(f_0) &= 1 + r^2 - 2r\,\mathrm{Re}[r_{true}\exp(\mathrm{j}2\pi f_{0_{true}})\exp(-\mathrm{j}2\pi f_0)] \\ &= 1 + r^2 - 2rr_{true}\cos[2\pi(f_{0_{true}} - f_0)] \end{aligned}$$

显然，令上述目标函数最小化，可得 $r = r_{true}$ 和 $f_0 = f_{0_{true}}$。

13.3　通过增加数据记录长度至 $N = 300$，可以观测到所有的方差都减小，而最大似然估计达到克拉美-罗下限后两者合并。可以运行随书光盘上的程序 `FSSP3exer13_3.m`，获得上述结果。

13.4　假设自相关估计相角的取值范围为 $[-\pi, \pi]$，相应的中心频率取值范围为 $[-0.5, 0.5]$。然而，当信噪比与数据记录长度都减少时，高斯概率密度函数的宽度将增大，一些频率的估计值将超出假设范围。实际上，这些值发生了“截断”。因此，这些估计将更靠近−0.5 而不是 0.5，从而导致较大的误差和方差。值得注意的是，依据经验设 $\sigma = \sqrt{0.0002}$，当 $f_0 = 0.45$ 时该经验值将逼近最大似然概率的标准差。以上现象可从随书光盘上的程序 `FSSP3exer13_4.m` 的运行结果中观察获得。

第 14 章　案例研究——检测问题

14.1　引言

在这一章中我们提出一个现实世界中的信号检测问题。该工程通过提高传感器的敏锐性与数字信号处理技术的可行性，改善当前系统的信号检测能力。

14.2　估计问题——磁信号检测

根据图 2.1 我们继续讨论各个步骤。

1．问题描述

本问题是对一个断续发射周期电磁信号的目标进行检测，该目标信号收到环境噪声及非常尖锐的地磁噪声影响。传感器通过磁力计捕捉信号，类似于机场安检中使用的检测金属物体的仪器。

2．目标

因为一般情况下信号未知，所以不可能使用匹配滤波器。当前系统利用能量检测器。我们的目标是提高系统的检测性能，也就是在给定一个误警概率的基础上获得较高的正确检测概率。初步设计时首要考虑的是检测性能，而执行的实时性并没有要求。

3．特别说明

除要求所设计估计器性能超越能量估计器以外，无其他特殊说明。

4．信息获取

在设计检测器的过程中，准备问题清单用来减少问题的假设。在与客户的讨论之后，依据已知问题的物理原理，大量的模型假设被约定为合理的。这些假设当然是使得所设计的检测器达到已知的最优性能或接近最优的结果，或者至少要求是那些已有结果的简单扩展。否则，工程很有可能无法在预算条件下完成。作为讨论结果，做出以下假设。信号是非常低通的信号［有时也称为极低通频率(Extremely Low Frequency，ELF)信号］。该信号是周期的，但持续时间短，持续时间即所谓的信号“接通”时间。信号的周期或即信号的基频未知，但可以假设该频率在一个窄范围内。此外，由于发射目标到磁力计存在传输损耗，可以假设只有几个低次谐波的幅度值足够大并列入考虑。

对于噪声建模来说，提供一些可用的有代表性的噪声数据是有益处的。例如，如图 14.1 所示的 10 000 个典型噪声数据样本，可以看出噪声是由低电平的背景噪声加上比较稀少的大电平尖峰噪声组成的。背景噪声最有可能是周边的环境噪声，而尖峰噪声可能是由自然现象引起的大气扰动。闪电就是这样一种自然现象，它以低频传播很远的距离。后一种噪声也称为地磁噪声，由于数据的收集方式，均值电平不为零。在许多实际系统中，数据的均值电平总是在处理前减去。

由于表示磁通密度的需要，其幅度值数量级通常在 10^{-10} 特斯拉，因此引入非常小的幅度来表示。此后，为了避免这些小值，我们对数据进行归一化。归一化的方法是将数据除以数据记录中的最大值，从而将数据范围控制在 $-1 \leqslant w[n] \leqslant 1$。

练习 14.1　辨别非高斯噪声

判断图 14.1 中所示噪声是否为非高斯的。一个简单的方法是，首先估计背景噪声方差 σ^2，再判断是否超出 $\mu \pm 3\sigma$。（见 6.3 节的库尔图鲁斯算法。）使用图 14.1 所示的数据，首先减去均值，然后使用 $3000 \leqslant n \leqslant 4000$ 的数据来估计背景噪声的方差，该段数据看起来只有环境噪声。接下来找到 $\pm 3\sigma$ 边界，分析结果。可通过程序 FSSP3exer14_1 导入所有数据。

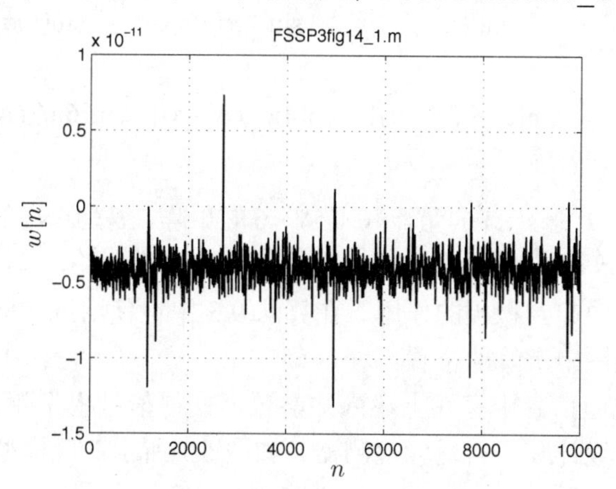

图 14.1　典型噪声数据和真实数据采样。为便于观察，数据采样点由直线连接

5. 数学模型

a. 信号模型

我们参考表 5.1，其中描述了信号模型的选择过程。信号辐射的物理机理已知。然而，并没有一个信号模型能够满足，这是由于信号特征将随目标运动和测量环境的变化而改变。从信号辐射的物理过程可知，周期信号模型是一个合理的选择，虽然模型中有未知参数，但这些参数提供了模型适应目标和观测环境变化的可能。因此，客户接受了具有未知参数的周期信号模型。周期信号的问题在 3.4.6 节中做过讨论，但没有描述相关细节，只是阐述了一个周期信号也能够用一个傅里叶级数表示。对于我们手头上的问题而言，这是一种有用的表示。其原因是对于一个已知基频和一定数量谐波的信号，傅里叶级数允许我们用一个线性模型表示它。当基频频率未知时，信号模型称为一个如 3.5.4 节中讨论的偏线性模型，其最大似然估计可以简单地求解。与一般似然比检测（GLRT）相结合，该检测方法需要未知参数的最大似然估计结果，我们就可能设计出一个检测算法。由于信号仅具有某些未知参数，可以预期由此衍生出的检测器必将优于能量检测器，后者完全没有用到信号信息。

傅里叶级数模型如下[Kay 1993, pp. 88-90]，

$$s[n] = \sum_{k=1}^{M} a_k \cos(2\pi k f_0 n) + \sum_{k=1}^{M} b_k \sin(2\pi k f_0 n) \quad n = 0,1,\cdots,N-1 \tag{14.1}$$

其中 f_0 是基频，其余频率分量一般称为谐波分量。对照问题分析可知，不妨设 $M=3$，此时信号由基频和前两个谐波分量组成（其余频率较高的谐波分量与噪声水平相当，因此对提高检测性能几乎没有帮助）。在此模型中，信号的未知参数是 $\{a_1, a_2, a_3, b_1, b_2, b_3, f_0\}$，因此我们建立偏

线性模型，并给出其矩阵/向量表示形式如下，

$$\begin{bmatrix} s[0] \\ s[1] \\ \vdots \\ s[N-1] \end{bmatrix} = \begin{bmatrix} 1 & 1 & 1 & 0 & 0 & 0 \\ \cos(2\pi f_0) & \cos(4\pi f_0) & \cos(6\pi f_0) & \sin(2\pi f_0) & \sin(4\pi f_0) & \sin(6\pi f_0) \\ \vdots & \vdots & \vdots & \vdots & \vdots & \vdots \\ \cos[2\pi f_0(N-1)] & \cos[4\pi f_0(N-1)] & \cos[6\pi f_0(N-1)] & \sin[2\pi f_0(N-1)] & \sin[4\pi f_0(N-1)] & \sin[6\pi f_0(N-1)] \end{bmatrix} \begin{bmatrix} a_1 \\ a_2 \\ a_3 \\ b_1 \\ b_2 \\ b_3 \end{bmatrix} \tag{14.2}$$

或简写为$\mathbf{s}=\mathbf{H}\boldsymbol{\theta}$，其中 $\mathbf{s}$ 是$N\times1$向量，$\mathbf{H}$ 是$N\times6$的矩阵，$\boldsymbol{\theta}$是6×1的向量。注意矩阵 $\mathbf{H}$ 中的元素除了 f_0 之外都已知。当 $f_0 \gg 1/N$ 时，$\mathbf{H}$ 的列向量近似正交(见练习 14.2)。这一性质将在我们的算法设计过程中起到积极的作用。在算法 9.3 中也使用过相同的“诀窍”，从而减少了估计量，并寻找周期图中谱峰的位置。

最终，由于信号先验信息中存在上述未知参数，使得信号模型随目标运动和观测环境的变化而改变，因此需要设计一个自适应检测器。如图 5.1 所示，该模型特指数据自适应模型。

练习 14.2 矩阵 H 的列向量的正交性

参见式(14.2)定义的矩阵 $\mathbf{H}$，令 $f_0=0.1$ 且 $N=100$。然后计算 $\mathbf{H}^T\mathbf{H}/(N/2)$，将发现结果逼近一个$6\times6$的单位矩阵。 •

b．噪声模型的选择

回顾图 6.1，第一个结论是，虽然噪声产生的物理机理已知，但并没有能被广泛接受的地磁噪声的确定模型。这是因为统计特征随着观测位置、一天中的时间、天气条件等因素不断改变。因此，任何成功的算法必须是数据自适应的，具有在线估计噪声特征的能力。利用图 14.1 所表示的外场数据，我们可以建立一系列模型，这些模型的参数可在一个均匀区间上完成估计。对于噪声平稳性的问题，由于信号是间隔出现的并且持续时间非常短，因而可以假设在信号持续过程中，噪声是平稳的。该假设指导我们在图 6.1 中判定噪声是否为高斯的。从图 14.1 中明显可以看出，噪声表现出较强的高斯性，但也会不时出现一些尖峰。因此，总体上噪声应该以非高斯模型建模。

在非高斯噪声假设下，重要的一点是能够假设一个平坦的功率谱密度。如果这是合理的，那么可以得到结论，即噪声的采样之间是不相关的。因此，我们可以证明信号模型是独立同分布的噪声。当然，这是理论“刻画”，因为非高斯噪声不相关不能推出独立性。但是，若假设非高斯噪声采样是非独立的，那么我们将面对一个非常困难的问题。能否建设一个平坦的功率谱密度？利用图 14.1 中的数据，我们绘制了数据的平均周期图和最小方差频谱估计(MVSE)，如图 14.2 所示。随书光盘中的 MATLAB 程序 `PSD_est_avper.m` 和 `PSD_est_mvse.m` 可以实现上述结果。数据记录长度为 $N=10\,000$ 个样点，对于平均周期图频谱估计，分段长度 $L=100$，对应分辨率为 0.01。对于 MVSE，令 $p=50$。在图 14.2 中，两种谱估计给出了非常近似的估计结果，这也说明了结果的可信性。

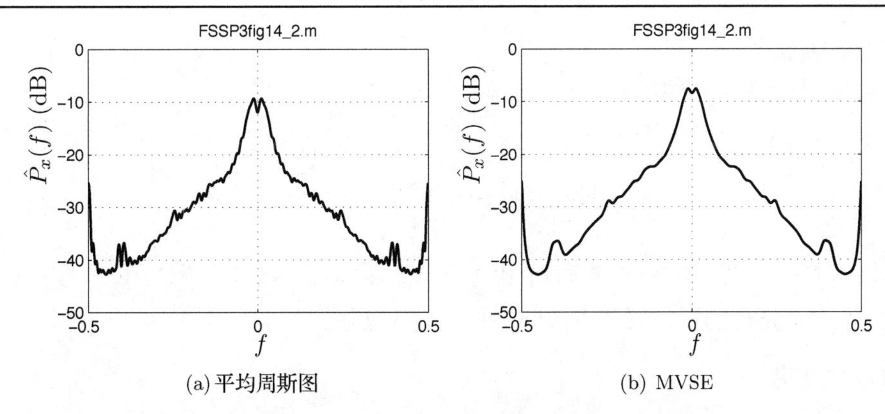

(a) 平均周斯图　　(b) MVSE

图 14.2　使用图 14.1 中的数据得到的平均周期图和最小方差频谱估计($p = 50$)的结果

如图所示，即使是在很小的一段带宽内，噪声的功率谱密度看起来都不平坦。一个可能的处理方法是加入预白化滤波器。但是，如果使用预白化滤波器，该滤波是一个线性滤波过程，由于预白化滤波器的平均作用(回顾中心极限定理)，原本非高斯的噪声样点将更接近高斯的。因此，高电平的尖峰将可能“渗透”过去。另一方面，如果不使用预白化滤波器处理，将会出现一些检测性能的损失。只要信号各分量的带宽(该带宽是信号持续时间的倒数)与带宽内噪声的功率谱密度变化无关，就可以假设不使用预白化滤波器带来的损失很小。因此，也由于信号处理过程对噪声非高斯本质的兼容度远比对有色噪声的重要(参见“现场测试”一节中的进一步讨论)，我们对噪声样本做出独立同分布假设。

为了提高我们对课题所要求的非高斯噪声假设的信心，如 6.4.6 节中阐释的那样估计概率密度函数(PDF)。使用随书光盘中的 MATLAB 子程序 `pdf_hist_est.m`，通过直方图估计 PDF，之后对比相同方差情况下估计所得的 PDF 与高斯 PDF。数据中已经减去了样点均值，所以两个 PDF 的均值都是 0。使用图 14.1 中的数据，但以数据的最大绝对值为标准做归一化，可以得到结果如图 14.3 所示。直方图估计的 PDF 中有部分“缺失”，这是因为那些统计区间中没有样本落入。对于高斯随机变量的一般范围，本数据中为 $\pm 3\sigma = \pm 0.2$，而如图 14.3 的实线所示，直方图估计的结果远远超过上述范围。显然，噪声是非高斯的。

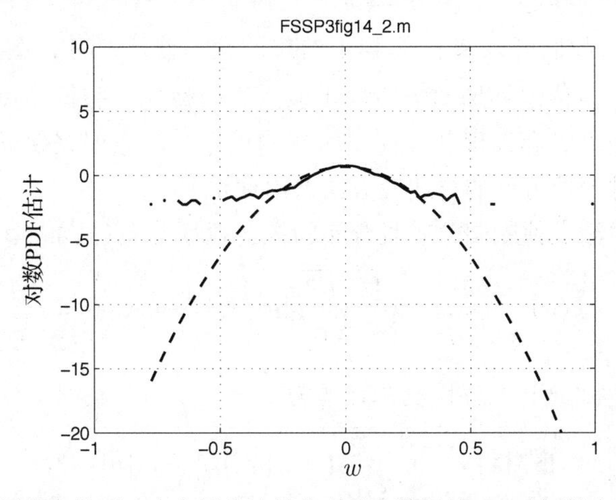

图 14.3　同样方差下，直方图估计的典型噪声数据的 PDF(实线)与高斯 PDF (虚线)的对比图。图中坐标由对数坐标表示。高斯 PDF 的 3σ 点为 0.2

c．完整数据模型

我们将使用如下数据模型对实数据建模，

$$\begin{aligned} x[n] &= s[n] + w[n] \\ &= \sum_{k=1}^{3} a_k \cos(2\pi k f_0 n) + \sum_{k=1}^{3} b_k \sin(2\pi k f_0 n) + w[n] \end{aligned} \tag{14.3}$$

其中 $n = 0,1,\cdots,N-1$，傅里叶级数系数 a_k 和 b_k 未知，基频 f_0 未知，但频率范围 $f_{0_{\min}} \leqslant f_0 \leqslant f_{0_{\max}}$ 及零均值、独立同分布的噪声样本 $w[n]$的 PDF $p(w)$ 已知。

6．可行性研究

正如在 7.4 节中讨论的那样，利用一个性能边界讨论检测问题是有优势的。通常使用奈曼-皮尔逊(NP)检测，该准则假设当信号存在时($\mathcal{H}_1$ 假设)和当噪声存在时($\mathcal{H}_0$ 假设)PDF 已知。因为我们假设了这一条额外信息，所以性能一定优于其他没有先验信息的检测器。判定这个上界，可以使得我们确定检测器性能与能量检测器相比的潜在提升空间。

对于手头的问题而言，我们需要确定噪声的 PDF 和未知信号参数，从而获得所有的 PDF，之后为 NP 检测的统计特性，并最终得到边界。NP 检测判定信号存在的准则如下(见 8.2.2 节)，如果

$$L(\mathbf{x}) = \frac{p(\mathbf{x};\mathcal{H}_1)}{p(\mathbf{x};\mathcal{H}_0)} > \gamma_{NP}$$

由式(14.3)定义的模型，上式可写为

$$L(\mathbf{x}) = \frac{\prod_{n=0}^{N-1} p(x[n]-s[n])}{\prod_{n=0}^{N-1} p(x[n])}$$

其中 $p(w)$ 是每一个噪声样本 $w[n]$的 PDF。我们已经假设噪声样本服从独立同分布并为信号已知。换言之，可以得到

$$\ln L(\mathbf{x}) = \sum_{n=0}^{N-1} \ln \frac{p(x[n]-s[n])}{p(x[n])}$$

所以还需要求得 $p(w)$。我们可以基于图 14.1 给出的数据估计 PDF，图 14.3 给出了一个相应的例子，但只是由一组由特定外场实测数据实现。作为替代，假设噪声服从拉普拉斯分布，因此当我们深入分析数据时会发现其表现出明显的拖尾，一般用来保证鲁棒性。在“现场测试”一节中，我们将对一种可行的自适应方法做出评价。

接下来，假设噪声满足独立同分布且分布为拉普拉斯分布(见 4.6 节)，则 PDF 写为

$$p(w) = \frac{1}{\sqrt{2\sigma^2}} \exp\left(-\sqrt{\frac{2}{\sigma^2}}|w|\right) \qquad -\infty < w < \infty$$

其中 σ^2 是噪声方差。因此 NP 上界检测统计值为

$$\ln L(\mathbf{x}) = -\sum_{n=0}^{N-1} \sqrt{\frac{2}{\sigma^2}} (|x[n]-s[n]| - |x[n]|)$$

或者等价地，我们能够使用 NP 检测统计值

$$T_{NP}(\mathbf{x}) = \sum_{n=0}^{N-1}(|x[n]| - |x[n]-s[n]|) \tag{14.4}$$

现有的能量检测器使用如下检测统计值，

$$T_{ED}(\mathbf{x}) = \sum_{n=0}^{N-1} x^2[n] \tag{14.5}$$

利用 4.6 节中描述的近似方法生成独立同分布的拉普拉斯噪声，可以对比式(14.4)定义的上边界 NP 检测器和式(14.5)定义的能量检测器。为了完成上述过程，选取噪声

$$s[n] = \sum_{k=1}^{3} a_k \cos(2\pi k(0.1)n) + \sum_{k=1}^{3} b_k \sin(2\pi k(0.1)n) \qquad n = 0,1,\cdots,N-1$$

其中 $a_1 = b_1 = 1$，$a_2 = b_2 = 0.5$ 且 $a_3 = b_3 = 0.5$。信号如图 14.4 所示。设噪声方差 $\sigma^2 = 20$，如图 14.5 所示，利用计算机仿真来实现接收机的工作特点。从图中可以看出，有极大的性能提升的可能性。当然，我们并不期望能够达到上界，因为实际中不得不估计所有的信号参数。

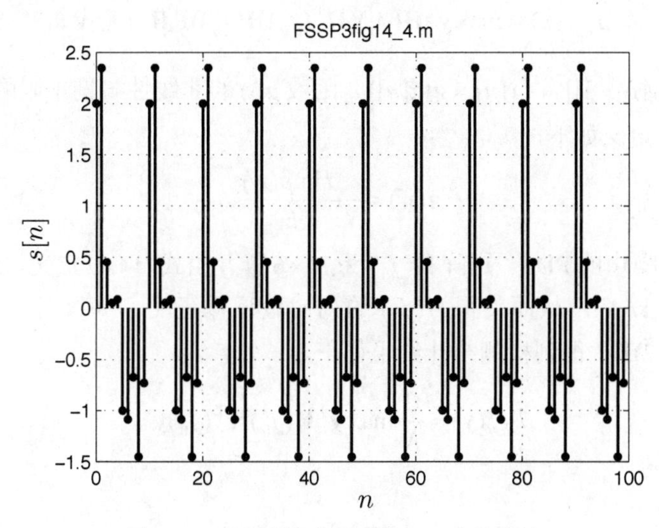

图 14.4　使用周期信号确定 NP 上界性能

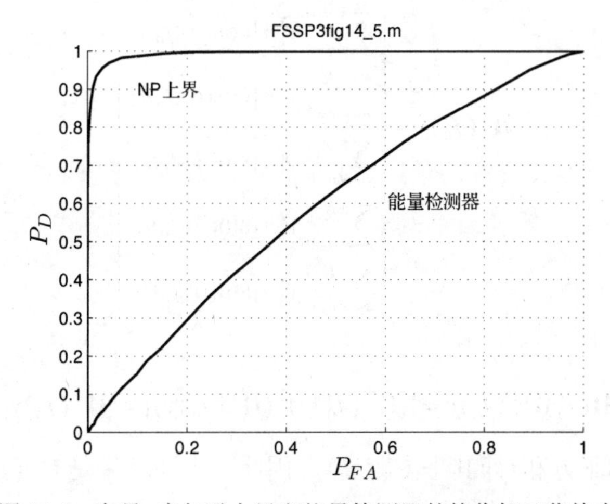

图 14.5　奈曼-皮尔逊上界和能量检测器的接收机工作特点

7. 规范修改(如有必要)

没有可适用的。

8. 解决方案

限幅器副本相关器在非高斯独立同分布噪声中可由算法 10.2 描述，但仅适用于已知信号的情况(实际仅考虑“弱”已知信号的检测)。对于手头的问题，假设信号已知是不可实现的。然而，我们的模型是偏线性的，适用于某检测器的近似实现形式已知的情况。GLRT(详见 8.5.2 节)的变形，称为 Rao 检测，是我们这个问题的一个直接应用[Kay 1998，pg. 400]。它与 GLRT 的不同之处在于，我们并不一定要估计信号的幅度参数。Rao 检测器的这一性质，在处理非高斯噪声时就显得尤其重要。在非高斯噪声条件下获得信号幅度参数的最大似然估计是一个非常复杂的问题，其中涉及非线性最优化，而这是我们想要极力避免的事情。Rao 检测器的渐近性能(当数据记录足够大时满足)可比拟 GLRT。

针对我们的问题的 Rao 检测的统计检测(加入一个正比例因子不会改变其性能)为

$$T_{Rao}(\mathbf{x}) = \max_{f_0} \mathbf{y}^{\mathrm{T}}\mathbf{H}(f_0)(\mathbf{H}^{\mathrm{T}}(f_0)\mathbf{H}(f_0))^{-1}\mathbf{H}^{\mathrm{T}}(f_0)\mathbf{y}$$

其中 $\mathbf{y}=[y[0]y[1]\cdots y[N-1]]^{\mathrm{T}}$，$y[n]=g(x[n])$。函数 $g(\cdot)$ 的非线性与副本限幅器相关器(详见算法 10.2)中的相同，定义如下，

$$g(w) = -\frac{d\ln p(w)}{dw} \tag{14.6}$$

其中 $p(w)$ 是非高斯噪声的 PDF。矩阵 $\mathbf{H}(f_0)$ 为 $N\times 6$ 阶并由式(14.2)定义。对于我们的问题而言，假设基频 $f_0 \gg 1/N$，从而使得 $\mathbf{H}(f_0)$ 的列向量近似正交，如练习 14.2 中所示。因此 $\mathbf{H}^{\mathrm{T}}(f_0)\mathbf{H}(f_0)\approx(N/2)\mathbf{I}$，得到检测统计结果如下，

$$T_{Rao}(\mathbf{y}) = \frac{2}{N}\max_{f_0} \mathbf{y}^{\mathrm{T}}\mathbf{H}(f_0)\mathbf{H}^{\mathrm{T}}(f_0)\mathbf{y}$$

因为

$$\mathbf{H}^{\mathrm{T}}(f_0)\mathbf{y} = \begin{bmatrix} \sum_{n=0}^{N-1} y[n]\cos(2\pi f_0 n) \\ \sum_{n=0}^{N-1} y[n]\cos(4\pi f_0 n) \\ \sum_{n=0}^{N-1} y[n]\cos(6\pi f_0 n) \\ \sum_{n=0}^{N-1} y[n]\sin(2\pi f_0 n) \\ \sum_{n=0}^{N-1} y[n]\sin(4\pi f_0 n) \\ \sum_{n=0}^{N-1} y[n]\sin(6\pi f_0 n) \end{bmatrix} \tag{14.7}$$

可得

$$\mathbf{y}^{\mathrm{T}}\mathbf{H}(f_0)\mathbf{H}^{\mathrm{T}}(f_0)\mathbf{y} = [(\mathbf{H}^{\mathrm{T}}(f_0)\mathbf{y})^{\mathrm{T}}(\mathbf{H}^{\mathrm{T}}(f_0)\mathbf{y})] = \left\|\mathbf{H}^{\mathrm{T}}(f_0)\mathbf{y}\right\|^2$$

其中 $\|\mathbf{x}\|^2$ 表示向量 $\mathbf{x}$ 的平方和(即其平方距离)。因此，上述结果是 $\mathbf{H}^{\mathrm{T}}(f_0)\mathbf{y}$ 中元素的平方和。将式(14.7)中 6×1 向量的元素重排，我们得到

$$\mathbf{y}^{\mathrm{T}}\mathbf{H}(f_0)\mathbf{H}^{\mathrm{T}}(f_0)\mathbf{y} = \sum_{k=1}^{3}\left[\left(\sum_{n=0}^{N-1} y[n]\cos(2\pi k f_0 n)\right)^2 + \left(\sum_{n=0}^{N-1} y[n]\sin(2\pi k f_0 n)\right)^2\right]$$
$$= \sum_{k=1}^{3}\left|\sum_{n=0}^{N-1} y[n]\exp(-\mathrm{j}2\pi f_0 n)\right|^2$$

最终，我们得到检测统计如下(尺度变换为 1/2)，

$$T_{Rao}(\mathbf{y}) = \max_{f_0} \sum_{k=1}^{3} \underbrace{\frac{1}{N}\left|\sum_{n=0}^{N-1} y[n]\exp(-\mathrm{j}2\pi k f_0 n)\right|^2}_{I_y(kf_0)} \tag{14.8}$$

其中 $I_y(kf_0)$ 是限幅器输出数据的周期图在频率 $f = kf_0$ 处的取值。由此得到的检测器总结如图 14.6 所示。该检测器有一个优秀的直观解释。因为噪声是独立同分布的非高斯噪声，检测器首先使用了一个限幅器抑制较高的噪声尖峰。接下来，因为信号的每个正弦分量都包含未知的幅度和相位(等价于傅里叶级数系数 a_k 和 b_k 未知)，所以周期图可被计算。这等同于检测器必须检测一个幅度和相位都未知的正弦信号(详见算法 10.7)。由于正弦分量的频率是“充分解析”的，其间隔大于 $1/N$(各正弦分量之间无“相互作用”)，我们将周期图的值求和。最终，我们并不确切知道基频的值，所以计算所有可能的 f_0 上的周期图值的和，并取其最大值，选定统计结果。整个过程可被证明与“梳状滤波器”和能量检测器等价[Kay 1998, pp. 321-325]。

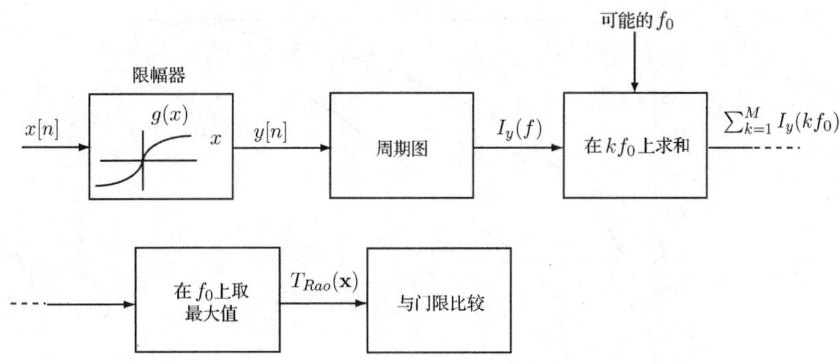

图 14.6　为独立同分布非高斯噪声背景下的周期信号设计的 Rao 检测器。傅里叶级数的系数及基频假设未知

例如，$y[n]$ 的周期图，一个如图 14.4 所示周期信号，在方差 $\sigma^2 = 1$ 的拉普拉斯噪声背景下的例子如图 14.7 所示。从中可以看出，在 $f = 0.1$ 处有一个强的尖峰值而在 $f = 0.2$ 处有一个较小的峰值。在 $f = 0.3$ 处并没有出现峰值。

9，10．性能分析

现在回顾如图 14.4 所示的周期信号，在独立同分布的拉普拉斯噪声背景下，选取 $N = 100$ 个数据采样点的检测过程。重复相同的计算机仿真过程，产生如图 14.5 所示的接收机运行特征(Receiver Operating Characteristics，ROC)。在相同条件下，实现 Rao 检测器的处理过程。限幅器详见[Kay 1998, pp. 391-392]。

$$g(x) = \sqrt{\frac{2}{\sigma^2}}\,\mathrm{sgn}(x)$$

其中当 $x>0$ 时，$\mathrm{sgn}(x)=1$，当 $x<0$ 时，$\mathrm{sgn}(x)=-1$。对于 Rao 检测器而言，假设已知基频在区间 $0.09 \leqslant f_0 \leqslant 0.11$。这产生了一个频率 0.09 上的最小间隔，而远大于 $1/N=0.01$，满足我们在 Rao 检测器推导过程中的假设。Rao 和能量检测器的 ROC 如图 14.8 所示，同时还有 NP 上界。随书光盘中的 MATLAB 程序 `FSSP3fig14_8_exer.m` 可用于产生图 14.8。可以仔细讨论计算机仿真、算法执行情况和性能。

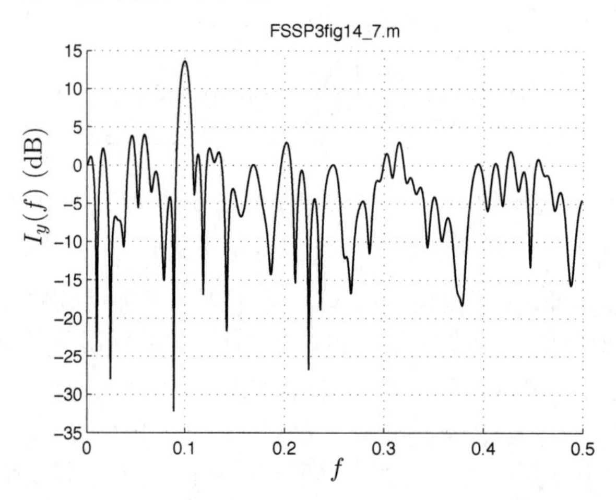

图 14.7　图 14.4 中的周期信号在拉普拉斯噪声背景下、经过限幅器之后的输出信号的周期图

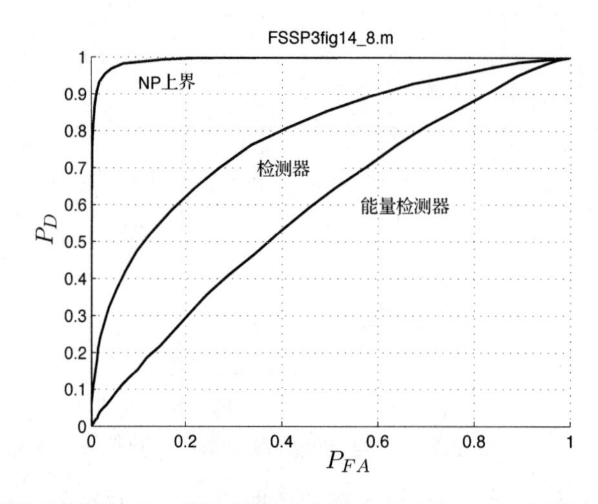

图 14.8　接收机运行特征，基于奈曼-皮尔逊(NP)上界、Rao 检测器和能量检测器

练习 14.3　限幅器的作用

运行 MATLAB 程序 `FSSP3fig14_8_exer.m`，生成图 14.8，重新进行性能评估，但忽略 Rao 检测器中的限幅器。比较你的结果和图 14.8 中的结果，特别是在 P_{FA} 处。具体而言，检查当 $P_{FA}=0.1$ 时，是否会造成性能差异。提示：使用命令 `axis([0 0.1 0 1])` 画出 $0 \leqslant P_{FA} \leqslant 0.1$ 的 ROC。(使用真实数据，检测性能的提高得益于限幅器增益大约为 2 dB。这说明在检测器中使用限幅器与不使用限幅器，在同等性能的基础上，功率有 2 dB 的优势。)　●

11，12. 灵敏度分析

为了简化检测器的设计过程，我们做的主要假设是忽视噪声有色性。因此，检查检测器的性能是否对该假设反应灵敏就十分重要。遗憾的是，即使根据一个规范的 PDF 和非平坦的 PSD 生成非高斯噪声，也是一个困难的任务。完成它的一种较新的方法已在 2010 年发表[Kay 2010]，但并不适用于这里描述的工程问题。为了得到该方法一种可行的替代，利用图 14.1 中的实际数据、尝试另一种近似，从而完成检测实验。

因此重复图 14.8 中的例子，但将原例中计算机生成的独立同分布的拉普拉斯噪声更改为实际外场噪声。这样处理之后，将需要如图 14.1 所示的多于 10 000 个的样本，这样数据仅产生 10 000 / N = 100 块数据分割。因此只有 100 个检测统计的输出。这里有 100 000 个有效样本、和之前相同的数据记录长度 $N = 100$，就能将 100 000 个有效样本分散至 1000 个数据块中。然后利用每块的 100 个样本作为噪声实现。调整噪声样本使其也和之前一样，满足方差 $\sigma^2 = 20$，并与计算机产生的信号相加，实现加性噪声环境模拟仿真。然后，对能量检测器和 Rao 检测器分别计算 ROC。由此，我们仅得到 1000 个检测统计(100 个数据块，每一个都产生一个检测统计)，我们限制在 ROC 中使用的门限值为 20。这使得图 14.9 的 ROC 结果表现出分段线性。从图中可以看出仍然保持着性能上的提升。事实上，性能上的提升甚至比图 14.8 中更明显。这是因为图 14.1 中的地磁噪声具有十分尖锐的特性，其 PDF 估计如图 14.3 所示。从中可知，地磁噪声的标准差估计结果约为$\sigma = 0.2/3$(见图 14.3)。因此，正如图 14.3 所示，当偏离均值 $0.6 = 9\sigma$ 时，检测概率已经较高。图 14.8 中仿真使用的拉普拉斯噪声 PDF 则不会表现出这么明显的现象。因此，地磁噪声的非高斯性明显高于拉普拉斯噪声的非高斯性。

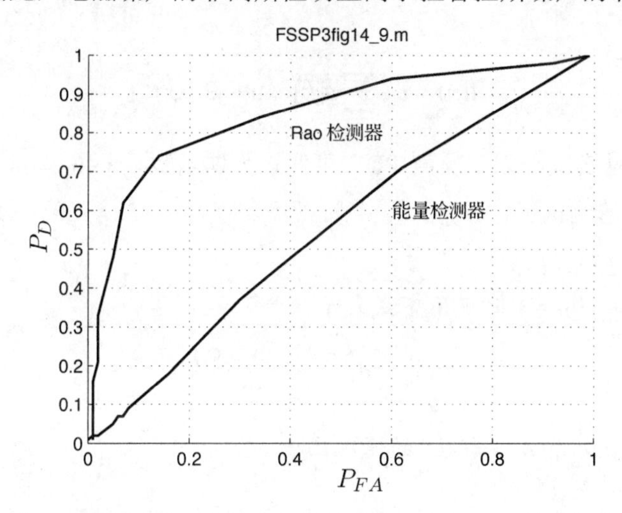

图 14.9　实际外场数据条件下的接收机运行特征，基于 Rao 检测器和能量检测器

从实际外场数据得到的结果显示，噪声的有色性是可以忽略的。显然，如果要确定这一结论，还需要更多的测试。

13，14，15．现场测试

图 14.9 所示的结果展示了现场测试的初步结果。虽然使用的是计算机仿真生成的信号，但噪声则是实际外场采集的。接下来，为了进一步验证所提出的检测器的有效性，我们将分析一个包含实际目标的信号。

一个需要指出但尚未解决的课题是，应该假设什么样的噪声 PDF，以及应该选择什么样的限幅器。

我们应该保留符号函数限幅器，还是可以将限幅器更改为数据自适应限幅器？对于后者，系统需要实时估计 PDF 且执行限幅器操作，如式(14.6)所示。如果选择一个自适应限幅器，那么就需要一个可区别的 PDF 估计。一个可能的选择是如 6.4 节中所描述的自回归(AR) PDF 估计器。其优势是使用该 PDF 估计器将获得具有解析形式的光滑曲线解，从而容易区分。另一优势在非平稳噪声环境下则显得更为重要。例如，如果噪声 PDF 在 300 个样本的区间内就发生改变，那么就必须每隔几百个样本更新一次估计。这意味着只有几百个样本是一次 PDF 估计的有效样本。正如我们从图 14.3 中看到的，使用直方图估计时，即使有 10 000 个样本值，都有可能出现不充分的现象。一个自回归 PDF 估计器仅需要较少的参数，可能是 10 个或者更少，并且能在几百个有效样本的基础上就获得较好的估计。值得注意的是，实际中程序估计噪声的 PDF 使用的是之前的样本值。也就是说，如果一个含有 300 个样本的数据窗用于 PDF 估计，那么用于检测的将是下一个 100 个样本的数据块。大体上，将使用滑动窗来近似(参见 4.5 节中关于非平稳噪声的一般性讨论)。

对于自回归 PDF 估计器，如果数据首先归一化，即数据值在区间 $-1/2 \leqslant x \leqslant 1/2$，那么估计自回归 PDF 并计算限幅器输出之后，我们有

$$g(x)=\frac{4\pi}{|A(x)|^2}\operatorname{Re}\left[\mathrm{j}A(x)\sum_{k=1}^{p}ka[k]\exp(\mathrm{j}2\pi kx)\right] \tag{14.9}$$

其中

$$A(x)=1+\sum_{k=1}^{p}a[k]\exp(-\mathrm{j}2\pi kx)$$

AR 滤波器参数是实数，因此噪声 PDF 可假设为偶函数（$p(-w)=p(w)$）。在此工程中作者并没有参与这部分的测试工作。

练习 14.4　自适应限幅器

AR 衍生限幅器，当 $p=1$ 时可用下式表示，

$$g(x)=-\frac{4\pi a[1]\sin(2\pi x)}{|A(x)|^2}$$

接下来对 $a[1]=-0.95$ 和 $a[1]=-0.8$ 的情况画出 $g(x)$。 •

14.3　小结

- 总是尝试为信号和噪声做出合理假设，我们在掌握先验信息的基础上可利用已知解处理检测问题。
- 在分析数据时，使用多于一个分析的均值是一个好的尝试。例如在谱估计中，多个估计值可以用来确定任何特殊的结果不是由于估计方法造成的虚假结果。
- Rao 检测器在未知信号幅度参数的非高斯检测问题中特别有用。它避免了对信号幅度参数求解其最大似然估计这一困难问题。
- 限幅器的使用提高了非高斯噪声条件下的检测性能。这种提高依赖于非高斯噪声 PDF 拖尾的严重程度。提高程度在 20 dB 时甚至更高[Kay 1998, pg. 404]。

- 当使用实际噪声数据时，利用计算机仿真产生的信号进行检测实验是有优势的。这使得将实际情况加入实验的同时，能够保持改变信号参数的灵活性。实际中，在改变不同的操作条件时，有时很难获得信号数据。
- 对于非平稳噪声环境下的参数估计，那些只需要估计较少的参数的估计比非参数估计更好，因为参数模型更加精确。非平稳噪声样本的 PDF 估计就是这样一个问题。

参考文献

Kay, S., *Fundamentals of Statistical Signal Processing*: *Estimation Theory*, *Vol. I*, Prentice-Hall, Englewood Cliffs, NJ, 1993.

Kay, S., *Fundamentals of Statistical Signal Processing*: *Detection Theory*, *Vol. II*, Prentice-Hall, Englewood Cliffs, NJ, 1998.

Kay S., "Representation and Generation of NonGaussian Wide Sense Stationary Random Processes with Arbitrary PSDs and a Class of PDFs", *IEEE Trans. on Signal Processing*, July 2010.

附录 14A　练习解答

为了得到如下描述的结果，在任何代码的开始处初始化随机数生成器 `rand('state',0)` 和 `randn('state',0)`。这些命令分别对应均匀和高斯随机数生成器。

14.1　标准差估计为 $\hat{\sigma}=9.5501\times10^{-13}$。通过画出 10 000 个样本的全部数据记录(减去均值之后)，将会看到许多采样点分布在 $-3\hat{\sigma}\leqslant w\leqslant 3\hat{\sigma}$ 之外。可以通过运行随书光盘上的程序 `FSSP3exer14_1.m`，获得上述结果。

14.2　可以得到一个 6×6 的矩阵，是单位矩阵的一个近似。可以通过运行随书光盘上的程序 `FSSP3exer14_2.m`，获得上述结果。

14.3　省略限幅器，运行 `FSSP3fig14_8_exer.m`。注意 Rao 检测器在 $P_{FA}=0.1$ 时，P_D 从 0.5 减少至 0.4。可以通过运行随书光盘上的程序 `FSSP3exer14_3.m`，获得上述结果。

14.4　利用式(14.9)，令 $p=1$，

$$\begin{aligned}
g(x) &= \frac{4\pi}{|A(x)|^2}\operatorname{Re}[\mathrm{j}A(x)a[1]\exp(\mathrm{j}2\pi x)] \\
&= \frac{4\pi a[1]}{|A(x)|^2}\operatorname{Re}[\mathrm{j}(1+a[1]\exp(-\mathrm{j}2\pi x))\exp(\mathrm{j}2\pi x)] \\
&= \frac{4\pi a[1]}{|A(x)|^2}\operatorname{Re}[\mathrm{j}(\exp(\mathrm{j}2\pi x)+a[1])] \\
&= -\frac{4\pi a[1]\sin(2\pi x)}{|A(x)|^2}
\end{aligned}$$

$a[1]$假设是实数。限幅器是奇函数，通过较低幅度的信号而阻止较高幅度信号。可以通过运行随书光盘上的程序 `FSSP3exer14_4.m`，获得上述结果。

第 15 章　案例研究——谱估计问题

15.1　引言

在这一章中我们讨论谱分析的应用，从而在感兴趣的数据中获得信息。由于谱分析是一种基本数据分析工具，我们并不深入研究某一个实际算法，而是利用我们的分析明确建立一个噪声功率谱密度(PSD)模型。其他关于噪声的必要信息诸如它的概率密度函数(PDF)并不研究。我们主要描述利用一个匹配滤波器提高数据质量以及为什么它最终被证明在心率检测问题无法成功应用的原因。对比之前两章，我们遵循图 2.1 的流程设计一个实际算法，而现在我们将讨论归入噪声的 PSD 建模中。

我们将要讨论的具体问题是为训练设备设计一个心率监测器。这是作者最近才加入的一个研究项目。客户是训练设备的制造商，他们还有其他潜在的应用。例如通过准确的心率监测改善运动员的峰值性能，或对心脏受损病人的心率功能进行评估。更加具体的是，它是现代训练设备，诸如固定脚踏车、椭圆交叉训练仪等的常用配件。通过这种内建的心率监测器，正在进行训练的人可以实时读取他/她的心率，即每分钟心脏搏动的次数(BPM)。标准仪器完成心率监测，要使用金属极片连接被检测者的手部，也就是说要求被测试者在运动的过程中将双手放在金属极片上并保持连接，这样才能读取数据。遗憾的是，手持式连接装置产生心脏搏动波形的弱点感知机制所得到的信号电压较低，经过从心脏到手的传播，由于肌肉神经元细胞放电速率的增长而形成高噪声水平。这样的低信噪比(SNR)造成了一个特殊的困难问题，即在当前商用设备上通过检测心脏搏动波形从而转换成心率，得到的是一个不可靠的结果。

心脏搏动的理想信号波形如图 15.1 所示。图中有若干个波形，但对心率估计而言最重要的波形部分是 QRS 部分，通常称为 QRS 波群。在临床上，这么高水平的信号可以通过标准的心电图记录设备在病人休息时获得。通过对运动中的一个检测对象进行心电图记录，获得的一个典型部分如图 15.2 所示。它通过连接在监测对象胸部的电极，获得了该对象使用椭圆交叉训练仪时的数据。模拟波形首先经过一个低通滤波器，然后以采样频率 $F_s = 360$ 样本/秒进行采样、获得了 1080 个样本数据。接下来，数字数据通过一个数字线性相位有限冲激响应(FIR)带通(通带为 9 Hz 到 39 Hz)滤波器进行滤波。该通带是典型的心率数据所处的范围，使用线性相位 FIR 滤波器的目的是确保 QRS 波群不受滤波器相频特性的干扰。如图所示，QRS 波群很容易辨识，但也存在一些低水平噪声。心率可通过图中所示的周期确定，即 519–366 = 153 个样本。又因为采样频率 $F_s = 360$，因此周期为 0.425 秒或每分钟的心脏搏动 BPM 为 $60 / 0.425 = 141.2$。

由手持式金属连接监测装置获得的相同时间周期内的心率波形如图 15.3 所示。注意其中一些 QRS 波群丢失了，并且噪声有所提高。这主要是由肌肉噪声引起的。此时问题出现了，即能否减少噪声的影响。某些方法现在出现在脑海中，诸如在能获得信号副本时使用广义匹配滤波器检测每一个 QRS 波群(见算法 10.3),或者在假设信号是一个已知 PSD 的周期随机过程的前提下使用维纳滤波器从噪声中提取信号(见算法 9.12)。

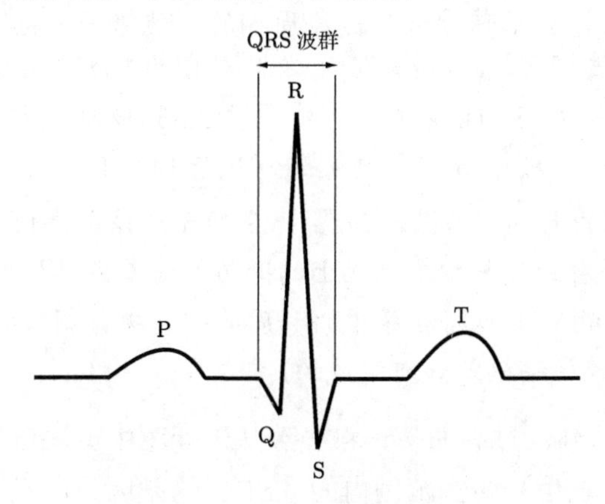

图 15.1　一般心脏搏动波形

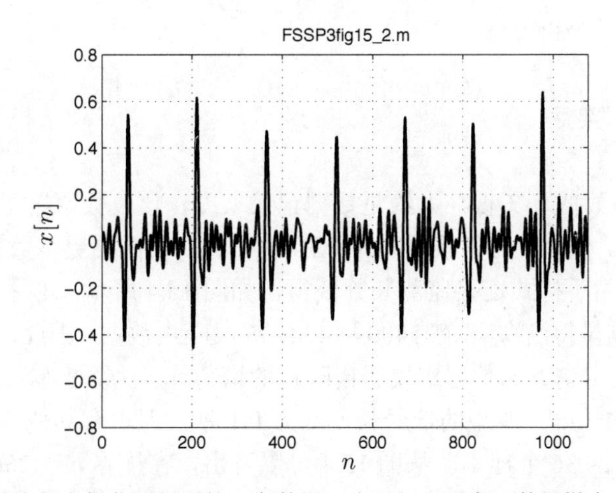

图 15.2　通过胸部电极监测得到的心率数据。为了便于观察，数据样本已用直线连接

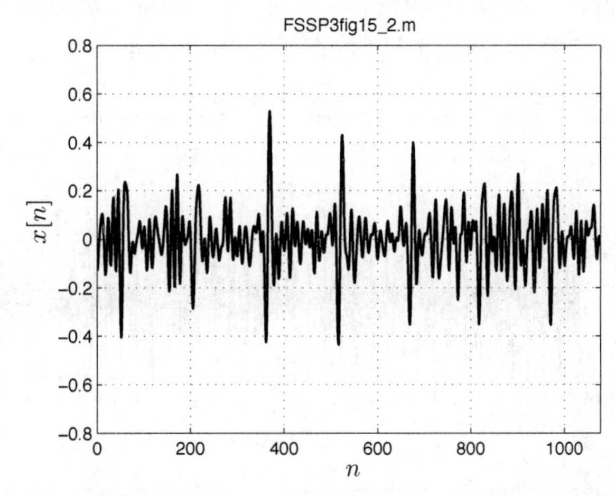

图 15.3　通过手持式连接装置监测获得的心率数据。为了便于观察，数据样本已用直线连接

练习 15.1 为什么不能使用周期图?

在第 14 章中，对于具有平坦 PSD 的非高斯噪声背景下的周期信号检测问题，提出了一种利用周期图的检测器。确实，如果信号波形是纯周期的，就像一个标准的心脏搏动那样，那么将在频谱中的基波和谐波频点观测到峰值。这里周期为 $1/F_0 = 0.425$ 秒，因此基波频率为 $1/0.425 = 2.35$ Hz。在通带 9～39 Hz 以内，可能每隔 2.35 Hz 观测到峰值，或者在 $4F_0 = 9.40$，$5F_0 = 11.75$，$6F_0 = 14.10$，$7F_0 = 16.45$ 等观测到。执行 MATLAB 程序 `FSSP3exer15_1.m`，计算并画出以 dB 为单位的周期图结果，如图 15.2 所示。该程序使用了通过胸部电极监测获得的高信噪比数据。能否看到相关频率位置上的峰值？还看到其他什么？该方法对于图 15.3 中的低信噪比数据是否有用？尝试将程序中的利用胸部电极监测数据换成图 15.3 中的利用手持式设备监测数据(观察程序编码是如何完成的)。 •

从练习 15.1 可以观察到，过高的噪声将导致从周期图中无法可靠地提取峰值。为了减少噪声，首先需要知道噪声在信号带宽范围内的 PSD。这是因为广义匹配滤波器和维纳滤波器都需要噪声 PSD 的信息。因此，一种噪声的谱分析方法很有必要。在接下来的章节中，我们将描述如何实现这种谱分析方法。

15.2 提取肌肉噪声

图 15.2 中所示的数据有 3 秒，大约是数据记录长度，该段数据用于实际算法，可能产生一个实时的心率估计。然而，为了获得噪声 PSD 的估计，还需要更多数据。考虑一段 15 秒的数据记录，该段数据由手持式连接监测装置获得，如图 15.4 所示。心率周期约为 P = 143 个样本(通过观察数据测量得到)，即有 $5400/143 \approx 38$ 段噪声数据。因此，如果能从数据中提取 QRS 信号，就可以使用剩下的数据实现肌肉噪声的谱估计。为了实验上述过程，首先需要估计样本中 QRS 波群的长度。典型的信号长度约为 0.1 秒，但也有其他情况。因此假设信号持续长度约为 0.1(360) = 36 个样本。从图 15.4 可以看出，在样本 n = 2562 处有一个特别强的 QRS 波群峰值。在图 15.5 中我们在峰值左右各用 100 个样本画出 QRS 波形。对于图中两条纵向线所示的 QRS 波群，大约有 30 个样本。图 15.5 中的两条纵向线的位置带有一定的任意性，因此选择长度为 35 个样本。这种选择保证了 QRS 波群能被提取。

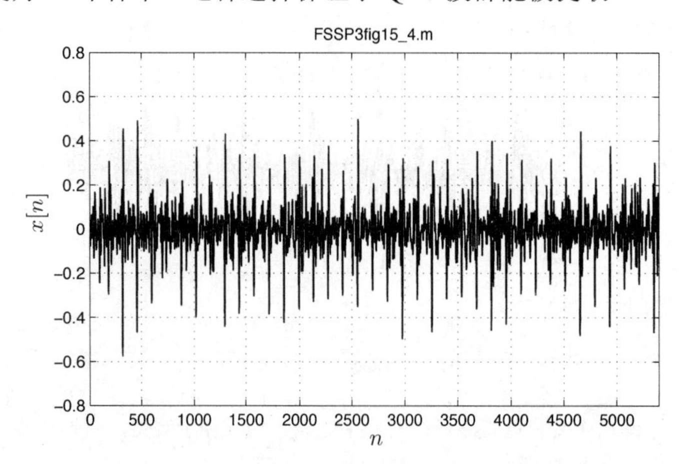

图 15.4 通过手持式连接装置监测获得的心率数据。为了便于观察，数据样本已用直线连接

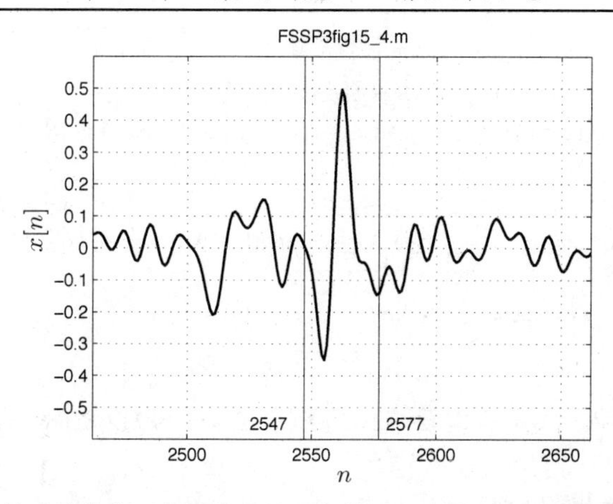

图 15.5　通过手持式连接装置监测获得的心率数据——放大至能观察到 QRS 波群，其中峰值在图 15.4 中的 $n = 2562$ 点。为了便于观察，数据样本已用直线连接

接下来，为了实际提取 QRS 波群，保留噪声段数据用于谱分析，需要手工删除每个数据间隔 $[n_{peak} - 17, n_{peak} + 17]$ 中的数据，其中 n_{peak} 如图 15.4 中所示的 QRS 波群的峰值。通过放置测量线寻找每个峰值并选取其位置，可使用 MATLAB 的“数据测量线”功能。总共寻找到 38 个 QRS 波群，并将其在图 15.4 中移除，同时用零替代上述样本。上述零点描出了若干只有噪声数据的数据段，标记出来用于每一段的谱估计。图 15.6 中所示数据包括图 15.4 中的原始数据，但其中的 QRS 波群已经被零点替代。现在获得了能用于谱估计的仅包含噪声的数据。

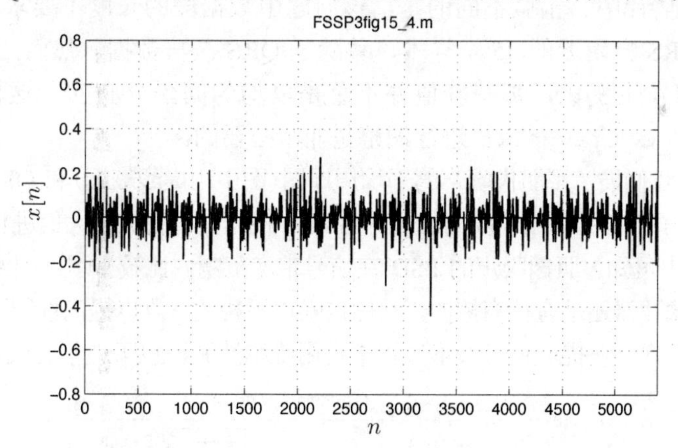

图 15.6　通过手持式连接装置监测获得的心率数据，其中 QRS 波群已经移除并用零替代。为了便于观察数据，样本已用直线连接

练习 15.2　QRS 波群的频谱

提取到的 QRS 波群如图 15.5 所示，其正确的持续长度约为 0.1 秒。它的频谱有什么特点？我们起初对数据进行了带通滤波，获得了通频带为 9 ~ 39 Hz 的信号。是否能够令该带宽更窄、从而帮助减少噪声呢？使用 `load FSSP3exer15_2` 载入图 15.5 中所示的 QRS 波群数据。你将会得到一个矩阵 `QRS_complex`，其大小为 35×1。然后，在模拟频率区间 $0 \leqslant F < 90$ Hz 上找到数据的周期图。为了完成上述功能、请使用下列代码，

```
Fs=360; %采样频率、单位：样本/秒
Nfft=4096; %FFT 的长度
```

```
freq=[0:Nfft-1]'/Nfft;%FFT 计算的频率，0<=freq<1
N=length(QRS_complex);%QRS 波群数据的长度
per=(1/N)*abs(fft(QRS_complex,Nfft)).^2;%计算周期图
figure
plot(Fs*freq(1:Nfft/4),10*log10(per(1:Nfft/4)))%画周期图
%横坐标范围是数字频率 0<=freq<0.25 或模拟频率 0<=F<90Hz
xlabel('F(Hz)')
ylabel('Periodogram(dB)')
grid
```

对于保护QRS波群而言，是否需要确保通频带在9 ~ 39 Hz之间？ •

15.3 肌肉噪声的谱分析

接下来利用平均周期图谱估计器(见算法 11.1)分析图 15.6 中所示的肌肉噪声数据。将现有的 38 段数据按照数据块应用于谱估计器中。通过注意心脏搏动之间的、约为 143 个样本的周期，可以观测到谱估计的分解结果。此数据记录中 QRS 波群大概由 35 个样本组成，剩下的$L = 108$个样本仅包含肌肉噪声。因此，分解约为$1 / L = 0.00926$周/秒或者$Fs / L = 3.33$ Hz(见第 11 章)。因此，PSD 中的细节可从该分解约束中观测得到。并且，由于我们能够平均 38 个周期图的结果，从而可以减小谱估计结果的方差。如算法 11.1［详见式(11.5)］描述的那样，证据约束可用于谱估计中。稍微不同的是，该问题中数据段的长度不要求完全相同。回顾之前通过删除每个 QRS 峰附近的 35 个样本，移除了 QRS 波群数据。然而，由于心脏搏动周期通常会在几秒之内发生变化，那些峰值并不总是以均匀间隔分布的。这样对之前使用过的 MATLAB 程序 `PSD_est_avper.m` 进行调整是非常必要的。

在图 15.7 中，我们展示了肌肉噪声的平均周期图(图中用虚线表示)和 QRS 波群的周期图(图中用实线表示)。为了更容易看出，我们将两者的 PSD 根据其各自的最大值进行了归一化，因此峰值都为 0 dB。从图中可知，肌肉噪声的 PSD 在信号带宽范围内比较平坦。因此，使用广义匹配滤波器替换标准匹配滤波器还是有待商榷的，其假设噪声不相关，难以提高性能。类似地，由于信号和噪声的频谱几乎一样，在提取信号波形过程中使用维纳滤波器也可能不会成功。

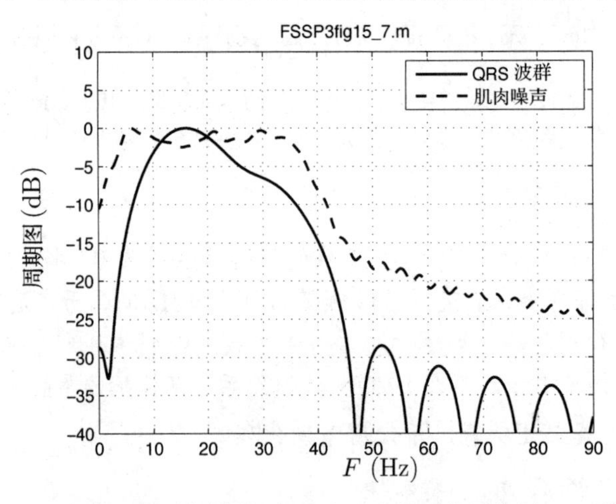

图 15.7 QRS 波群的周期图(实线)与肌肉噪声的平均周期图 PSD 估计(虚线)

或许可以提出一个问题，即平均周期图提供的分解是否充分？由于最小方差谱估计(MVSE)的分解稍优，可能值得尝试。利用一个 20×20 自相关矩阵，可以生成一个如图 15.8 中的谱估计。其中肌肉噪声在信号带宽内也表现出几乎平坦的特性。

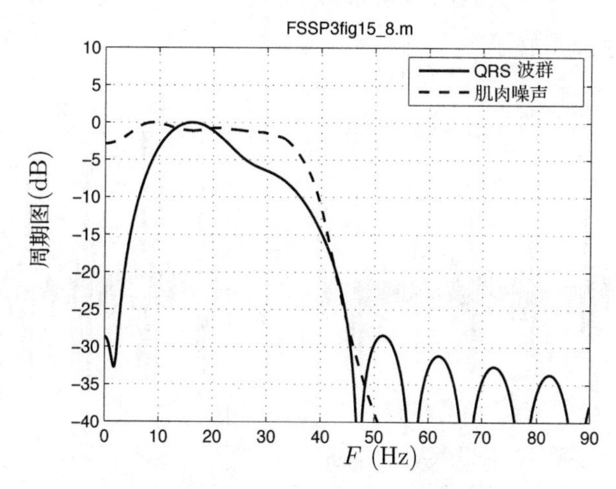

图 15.8　QRS 波群的周期图(实线)与肌肉噪声的 MVSE PSD 估计(虚线)

唯一可以得出的结论是，肌肉噪声在信号带宽内可建模为白噪声模型。

练习 15.3　AR 谱估计的深入讨论

对于图 15.6 中所示的 38 段肌肉噪声数据，接下来尝试使用 AR 谱估计器。运行程序 `FSSP3-exer15_3.m`，该程序执行 AR 谱估计，利用协方差方法，模型阶数 $p = 10$。你将会看到 38 段数据中每一段 AR 谱估计的结果。该结果与谱估计的平均同样以覆盖样式给出。我们能发现什么？接下来，修改程序中的协方差方法并用 Burg 方法替代。如何这样做在代码注释中已经解释清楚。回顾 Burg 方法将估计得到的极点约束在 z 平面的单位圆内，因此极点不可能在单位圆上。现在讨论噪声 PSD 中峰值的概率。它们确实存在于那里，还是它们在每段肌肉噪声数据中按照特定的噪声实现？ •

15.4　改善 ECG 波形

虽然没有设计估计心率的实际算法，但可以考虑利用匹配滤波器来改善 QRS 波群。如果能够改善，那么它将简化“设计可靠的心率估计算法”这个任务。作为拓展学习，利用匹配滤波器改善 ECG 的相关研究可从文献[Sornmo et al. 1985]、[Xue et al. 1992]、[Ruha et al. 1997]中查找。

从图 15.7 中可知，QRS 频谱的动态范围大约为 15 dB(注意最大值是 0 dB 且在 $F = 39$ Hz 处的频谱约为−15 dB)。因此，在信号带宽以内，信号和噪声频谱会有略有不同。在图 15.9(a)中，我们展示了一个 3 秒长的胸部电极监测数据(图 15.2 中也是一样的数据)。QRS 波群非常明显。匹配滤波器的长度 $M = 35$ 个样本，利用的数据是先前在图 15.5 中测量得到的 QRS 波群数据副本，即在峰值左右各取 17 个样本。匹配滤波器，也称为副本互相关，产生的输出如下(见算法 10.9)，

$$T(n_0)=\sum_{n=n_0}^{n_0+M-1}x[n]s[n-n_0]$$

其中 $n_0=0,1,\cdots,N-M$ 。匹配滤波的结果如图 15.9(b)所示。可以看出有一些改善，尽管胸部电极监测数据本身已经非常好了。

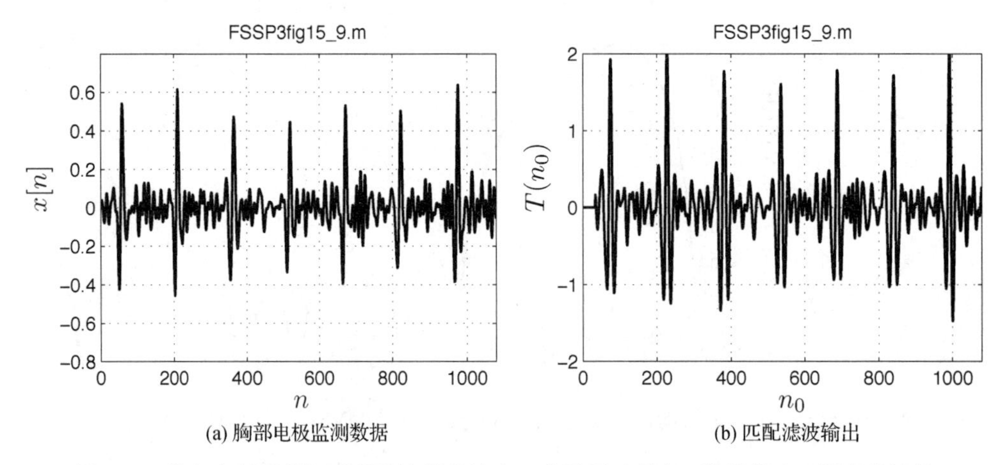

(a) 胸部电极监测数据

(b) 匹配滤波输出

图 15.9 胸部电极数据与匹配滤波器的输出。为了便于观察，数据样本已用直线连接

接下来，将相同的匹配滤波器应用于图 15.10(a)的手持数据中(该数据与图 15.3 中的数据相同)。产生的结果如图 15.10(b)所示。从图中可以看出，匹配滤波器提高了手持式连接装置监测数据的 QRS 波群质量。在数据记录开始和结束时尤其明显，这两处噪声水平较高。因此，可能采用简单的阈值转换法及选取一些 QRS 波群的平均时间，就能获得一个好的心率估计结果。

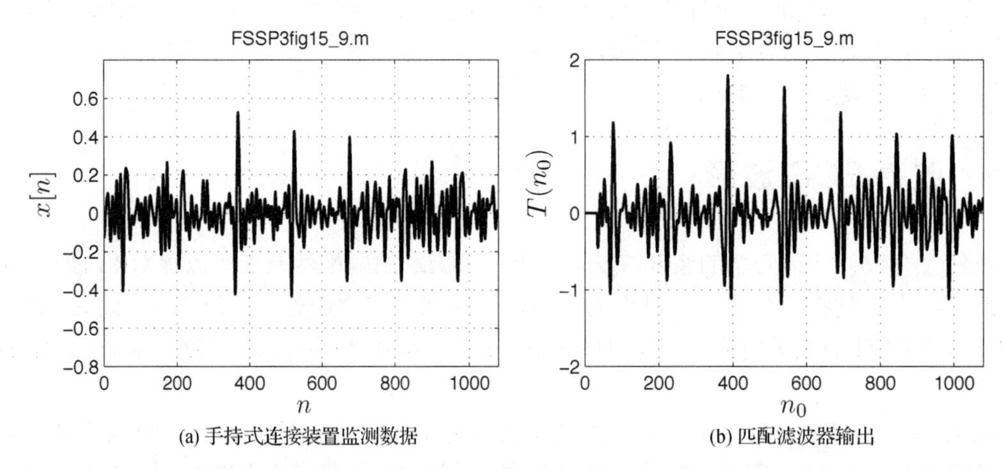

(a) 手持式连接装置监测数据

(b) 匹配滤波器输出

图 15.10 手持式连接装置监测数据与匹配滤波器的输出。为了便于观察，数据样本已用直线连接

遗憾的是，接下来的实验证明，利用这种方法获得的心率估计并不足够可靠。一些比较困难的情况是：在人运动时获得足够精确的 QRS 波群数据副本，选择能够适用于运动段数据的阈值，等等。在这种情况下，一个显然的近似并不能成功使用。我们跳过了图 2.1 中的多个步骤，而这是一个非常普遍的情况，也并非完全出人意料。举例而言，一个更加准确的、包

括其 PDF 的噪声的数学模型，以及一个包括其在时间上从一个人到另一个人的信号模型，可能都是下一个逻辑步骤。这样的效果将持续下去。

综上所述，本章所描述的困难问题需要一个全面的分析，从而获得一个好的信号和噪声模型。图 2.1 中的近似概括地说明了这种观点。设想在某个解上有时可以产生一种“好用”的算法。然而要想设计一种具有最佳性能的算法，我们要求合理、准确的模型符合充分的统计学近似。

15.5 小结

- 总是对数据进行滤波，去除感兴趣信号带宽以外的频带。从而通过去除只有噪声的频带来提高信噪比。
- 在数据足够多时，周期图法能够很好地估计周期波形的基频。然而在数据记录较短时，峰值就不容易从噪声背景中分辨出来。该现象在非纯周期(例如周期会发生改变的)波形的条件下将进一步恶化。我们所遇到的运动中的心率估计就是这样一个问题。
- 使用多个不同的谱估计对结果的一致性进行检测，可以获得一个好的近似。这样可以避免由于某个估计器不准确而造成的、谱估计中存在的一些容易引起误解的细节。
- 设想一个算法解决一个问题总会留下一些开放性问题，即是否存在一种算法将会带来更好的性能。

参考文献

Ruha, A., S. Sallinen, S. Nissila, “A Real-Time Microprocessor QRS Detector System with a 1-ms Timing Accuracy for the Measurement of Ambulatory HRV”, *IEEE Trans. on Biomedical Engineering*, pp. 159-167, March 1997.

Sornmo, L., O. Pahlm, M. Nygards, “Adaptive QRS Detection: A Study of Performance”, *IEEE Trans. on Biomedical Engineering*, pp. 392-401, June 1985.

Xue, Q., Y.H. Hu, W.J. Tompkins, “Neural-Network Based Adaptive Matched Filtering for QRS Detection”, *IEEE Trans. on Biomedical Engineering*, pp. 317-329, April 1992.

附录 15A 练习解答

15.1 如果运行程序 `FSSP3exer15_1.m`，将会在模拟频率范围 $0 \leqslant F \leqslant 40$ Hz 上看到周期图的结果。如同预期的那样，第一个峰值群位于 9.45，11.80，14.14 和 16.52 Hz。如果接下来通过使能程序中的 `x=hecg;`语句，使用手持式连接装置监测数据来代替胸部电极监测数据，将会观察到一些由噪声产生的附加峰值。如果坚持使用周期图法获得频率值，那么有可能最后的结果会包含一些噪声峰值，甚至丢失部分信号峰值，这取决于正在检查哪个频段。注意，可以使用 MATLAB 图形窗口工具栏中的“数据测量线”功能来确定峰值对应的频率。

15.2 应该观测到整个 9～39 Hz 频带上的频谱。注意，由于带通滤波，在低于 9 Hz 和高于 39 Hz 的频带上发生了滚降。为了保护 QRS 波群，必须维持整个频带。可以运行随书光盘上的程序 `FSSP3exer15_2.m` 获得上述结果。

15.3 由于统计误差，利用协方差方法的 AR 谱估计将会出现许多不同的峰值。因为该方法不要求估计得到的极点必须位于单位圆内，所以很有可能其中一部分过于接近单位圆。此时，估计得到的 PSD 就会出现尖锐的峰值，这就是统计误差的作用结果。这也是为什么估计的平均表现出“多峰性”的原因。另一方面，Burg 方法要求估计得到极点必须位于单位圆内，因此较少出现错误的峰值。可以运行随书光盘上的程序 `FSSP3exer15_3.m` 获得上述结果。

附录 A　符号和缩写术语表

A.1　符号

黑体字符表示向量或矩阵，所有其他的字符表示标量，所有向量都是列向量。随机变量用大写字母表示，如 U、V、W、X、Y、Z，而随机向量用大写的黑体字母表示，如 $\mathbf{U}$、$\mathbf{V}$、$\mathbf{W}$、$\mathbf{X}$、$\mathbf{Y}$、$\mathbf{Z}$，它们的值用对应的小写字母表示。

*　复共轭

$\hat{}$　表示估计

$\tilde{}$　表示复数

$\sim$　表示服从什么分布

A　信号的幅度(DC 电平)

$a[i]$　AR 滤波器参数

$[\mathbf{A}]_{ij}$　$\mathbf{A}$ 的第 i 行第 j 列的元素

$[\mathbf{b}]_i$　$\mathbf{b}$ 的第 i 个元素

χ_n^2　n 个自由度的 chi-平方分布

$\chi_n'^2(\lambda)$　n 个自由度的非中心 chi-平方分布，非中心参数为λ

$\mathrm{cov}(x, y)$　x 和 y 的协方差

$\mathbf{C}$ 或 $\mathbf{C}_x$　$\mathbf{x}$ 的协方差矩阵

$\mathcal{CN}(\tilde{\mu}, \sigma^2)$　均值为 $\tilde{\mu}$ 、方差为 σ^2 的复正态分布

d^2　偏差系数

$\delta(t)$　狄拉克δ函数或冲激函数

$\delta[n]$　离散时间脉冲序列

Δ　时间采样间隔

$\det(\mathbf{A})$　矩阵 $\mathbf{A}$ 的行列式

E　数学期望或期望值

E_x　相对于 $\mathbf{x}$ 的 PDF 的期望值

$\mathcal{E}$　信号能量

η　信噪比

f　单位为周期/秒的离散时间频率

F　单位为 Hz 的连续时间频率

F_s　单位为样本/秒的采样率

$F_X(x)$　随机变量 X 的累积分布函数

$F_X^{-1}(x)$　随机变量 X 的逆累积分布函数

$\gamma(\gamma'$，γ''等)	门限
H	向量或矩阵的共轭转置
$\mathbf{H}$	观测矩阵
$\mathcal{H}_0$	零假设(只有噪声)
$\mathcal{H}_1$	备选假设(信号加噪声)
$\mathcal{H}_i$	第 i 个假设
$h[n]$	线性时不变系统的冲激响应
$H(f)$	线性时不变系统的频率响应
$H(z)$	线性移不变系统的系统函数
$I(\theta)$	θ的费希尔信息
$\mathbf{I}$ 或 $\mathbf{I}_n$	单位矩阵或 $n\times n$ 维的单位矩阵
$\mathbf{I}(\boldsymbol{\theta})$	变量$\boldsymbol{\theta}$的费希尔矩阵
$I(f)$	周期图
$I_x(f)$	基于 $x[n]$的周期图
Im()	虚部
j	$\sqrt{-1}$
$L(\mathbf{x})$	似然比
$L_G(\mathbf{x})$	广义似然比
μ	均值
$\boldsymbol{\mu}$	均值向量
n	序列索引
N	观测数据长度
$N_0/2$	连续时间高斯白噪声的 PSD 电平
$\mathcal{N}(\mu,\sigma^2)$	均值为μ、方差为σ^2的正态分布
$\mathcal{N}(\boldsymbol{\mu},\mathbf{C})$	均值为$\boldsymbol{\mu}$、协方差为 $\mathbf{C}$ 的多维正态分布
$\\|\mathbf{x}\\|$	$\mathbf{x}$ 的范数
$p(x)$ 或 $p_X(x)$	X的概率密度函数
$p(\mathbf{x};\theta)$	$\mathbf{x}$ 的概率密度函数
$p(\mathbf{x}\mid\mathcal{H}_i)$	在$\mathcal{H}_i$为真时 $\mathbf{x}$ 的条件 PDF
P_D	检测概率
P_e	错误概率
P_{FA}	虚警概率
$\mathbf{P}$	投影矩阵
$\mathbf{P}^{\perp}$	正交投影矩阵
$P_x(f)$	离散时间过程 $x[n]$的功率谱密度
$P_x(F)$	连续时间过程 $x(t)$的功率谱密度
ρ_s	信号相关系数
$Q(x)$	$\mathcal{N}(0,1)$ 的随机变量超过 x 的概率

$Q^{-1}(u)$	$\mathcal{N}(0,1)$ 的随机变量以概率 u 超过的值
$Q_{\mathcal{X}_n^2}(x)$	$\mathcal{X}_n^2$ 随机变量超过 x 的概率
$Q_{\mathcal{X}_n'^2(\lambda)}(x)$	$\mathcal{X}_n'^2(\lambda)$随机变量超过 x 的概率
$r_x[k]$	离散时间过程 $x[n]$的自相关序列
$r_x(\tau)$	连续时间过程 $x(t)$的自相关函数
$\mathbf{R}_x$	$\mathbf{x}$ 的自相关矩阵
Re( )	实部
σ^2	方差
$s[n]$	离散时间信号
$S(f)$	$s[n]$的离散时间傅里叶变换
$\mathbf{s}$	信号样本向量
$s(t)$	连续时间信号
$\mathrm{sgn}(x)$	符号函数（$x>0$ 时为 1，$x<0$ 时为-1）
$T(\mathbf{x})$	检测统计量
t	连续时间
$\theta(\boldsymbol{\theta})$	未知参量（向量）
$\hat{\theta}(\hat{\boldsymbol{\theta}})$	$\theta(\boldsymbol{\theta})$ 的估计
^{T}	向量或矩阵的转置
$\mathrm{var}(x)$	x 的方差
$w[n]$	观测噪声序列
$\mathbf{w}$	噪声样本向量
$w(t)$	连续时间噪声
$x[n]$	离散时间观测数据
$\mathbf{x}$	数据样本向量
$x(t)$	连续时间观测波形
$\bar{x}$	样本均值
z	复变量
$\mathbf{0}$	全零向量或矩阵

A.2　缩写

ACS	自相关序列
AR	自回归
AR(p)	p 阶自回归过程
CDF	累积分布函数
CRLB	克拉美-罗(Cramer-Rao)下限
CWGN	复高斯白噪声
DC	恒定电平（直流）

DFT	离散傅里叶变换
EEF	指数嵌入族(Exponentially Embedded Family)
ENR	能量噪声比
FFT	快速傅里叶变换
FIR	有限冲激响应
GLRT	广义似然比
IID	独立同分布
IIR	无限冲激响应
LS	最小二乘
MAP	最大后验
ML	最大似然
MLE	最大似然估计器
MMSE	最小均方估计器
MSE	均方误差
MVSE	最小方差谱估计器
MVU	最小方差无偏
NP	奈曼-皮尔逊
PDF	概率密度函数
PSD	功率谱密度
ROC	接收机工作特性
SNR	信噪比
WGN	高斯白噪声
WSS	广义平稳

附录 B　MATLAB 简要介绍

本附录简要介绍科学软件包 MATLAB，进一步的信息可以在网站 www.mathworks.com 中找到。MATLAB 是一种科学计算和数据展示语言。

B.1　MATLAB 概述

MATLAB 的主要优势是矩阵代数的高级指令和数据处理的内建程序的运用。在本附录以及全书中，MATLAB 命令都用程序体给出，如 `end`。MATLAB 把任何大小的矩阵（包括特殊情况下的向量和标量）都看成元素。因此，矩阵乘法就如 `C=A*B` 那么简单，矩阵运算就像常规运算那样定义。例如，假如用 `x=[1:4].'` 定义列向量 $\mathbf{x}=[1\ 2\ 3\ 4]^{\mathrm{T}}$，其中 T 表示转置，向量从元素 1 开始，以元素 4 结束，冒号表示中间的元素是前一个元素加 1 得到，这是一种默认的情况。如果增加量为其他值，比如 0.5，那么就用 `x=[1:0.5:4].'` 表示。为了定义向量 $\mathbf{y}=[1^2\ 2^2\ 3^2\ 4^2]^{\mathrm{T}}$，如果 `x=[1:4].'`，我们可以使用矩阵元素与元素的取幂运算符.^来形成 `y=x.^2`。类似地，运算符 `.*` 和 `./` 分别执行元素对元素的矩阵乘法和除法。例如，假定

$$\mathbf{A}=\begin{bmatrix}1 & 2\\ 3 & 4\end{bmatrix},\quad \mathbf{B}=\begin{bmatrix}1 & 2\\ 3 & 4\end{bmatrix}$$

那么语句 `C=A.*B` 和 `D=A./B` 产生的结果分别是

$$\mathbf{C}=\begin{bmatrix}1 & 4\\ 9 & 16\end{bmatrix},\quad \mathbf{D}=\begin{bmatrix}1 & 1\\ 1 & 1\end{bmatrix}$$

表 B.1 给出了常见字符的列表。MATLAB 有一些常见的内建函数，如三角函数 `cos` 和 `sin` 等、平方根 `sqrt`、指数函数 `exp`、绝对值 `abs`，还有很多其他函数。当把函数应用到矩阵时，函数将应用于矩阵的每一个元素。表 B.2 给出了其他内建符号和函数的含义。

很容易指定矩阵和向量。例如，定义一个列向量 $\mathbf{c}_1=[1\ 2]^{\mathrm{T}}$，只需使用 `c1=[1 2].'`，或者 `c1=[1;2]`。为了要用前面的向量定义一个矩阵 `C=[1 4;9 16]`，首先可以用 `c2=[4 16].'` 定义 $\mathbf{c}_2=[4\ 16]^{\mathrm{T}}$，然后使用 `C=[c1 c2]`。也可以抽取矩阵的一部分产生一个小一点矩阵或向量。例如，用 `c1=C(:,1)` 从矩阵 **C** 中抽取第一列，冒号表示应该抽取第一列的所有元素。矩阵和向量的许多其他方便的运算也是可以应用的。

表 B.1　常用 MATLAB 符号的定义

符号	含义	符号	含义
+	加(标量，向量，矩阵)	^	幂(标量，向量，矩阵)
−	减(标量，向量，矩阵)	.*	元素与元素相乘
*	乘(标量，向量，矩阵)	./	元素与元素相除
/	除(标量)	.^	元素与元素取幂

续表

符号	含义	符号	含义
;	阻止显示运算的输出结果	==	逻辑等号
:	指定间隔值	|	逻辑或
'	共轭转置(实向量或矩阵的转置)	&	逻辑与
...	续行号(当命令必须分离时)	~=	逻辑非
%	注释号		

表 B.2 有用的 MATLAB 符号和函数的定义

函数	含义
pi	π
i	$\sqrt{-1}$
j	$\sqrt{-1}$
round(x)	对 **x** 中的每一个元素向最近的整数取整
floor(x)	对 **x** 中的每一个元素向小于该元素最近的整数取整
inv(A)	取方阵 **A** 的逆
x=zeros(N,1)	将 $N\times 1$ 全零向量赋予 x
x=ones(N,1)	将 $N\times 1$ 全 1 向量赋予 x
x=rand(N,1)	产生 $N\times 1$ 全为均匀随机变量的向量
x=randn(N,1)	产生 $N\times 1$ 全为高斯随机变量的向量
rand('state',0)	初始化均匀随机数产生器
randn('state',0)	初始化高斯随机数产生器
M=length(x)	取 **x** 的长度，即如果 **x** 是 $N\times 1$ 的，令 $M=N$
sum(x)	**x** 的所有元素之和
mean(x)	**x** 的所有元素的样本均值
flipud(x)	将向量 **x** 的元素上下翻转
abs	取 **x** 的每个元素的绝对值(或复幅度)
fft(x,N)	计算 **x** 的长度为 N 的 FFT 变换 [如果 N>length(x)，补零]
ifft(x,N)	计算 **x** 的长度为 N 的 FFT 逆变换
fftshift(x)	交换 FFT 输出的两半
pause	暂停程序的执行
break	遇到该命令时中止循环
whos	在当前工作空间上列出所有变量和它们的属性
help	对命令提供帮助，如 help sqrt

任何维数没有精确指定的向量都假定是行向量。例如，如果 x=ones(10)，那么就指定为由全 1 构成的 1×10 的行向量。要产生列向量，可以采用 x=ones(10,1)。

循环可以用下列指令实现：

```
for k=1:10
   x(k,1)=1;
end
```

这段语句等价于 x=ones(10,1)。

逻辑流程可以用下列语句实现：

```
if  x>0
```

```
    y=sqrt(x);
  else
    y=0;
  end
```

好的编程习惯就是在每个称为“m”文件(例如 pdf.m)的程序或脚本的开头使用 clear all 命令，清除工作空间里的所有变量，否则，当前的程序有可能不经意间使用了以前存储的变量数据。

B.2 MATLAB 绘图

下面通过例子来说明 MATLAB 的绘图，表 B.3 总结了一些有用的函数。

程序实例

这里给出一个完整的 MATLAB 程序来说明如何计算几个不同幅度的正弦信号的样本，也允许正弦信号是被修剪的。正弦信号为 $s(t)=A\cos(2\pi F_0 t+\pi/3)$，其中 $A=1$，$A=2$ 和 $A=3$，$F_0=1$，$t=0, 0.01, 0.02,\cdots, 10$。修剪的电平设定为±3，任何超过+3 的样本都被剪成 3，而低于−3 的样本都剪成−3。

表 B.3　有用的 MATLAB 绘图函数的定义

函数	含义
figure	打开一个新的绘图窗口
plot(x,y)	绘制以 **x** 的元素为横坐标、**y** 的元素为纵坐标的曲线
plot(x1,y1,x2,y2)	除了画多个图之外，功能与上一个函数相同
plot(x,y,'.')	除了点没有连起来之外，功能与 plot 相同
title('my plot')	为图放置一个标题
xlabel('x')	x 轴的标号
ylabel('y')	y 轴的标号
grid	给图画分割线
axis([0 1 2 4])	将点只画在 $0\leq x\leq 1$ 和 $2\leq y\leq 4$ 的范围内
text(1,1,'curve 1')	将文字“curve 1”放在点 (1,1) 处
hold on	使以后的图形画在当前的子图上
hold off	使以后的图形不画在当前的子图上

```
% matlabexample.m
%
% This program computes and plots samples of a sinusoid
% with amplitudes 1, 2, and 4. If desired, the sinusoid can be
% clipped to simulate the effect of a limiting device.
% The frequency is 1 Hz and the time duration is 10 seconds.
% The sample interval is 0.1 seconds. The code is not efficient but
% is meant to illustrate MATLAB statements.
%
clear all % clear all variables from workspace
delt=0.01; % set sampling time interval
F0=1; % set frequency
```

```
t=[0:delt:10]'; % compute time samples 0,0.01,0.02,...,10
A=[1 2 4]'; % set amplitudes
clip='yes'; % set option to clip
for i=1:length(A) % begin computation of sinusoid samples
  s(:,i)=A(i)*cos(2*pi*F0*t+pi/3);  % note that samples for sinusoid
                                    % are computed all at once and
                                    % stored as columns in a matrix
  if clip=='yes' % determine if clipping desired
     for k=1:length(s(:,i)) % note that number of samples given as
                            % dimension of column using length
                            % command
        if s(k,i)>3 % check to see if sinusoid sample exceeds 3
           s(k,i)=3; % if yes, then clip
        elseif s(k,i)<-3 % check to see if sinusoid sample is less
           s(k,i)=-3; % than -3 if yes, then clip
        end
     end
  end
end
figure % open up a new figure window
plot(t,s(:,1),t,s(:,2),t,s(:,3)) % plot sinusoid samples versus time
                                 % samples for all three sinusoids
grid % add grid to plot
xlabel('time, t') % label x-axis
ylabel('s(t)') % label y-axis
axis([0 10 -4 4]) % set up axes using axis([xmin xmax ymin ymax])
legend('A=1','A=2','A=4')   % display a legend to distinguish
                            % different sinusoids
```

程序的输出如图 B.1 所示，注意，不同的曲线以不同颜色出现。

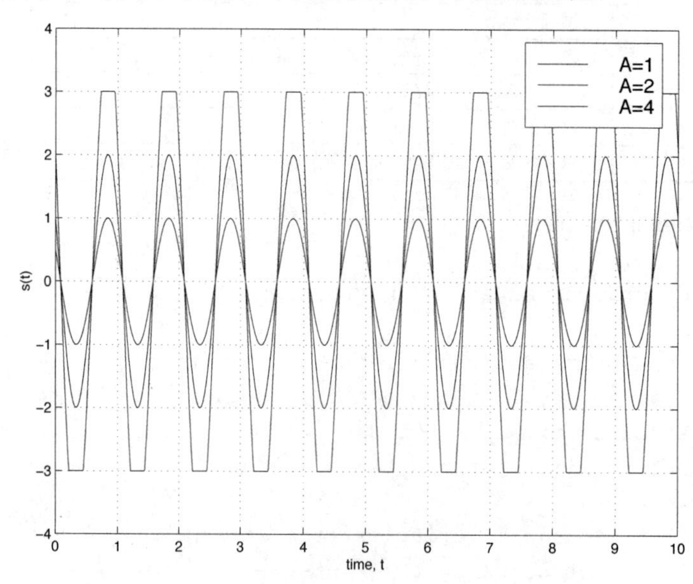

图 B.1 MATLAB 程序 matlabexample.m 的输出

附录 C　随书光盘内容的描述①

C.1　CD 文件夹

产生这些文件的 MATLAB 版本是运行在 Windows PC 上的 R2009a(版本号 7.8.0.347)，随书光盘中含有下列文件夹：

1. Algorithm_implementations：这是在第 9 章(估计算法)、第 10 章(检测算法)、第 11 章(谱估计)的 MATLAB m 文件。每个文件都是一个函数子程序，如 `FSSP3alg_9_1_sub.m` 实现算法 9.1，有些程序需要外部程序调用，附加的程序在文件夹"Utility_programs"给出。

2. Exercise_solutions：这是能够运行的 MATLAB m 文件，可以得到每章中练习的答案。如 `FSSP3exer_9_1.m` 可以得到练习 9.1 的答案。有些情况需要外部程序，这些外部程序可以在文件夹"Utility_programs"中找到。此外，有些 MATLAB 的含有数据的 mat 文件，练习答案程序要求这些数据文件是可以加载的。

3. Utility_programs：这是书中描述过的常用运算的 MATLAB 程序和函数子程序，接下来将描述这些程序。

C.2　Utility 文件描述

1. `AR_est_order.m` 在估计 AR PSD 时用这个程序估计 AR 模型阶数，估计方法为 EEF[见式(11.9)]。

2. `AR_par_est_cov.m` 使用协方差方法估计 AR 参数，这是一种近似的最大似然估计方法[见式(11.8)]。

3. `ARgendata.m` 产生滤波器系数和激励噪声方差给定的 AR 随机过程的一组实数据样本(见 4.4 节)。

4. `ARgendata_complex.m` 产生复滤波器系数和激励噪声方差给定的复 AR 随机过程的一组复数据样本(见 12.3.3 节)。

5. `ARpsd.m` 给定 AR 模型参数［见式(4.2)］，计算频带为[−1/2, 1/2)的一组 PSD 值[见式(14.2)]。

6. `ARpsd_model.m` 求近似期望的 PSD 的 AR 模型的 PSD(见 4.4 节)。

7. `autocorrelation_est.m` 从数据估计自相关序列［见式(6.14)］。

8. `Burg.m` 使用 Burg 方法(一种近似的 MLE)估计 AR 参数。注意，AR 滤波器参数将产生一个稳定的全极点滤波器(见算法 11.4)。

9. `chirp2.m` 计算中心和非中心 chi-平方 PDF 的右尾概率(见 6.4 节)。

---

① 随书光盘的内容可登录华信教育资源网(www.hxedu.com.cn)免费注册下载，翻译版不再配有光盘。

10. cwgn.m 产生复高斯白噪声(见 12.3 节)。

11. detection_demo.m 通过计算 ROC，比较带有匹配滤波器的自相关检测器与能量检测器的检测性能，信号为高斯噪声中未知频率的正弦信号(见 7B12.3 节)。

12. ED_threshold.m 对于给定的 P_{FA}，计算能量检测器要求的门限(见算法 10.5)。

13. Gaussmix_gendata.m 产生 IID 高斯混合噪声的一个现实，给定混合参数和噪声方差［见式(4.19)］。

14. Laplacian_gendata.m 产生 IID 拉普拉斯噪声的一个现实，给定噪声方差［见式(4.17)］。

15. matlabexample.m 即附录 B 给出的展示 MATLAB 绘图命令的程序。

16. mDmax.m 求 D 维函数的最大值及其最大值的位置，其中 D 可以是 2，3 或 4，比 MATLAB 的 max 函数更为方便(见算法 9.9)。

17. pdf_AR_est.m 使用 AR 估计器估计并绘出数据集的 PDF［见式(6.20)］。

18. pdf_AR_est_order.m 在使用 AR 模型估计 PDF 时用此程序估计 AR 模型阶数，其值输入到程序 pdf_AR_est.m 来估计 PDF［见式(6.27)］。

19. pdf_hist_est.m 使用直方图估计器估计并绘出数据集的 PDF［见式(6.18)］。

20. plotlineroutine.m 程序用来产生一个教材中的 MATLAB 图形。

21. pole_plot_PSD.m 程序允许用户在 z 平面的单位圆内指定极点。然后将这些极点转换成 AR 模型参数，并画出对应的功率谱密度 $P(f)$，假定激励噪声方差为 $\sigma_u^2=1$ (见附录 4C)。

22. Q.m 计算 $\mathcal{N}(0,1)$ 随机变量的右尾概率函数(补累计分布函数)(见 4.3 节)。

23. Qinv.m 计算逆 Q 函数，即 $\mathcal{N}(0,1)$ 随机变量以概率 x 超过的值(见 8.2.2 节)。

24. roccurve.m 在 $\mathcal{H}_0$ 和 $\mathcal{H}_1$ 下，对于给定的一组检测器的输出，计算 ROC(见 7.3.2 节)。

25. shift.m 将序列位移 N_s 个点，左边或右边移入零(见算法 9.8)。

26. sinusoid_gen.m 产生阻尼正弦信号之和，并且计算傅里叶变换的幅度［见式(3.9)］。

27. stepdown.m 对于所有给定系数和 p 阶线性预测器的预测误差功率的低阶预测器，实现求解系数和预测误差功率的下降方法(ARgendata.m 所需要的)。

28. stepdown_complex.m 程序实现复线性预测器的下降方法(ARgendata_complex.m 所需要的)。

29. WGNgendata.m 产生高斯白噪声(见 4.3 节)。

30. YWsolve.m 求解 Yule-Walker 方程［见式(4.10)］。